职业技术教育技能型人才培养“十三五”规划教材
ZHIYE JISHU JIAOYU JINENGXING RENCAI PEIYANG SHISANWU GUIHUA JIAOCAI

AutoCAD 2014 项目化教程

主　编○周　慧　陈　培
副主编○钞俊荣　马明瑜
主　审○王兴杰

西南交通大学出版社
·成　都·

图书在版编目（CIP）数据

AutoCAD 2014 项目化教程 / 周慧，陈培主编. —成都：西南交通大学出版社，2018.1（2025.6 重印）
职业技术教育技能型人才培养“十三五”规划教材
ISBN 978-7-5643-5995-9

Ⅰ. ①A… Ⅱ. ①周… ②陈… Ⅲ. ①AutoCAD 软件－高等职业教育－教材 Ⅳ. ①TP391.72

中国版本图书馆 CIP 数据核字（2017）第 320920 号

职业技术教育技能型人才培养“十三五”规划教材

AutoCAD 2014 项目化教程

主编 周慧 陈培

责任编辑 李 伟
助理编辑 李华宇
封面设计 何东琳设计工作室

出版发行 西南交通大学出版社
（四川省成都市金牛区二环路北一段 111 号
西南交通大学创新大厦 21 楼）
邮政编码 610031
发行部电话 028-87600564 028-87600533
官网 http://www.xnjdcbs.com
印刷 四川煤田地质制图印务有限责任公司

成品尺寸 185 mm × 260 mm
印张 19
字数 461 千
版次 2018 年 1 月第 1 版
印次 2025 年 6 月第 4 次（2025 修订）
定价 45.00 元
书号 ISBN 978-7-5643-5995-9

课件咨询电话：028-87600533
图书如有印装质量问题 本社负责退换

前言

近几年，高职教育得到快速发展，定位培养目标科学明确，在培养学生实践操作技术层面职业能力的同时，更注重培养学生的计划决策、合作协调、沟通交流以及心理调控等非技术性职业素养。

本教材完全突破传统 AutoCAD 教材按知识点划分章节的编写模式，采用项目化教程方式，以项目承载内容，以任务驱动法为教学手段，有效地将理论教学融于项目，真正实现了教学做一体化过程，并使学生的专业技能和综合能力在任务的实施中逐步得到提高，达到“学以致用”的目的。本教材主要具有以下特色：

1. 结构科学合理

全书共有五大项目，各项目相对独立又前后关联，循序渐进，由易到难，层层递进。项目下的每个任务均由“学习要点”“任务分析”“理论基础”“操作技能”“任务小结”和“任务训练”等环节组成，并根据实际需要在不同章节穿插“知识拓展”“技巧提示”“操作演练”等内容，形式生动，内容丰富，以使本教材在学生的学习上和教师的教学上，既实用又好用。

2. 实例典型专业

选取任务实例结合工程实际。由一线经验丰富的教师与企业专家深入探讨后精心选取专业实例，有针对性地训练高职学生就业岗位所需的操作技能，体现工程现场绘图的基本思想、基本原理和基本方法，将绘图技能有效地传递给学生。

3. 拓展学习途径

为了方便学生和教师有效地利用内容丰富且动态更新的互联网教学资源，及时获取相关绘图技能信息，编者为重难点问题提供了“二维码”学习形式，学生只需用手机“扫一扫”即可获得相关绘图技能的讲解和演示视频，为扩展教学时间和空间起到向导作用。

4. 强调素质教育

编者以创新高职人才培养模式为切入点，深入探索职业素养培养与专业教学有机结合的途径，根据高技能应用型人才培养的实际需要，在教学目标中明确指出培养高职学生职业素养的方向和内容，为社会和企业打造高技能高素质人才。

本教材由黑龙江交通职业技术学院周慧、陈培担任主编，黑龙江交通职业技术学院钞俊荣、马明瑜担任副主编，黑龙江交通职业技术学院王兴杰担任主审。周慧负责项目三，项目五中任务一、二、三的编写，以及项目一、项目三二维码教学视频制作和全书统稿工作；陈培负责项目二的编写和二维码教学视频制作；钞俊荣负责项目四的编写；马明瑜负责项目一的编写；黑龙江交通职业技术学院徐威负责项目五中任务四、五、六的编写；黑龙江交通职业技术学院庄欣、张慧坤负责全书各个项目训练习题的编写。

在教材编写过程中我们逐步认识到：教材不同于学术专著、国家标准、设计手册、使用说明等，在有限的篇幅里，如何做到文字简练而又叙述清楚，图表恰当而又辅佐正文，框架清晰而又内涵丰富，突出核心而又适当拓展，照顾习惯而又符合逻辑，便于理解而又表达科学，学习借鉴而又尊重版权等，确实还有很多理论与实践课题需要我们继续努力加以解决。

感谢西南交通大学出版社、哈尔滨铁路局齐齐哈尔工务段等单位的热心帮助和指导。限于编者的能力和水平，教材中很可能存在不足之处，真诚地欢迎使用本教材的读者提出宝贵意见。

编　者

2017 年 9 月

目录

项目一　AutoCAD 2014 基础知识

【项目导学】

本项目介绍了 AutoCAD 的发展概况与基本功能、工作界面的组成、软件的基本操作方法、绘图环境的初始设置方法、图形的显示缩放及运用图层管理图形的操作方法，使学生对 AutoCAD 有初步的认识，并掌握软件的基础操作。

【学习目标】

1. 知识目标

（1）了解 AutoCAD 的发展概况与基本功能。

（2）熟悉 AutoCAD 的工作界面及组成部分的功能。

（3）熟悉 AutoCAD 文件管理、命令调用、鼠标操作和选择对象等基础操作的方法。

（4）熟悉设置绘图单位和图形界限的方法。

（5）熟悉点的坐标输入的方法。

（6）熟悉图形显示的操作方法。

（7）熟悉建立图层管理图形的方法。

2. 能力目标

（1）熟练应用 AutoCAD 的基础操作方法。

（2）熟练设置图形文件的初始环境。

（3）灵活使用点的坐标进行精准绘图。

（4）熟练进行图形显示控制。

（5）熟练设置和灵活应用图层。

3. 素质目标

（1）培养学生细致、严谨的阅图和绘图习惯。

（2）培养学生具有自我学习、联想、思考、决策和创造的能力。

（3）培养学生良好的职业素养，建立以计算机为工具，人为主体的最佳特性相结合的工作理念，在绘图工作中爱护工具并积极发挥主体的能动作用。

任务一　AutoCAD 2014 的认识与启动

【学习要点】

★ 了解 AutoCAD 的发展概况和基本功能。

★ 能够正确启动、退出 AutoCAD 2014 软件。

【任务内容】

AutoCAD 应用软件需要在计算机上安装后才能正常使用，正确安装 AutoCAD 2014 后，可以在桌面上看到 1 个快捷方式图标，如图 1-1 所示，双击该图标即可启动 AutoCAD 2014，进入其工作界面，再通过退出方式来退出 AutoCAD 2014。

图 1-1　快捷图标启动 AutoCAD 2014

【理论基础】

一、AutoCAD 概述

AutoCAD 是由美国 Autodesk 公司于 20 世纪 80 年代初为微机上应用 CAD 技术而开发的绘图程序软件包，经过近 40 年的不断改进和完善，现已经成为国际上广为流行的绘图工具。

AutoCAD 不仅可以绘制任意二维和三维图形，建立相应的模型，而且还能对模型进行一些基本的计算。另外，AutoCAD 还提供了强大的二次开发功能，以便于它的功能进一步得到扩充。与传统的手工绘图相比，用 AutoCAD 绘图速度更快、精度更高，而且便于修改，它已经在航空航天、造船、建筑、机械、电子、化工、美工、轻纺等很多领域得到了广泛应用，并取得了丰硕的成果和巨大的经济效益。

AutoCAD 具有良好的用户界面，通过交互菜单或命令行方式便可以进行各种操作。它的多文档设计环境，让非计算机专业人员也能很快地学会使用。设计人员在不断实践的过程中可以熟练地掌握 AutoCAD 的各种应用和开发技巧，从而不断提高工作效率。

AutoCAD 具有广泛的适应性，它可以在各种操作系统支持的微型计算机和工作站上运行，并支持分辨率由 320 × 200 ~ 2 048 × 1 024 的各种图形显示设备 40 多种、数字仪和鼠标器 30 多种以及绘图仪和打印机数十种，这就为 AutoCAD 的普及创造了条件。

二、CAD 技术发展趋势

CAD 技术作为成熟的普及技术已在企业中广泛应用，并已成为企业的现实生产力。企业创新设计能力的提高和网络计算环境的普及，使 CAD 技术的发展趋势主要围绕在标准化、开放性、集成化和智能化等四个方面。

1. 标准化

除了 CAD 支撑软件逐步实现 ISO 标准和工业标准外，面向应用的标准构件（零部件库）、标准化方法也已成为 CAD 系统中的必备内容，且向着合理化工程设计的应用方向发展。CAD 软件一般应集成在一个异构的工作平台之上，为了支持异构跨平台的环境，就要求它应该是一个开放的系统，这里主要是靠标准化技术来解决这个问题。

2. 开放性

CAD 系统目前广泛建立在开放式操作系统 Windows 和 Unix 平台上，在 Java Linux 平台上也有 CAD 产品，此外，CAD 系统也为最终用户提供二次开发环境，甚至该环境可以开发其内核源码，使用户可定制自己的 CAD 系统。

3. 集成化

CAD 技术的集成化体现在 3 个层次上：一是广义 CAD 功能，CAD/CAE/CAPP/CAM/CAQ/PDM/ERP 经过多种集成形式成为企业一体化解决方案，推动企业信息化进程，目前创新设计能力（CAD）与现代企业管理能力（ERP、PDM）的集成，已成为企业信息化的重点；二是将 CAD 技术能采用的算法甚至功能模块或系统，做成专用芯片，以提高 CAD 系统的效率；三是 CAD 借助网络计算环境实现异地、异构系统在企业间的集成，应运而生的虚拟设计、虚拟制造、虚拟企业就是该集成层次上的应用。

4. 智能化

设计是一个高度智能的人类创造性活动，智能 CAD 是 CAD 发展的必然方向。从人类认识和思维的模型来看，现有的人工智能技术对模拟人类的思维活动（包括形象思维、抽象思维和创造性思维等多种形式）往往是束手无策的。因此，智能 CAD 不仅仅是简单地将现有的智能技术与 CAD 技术相结合，更要深入研究人类设计的思维模型，并用信息技术来表达和模拟它。这样不仅会产生高效的 CAD 系统，而且必将为人工智能领域提供新的理论和方法。CAD 的智能化发展趋势，将对信息科学的发展产生深刻的影响。

三、AutoCAD 的基本功能

AutoCAD 自 1982 年问世以来，经历了多次升级，其每一次升级，在功能上都得到了逐步增强，且日趋完善，其基本功能概括起来可归纳如下：

1. 绘制与编辑图形

AutoCAD 提供了丰富的绘图和编辑命令以及实用的辅助绘图工具，可以方便、准确地绘制出各种各样的二维图形。对于一些二维图形，通过拉伸、设置标高和厚度等操作就可以轻松地转换为三维图形，同时，结合“修改”菜单中的相关命令，还可以绘制出各种各样的复杂三维图形，如图 1-2 所示。

2. 标注图形尺寸

尺寸标注是向图形中添加测量注释的过程，是整个绘图过程中不可缺少的一步。AutoCAD 提供了标注功能，使用该功能可以在图形的各个方向上创建各种类型的标注，也可以方便、快速地以一定格式创建符合行业或项目标准的标注，如图 1-3 所示。

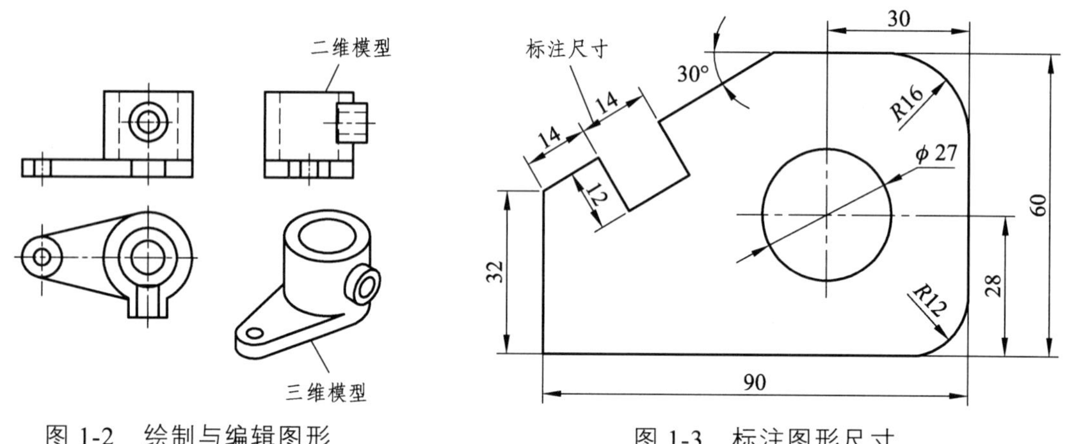

图 1-2　绘制与编辑图形　　　　图 1-3　标注图形尺寸

3. 图形参数的测试和计算

在 AutoCAD 中，用户可以查询图形对象相关的特性信息，如图形的宽度、面积、周长、体积、位置坐标等。

4. 渲染三维图形

在 AutoCAD 中，可以运用雾化、光源和材质，将模型渲染为具有真实感的图像，如图 1-4 所示。如果是为了演示，可以渲染全部对象；如果时间有限或显示设备和图形设备不能提供足够的灰度等级和颜色，就不必精细渲染；如果只需快速查看设计的整体效果，则可以简单消隐或设置视觉样式。

5. 输出和打印图形

AutoCAD 不仅允许将所绘图形以不同样式通过绘图仪或打印机输出，还能够将不同格式的图形导入 AutoCAD 或将 AutoCAD 图形以其他格式输出。因此，当图形绘制完成之后，可以使用多种不同的方法将其输出。例如，可以将图形打印在图纸上或创建成文件以供其他应用程序使用，如图 1-5 所示。

图 1-4　渲染三维图形

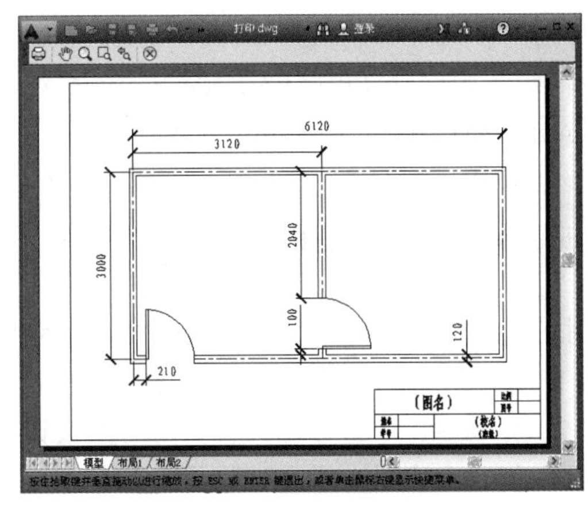

图 1-5　输出和打印图形

6. *二次开发功能*

AutoCAD 具有开放的数据结构体系，有多种编程接口，拥有强大而开放的二次开发功能。开发语言包括内嵌的编程语言 Visual Lisp 以及 VBA 和 Object ARX 等。AutoCAD 的菜单、工具栏、线型和填充图案等也完全可以根据用户的需要进行定义。

四、AutoCAD 启动

启动 AutoCAD 2014

在使用 AutoCAD 2014 时，首先必须启动它，启动方法通常有两种：

1. *桌面快捷方式法*

在安装完毕 AutoCAD 2014 后，通常桌面上会自动生成一个快捷方式图标，如图 1-1 所示，双击该图标即可启动 AutoCAD 2014，进入其工作界面，如图 1-6 所示。

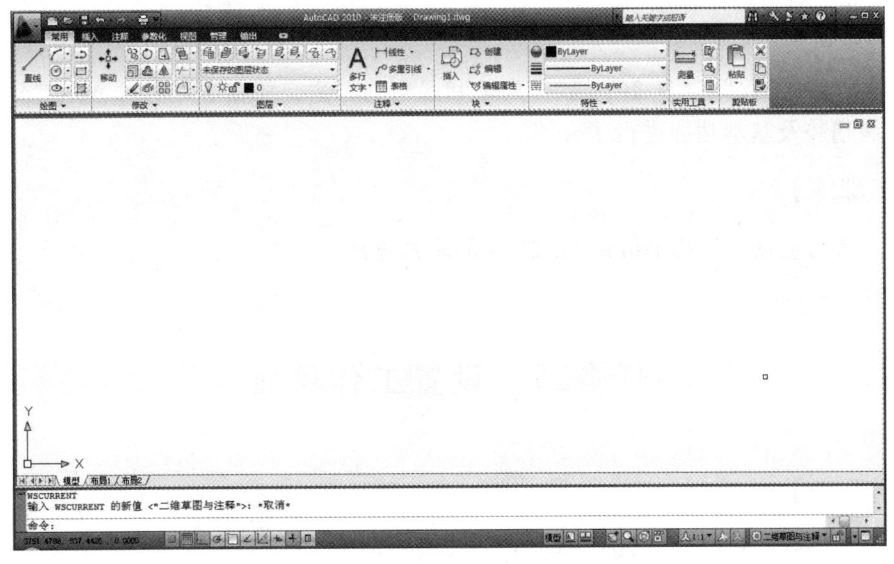

图 1-6　AutoCAD 2014 工作界面

2. 开始菜单法

单击[开始]\[所有程序]\Autodesk\AutoCAD 2014-Simplified Chinese\AutoCAD 2014，也能启动 AutoCAD 2014，进入其工作界面。

五、AutoCAD 退出

退出 AutoCAD 2014

用户可通过如下几种方式来退出 AutoCAD 2014：

（1）下拉菜单：单击 [文件]\[退出]命令。

（2）标题栏：单击标题栏右上角的按钮。

（3）键盘命令：在命令行输入 Quit。

如果在退出 AutoCAD 2014 时，当前的图形文件没有被保存，则系统将弹出“提示”对话框，提示用户在退出 AutoCAD 前保存或放弃对图形所做的修改，如图 1-7 所示。

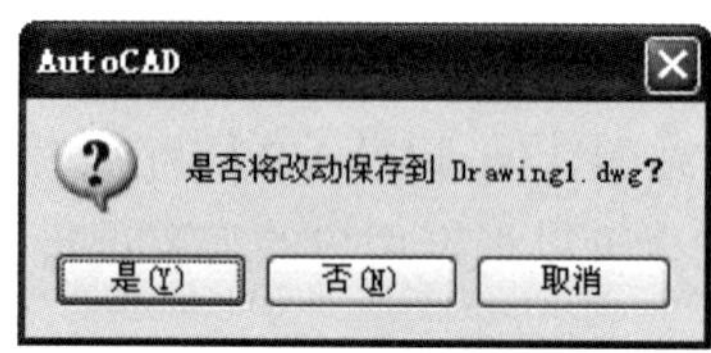

图 1-7 “退出提示”对话框

【操作技能】

步骤 1：确认计算机中安装有 AutoCAD 2014 软件。

步骤 2：在桌面上双击 AutoCAD 2014 快捷方式图标，进入其工作界面。

步骤 3：在 AutoCAD 2014 工作界面分别通过 3 种方式来退出 AutoCAD 2014。单击[文件]\[退出]命令；单击 AutoCAD 主窗口右上角的按钮；在命令行输入 Quit 退出。

【任务小结】

本任务训练了 AutoCAD 2014 软件启动和退出的方法，并在学习前对 AutoCAD 软件的概况、发展趋势及基本功能进行了介绍。

【任务训练】

训练：练习启动、退出 AutoCAD 2014 的多种方法。

任务二 设置工作界面

【学习要点】

★ 认识并熟悉 AutoCAD 2014 的工作空间及界面。

★ 学会设置当前工作界面。

★ 掌握 AutoCAD 工具栏的调用或隐藏方法。

【任务内容】

本任务主要是熟悉 AutoCAD 2014 的工作界面，认识各组成部分的主要功能，如图 1-8 所示，并能选择合适的工作空间，调用或隐藏工具栏，修改十字光标的大小和绘图区的颜色。

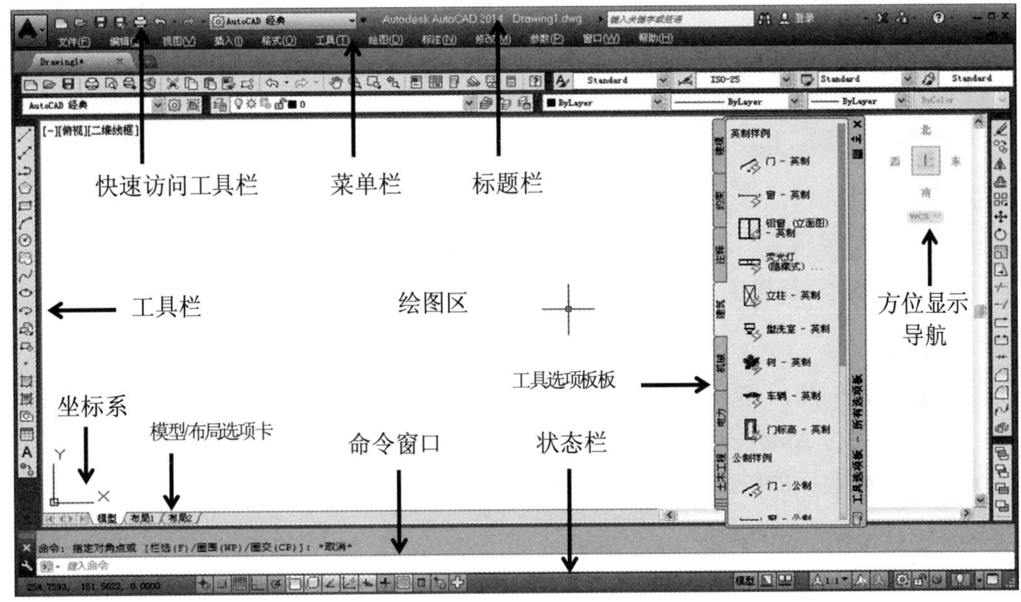

图 1-8 “AutoCAD 经典”空间工作

【理论基础】

一、AutoCAD 2014 工作界面

启动 AutoCAD 2014 后，将进入到“草图与注释”工作界面，如图 1-9 所示。为了满足不同用户的需要，AutoCAD 2014 提供了“草图与注释”“三维基础”“三维建模”和“AutoCAD 经典”4 种工作空间模式，用户可以根据需要在标题栏左侧“快速访问工具栏”的 草图与注释 下拉列表中选择不同的工作空间模式。

- “草图与注释”空间：默认状态下，启动的工作空间就是“草图与注释”，该工作空间的功能区提供了大量的绘图、修改、图层、注释、块等工具。
- “三维基础”空间：在“三维基础”工作空间中可以方便地绘制基础的三维图形，并且可以通过其中的“修改”面板对图形进行快速修改。
- “三维建模”空间：“三维建模”工作空间的功能区提供了大量的三维建模和编辑工具，可以方便地绘制出更多、更复杂的三维图形，也可以对三维图形进行修改、编辑等操作。
- “AutoCAD 经典”空间：对于习惯使用 AutoCAD 传统界面的用户来说，使用“AutoCAD 经典”工作空间是最好的选择（见图 1-8）。

图 1-9 “草图与注释”空间工作界面

启动 AutoCAD 2014 后出现的默认界面是自 AutoCAD 2009 以后出现的新工作空间模式，为了便于使用过 AutoCAD 2014 及以前版本的用户学习本书，将采用“AutoCAD 经典”工作空间介绍工作界面的组成部分。

1. 标题栏

标题栏位于 AutoCAD 2014 工作界面的最上端。标题栏左侧显示软件的图标和快速访问工具栏，中间部分显示了系统当前正在运行的应用程序和用户正在使用的图形文件名，右侧有用来控制窗口最小化、还原/最大化和关闭的按钮。

快速访问工具栏位于标题栏左上角软件图标的右侧。单击快速访问工具栏右侧的下拉箭头，弹出如图 1-10 所示的下拉菜单，选择其中的选项将在快速访问工具栏中显示对应的按钮，包括特性匹配、批处理打印、打印预览、特性、图纸集管理器、渲染及更多的其他命令。

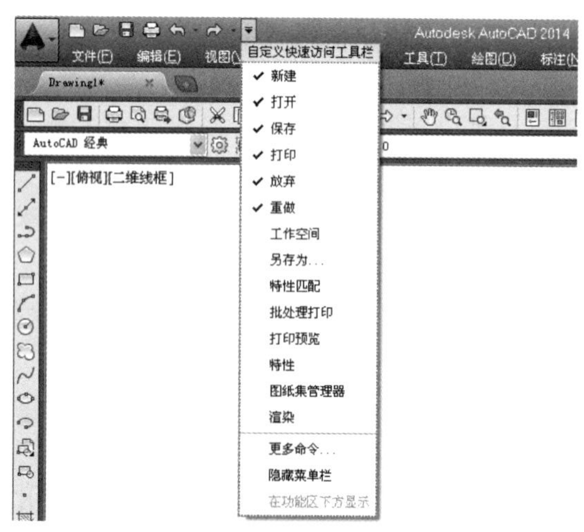

图 1-10 快速访问工具栏

2. 菜单栏

菜单栏位于 AutoCAD 2014 工作界面上部标题栏的下方，包括“文件”“编辑”“视图”等 12 个菜单，用户可利用下拉菜单执行 AutoCAD 2014 中几乎全部的命令，如图 1-11 所示。

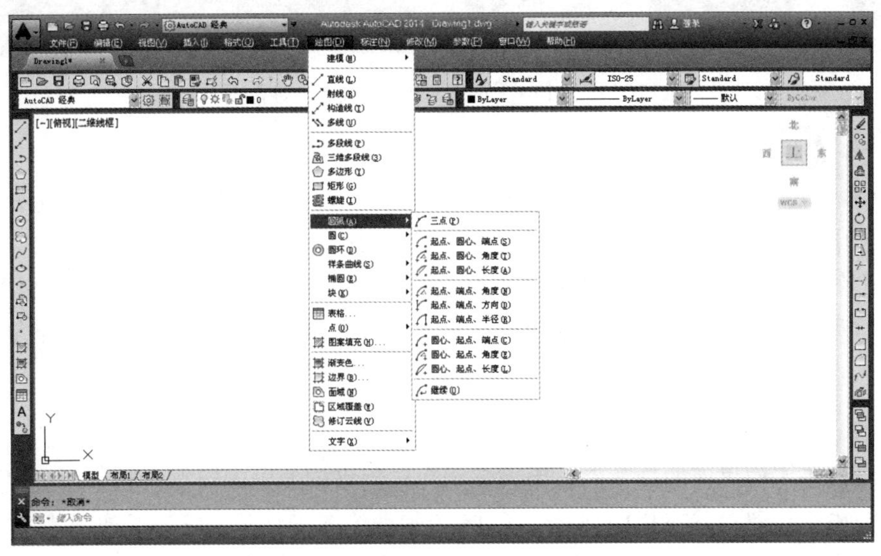

图 1-11　菜单栏

3. 工具栏

工具栏由一系列的图标按钮构成，每一个图标按钮形象地表示了一条 AutoCAD 2014 命令，单击某一个按钮，即可调用相应的命令，如果把光标指向某个按钮上并停顿一下，屏幕上就会显示该工具按钮的名称和简要说明。

4. 绘图区

绘图区是用户绘制图形的区域，相当于手绘的图纸，是无限大的区域。绘图区左下角显示的是 UCS 图标，UCS 图标可以根据原点被移动或隐藏，不同的图标表示了不同的空间或观测点。在右侧和右下角，有滑块和滚动条。通过滑块在滚动条上移动到不同的位置，可以改变显示的区域。

在绘图区的底部有“模型”“布局 1”“布局 2”三个选项卡，用来控制绘图工作是在模型空间还是在图纸空间进行。AutoCAD 默认状态是在模型空间，一般的绘图工作都是在模型空间进行，图纸空间主要完成打印输出图形的最终布局。

在绘图区的右上角显示“方位显示（View Cube）导航工具”。该工具是在二维模型空间或三维视觉样式中处理图形时显示的导航工具，默认情况下，一打开方位显示（View Cube）导航工具，在视图发生更改时可提供有关模型当前视点的直观反映；将光标放置在视图方位显示（View Cube）工具上后，视图方位显示（View Cube）将变为活动状态，可以拖动或单击来切换到可用预设视图之一、滚动当前视图或更改为模型的主视图，如图 1-12 所示。

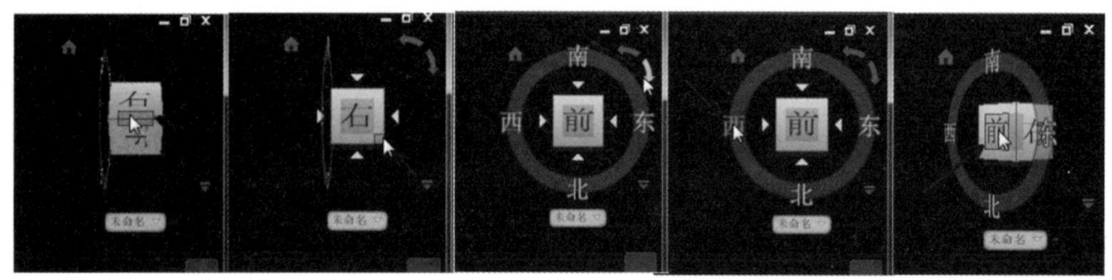

图 1-12　方位显示（View Cube）导航工具

5. 命令窗口

命令窗口也称命令提示行，位于绘图区的下方。不管采用何种方式给 AutoCAD 下达的命令均在其中显示。该窗口非常重要，尤其对初学者而言。AutoCAD 是一种交互式绘图软件，其需要提供的参数均通过命令窗口显示出来，操作者应该按照该提示响应 AutoCAD 的要求，保证命令顺利完成。通过剪切、复制和粘贴功能将历史命令粘贴在命令行，可重复执行以前的命令。

6. 状态栏

状态栏位于工作界面的最下面，用来显示和控制当前的操作状态。状态栏最左边数字是光标的当前坐标位置；状态栏中部显示了 15 个辅助绘图工具开关按钮，如图 1-13 所示；最右侧显示状态托盘(包括一些常见的显示工具、注释工具及模型空间与布局空间转换工具)，如图 1-14 所示。

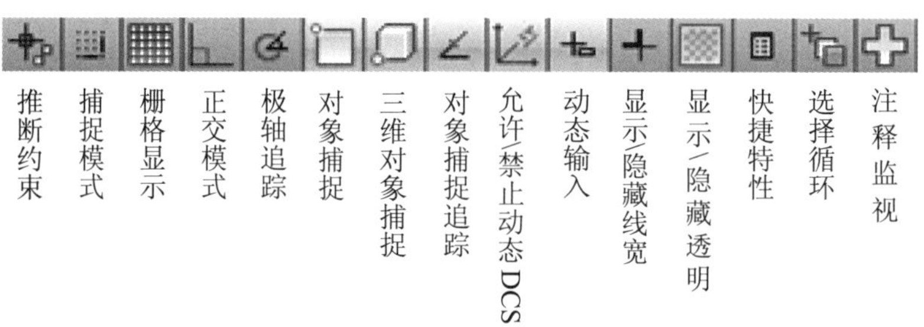

图 1-13　辅助绘图工具

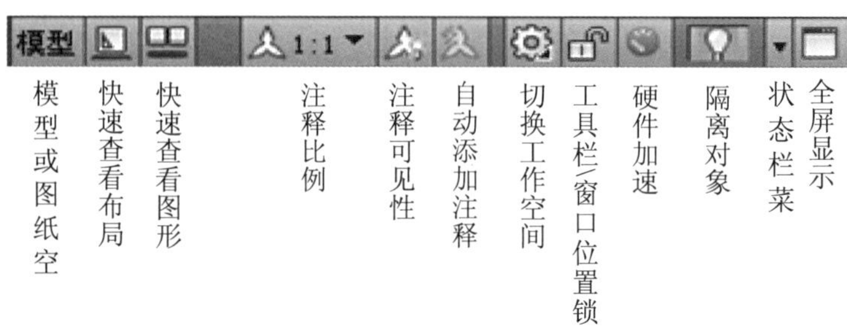

图 1-14　状态托盘工具

7. 工具选项板

工具选项板一般在绘图区的右侧显示，用户可以根据设计的类型选择对应的工具选项板，并直接利用其中的图库（块），如图 1-15 所示。

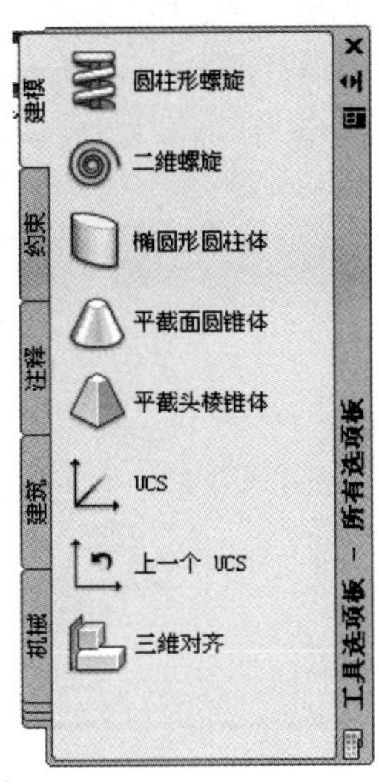

图 1-15　工具选项板

二、工具栏的调用或隐藏

AutoCAD 2014 为用户提示了很多工具栏，如果把所有的工具栏都放在窗口上，足以遮蔽整个窗口，因此有必要把不常用的工具栏隐藏起来，把当前需要用的工具栏调出放在窗口上，以充分利用有限的绘图空间，来绘制较为精确地图形。

调用或隐藏工具栏最快捷的方法是：将光标指向任意工具栏的任一工具按钮上，单击鼠标右键，弹出如图 1-16 所示的快捷菜单，该菜单列出了 AutoCAD 2014 所有的工具栏，单击工具栏名称即可打开或关闭相应的工具栏，工具栏名称前面有“√”符号，表示已打开。

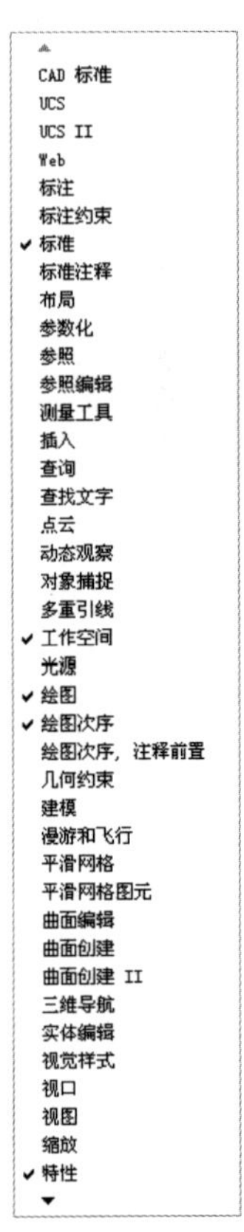

图 1-16　工具栏快捷菜单

三、修改十字光标的大小

光标的长度默认为屏幕大小的 5%，用户可以根据绘图实际需要更改其大小，方法如下：

单击［工具］\［选项］命令，在弹出的“选项”对话框中单击［显示］选项卡，在“十字光标大小”选项栏的编辑框中直接输入数值，或拖动编辑框后的滑块，即可对十字光标的大小进行调整，如图 1-17 所示。

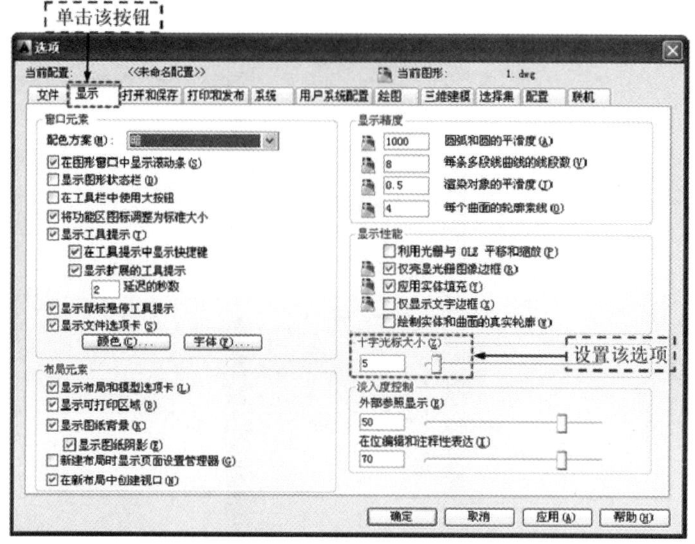

图 1-17“选项”对话框中的“显示”选项卡

四、修改绘图区的颜色

绘图区的颜色默认为黑色，用户可以根据实际需要进行更改（为便于显示和讲解，本书中的图示均已将绘图区的颜色更改为白色），方法如下：

单击［工具］\［选项］命令，在弹出的“选项”对话框的［显示］选项卡中单击“颜色”按钮，打开如图 1-18 所示的“图形窗口颜色”对话框，在“颜色”下拉列表中选择需要的窗口颜色，然后单击“应用并关闭”按钮，此时 AutoCAD 的绘图区就会变成窗口背景色。

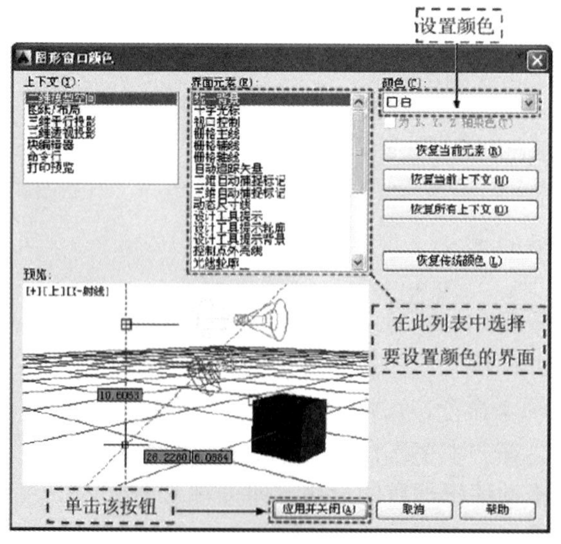

图 1-18“图形窗口颜色”对话框

技巧提示：需要在 AutoCAD 绘图区截图时，建议将绘图区颜色修改为白色，以便于在将截图插入其他软件时与其背景颜色相符。

【操作技能】

步骤 1：将工作空间切换为“AutoCAD 经典”模式。

在状态栏右侧的状态托盘中单击⚙按钮，在弹出的快捷菜单中选择“AutoCAD 经典”模式，如图 1-19 所示。

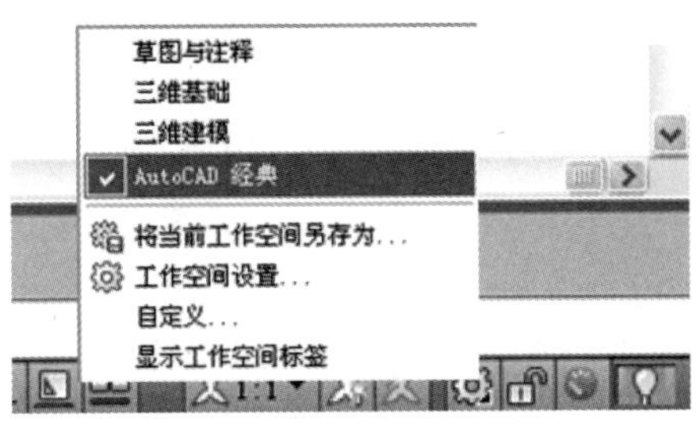

图 1-19 选择工作空间

步骤 2：调用“标注”工具栏。

将光标指向任意工具栏的任一工具按钮上，单击鼠标右键，弹出“工具栏”快捷菜单，找到“标注”并单击鼠标左键，即可打开“标注”工具栏，并将其放在修改工具栏的左侧，如图 1-20 所示。

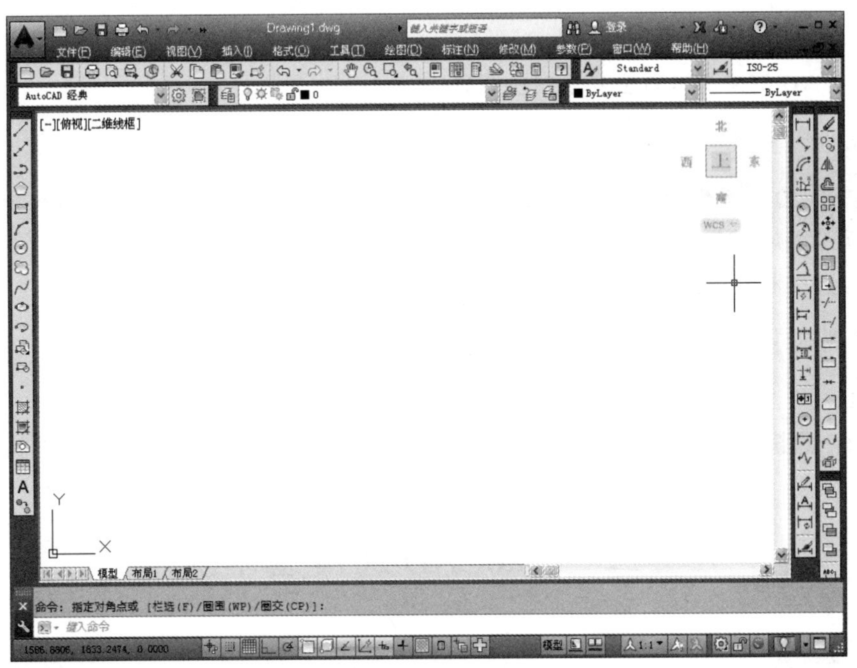

图 1-20 调用工具栏

步骤 3：修改十字光标大小。

单击［工具］\［选项］命令，在弹出的“选项”对话框中单击［显示］选项卡，在“十字光标大小”选项栏的编辑框中输入 20，单击“确定”按钮，绘图区的十字光标将变大，如图 1-21 所示。

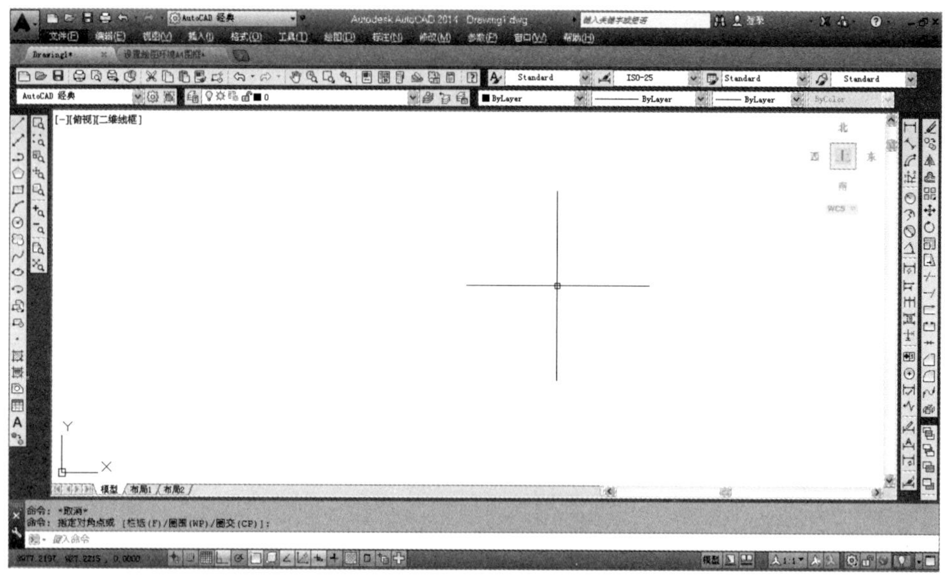

图 1-21　修改十字光标大小

步骤 4：修改绘图区颜色。

单击［工具］\［选项］命令，在“选项”对话框的［显示］选项卡中单击“颜色”按钮，弹出“图形窗口颜色”对话框后，在“颜色”下拉列表中选择白色，然后单击“应用并关闭”按钮，AutoCAD 的绘图区就会变成白色背景。

【任务小结】

AutoCAD 2014 工作界面主要由标题栏、菜单栏、工具栏、绘图区、命令窗口、状态栏、工具选项板等组成，在绘图过程中可根据需要选择合适的工作空间、显示/隐藏工具栏、修改十字光标的大小和绘图区的颜色。

【任务训练】

训练 1：将“AutoCAD 经典”工作空间切换为“草图与注释”工作空间。

训练 2：调整十字光标为全屏光标。

任务三　AutoCAD 2014 基本操作

【学习要点】

★ 学会新建、打开、保存与关闭图形文件。

★ 掌握命令的多种调用方式。

★ 学会利用不同的方式选择图形对象。

【任务内容】

本任务训练的是对图形文件进行新建、打开、保存和关闭的操作。如图 1-22 所示，新建一个文件，任意绘制 5 条直线后将文件保存，文件名为“直线”，关闭文件；再打开该文件，并选中图中的所有对象，最后撤销对直线的选择。

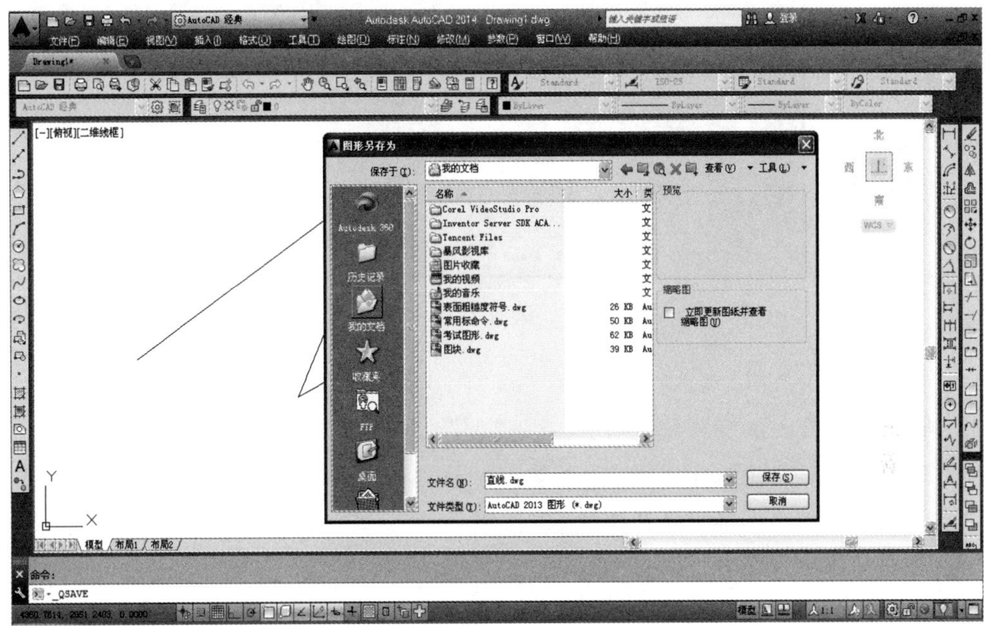

图 1-22 “图形另存为”对话框

【理论基础】

一、文件管理

（一）新建图形文件

1. 命令的调用方法

（1）下拉菜单：单击[文件]\[新建]命令。

（2）工具栏：单击标准工具栏中的□按钮。

（3）键盘命令：在命令行输入 New（或 Qnew）。

2. 功　能

在绘制一幅新图形之前，用户要先建一个新的图形文件；每次启动 AutoCAD 时，系统会自动新建一个图形文件。

3. 操作及选项说明

单击[文件]\[新建]命令，弹出如图 1-23 所示的“选择样板”对话框。系统默认的图形样板文件名称是“acadiso.dwt”（.dwt 为样板文件格式），用户可以点击选择合适的模板，单击“打开”按钮，即可新建一个文件名为“Drawing1.dwg”（.dwg 为图形文件格式）的文件。

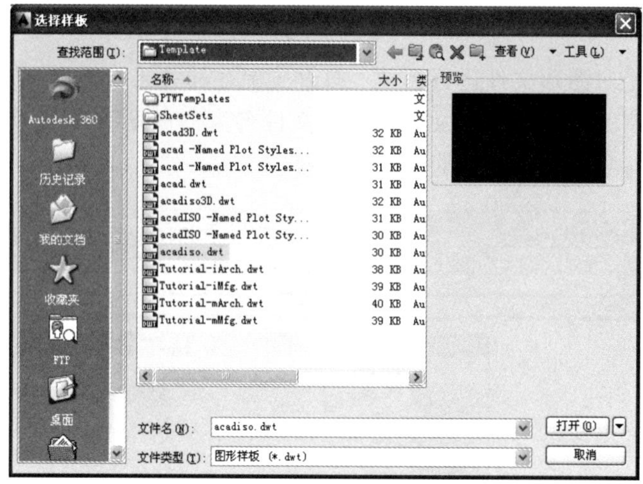

图 1-23 “选择样板”对话框

（二）打开图形文件

1. 命令的调用方法

（1）下拉菜单：单击[文件]\[打开]命令。

（2）工具栏：单击标准工具栏中的按钮。

（3）键盘命令：在命令行输入 Open。

2. 功 能

如果想在已有的图形文件基础上继续进行编辑或修改等操作，就必须打开已有的图形文件。

3. 操作及选项说明

单击[文件]\[打开]命令，弹出如图 1-24 所示的“选择文件”对话框，在该对话框中可以打开一个或同时打开多个文件。使用【Ctrl】键依次点取多个文件或按住【Shift】键可连续选中多个文件，单击“打开”按钮即可。

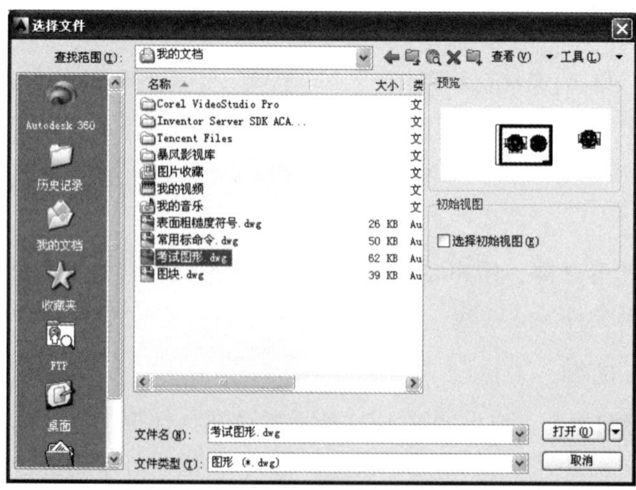

图 1-24 “选择文件”对话框

（三）保存图形文件

1. 命令的调用方法

（1）下拉菜单：单击[文件]\[保存]命令。

（2）工具栏：单击标准工具栏中的按钮。

（3）键盘命令：在命令行输入 Save（或 Qsave）。

2. 功　能

对文件进行了有效的编辑后，必须存盘并保留已经编辑的文件；若不存盘保留文件，则关机后再启动时，原来编辑的文件将丢失，而且无法恢复。

3. 操作及选项说明

单击[文件]\[保存]命令，弹出如图 1-25 所示的“图形另存为”对话框。在该对话框“保存”下拉列表中指定保存路径，在“文件名”文本框中输入文件名，在“文件类型”下拉列表中选择保存文件的类型，单击“保存”按钮。

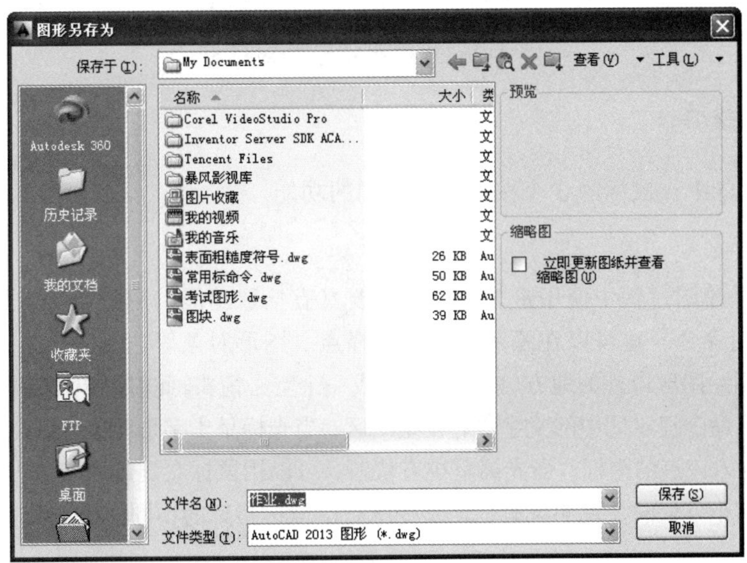

图 1-25　“图形另存为”对话框

（四）另存图形文件

1. 命令的调用方法

（1）下拉菜单：单击[文件]\[另存为]命令。

（2）键盘命令：在命令行输入 Saveas。

2. 功　能

如果想对编辑的文件另取名称保存，应执行赋名（即存盘时另命名）存盘。

3. 操作及选项说明

单击[文件]\[另存为]命令，弹出如图 1-25 所示的“图形另存为”对话框。

（五）关闭图形文件

1. 命令的调用方法

（1）下拉菜单：单击[文件]\[关闭]命令。

（2）菜单栏：单击菜单栏最右侧的按钮。

（3）键盘命令：在命令行输入 Quit。

2. 功　能

关闭当前图形文件，关闭时系统将提示是否进行保存修改。

3. 操作及选项说明

单击[文件]\[关闭]命令，弹出如图 1-26 所示的对话框，选择是否将改动保存到文件。

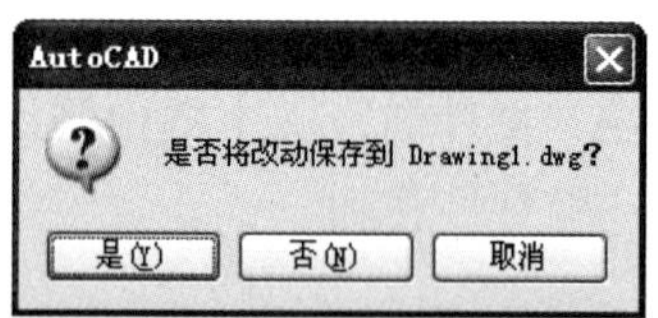

图 1-26　“退出提示”对话框

二、鼠标操作

在 AutoCAD 中，鼠标的 3 个按钮具有不同的功能。

1. 鼠标左键

鼠标左键是绘图过程中使用最多的键，主要具有拾取功能，用于单击工具栏按钮、选取菜单选项以发出命令，也可以在绘图过程中选择点、图形对象等。

当鼠标移到绘图区以外的地方，鼠标指针变成一个空心箭头，此时可以用鼠标左键选择命令、移动滑块或选择命令提示区中的文字等；在绘图区，当光标呈十字形时，可以在屏幕绘图区按下左键，相当于输入该点的坐标；当光标呈小方块时，可以用鼠标左键选取实体对象；当光标呈十字形且中心带有小方块时，说明没有任何命令执行。鼠标指针的不同状态如图 1-27 所示。

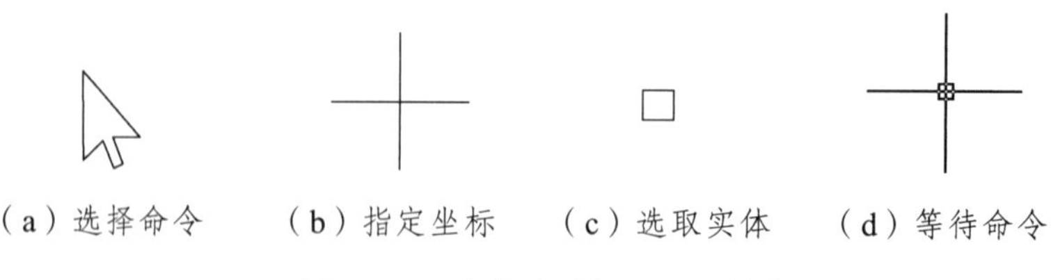

（a）选择命令　（b）指定坐标　（c）选取实体　（d）等待命令

图 1-27　鼠标指针的不同状态

2. 鼠标右键

在工作界面不同的区域单击鼠标右键，可以弹出不同的快捷菜单。

（1）在绘图区单击鼠标右键，弹出如图 1-28 所示的快捷菜单。

（2）【Shift】+鼠标右键，打开“对象捕捉”快捷菜单，如图 1-29 所示。

（3）在执行某一命令过程中单击鼠标右键，直接选择快捷方式，如图 1-30 所示。

图 1-28　绘图区单击右键

图 1-29　对象捕捉快捷菜单

图 1-30　操作中单击右键

3. 鼠标滚轮键

在工作区向上滚动滚轮键，可放大显示物体；向下滚动滚轮键，可缩小显示物体；按住鼠标滚轮键可平移显示物体。

三、命令调用

在 AutoCAD 中，选择某个菜单项或单击某工具按钮时，大多数情况下都相当于执行一个带选项的命令，因此命令是 AutoCAD 的核心。输入命令主要是通过键盘和鼠标来完成的，用户通常可以用下列方式调用命令：

1. 使用菜单命令启动

AutoCAD 2014 窗口菜单栏中所显示的为主菜单，每个菜单项被选中时，会弹出一个下拉式菜单，单击任一命令，就启动了该命令。

另外，AutoCAD 中经常使用到快捷菜单。用户单击鼠标右键后，可在弹出的快捷菜单中选择相应命令，其命令内容取决于光标的位置或系统状态。

2. 工具按钮启动命令

工具栏由若干图标按钮组成，这些图标按钮分别代表了一些常用的命令。用户直接单击工具栏上的图标按钮就可以调用相应的命令，然后根据对话框中的内容或命令行上的提示执行下一步操作。

3. 命令行输入命令

在命令行提示窗口中输入命令语句或简化语句，按【Enter】键确认，然后根据命令提示输入参数等内容。在命令行输入命令是 AutoCAD 最经典的操作方式，也是其特别之处。使用输入缩写字母的方式输入命令，也是 AutoCAD 用户首选的方法，比较快捷、简便。

在命令行中，还可以使用【Backspace】或【Delete】键删除命令行中的文字；也可以选中命令历史，并执行“粘贴到命令行”命令，将其粘贴到命令行中。按键盘上的【↑】或【↓】方向键，可以依次显示曾经输入过的命令，按【Enter】键后可以再次执行，用户若能熟练运用这些技巧，就可以节省很多用来输入命令的时间。

四、撤销、重复与取消命令

1. 撤销命令

在 AutoCAD 中，当用户想终止某一个命令时，可以按键盘上的【Esc】键撤销当前正在执行的命令。

2. 重复命令

当用户需要重复执行同一个命令时，可在第一次执行命令后，直接按【Enter】键或【Space】键；也可以在绘图区内单击鼠标右键，在弹出的光标快捷菜单中选择“重复...（R）”选项，这两种方式为用户提供了快捷的操作方法，无须再重新输入或选择命令。

3. 取消命令

当用户想取消一些错误操作，放弃前面执行的一个或多个操作时，可使用以下几种方法：

（1）在菜单栏中执行［编辑］\[放弃]命令。

（2）在标准工具栏中单击 ↶ 按钮。

（3）在命令行输入 Undo（或缩写 U），并按【Enter】键或【Space】键。

（4）按【Ctrl】+【Z】组合键。

（5）在无命令执行情况下或执行命令过程中，在绘图区单击鼠标右键，在弹出的快捷菜单中执行“放弃”命令。

五、选择方法

在 AutoCAD 中，对作图对象的编辑随时会牵涉到选取对象，当物体被选中后呈高亮度显示，且由原来的实线变为虚线。最常用的选择方法有以下几种：

1. 点选方式

通过鼠标或其他输入设备直接点取实体对象。

选择对象方法

2. 窗口选取方式

命令行无执行命令或出现“选择对象：”提示时，将光标拾取框移到图中适当位置单击鼠标左键，命令行提示：“指定对角点”时，用鼠标由左向右拖动出一个矩形窗口，选取合适位置后单击鼠标左键，完全位于窗口内部的实体对象均被选中，呈高亮度显示，而位于窗口外部以及与窗口相交的实体对象没有被选中。

3. 交叉窗口选取方式

命令行无执行命令或出现“选择对象：”提示时，将光标拾取框移到图中适当位置单击鼠标左键，命令行提示：“指定对角点”时，用鼠标由右向左拖动出一个矩形窗口，选取合适位置后单击鼠标左键，完全位于窗口内部的实体对象和与窗口相交的实体对象均被选中。

4. 全选方式

如果要将全部物体选中，同时按住【Ctrl】和【A】键，即可选中图中的所有对象。

五、直线命令

直线命令

1. 命令的调用方法

（1）下拉菜单：单击[绘图]\[直线]命令。

（2）工具栏：单击绘图工具栏中的 按钮。

（3）键盘命令：在命令行输入 Line（或缩写 L）。

2. 功　能

直线命令用于绘制直线段、折线段或闭合多边形对象，如图 1-31 所示。

图 1-31　直线命令绘制图形

3. 操作及选项说明

直线是各种绘图中最常用、最简单的一类图形对象，在 AutoCAD 中直线的概念相当于数学中的线段，即两点之间的连线。因此在使用“Line”命令绘制直线时，只需要一次确定直线的两点即可。确定端点的方法有两种：一是直接在提示行输入点的坐标；二是使用鼠标在绘图区内选某一点。

命令：_line 指第一点：

指定下一点或[放弃(U)]:

指定下一点或[闭合(C)/放弃(U)]:

- 指定第一点：指定直线的起点。
- 指定下一点：指定直线的下一个端点。
- 放弃（U）：取消刚绘制的一段直线。
- 闭合（C）：当用户利用连续画线功能绘制两条以上的直线后，用户可在命令行输入闭合（C）选项，AutoCAD 将自动连接用户确定的第一个和最后一个端点，形成一个封闭的多边形。

【操作技能】

步骤 1：单击[文件]\[新建]命令，新建一个文件。

步骤 2：运用[直线]命令在绘图区任意绘制 5 条直线。

步骤 3：单击[文件]\[保存]命令，保存文件名为“直线”。保存路径为：C:\Users\Administator\Desktop。

步骤 4：用任意方式关闭此文件。

步骤 5：单击[文件]\[打开]命令，打开已有文件“直线”。

步骤 6：用窗口选取方式对所有直线进行选择。

步骤 7：撤销对直线的选择。

【任务小结】

本任务主要应用图形文件的新建、打开、保存和关闭的常用方法对图形进行管理。此外，还介绍了鼠标的基本操作、命令的调用、最常用的选择图形对象的方法。这些都是 AutoCAD 的基础操作，要求全部熟练掌握。

【任务训练】

训练 1：新建一个图形文件，以“图一”为文件名进行保存。

训练 2：用 3 种命令启动方法执行“直线”命令，绘制多个任意多边形，同步练习撤销、取消和重复命令的操作。

任务四　设置绘图环境

【学习要点】

★ 学会正确设置绘图单位和图形界限。

★ 正确理解几种坐标的表达方式。

★ 了解其他环境选项的设置。

【任务内容】

绘制 A4 图幅的图框，如图 1-32 所示。在绘图之前先对绘图环境进行初始化设置，使用“格式”菜单中“图形界限”命令将绘图环境设置为 A4 图幅大小后，再使用直线命令和点的坐标绘制与图形界限相匹配的图框。

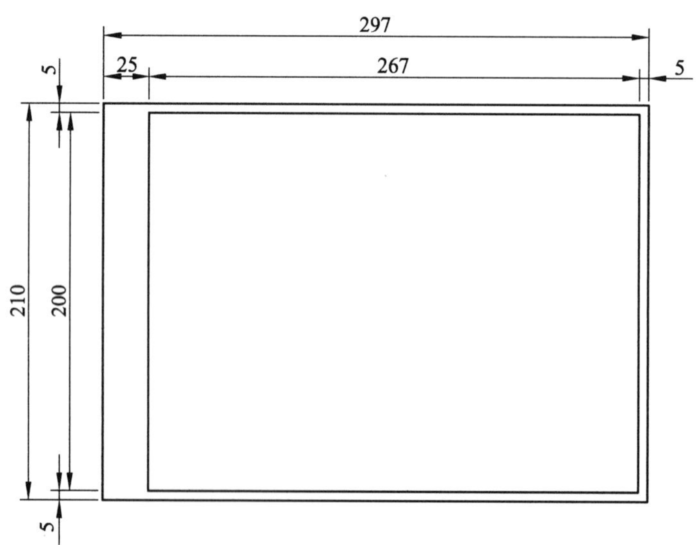

图 1-32　绘制 A4 图幅并设置绘图环境

【理论基础】

一、设置图形单位

1. 命令的调用方法

（1）下拉菜单：单击[格式]\[单位]命令。

（2）键盘命令：在命令行中输入 Units。

2. 功　能

AutoCAD 中的图形都是以真实比例进行绘制，因此，无论是在确定图形之间缩放和标注比例，还是最终出图打印都需要对图形单位进行设置。AutoCAD 提供了适合各种专业绘图的绘图单位，其绘图单位默认值为毫米。

对于一个已有的图形文件，用户可根据需要来改变其图形单位设置。

3. 操作及选项说明

单击[格式]\[单位]命令，弹出如图 1-33 所示的“图形单位”对话框。

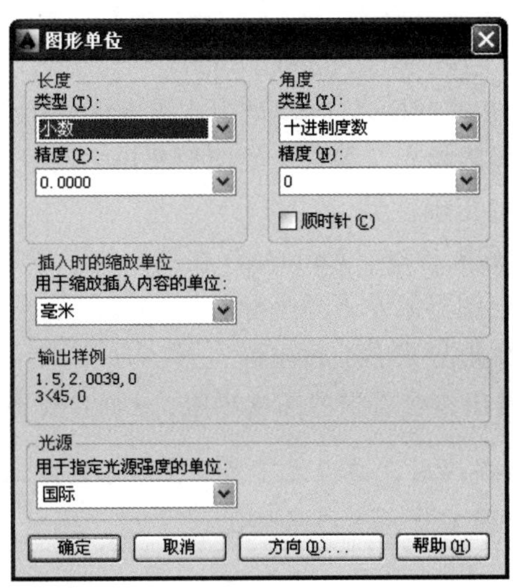

图 1-33　“图形单位”对话框

[长度] 选项组：设定长度的单位类型及精度。

- “类型”下拉列表框：可以选择长度单位类型，默认为“小数”。
- “精度”下拉列表框：可以选择长度精度，默认为“0.0000”。

[角度] 选项组：设定角度单位类型和精度。

- “类型”下拉列表框：可以选择角度单位类型，默认为“十进制度数”。
- “精度”下拉列表框：可以选择角度精度，默认为“0”。
- “顺时针”复选框：控制角度方向的正负。默认逆时针为正，选中该复选框时，顺时针为正。

[插入时的缩放单位] 选项组：控制当插入一个块时，其单位如何换算。

［光源］选项组：用于指定光源强度的单位，可以在“国际、美国、常规”中选择其中的一种。

二、设置图形界限

设置图形界限

1. 命令的调用方法

（1）下拉菜单：单击[格式]\[图形界限]命令。

（2）键盘命令：在命令行输入 Limits。

2. 功　能

图形界限是绘图的范围，相当于手工绘图时图纸的图幅。在 AutoCAD 中，绘图区是无限大的，但是绘制的图形大小是有限的，在绘图之前设定合适的绘图界限，然后将其最大化显示，有利于确定图形绘制的大小、比例、图形之间的距离和检查图形是否超出“图框”。

3. 操作及选项说明

命令：_limits

重新设置模型空间界限：

指定左下角点[开(ON) / 关(OFF)]<0.0000,0.0000>：

指定右上角点<420.0000,297.0000>：（< >中的值为系统默认值）

- 开（ON）：打开绘图界限检查，如果所绘图形超出了图限，则系统不绘制图形并给出提示信息，从而保证了绘图的正确性。
- 关（OFF）：关闭绘图界限检查。AutoCAD 在默认状态下是“关（OFF）”状态。
- 指定左下角点：设置绘图界限左下角坐标。
- 指定右上角点：设置图形界限右上角坐标。

通过以上设定，可以设置出符合要求的图纸界限，从而在绘图时也可以方便地布置图纸。

技巧提示：在设置图形界限时，建议左下角点坐标采用默认值<0.0000,0.0000>即坐标原点，这样便于确定图形界限右上角点的坐标值。

三、坐标系与点的坐标输入方式

1. 坐标系

坐标系是图形学的基础，利用坐标系可以精确地确定图形在空间中所处的位置。AutoCAD 提供了精确确定图形对象位置及方向的坐标系统，包括默认的世界坐标系 WCS（World Coordinate System)和用户可以自己定义的用户坐标系 UCS（User Coordinate System）。

（1）世界坐标系（WCS）。AutoCAD 默认采用的是世界坐标系，如图 1-34 所示，这个坐标系存在于任何一个图形之中，并且不可更改，但可以从任意角度、任意方向来观察或旋转。世界坐标系是 AutoCAD 中最基本的坐标系，由 X、Y 和 Z 三个轴组成，其中水平方向的坐标轴为 X 轴，以向右为其正方向；垂直方向的坐标轴为 Y 轴，以向上为其正方向；垂直于

X-Y 平面的坐标轴为 Z 轴，以垂直于屏幕向外为其正方向。

AutoCAD 默认情况下在图形窗口的左下角处显示 WCS 图标，在图形的绘制期间坐标系的原点和坐标轴的方向都不会改变，坐标系原点坐标默认为（0，0，0），图样上的任何一点，都可以用从原点的位移来表示。

（2）用户坐标系（UCS）。为了绘图方便，用户经常需要改变坐标系的原点和方向，此时世界坐标系就变成了用户坐标系，如图 1-35 所示。基于世界坐标系（WCS），用户可根据需要创建无限多的新坐标系，这些坐标系即为用户坐标系（UCS）。用户使用“UCS”命令来对用户坐标系（UCS）进行定义、保存、恢复和移动等一系列操作。用户坐标系中三个坐标轴之间始终相互垂直，但它的原点及 X、Y 和 Z 三个轴方向和位置都可以任意调整。

图 1-34　世界坐标系（WCS）　　图 1-35　用户坐标系（UCS）

2. 点的坐标输入方式

在 AutoCAD 中，用户可以通过键盘输入点的坐标方式来精确绘图。最基本的坐标表示方法有 4 种：绝对直角坐标、相对直角坐标、绝对极坐标、相对极坐标。在绘制二维图形时，点的 Z 坐标为 0，不需考虑。

（1）绝对直角坐标。绝对直角坐标是当前点相对于坐标系原点的坐标值。其输入表示方法为：“X,Y”。如图 1-36（a）所示，输入某点的绝对直角坐标为“50,80”。注意：输入的“,”必须是英文状态下的“逗号”；若点在 X 或 Y 轴的负方向，需在数值前输入“-”号。

（2）相对直角坐标。相对直角坐标是指当前点相对于前一点的坐标的增量。其输入表示方法为：“@X,Y”。如图 1-36(b)所示，输入某点的相对直角坐标为“@20,20”。注意：输入相对坐标时，必须在前面加上“@”符号。

（3）绝对极坐标。绝对极坐标是以坐标原点为极点，输入当前点相对于极点的距离和与 X 轴的夹角来定位点的位置。其输入表示方法为：“距离 < 角度”。距离为当前点与极点的直线距离，角度为两点之间的连线与 X 轴正方向的夹角，角度逆时针旋转为正，若要指定顺时针方向，则角度输入负值。如图 1-36（c）所示，输入某点的绝对极坐标为“60<30”。注意：距离和角度中间必须输入“<”符号。

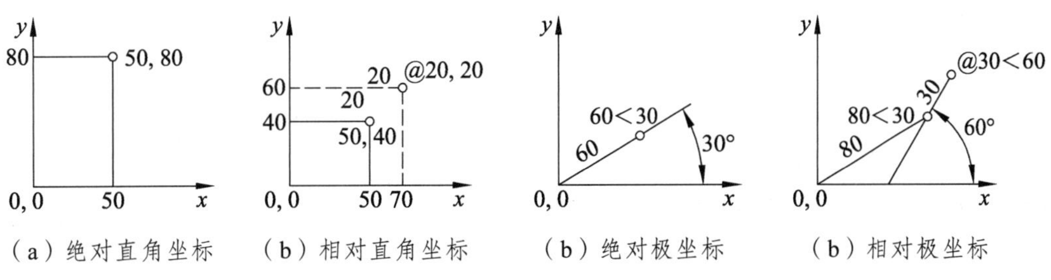

（a）绝对直角坐标　（b）相对直角坐标　（b）绝对极坐标　（b）相对极坐标

图 1-36　四种坐标图例

（4）相对极坐标。相对极坐标是以前一点为极点，输入当前点相对于前一点的距离和两点之间的连线与 X 轴的夹角来定位点的位置。其输入表示方法为："@距离<角度"。如图 1-36（d）所示，输入某点的相对极坐标为"@30<60"。

【操作技能】

步骤 1：设置图形界限。

使用默认的图形单位；设置图形界限大小为 297 mm × 210 mm。

```
命令：_limits                                    //单击[格式]\[图形界限]命令
重新设置模型空间界限：
指定左下角点或[开(ON)/关(OFF)]<0.0000,0.0000>:
                                                 //默认左下角点坐标为"0，0"直接回车
指定右上角点<420.0000,297.0000>:297,210           //输入图形界限右上角点的坐标
```

步骤 2：运用直线命令和点的坐标绘制 297 mm × 210 mm 的长方形。

```
命令: _line                                      //单击[绘图]\[直线]命令
指定第一点: 0,0                                  //指定第一点坐标，回车
指定下一点或 [放弃(U)]: 297,0                    //指定第二点坐标，回车
指定下一点或 [放弃(U)]: 297,210                  //指定第三点坐标，回车
指定下一点或 [闭合(C)/放弃(U)]: 0,210            //指定第四点坐标，回车
指定下一点或 [闭合(C)/放弃(U)]: c                //闭合
```

步骤 3：运用直线命令和点的坐标绘制 267 mm × 200 mm 的长方形。

```
命令: _line                                      //单击[绘图]\[直线]命令
指定第一点: 25,5                                 //指定第一点坐标，回车
指定下一点或 [放弃(U)]: 292,5                    //指定第一点坐标，回车
指定下一点或 [放弃(U)]: 292,205                  //指定第三点坐标，回车
指定下一点或 [闭合(C)/放弃(U)]: 25,205           //指定第四点坐标，回车
指定下一点或 [闭合(C)/放弃(U)]: c                //闭合
```

【任务小结】

本任务主要介绍了图形单位、图形界限的设置方法及坐标系、点的坐标输入的有关知识。在绘制图形之前应进行相应的绘图环境设置，有了统一的规定才能更好地绘图和技术交流。

【任务训练】

训练 1：运用直线命令和点的坐标绘制如图 1-37 所示的平面图形。

训练 2：设置图形界限为 A2 图幅的大小，绘制 A2 图幅的边框，并运用直线命令和点的坐标在边框内绘制边长为 100 mm 的正八边形。

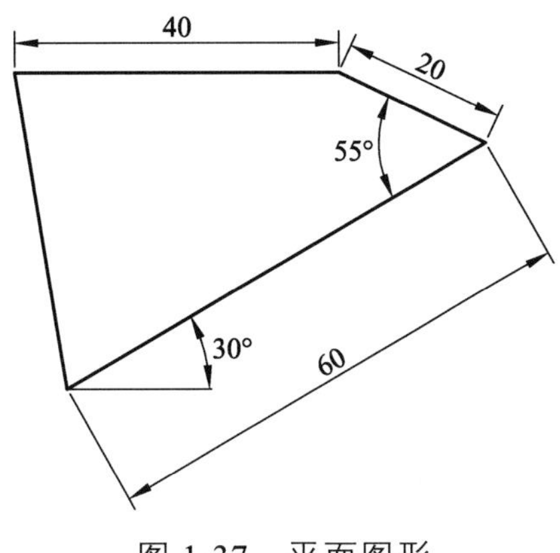

图 1-37　平面图形

任务五　图形的显示

【学习要点】

★ 掌握图形在绘图区显示缩放的操作方法。

★ 掌握平移命令的操作方法。

【任务内容】

图形在绘图区的观察和显示主要通过“缩放”命令实现。打开已有的“A4 图框”文件，调出“缩放”工具栏，单击“范围缩放”工具按钮，将全部图形充满绘图区显示，如图 1-38 所示。再使用“平移”命令观察图形的不同区域。

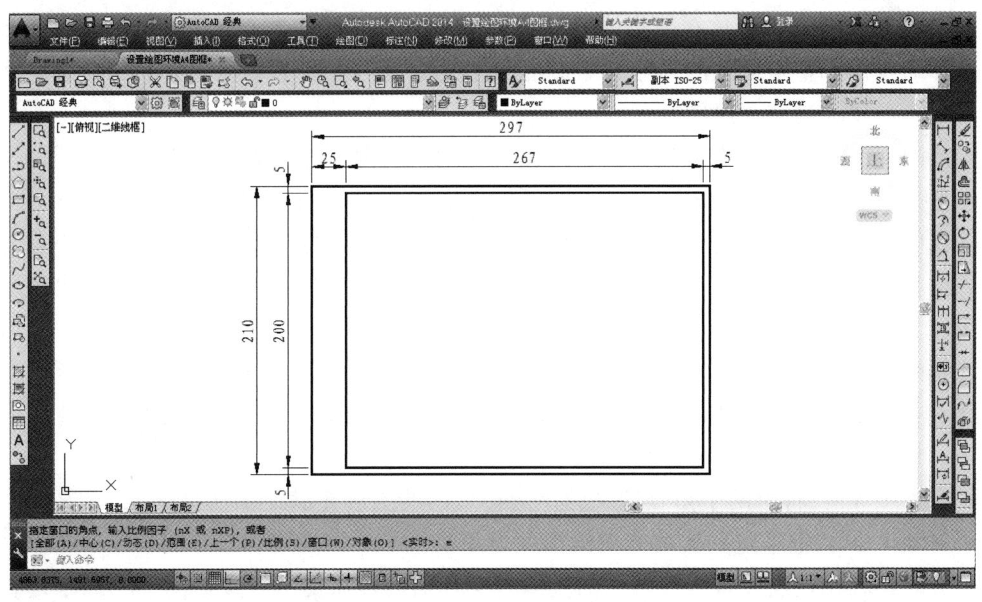

图 1-38　图形显示

【理论基础】

一、显示缩放命令

1. 命令的调用方法

（1）下拉菜单：单击[视图]\[缩放]命令。

（2）工具栏：单击缩放工具栏中各按钮。

（3）键盘命令：在命令行输入 Zoom（或缩写 Z）。

2. 功 能

改变图形在绘图区的显示大小及区域，可以按需要显示和观察图形的不同位置。

3. 操作及选项说明

命令：_zoom

指定窗口的角点，输入比例因子(nX 或 nXP)，或者[全部(A)/中心(C)/动态(D)/范围(E)/上一个(P)/比例(S)/窗口(W)/对象(O)]<实时>:

按【Esc】或【Enter】键退出或单击右键在显示快捷菜单中退出。

- 全部（A）：在绘图区中显示全部图形或图形界限。如果图形没有超出图形界限，将图形界限充满整个绘图区全部显示；如果图形超出当前设置的图形界限，将全部图形和图形界限充满整个绘图区全部显示。
- 中心（C）：缩放显示由设定的显示中心和高度（或缩放比例）所定义的窗口。用十字光标在需要放大的图形中间位置上单击，确定放大显示的中心点，再绘制一条垂直线段来确定需要放大显示的高度，图形将按照所绘制的高度被放大并充满整个绘图区。
- 动态（D）：可动态地确定缩放图形的大小和位置。光标变成中心有“×”标记的矩形框后移动鼠标，将矩形框放在图形的适当位置单击，矩形框的中心标记变为右侧“→”标记时，移动鼠标调整矩形框的大小，矩形框的左边位置不会发生变化，按【Enter】确认，矩形框中的图形将充满整个绘图区。
- 范围（E）：将所有图形充满整个绘图区显示，与图形界限无关。
- 上一个（P）：返回显示的前一屏，可依次返回前 10 屏的图形显示。
- 比例（S）：以指定的比例因子缩放显示图形。该选项将绘图区中心作为中心点，并依据输入的相关参数值进行缩放。n 方式：相对于图形界限。若要相对图形界限按比例缩放图形，可以直接输入一个不带任何后缀的正值。nX 方式：相对于当前图形。若要相对当前图形按比例缩放图形，只需在输入的比例值后面加上“X”。nXP 方式：相对于图纸空间单位。当工作在布局中时，若要相对图纸空间单位按比例缩放图形，可以在输入的比例值后面加上“XP”。
- 窗口（W）：将由两个角点定义的矩形窗口内的图形充满绘图区显示。
- 对象（O）：把选定的实体充满绘图区显示。
- 实时：利用定点设备，在合适的范围内交互缩放。在提示后直接按【Enter】键，进入实时缩放状态，此时屏幕上出现一个类似放大镜的小标记。按住鼠标左键向上移动则将图形放大，向下移动则将图形缩小。这时命令行提示为：按【Esc】键或【Enter】键退出；或单击鼠标右键，在显示的快捷菜单中选择“退出”选项结束命令。

技巧提示：全部（A）显示的快捷操作方式是双击鼠标滚轮；实时缩放的快捷操作方式是滚动鼠标滚轮。多种显示缩放命令交替使用更便于观察图形。

二、平移图形命令

1. 命令的调用方法

（1）下拉菜单：单击[视图]\[平移]\[实时]命令。

（2）工具栏：单击标准工具栏中的按钮。

（3）键盘命令：在命令行输入 Pan（或缩写 P）。

2. 功　能

在不改变图形缩放比例的情况下，移动整张图纸来观察图形。

3. 操作及选项说明

单击[视图]\[平移]\[实时]命令，屏幕上光标变成一只小手形状，按住鼠标左键向任何方向移动光标，图纸就可按光标移动的方向移动，确定位置后按【Esc】键或【Enter】键退出，或单击鼠标右键，在显示的快捷菜单中选择“退出”选项结束命令。

技巧提示：平移命令的快捷操作方式是按下鼠标滚轮移动鼠标。

【操作技能】

步骤 1：打开已有“A4 图框”文件。

单击[文件]\[打开]，选择“A4 图框.dwg”，单击“打开”按钮，如图 1-39 所示。

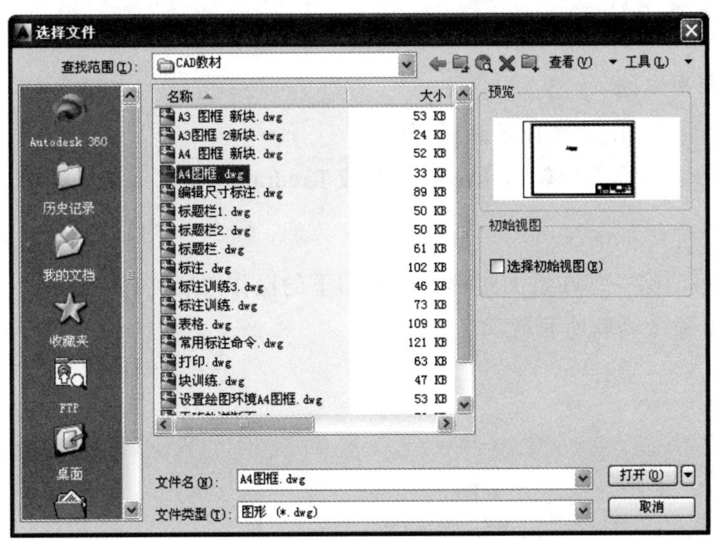

图 1-39　打开已有文件

步骤 2：将图形充满整个绘图区显示。

打开“缩放”工具栏，放置在“绘图”工具栏的右侧，单击“缩放”工具栏上的 按钮，将图形充满整个绘图区显示，如图 1-40 所示。

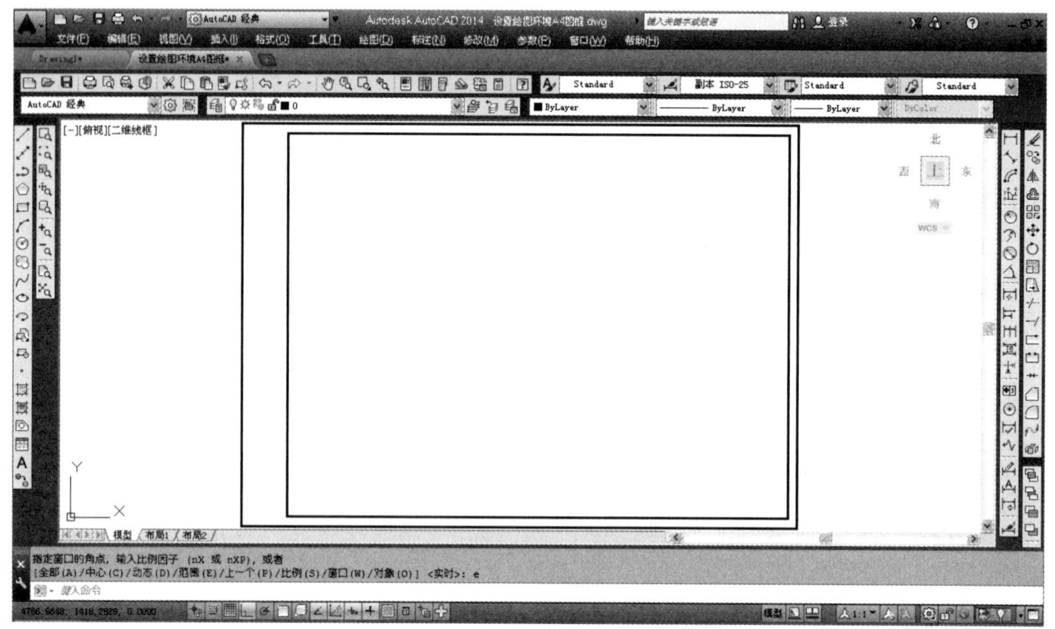

图 1-40　图形充满绘图区显示

步骤 3：平移图纸观察图形。

单击标准工具栏中的 按钮，平移图纸观察图形的不同区域。

【知识拓展】

一、重画命令

1. 命令的调用方法

（1）下拉菜单：单击[视图]\[重画]命令。

（2）键盘命令：在命令行输入 Rredrawall 或 Rredraw。

2. 功　能

可以刷新屏幕消除一些在绘图过程中系统留下的操作“痕迹”。Rredraw 命令只刷新当前窗口，Rredrawall 命令刷新所有视口。

二、重生成命令

1. 命令的调用方法

（1）下拉菜单：单击[视图]\[重生成]命令。

（2）键盘命令：在命令行输入 Regen 或 Regenall。

2. 功　能

刷新视口，重生成与重画的区别在于会重新计算图形数据在屏幕的显示结果，所以速度较慢。当［重画］命令无法清除屏幕上的“痕迹”时再选择［重生成］命令重生成视口。Regen 命令只刷新当前窗口，Regenall 命令刷新所有视口。

【任务小结】

计算机显示屏幕的大小是有限的，当绘图区域受到计算机硬件的限制时，AutoCAD 提供的显示命令可以对图形进行显示缩放，平移命令可以在不改变图形缩放比例的情况下移动整张图纸，这样就可以根据用户需要观察图形细节或浏览全图。

【任务训练】

训练：任意打开一个图形文件，利用“Zoom”命令的不同选项，进行缩放操作。

任务六　建立管理图层

【学习要点】

★ 理解图层的特性与状态的含义。

★ 掌握创建新图层和设置图层特性的操作方法。

★ 掌握设置当前图层、删除图层等操作方法。

【任务内容】

在图 1-41 所示的“图层特性管理器”对话框中，创建“对称线”图层，设置颜色为蓝色，线型为 CENTERX2，线宽为 0.20 mm；创建“虚线”图层，设置颜色为绿色，线型为 DASHED，线宽为默认值；创建“粗实线”图层，设置颜色为红色，线型为 Continuous，线宽为 0.50 mm；创建“实线”图层，设置颜色为黄色，线型为 Continuous，线宽为默认值，并将“粗实线”图层设为当前图层。

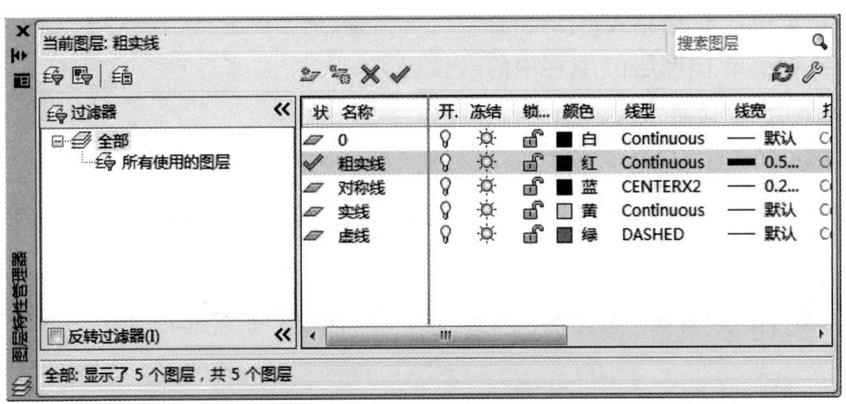

图 1-41　创建和设置图层

【理论基础】

一、图层的概念

图层是 AutoCAD 中用来组织和管理图形最有效的工具之一，在 AutoCAD 中，每一个图层都以一个名称作为标识，并拥有各自的颜色、线型、线宽等各种特性和开、关、冻结等不同的状态。

AutoCAD 中的图层就相当于完全重合在一起的透明纸，用户可以任意地选择其中一个图层绘制图形，而不会受到其他层上图形的影响。使用 AutoCAD 绘图时，图形总是绘在某一图层上，而这个图层可以是由系统生成的默认图层，也可以是由用户自己创建的图层。每一个图层都是相对独立的，用户可以对该图层的图形进行自由编辑。

用户可以使用不同的图层、不同的颜色、不同的线型和线宽绘制不同的对象和元素。这样不仅能使图形的各种信息清晰、有序，便于观察，而且也会给图形的编辑、修改和输出带来很大的方便，从而提高绘制复杂图形的效率和准确性。

例如，绘制一幅复杂的机械图时，可以分别为粗实线、细实线、虚线、中心线、辅助线、尺寸标注等创建不同的图层，并为这些图层设置好相应的颜色、线型和线宽，这样绘制不同的对象就选择相应的图层即可，而不必在每次绘制时都要设置相应的颜色、线型和线宽。

在 AutoCAD 中，图层具有以下特点：

（1）所有的图层具有相同的坐标系、图纸界限和缩放比例，并能完全对齐；

（2）AutoCAD 可定义的图层数不限，每个图层中实体的个数也不限；

（3）0 层是唯一的主层，它是初始的当前层，用户无权对 0 层改名，也不能删除它；

（4）当前图层是图层的一种状态，绘图只能在当前层进行，当前图层不会被删除。

二、图层的特性与设置

（一）设置图层

1. 命令的调用方法

（1）下拉菜单：单击[格式]\[图层]命令。

（2）工具栏：单击[图层]工具栏中的按钮。

（3）键盘命令：在命令行输入 Layer。

2. 功　能

创建图层、删除图层、设置当前层以及设置各图层的状态、颜色、线型、线宽等属性。

3. 操作及选项说明

单击[格式]\[图层]命令，弹出图层特性管理器对话框，如图 1-42 所示。

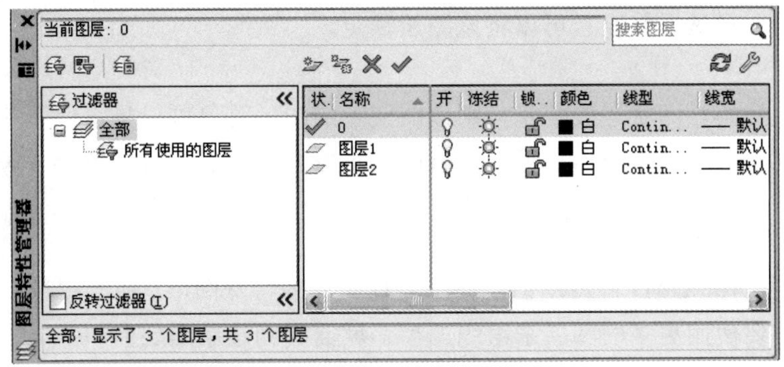

图 1-42 “图层特性管理器”对话框

（1）名称。

图层的名称是图层的唯一标识，绘图时通常给每个图层取一个能说明其用途的名称。图层的命名可以包括字母、数字、中文字符和一些专用字符，但不能出现空格。

（2）颜色。

颜色在图形中具有非常重要的作用，可用来表示不同的组件、功能和区域。图层的颜色实际上是图层中图形对象的颜色。每个图层都拥有自己的颜色，对不同的图层可以设置相同的颜色，也可以设置不同的颜色，绘制复杂图形时就可以很简单区分图形的各部分。

（3）线型。

线型是指图形基本元素中线条的组成和显示方式，如虚线和实线等。在 AutoCAD 中既有简单线型，也有由一些特殊符号组成的复杂线型，以满足不同国家或行业标准的要求。在绘制图形时要使用线型来区分图形元素，这就需要对线型进行设置。

（4）线宽。

线宽就是线条宽度。在 AutoCAD 中，使用不同线宽的线条表现对象的大小或类型，可以提高图形的表达能力和可读性，同时也是为了满足不同国家或行业标准的要求。

（5）打开/关闭。

单击 💡 可打开/关闭图层，打开/关闭状态决定了某一图层内容是否可见，只有在打开状态下该图层才可以被显示、编辑或打印输出；而在关闭状态下，该图层上的图形对象不能被显示或打印，被关闭的图层仍然是图的一部分，他们只是被隐藏起来了，需要时可以打开它们。暂时关闭与当前工作无关的图层可以减少干扰，使用户更加方便快捷地工作。

（6）冻结/解冻。

如果某个图层被设置为冻结状态，则该图层上的图形对象不能被显示，而且也不能参加图形之间的运算。从可见性方面来看，冻结和关闭是一样的，它们之间的差异在于被冻结图层上的对象不能参加图形处理过程中的运算，而关闭的图层会参加运算，因此用户可以将长期不需要显示的图层冻结，提高对象选择的性能，减少复杂图形的重生成时间，冻结的图标为 ❄，解冻的图标为 ☼。

（7）锁定/解锁。

可设定图层的加锁 🔒（图标为关闭的锁）和解锁 🔓（图标为打开的锁）。处于锁定状态的图层上的对象可以显示，但不能被编辑，如果锁定的是当前图层，可以在上面绘图。为防止某一图层上的图形被误修改，可以将该图层锁定。

（8）打印。

如果某个图层的打印状态被禁止，则该图层上的图形对象可以显示但不能打印。例如，如果图层只包含构造线、参照信息等不需打印的对象，则可以在打印图形时关闭该图层。

（二）图层的创建

创建新图层

默认情况下，AutoCAD 将自动创建一个名称为 0 的特殊图层，在绘图过程中，如果用户要使用更多的图层来组织图形，就需要创建新图层。

（1）单击[格式]\[图层]命令，打开“图形特性管理器”对话框，如图 1-43 所示。

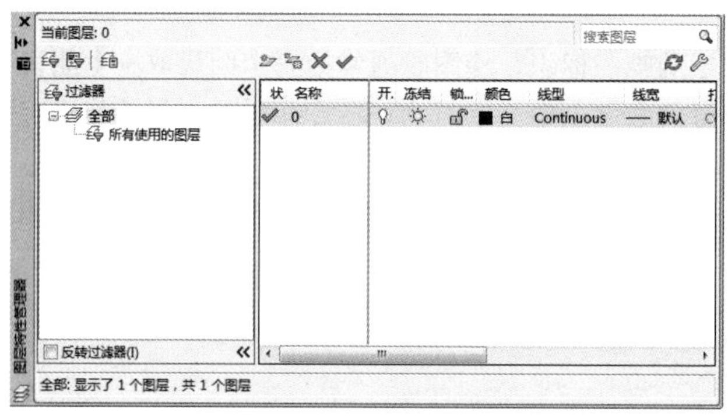

图 1-43 “图形特性管理器”对话框

（2）在对话框中单击按钮，系统自动在图层列表框中建立一个新图层。用户可以定义层名。默认情况下，新建图层与当前图层的状态、颜色、线性、线宽等设置相同。当创建了图层后，图层的名称将显示在图层列表框中，如果要更改图层名称，可单击该图层名，然后输入一个新的图层名，如“对称线”，然后按【Enter】键，如图 1-44 所示。

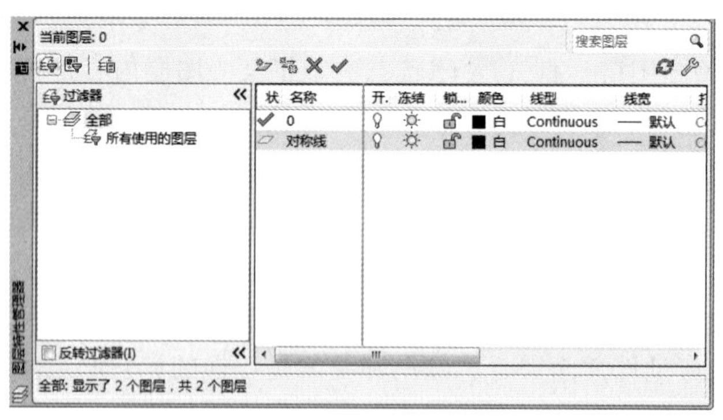

图 1-44 新建“对称线”图层

（三）设置颜色、线型和线宽等图层特性

1. 设置图层颜色

设置图层颜色

新建图层后，如果要改变图层的颜色，可在“图层特性管理器”对话框

中，单击图层的“颜色”列对应的图标，打开“选择颜色”对话框，如图 1-45 所示。

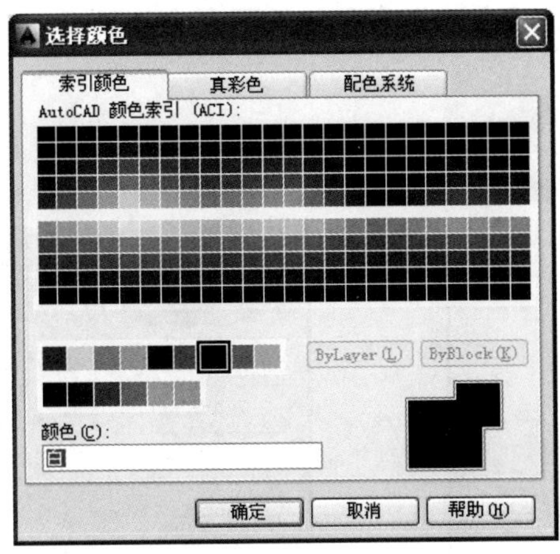

图 1-45 “选择颜色”对话框

2. 设置图层线型

默认情况下图层的线型为 Continuous，要改变线型，可在图层列表中单击“线型”列的 Continuous，打开“选择线型”对话框，如图 1-46 所示。如果要选择其他的线型，可以从线型库中加载所需的线型，单击“加载”按钮，系统打开“加载或重载线型”对话框，如图 1-47 所示，在该对话框中选择所需要的线型，单击“确定”按钮，所选线型即被加载到“选择线型”对话框的“已加载的线型”列表中，用户可在此设置图层的线型。

设置图层线型

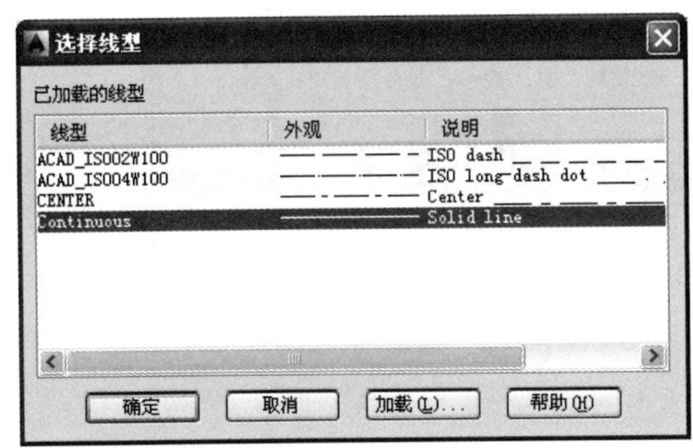

图 1-46 “选择线型”对话框

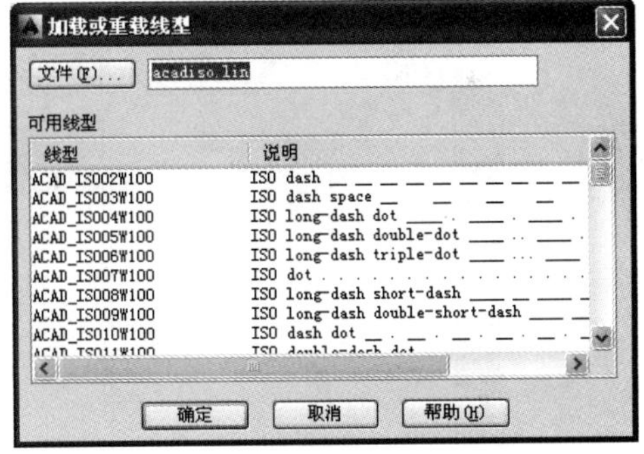

图 1-47 “加载或重载线型”对话框

3. 设置图层的线宽

可以在“图层特性管理器”对话框的“线宽”列中单击该图层对应的线宽“——默认”，打开“线宽”对话框，如图 1-48 所示，有 20 多种线宽可供选择，用户可利用该对话框为图层设置线宽。也可以单击[格式]\[线宽]命令，打开“线宽设置”对话框，如图 1-49 所示，通过调整线宽比例，使图形中的线宽显示得更宽或更窄。“显示线宽”复选框用于设置是否显示图形的实际线宽，也可以单击状态栏中的+按钮，显示线宽。

设置图层线宽

技巧提示：在绘制图形时，应尽量将不同的实体（如隧道口、洞门、建筑的楼等）放到不同的图层上，以便于图层管理或在其他绘图中直接调用。

图 1-48 “线宽”对话框

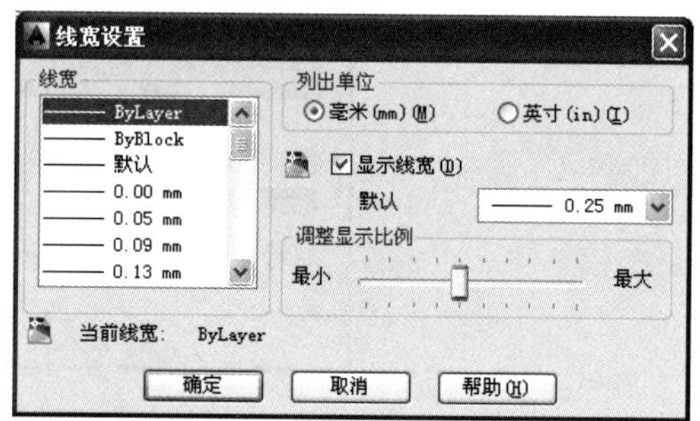

图 1-49 “线宽设置”对话框

（四）图层的管理

1. 删除图层

如图 1-50 所示，在“图层特性管理器”对话框中，选定要删除的某一图层，使其亮显，单击“删除图层”按钮✖，将在选定的图层上出现标记✖，然后单击“应用”按钮，即可删除此图层。

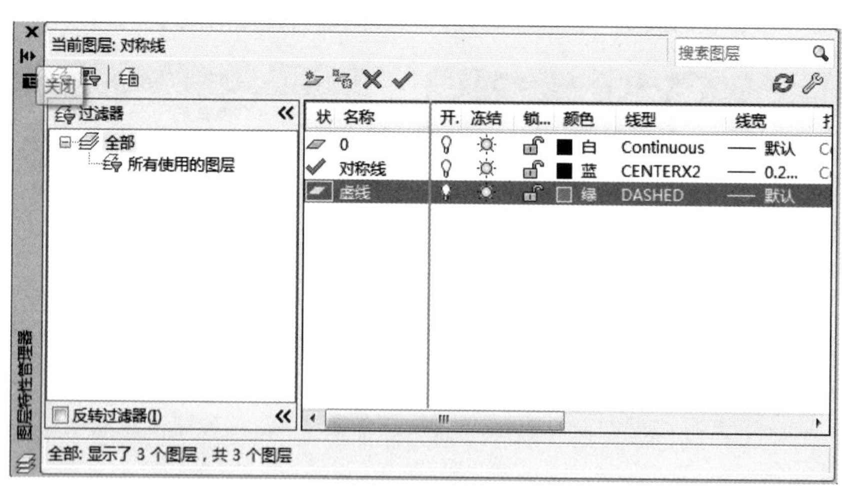

图 1-50 “图层特性管理器”对话框

2. 将某个图层设置成为当前图层

由于绘图时只能在当前图层上进行，所以用户经常要改变当前图层，将某个图层设置成为当前图层，有两种方法：

设置当前图层

（1）在“图层特性管理器”对话框中，首先选中某个图层，然后单击

“置为当前”按钮 ，将在选定的图层上出现“√”标记。

（2）在“图层”工具栏上单击打开下拉列表 ，然后单击图层名称即可。

> **技巧提示：** 利用“图层”工具栏上的下拉列表，可以不必打开“图层特性管理器”对话框，快速选择当前层，进行开/关、冻结/结冻、锁定/解锁图层的设置，提高绘图效率。

【操作技能】

步骤 1：新建图层。

单击[图层]面板上的 按钮，打开“图层特性管理器”对话框，再单击 按钮，列表框显示出名称为“图层 1”的图层，直接输入“对称线”，按【Enter】键结束。用相同的方法总共创建 4 个图层，如图 1-51 所示。

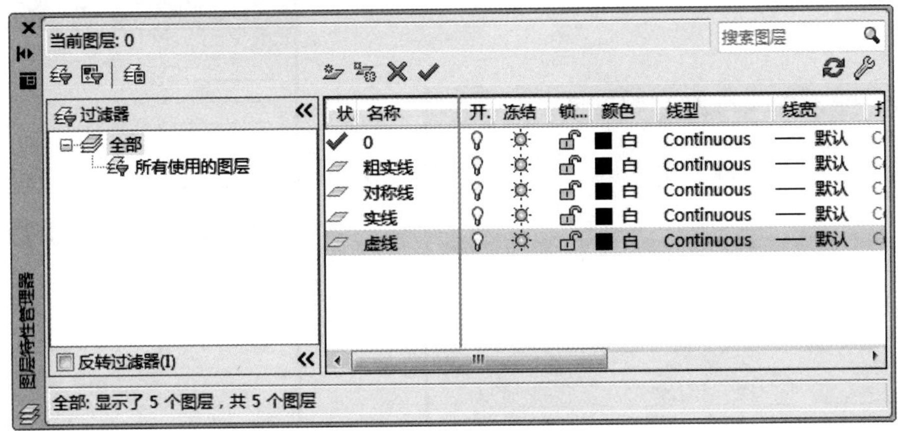

图 1-51　新建图层

步骤 2：指定图层颜色。

选中“对称线”层，单击与所选图层关联的图标 ■白色，打开“选择颜色”对话框，选择蓝色，如图 1-52 所示。相同的方法设置其他图层的颜色。

步骤 3：给图层分配线型。

选中“对称线”层，单击与所选图层关联的“Continuous”，打开“选择线型”对话框。单击“加载”按钮，打开“加载或重载线型”对话框，如图 1-53 所示，选择线型“CENTERX2”“DASHED”，再单击“确定”按钮，这些线型就被加载到“选择线型”对话框的“已加载的线型”列表中，选择“CENTERX2”，如图 1-54 所示，单击“确定”按钮后，该线型就分配给“对称线”图层。用相同的方法将其他图层线型分别进行设置。

步骤 4：指定图层线宽。

选中“对称线”层，单击与所选图层关联的图标 —— 默认，打开“线宽”对话框，指定线宽为 0.20 mm，如图 1-55 所示。用相同的方法设置其他图层线宽。

步骤 5：指定当前层。

选中“粗实线”层，单击 按钮，图层前出现绿色标记“√”，说明“粗实线”变为当前层。

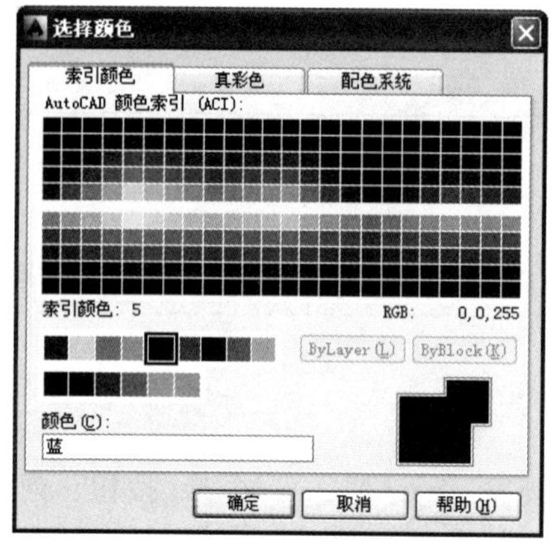

图 1-52 颜色选择

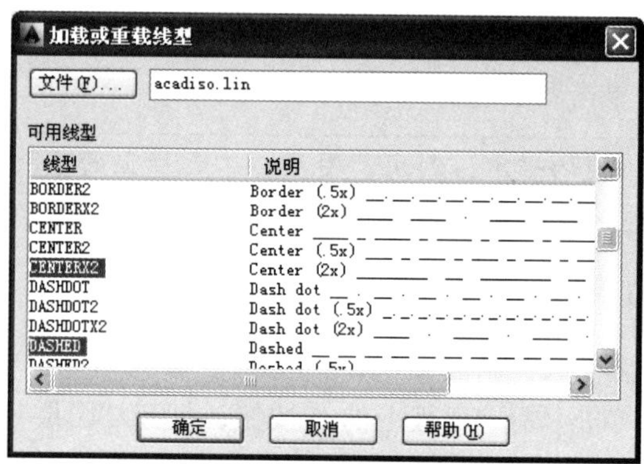

图 1-53 加载线型

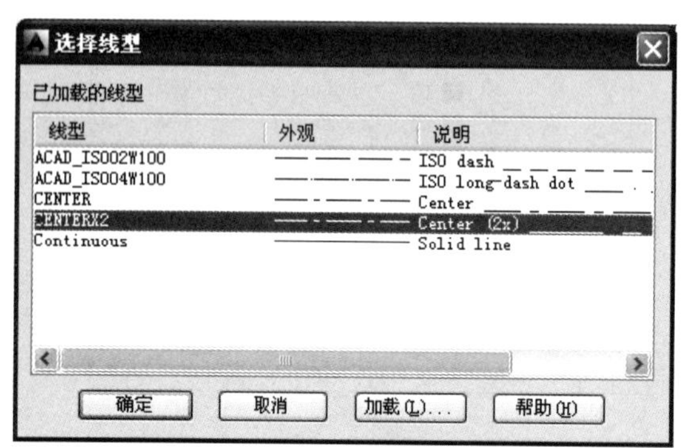

图 1-54 线型选择

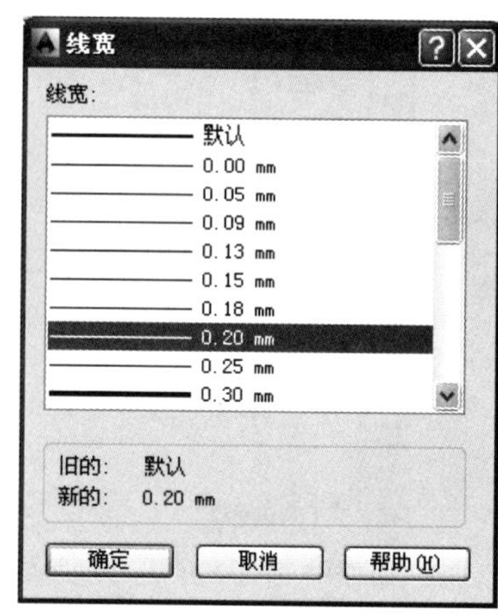

图 1-55 线宽选择

【知识拓展】

设置非连续线型的外观

1. 命令的调用方法

（1）下拉菜单：单击[格式]\[线型]命令。

（2）工具栏：单击特性工具栏中 ——— ByLayer 下拉列表中的其他选项。

2. 功　能

当用户绘制的点画线、虚线等非连续线看上去与连续线一样时，即可调节其线型的比例因子控制非连续线的显示外观。

3. 操作及选项说明

单击[格式]\[线型]命令，弹出“线型管理器”对话框，单击“显示细节”按钮，在对话框的底部会出现“详细信息”选项组，如图 1-56 所示。在“全局比例因子”文本框内输入新的比例因子（默认值为 1），单击“确定”按钮。

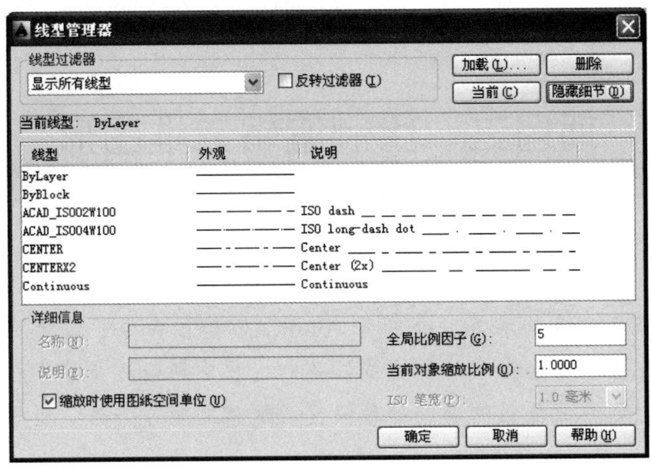

图 1-56 “线型管理器”对话框

【任务小结】

本任务介绍了图层的创建与命名，颜色、线形、线宽等特性的设置，图层删除及设置当前图层等操作方法。在 AutoCAD 中，图层是用于组织复杂图形的必要工具，它对于图形文件中各类对象的分类管理和综合控制起着重要作用。

【任务训练】

训练：在刚完成的任务操作的基础上，使用“直线”命令，分别在各图层绘制任意图形，再设置图层的开/关、冻结/结冻、锁定/解锁状态，观察其作用。

项目二　绘制编辑二维图形

【项目导学】

本项目通过对多个任务的实施，介绍了AutoCAD绘图命令、编辑修改命令及辅助绘图命令的功能与操作方法。学生在学习和完成任务的过程中还会逐步摸索和掌握二维图形绘制的思路及流程，并能选用最适当的命令和最快捷、简单的操作方法、步骤完成绘制。

【学习目标】

1. 知识目标

（1）熟悉辅助绘图命令的调出与操作。

（2）熟悉绘图命令、编辑修改命令的调出与操作。

（3）熟悉绘图命令、编辑修改命令快捷键的操作。

2. 能力目标

（1）熟练使用各种绘图命令，掌握操作技巧。

（2）熟练使用各种编辑修改命令，掌握操作技巧。

（3）合理应用各种辅助绘图命令，提高绘图的精准度和效率。

（4）掌握二维图形绘制的思路，并能选用合适的命令和最快捷、简单的方法完成绘制。

3. 素质目标

（1）培养学生严谨、求实的工作态度，能按需求严格、规范、合理地绘制图纸。

（2）养成学生良好的绘图习惯，有求精、求快、求新的绘图意识。

（3）培养学生良好的职业素养，具有勇于承担绘制图纸相应责任的责任意识和高尚的职业道德，体现绘图技术人员崇高的职业精神和追求。

任务一　焊板的绘制

【学习要点】

★ 掌握正交、极轴、对象捕捉、对象追踪等辅助功能的使用方法。

★ 了解栅格、捕捉、动态输入功能的使用方法。

【任务内容】

运用 AutoCAD 绘图时，如果对图形尺寸比例要求不太严格，可以用鼠标在图形区域直接拾取和输入。但是，一般图形对尺寸要求比较严格，必须按给定的尺寸绘图。这时可以使用点的坐标来绘制图形，还可以使用系统提供的辅助绘图功能来做图。如图 2-1 就可以应用“正交”“极轴”“对象捕捉”“对象追踪”等功能来绘制。使用这些辅助功能绘图可以在不输入坐标的情况下快速、精确地绘制图形，熟悉掌握这些功能的使用方法，会使绘图变得非常方便，同时也能极大地提高绘图速度。

本任务中焊板的绘制用直线命令完成，关键要选择好绘制的起始点，在使用直线命令中，下一点的找寻需要通过相对坐标、正交、对象捕捉、极轴追踪等命令交替使用完成操作。

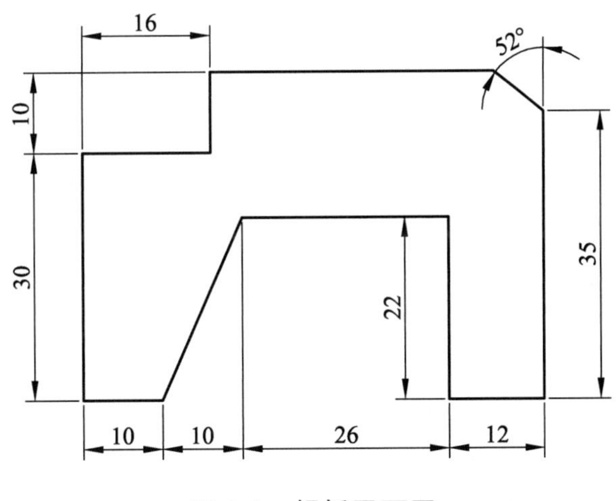

图 2-1　焊板平面图

【理论基础】

辅助绘图工具模式是命令区下边状态栏中的 15 项，如图 2-2 所示。

图 2-2　辅助绘图工具

一、正交命令

正交命令

1. 命令的调用方法

（1）下拉菜单：[工具]\[绘图设置]。

（2）状态栏：单击状态栏中的∟按钮。

（3）快捷键：按【F8】功能键。

2. 功　能

正交模式用于强制光标只能在平行于坐标系的 X 轴方向或 Y 轴方向上移动，如果打开正交模式，则使用光标所确定的亮点的连线一定会平行于 X 或 Y 坐标轴。在正交模式下，可以方便地绘出与 X 轴或 Y 轴平行的线段。

3. 操作及选项说明

当正交模式关闭时，光标可以在任意方位指定点，如图 2-3 所示。当打开正交模式后，光标只能在水平或垂直方向确定长度，输入第 1 点后，当移动光标准备指定第 2 点时，引出的橡皮筋线已不再是这两点之间的连线，而是起点到光标水平或垂直方向线中较长的那段线，此时单击或输入长度，橡皮筋线就变成所绘水平或垂直方向的直线，如图 2-4 所示。

图 2-3　未开启正交模式指定点　　图 2-4　开启正交模式后指定点

二、极轴追踪命令

极轴追踪命令

1. 命令的调用方法

（1）下拉菜单：[工具]\[绘图设置]。

（2）状态栏：单击状态栏中的按钮。

（3）快捷键：按【F10】功能键。

2. 功　能

使用极轴追踪功能可以用指定的角度来绘制对象，当由定位距离和角度一起确定某点的位置时，输入第 1 点后，打开极轴追踪功能，移动光标会在光标接近指定角度的方向上显示临时的对齐路径，即出现一条追踪的辅助虚线，并提示追踪方向角度、当前光标与前一点的距离，用户可以直接拾取或输入距离值定点。

3. 操作说明

使用极轴追踪最关键的是极轴角的设置，右键单击按钮，在弹出“草图设置”对话框中的“极轴追踪”选项卡中可设置相关的参数，如图 2-5 所示。在对话框中可根据需要设置增量角、附加角及极轴角测量等，正交和极轴追踪功能不能同时使用，打开其中一个，另一个就会自动关闭。

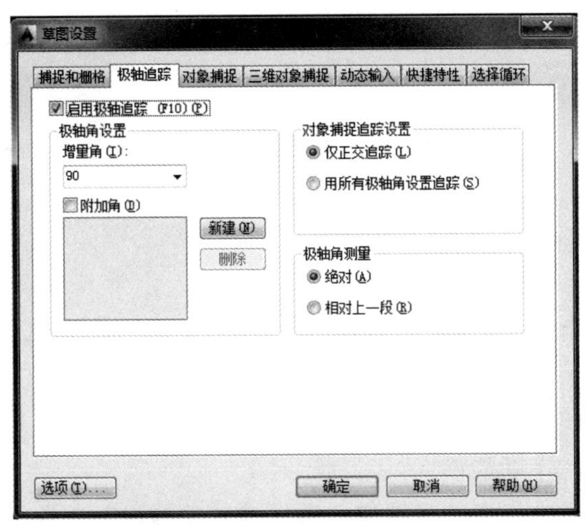

图 2-5 “极轴追踪”选项卡设置

- 增量角下拉列表框：该下拉列表框用于设置极轴追踪的角度增量。用户可通过该下拉列表框在 90、45、30、22.5、18、15、10、5 之间做出选择或输入一个新角度值。所设角度将使 AutoCAD 在此角度线及该角度的倍数线上进行极轴追踪。例如，增量角为 15° 时，可捕捉 0°、15°、30°、45°、60°、75° 等方向。
- 附加角复选框：确定极轴追踪时若采用附加的角度追踪，可勾选此选项。可以新建或删除附加角度值。
- 对象捕捉追踪设置选择组：如选中“仅正交追踪”后，当采用追踪功能时，仅在水平和垂直方向上显示追踪数据；如选中“用所有极轴角设置追踪”后，将在水平、垂直方向以及相应的角度方向显示追踪数据。
- 极轴角测量选项组：用于确定极轴角角度测量的参考基准。选择“绝对”选项，使极轴追踪角度以当前坐标系为参考基准；选择“相对于上一段”选项，使极轴追踪角度以最后绘制的实体为参考基准。

4. 操作演练

利用极轴追踪命令绘制长、宽、高分别为 100、60、40 的长方体如图 2-6（a）所示。作图提示见图 2-6（b）。

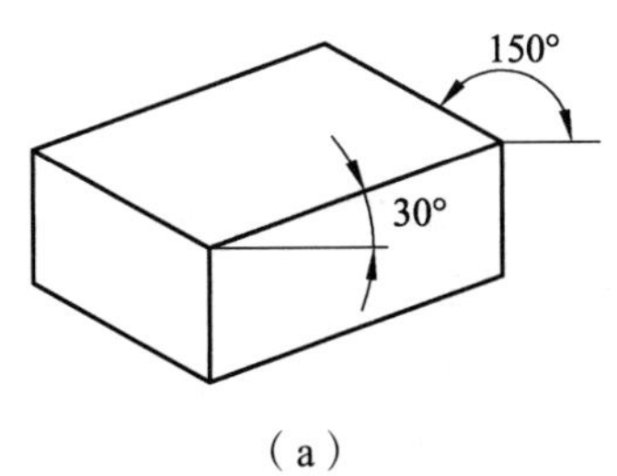

（a）

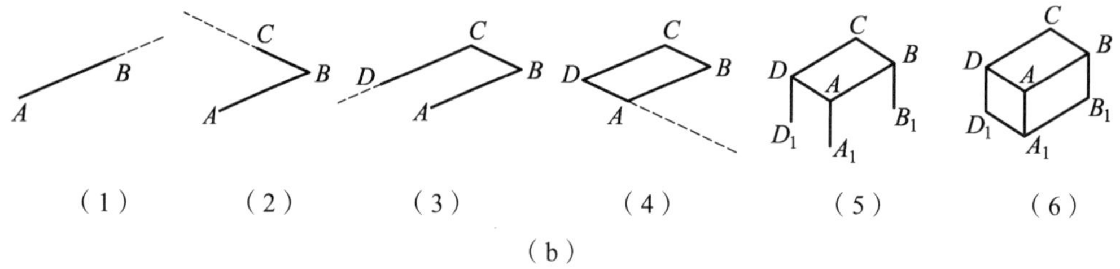

图 2-6 长方体及其作图提示

三、对象捕捉命令

对象捕捉命令

1. 命令的调用方法

（1）下拉菜单：单击[工具]\[绘图设置]命令。

（2）状态栏：单击状态栏中的按钮。

（3）快捷键：按【F3】功能键。

（4）工具栏：鼠标右击任意工具按钮，选择“对象捕捉”工具栏。

（5）快捷菜单：【Shift】键或【Ctrl】键+鼠标右键。

2. 功　能

在绘图过程中，用户经常需要根据对象上的一个点来绘制图形，对象捕捉就是当把光标放在一个对象上时，系统自动捕捉到对象上所有符合条件的几何特征点，并显示相应的标记。如果把光标放在捕捉点上多停留一会，系统还会显示捕捉的提示。这样，在选点之前，就可以预览和确认捕捉点。

AutoCAD 中对象捕捉分为“固定对象捕捉”和“单一对象捕捉”。“固定对象捕捉”方式是固定在一种或数种捕捉模式下，打开它可自动执行所设置模式的捕捉，直至关闭。“单一对象捕捉”方式是一种临时性的捕捉，选择一次捕捉模式只捕捉一个点。绘制工程图时，一般将常用的几种对象捕捉模式设置成固定对象捕捉，对不常用的对象捕捉模式使用单一对象捕捉。

3. 操作及选项说明

（1）固定对象捕捉：打开状态栏中的按钮，实时进行对象捕捉。

① 在状态栏中，用鼠标右击按钮，在弹出的快捷菜单中选择“设置”，此时打开“草图设置”对话框，在“对象捕捉”选项卡上，勾选“启用对象捕捉”，如图 2-7 所示。默认情况下状态栏“对象捕捉”按钮是被按下的，该功能处于启动状态。

② 在要选定的对象捕捉模式前打钩，则该对象类型在绘图时就将会被捕捉到。左侧的图标是捕捉点的标记，选中的对象捕捉模式不宜过多，以避免操作过程中捕捉模式间相互干扰，通常根据实际绘图的需要进行选择。

③ 要捕捉一条线段的中点，在“对象捕捉”对话框中，取消其他选项的勾选，只勾选“中点”模式，单击“确定”按钮，启用对象捕捉。执行一个绘图命令，例如单击“直线”按钮，当光标移到对象上的对象捕捉位置时，将显示捕捉标记和提示，如图 2-8 所示，不仅显示了中点的标记，还显示了标记的名称为“中点”。

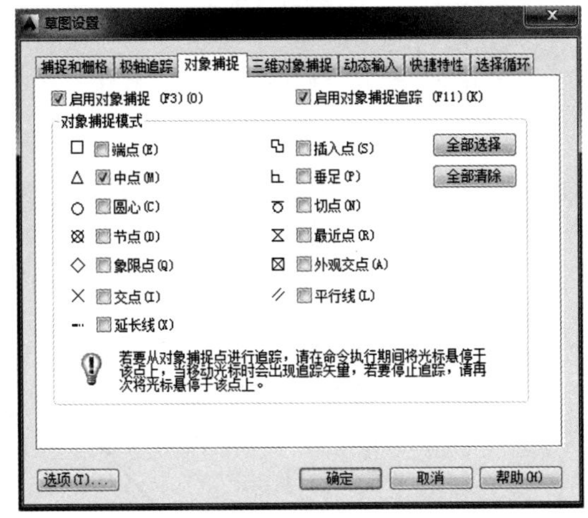

图 2-7 “对象捕捉”对话框

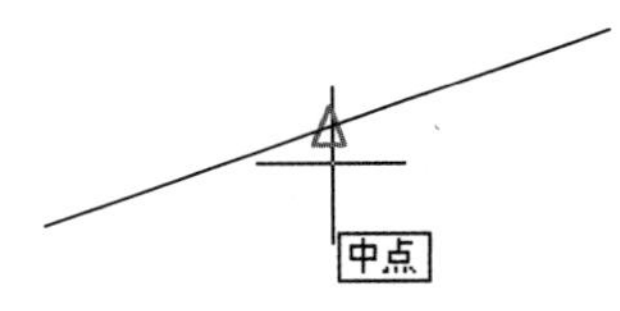

图 2-8 显示捕捉标记和提示

（2）单一对象捕捉：利用工具栏和快捷菜单进行即时捕捉。

① 在操作过程中，也可使用“对象捕捉”工具栏进行对象捕捉操作。在工具栏的任意一个工具按钮上单击鼠标右键，在弹出的快捷菜单中选择“对象捕捉”，此时屏幕上显示出“对象捕捉”工具栏，如图 2-9 所示。

图 2-9 “对象捕捉”工具栏

② 单击“对象捕捉”工具栏中的端点按钮，将十字光标移至对象位置时，显示出端点捕捉标记，如图 2-10 所示。

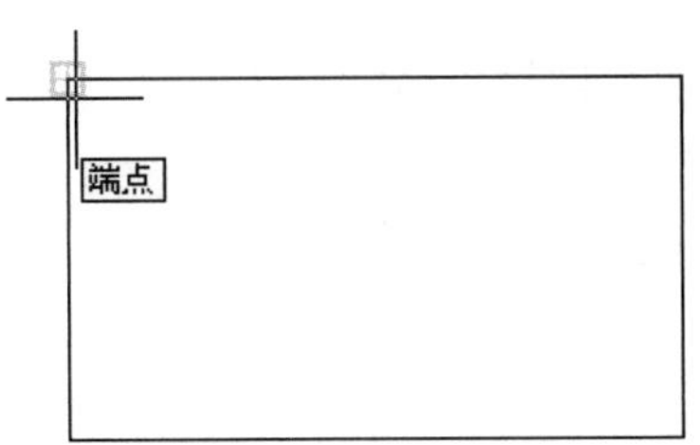

图 2-10 端点捕捉标记

③ 当要求指定点时，还可以按下【Shift】键或者【Ctrl】键，同时右击鼠标打开对象捕捉快捷菜单。选择需要的点捕捉方式，再把光标移到要捕捉对象的特征点附近，即可捕捉到相应的对象特征点，如图 2-11 所示，选择端点选项。

4. 操作演练

（1）用单一对象捕捉方式绘制直线的平行线。

（2）用单一对象捕捉方式画一条直线，该线段以直线 A 的中点为起点，以直线 B 的右端点为终点，如图 2-12 所示。

图 2-11 “对象捕捉”快捷菜单

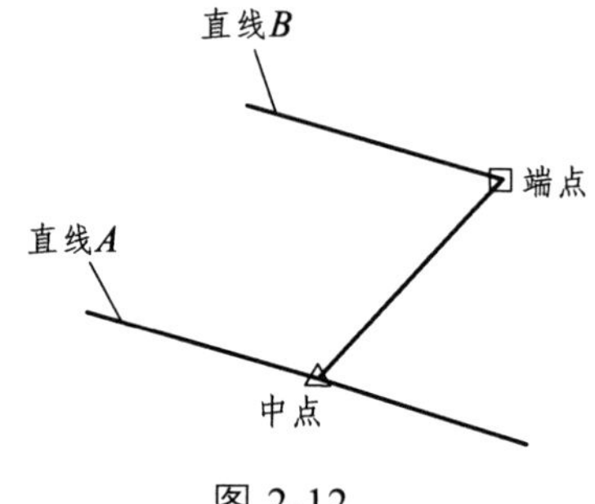

图 2-12

> **技巧提示**：在设置固定对象捕捉时，由于捕捉的特征点有优先级，所以不可全开，以免影响捕捉效果。例如，当开启圆心和切点时，只能捕捉到圆心，因为圆心的捕捉优先级高于切点。一般情况，将端点、交点、延长线设为常开项，其他可根据需要再选，通常对象捕捉模式不超过 6 种。

四、对象捕捉追踪命令

对象捕捉追踪命令

1. 命令的调用方法

（1）下拉菜单：单击[工具]\[绘图设置]命令。

（2）状态栏：单击状态栏中的按钮。

（3）快捷键：按【F11】功能键。

2. 功　能

启用对象捕捉时只能捕捉对象上的点。AutoCAD 还提供了对象捕捉追踪功能，捕捉对象以外空间的一个点。应用对象捕捉追踪，可方便地捕捉到通过指定点延长线上的任意点。对象追踪的应用必须与极轴和固定对象捕捉配合，可方便地按照视图间“长对正、高平齐”的等量关系来绘图。

3. 操作及选项说明

（1）单击状态栏中的和按钮，启用这两项功能。

（2）设置对象捕捉模式，并勾选要捕捉的点模式。

（3）执行一个绘图命令，例如单击“直线”按钮，将十字光标移动到一个对象捕捉点处作为临时获取点，但此时不要单击它，当显示出捕捉点标识之后，暂时停顿片刻即可获取该点，已获取的点将显示一个小加号“+”，AutoCAD 默认一次最多可以获取 7 个追踪点。获取点之后，当移动十字光标时，将显示相对于获取点的水平、垂直或极轴对齐的路径虚线。

如图 2-13 所示，基于对象中点显示出的水平虚线，可以在这个水平虚线上任意单击或输入长度，确定一个与中点有一定距离的位置。

如图 2-14 所示，在获取水平边和垂直边的中点之后，显示出垂直边中点的水平虚线和水平边中点的垂直虚线，此时单击鼠标，即可在这个虚线相交的位置确定一个点的位置。

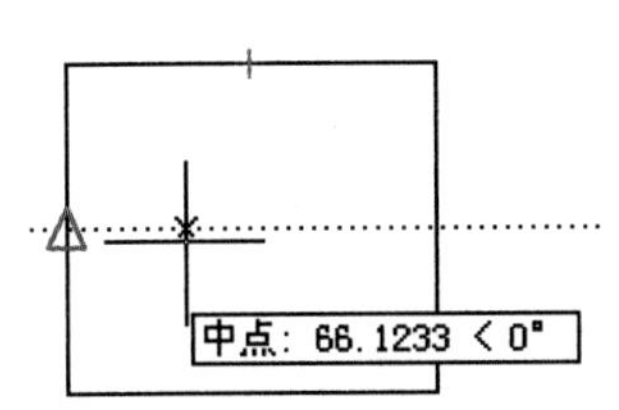

图 2-13　基于对象中点显示的水平虚线

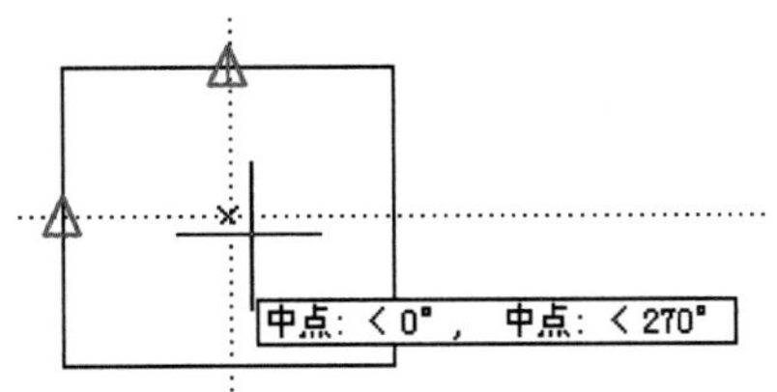

图 2-14　显示两条边中点的水平和垂直虚线

技巧提示：正交、极轴、对象捕捉、对象追踪等命令都称之为“透明命令”，即放在绘图或修改编辑命令中间执行，单独使用不可实现其功能。例如，先要启动直线命令，然后再启动透明命令，方可使用。

【操作技能】

步骤 1：开启正交功能绘制水平和垂直线段。

从图形左上角点开始绘制，按【F8】键开启正交模式，然后执行“LINE”命令，其命令行操作如下：

命令：LINE　//执行 LINE 命令
指定第一点:　//在绘图区适当位置拾取一点
指定下一点或 [放弃(U)]: 10　//将光标移至下方，输入下一点的距离值
指定下一点或 [放弃(U)]: 16　//将光标移至左侧，输入下一点的距离值
指定下一点或 [闭合(C)/放弃(U)]: 30　//将光标移至下方，输入下一点的距离值
指定下一点或 [闭合(C)/放弃(U)]: 10　//将光标移至右侧，输入下一点的距离值
指定下一点或 [闭合(C)/放弃(U)]: @10,22　//输入点的相对直角坐标
指定下一点或 [闭合(C)/放弃(U)]: 26　//将光标移至右侧，输入下一点的距离值
指定下一点或 [闭合(C)/放弃(U)]: 22　//将光标移至下方，输入下一点的距离值
指定下一点或 [闭合(C)/放弃(U)]: 12　//将光标移至右侧，输入下一点的距离值
指定下一点或 [闭合(C)/放弃(U)]: 35　//将光标移至上方，输入下一点的距离值

步骤 2：开启极轴、对象追踪功能绘制斜线。

由于图形中没有给出斜线的长度，所以无法通过输入点的相对极角坐标确定斜线的端点，但是可以运用极轴追踪和对象追踪找到斜线和水平线的交点。

LINE 命令不必中断，按【F10】键开启极轴追踪，在“草图设置”对话框中将附加角选项勾选，并新建一个 142°（52° + 90°）的附加角，如图 2-15 所示。

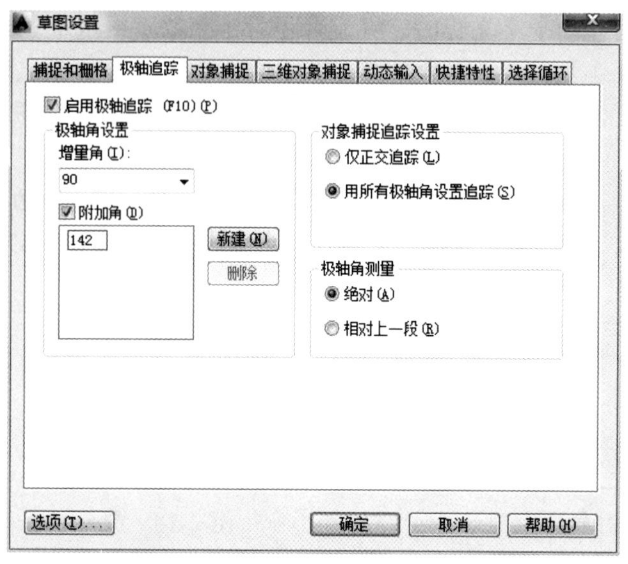

图 2-15　设置极轴追踪的角度

指定下一点或 [闭合(C)/放弃(U)]:　　//光标向 142° 方向移动，当追踪 142° 辅助虚线出现时不要点击鼠标，如图 2-16（a）所示。将鼠标再移动到绘图的起点处，追踪起点的水平延长线，向右移动光标，如图 2-16（b）所示。当 142° 斜线与水平延长虚线同时出现后，点击鼠标左键，即得到了斜线方向与水平线方向的交点，如图 2-16（c）所示。

步骤 3：利用对象捕捉功能闭合图形。

指定下一点或 [闭合(C)/放弃(U)]: ↵　//对象捕捉绘图的起点，如图 2-16（d）所示，按【Enter】键结束 LINE 命令

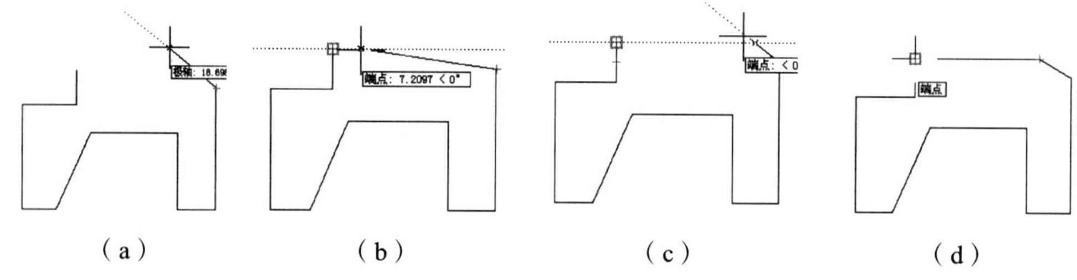

（a）　（b）　（c）　（d）

图 2-16　利用对象捕捉追踪完成绘图

【拓展知识】

一、设置捕捉与栅格

1. 命令的调用方法

（1）下拉菜单：单击[工具]\[绘图设置]。

（2）状态栏：单击状态栏中的和按钮。

（3）快捷键：捕捉按【F9】功能键、栅格按【F7】功能键。

2. 功 能

在屏幕绘图区内显示类似于坐标纸一样的可见点阵，称之为栅格。显示栅格点能看到图形界限的范围，可有效地判定绘图的方位，确定图形上的点的位置。栅格只是一种辅助工具，不会被打印输出。

仅凭栅格模式还难以用肉眼控制点的位置，为此 AutoCAD 还提供了捕捉模式。利用它可以在绘图过程中精确地捕捉到栅格点，定位将十分方便。

3. 操作及选项说明

设置栅格的步骤如下：

（1）单击[工具]\[草图设置]命令，弹出“草图设置”对话框，如图 2-17 所示。

（2）在“捕捉和栅格”选项卡中，列出了可以对栅格进行控制各个选项，可设置栅格 X 轴间距和栅格 Y 轴间距，还可设置是否启用栅格。

（3）单击“确定”按钮，即可完成设置。设置捕捉间距与设置栅格间距大同小异，都是在“草图设置”对话框中完成的。当捕捉模式打开时，光标的行为就像附着或“捕捉”到一个不可见的栅格上，捕捉模式有助于使用键盘或鼠标来指定精确的点。捕捉间距不一定与栅格间距相同。

- 捕捉间距。

捕捉 X 轴间距：设定捕捉在 X 方向上的间距。

捕捉 Y 轴间距：设定捕捉在 Y 方向上的间距。

X 轴间距和 Y 轴间距相等（X）：设定两间距相等。

- 栅格间距。

栅格 X 轴间距：设定栅格在 X 方向上的间距。

栅格 Y 轴间距：设定栅格在 Y 方向上的间距。

每条主线之间的栅格数（I）：指定主栅格线相对于次栅格线的频率。

- PolarSnap。

极轴距离设定为极轴捕捉模式，选定“捕捉类型”为“PolarSnap”（极轴捕捉）时，可以设置该项。

- 捕捉类型。

栅格捕捉：设定成栅格捕捉，有矩形捕捉和等轴测捕捉两种方式。

矩形捕捉——X 和 Y 成 90° 的捕捉格式。

等轴测捕捉——设定成正等轴测捕捉方式。

极轴捕捉：设定成极轴捕捉，如果打开了捕捉模式并启用了极轴追踪功能，光标将沿在“极轴追踪”选项卡上设置的极轴对齐角度进行捕捉。

- 栅格行为。

自适应栅格：可以设置成允许以小于栅格间距的距离再拆分。

显示超出界限的栅格：可以设置是否显示超出界限部分的栅格。

遵循动态 UCS：设置栅格是否跟随动态 UCS。

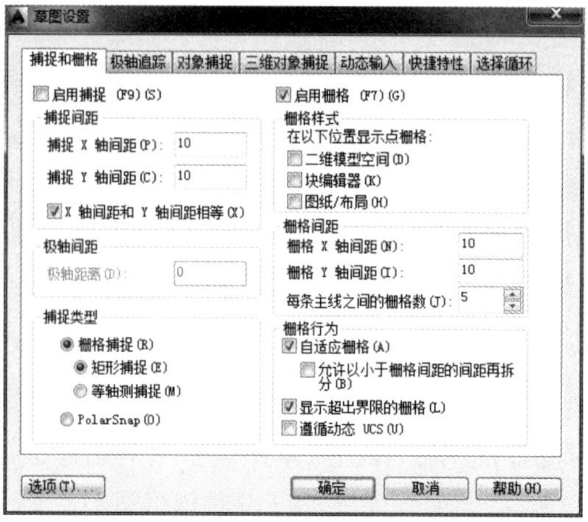

图 2-17　捕捉和栅格设置

二、动态输入

1. 命令的调用方法

（1）下拉菜单：单击[工具]\[绘图设置]。

（2）状态栏：单击状态栏中的按钮。

（3）快捷键：按【F12】功能键。

2. 功　能

启用动态输入后，在执行绘图或编辑操作时，光标附近将显示其所在位置的坐标、尺寸标注、长度和角度变化等提示信息，并且这些信息会随着光标移动而动态更新，这样就可以帮助大家专注于绘图区域。如果某条命令是活动的状态，那么工具栏就会提示为大家提供输入的位置。

3. 操作及选项说明

设置动态输入的步骤如下：

（1）单击[工具]\[绘图设置]命令，弹出“草图设置”对话框或右键单击图标，如图 2-18 所示。

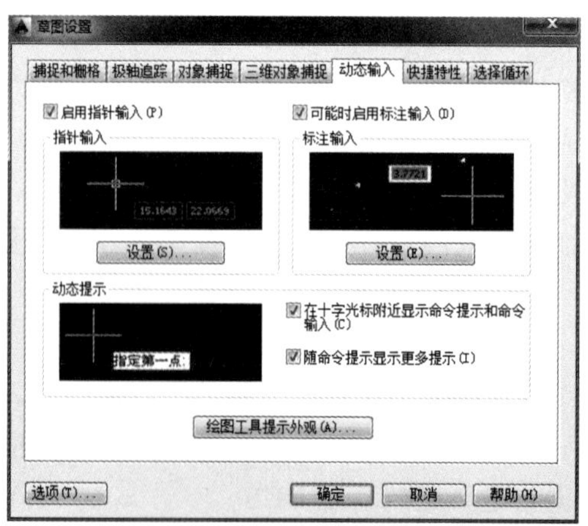

图 2-18　动态输入设置

（2）在“启用指针输入”选项卡中，选中则启用指针输入并打开动态输入。当执行与点有关的命令时，十字光标的位置坐标将显示在光标附件的提示栏中，也可在此提示栏中直接输入点的坐标。

（3）在“可能时启用标注输入”选项卡中，选中则启用标注输入并启动动态输入。启用标注输入后，在默认设置下，当命令提示输入下一点时，光标工具栏将显示橡皮筋线的长度和极角，可直接输入长度和极角，输入时按【Tab】键可在长度与极角输入字段之间切换。

（4）在“动态提示”选项卡中，“在十字光标附近显示命令提示和命令输入”及“随命令提示显示更多提示”复选框可用于设置是否在光标提示栏中显示命令提示。

技巧提示：打开状态栏中的“动态输入”模式，可以在光标处显示的工具栏提示中输入相对坐标，不必输入“@”符号。

【任务小结】

在 AutoCAD 中绘制图形时，尽管用户可以通过移动光标来指定点的位置，但该方法很难精确指定点的某一位置。要精确定位点，除了使用坐标方式，还可以使用系统提供的正交、极轴追踪、对象捕捉、对象追踪及栅格、捕捉等功能来定位点。因此，合理地利用这些辅助绘图工具，会使操作更为精准和快捷。

【任务训练】

训练 1：绘制道路横断面图，如图 2-19 所示。

训练 2：绘制漏斗示意图，如图 2-20 所示。

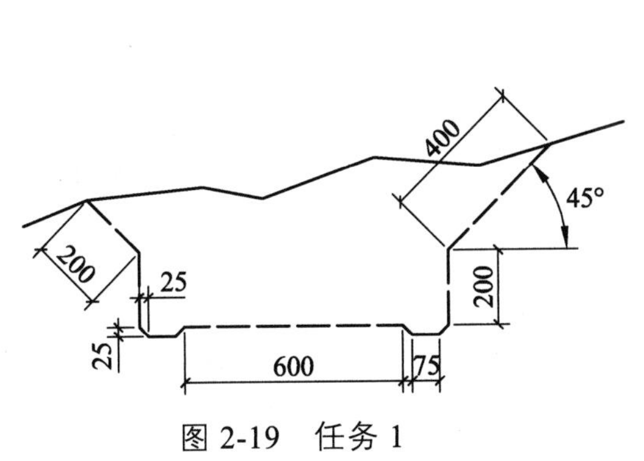

图 2-19　任务 1

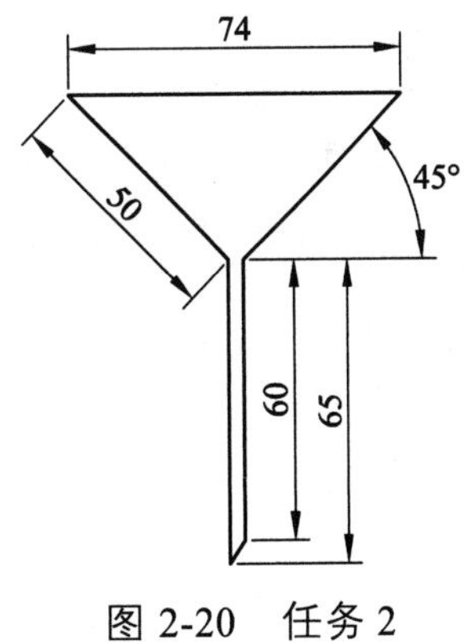

图 2-20　任务 2

任务二　五角星的绘制

【学习要点】

★ 掌握圆、点等绘图命令的使用方法。

★ 掌握旋转、删除、修剪等修改命令的使用方法。

★ 了解定距等分、圆环命令的使用方法。

【任务内容】

如图 2-21 所示，本任务中五角星的绘制可以用圆、点、旋转、删除、修剪等命令。首先使用圆命令绘制一个辅助圆，定数等分命令五等分这个辅助圆，然后使用直线命令，捕捉节点，连接五角星的五个角，最后整体旋转 90°，修剪不必要的线段，删除辅助圆，得到五角星。

图 2-21　五角星

【理论基础】

一、圆命令

圆命令

1. 命令调用方法

（1）下拉菜单：单击[绘图]\[圆]命令。

（2）工具栏：单击绘图工具栏中的按钮。

（3）键盘命令：在命令行输入 Circle（或缩写 C）。

2. 功　能

用 6 种不同的方法绘制圆形。

3. 操作及选项说明

命令_circle

指定圆的圆心[三点(3P)/两点(2P)/相切、相切、半径(T)]:

指定圆的半径或[直径(D)]:

从命令行的提示可以看到绘制圆的方法很多，如图 2-22 所示，默认的是通过圆心和半径绘制圆。绘制圆的方法有如下 6 种：

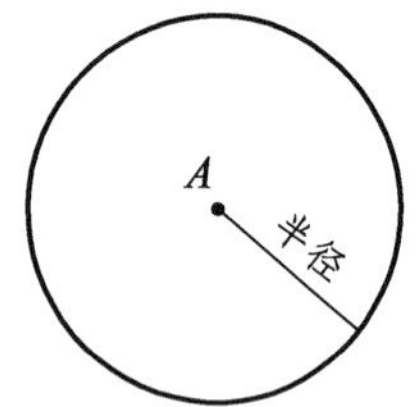

（a）已知圆心和半径画圆

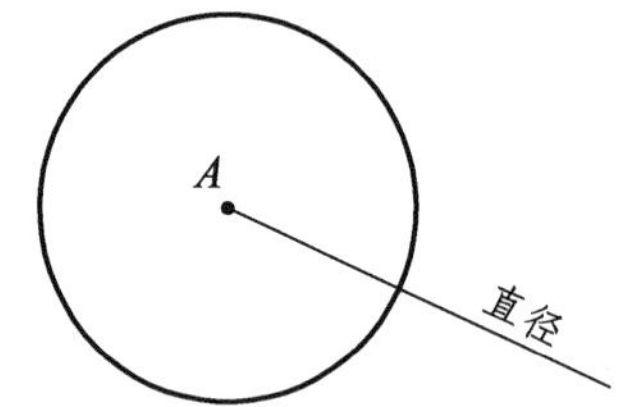

（b）已知圆心和直径画圆

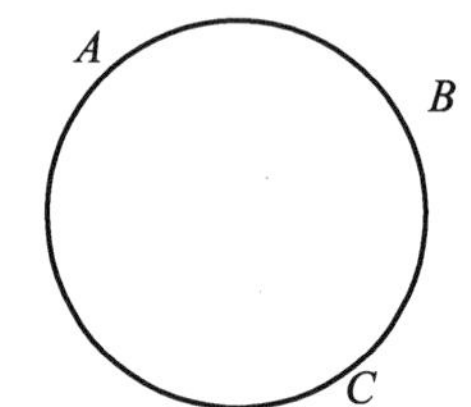

（c）已知圆上三点画圆

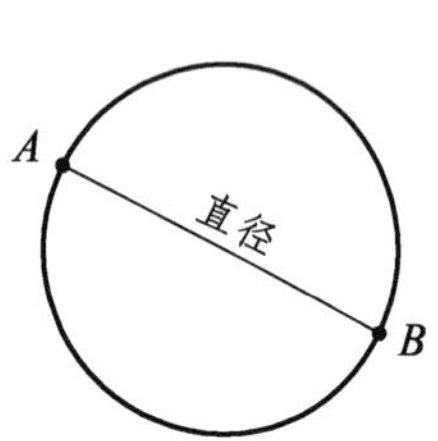

（d）已知直径上的两点画圆

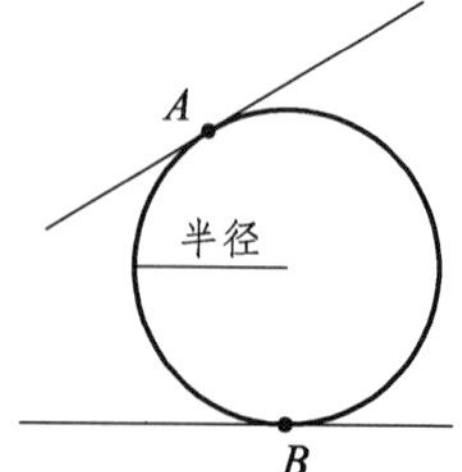

（e）已知两切点和半径画圆

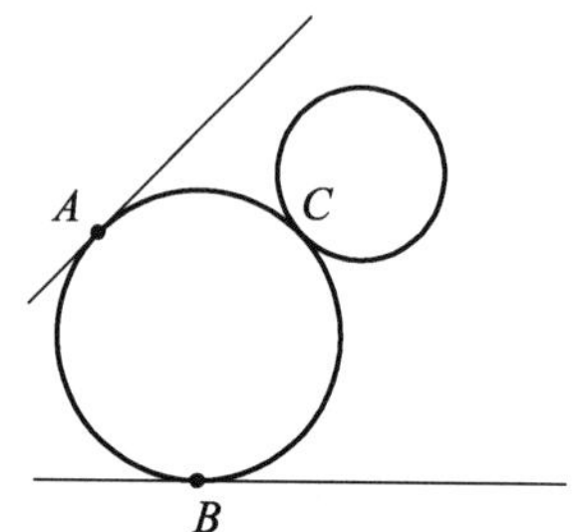

（f）已知三相切点画圆

图 2-22　绘制圆的方法

（1）圆心，半径（R）：圆心配合半径决定一圆。AutoCAD 提示给定圆心和半径。

（2）圆心，直径（D）：圆心配合直径决定一圆。AutoCAD 提示给定圆心和直径。

（3）三点（3P）：三点决定一圆。AutoCAD 提示输入三点，绘制通过三个点的圆。

（4）两点（2P）：用直径的两端点决定一圆。AutoCAD 提示指定直径的两端点。

（5）相切、相切、半径（T）：与两对象相切配合半径决定一圆。AutoCAD 提示选择两物体，并要求输入半径。

（6）相切、相切、相切：是三点绘圆的扩展，通过依次指定与圆相切的三个对象来绘制圆，在绘制菜单下，有此绘制圆的选项。

说明：① 相切对象可以是直线、圆、圆弧、椭圆等图线，这种绘图的方式在圆弧连接中经常使用。

② 用户在命令提示后输入半径或直径时，如果所输入的值无效，如英文字母、负值等，系统将显示“需要数值距离或第二点”“值必须为正且非零”等信息，并提示用户重新输入值，或者退出该命令；同时输入切圆的半径值应大于两切点距离的 1/2，否则切圆不存在。

③ 使用“相切、相切、半径”命令时，总是在距拾取点最近的部位绘制相切的圆。因此，拾取相切对象时，所拾取的位置不同，最后得到的结果也可能不相同。

4. 操作演练

操作演练展示

（1）绘制ϕ200 的圆，绘制与圆高平齐的直线，并且直线的起点在圆心角为 30° 的线上。

（2）绘制既与 ϕ100 的圆相切，也与直线相切并且为 ϕ80 的相切圆，绘制结果如图 2-23 所示（虚线为提示线，不用画出）。

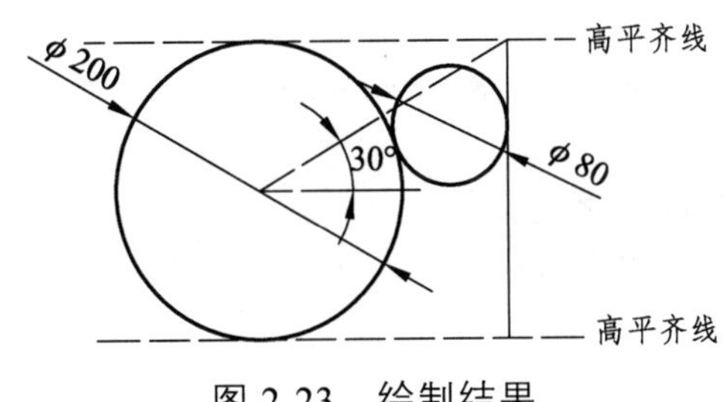

图 2-23　绘制结果

二、点命令

（一）点样式设置命令

1. 命令的调用方法

（1）下拉菜单：单击[格式]\[点样式]命令。

（2）工具栏：单击实用工具栏中的按钮。

（3）键盘命令：在命令行输入 Ddptype（或缩写 Dd）。

2. 功　能

设置点标记的形状和大小。

3. 操作及选项说明

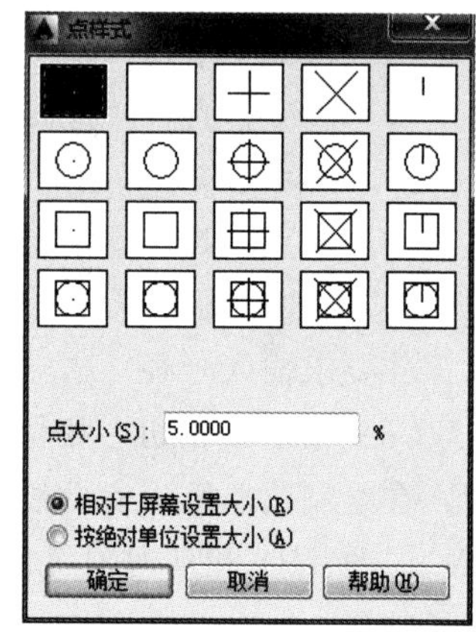

图 2-24 “点样式”对话框

在执行命令后，弹出“点样式”对话框，如图 2-24 所示。

- 点显示图像：对话框中提供了 20 种类型的点样式，单击图标可以选择相应的点样式。
- 点大小：设置点的显示大小。
- 相对于屏幕设置大小：以按屏幕尺寸的百分比设置点的显示大小。在进行缩放时，点的显示大小不随其他对象的变化而变化。
- 按绝对单位设置大小：以指定的实际单位值来显示点的大小。在进行缩放时，点的显示大小也随其他对象的变化而变化。

（二）绘制点命令

1. 命令的调用方法

（1）下拉菜单：单击[绘图]\[点]命令。
（2）工具栏：单击绘图工具栏中的 · 按钮。
（3）键盘命令：在命令行输入 Point（或缩写 PO）。

2. 功　能

在指定位置按已设定的点样式绘制一个或多个点。
单点：一次命令绘制一个点。
多点：一次命令绘制多个点。

3. 操作及选项说明

命令：_point
当前点的模式：PDMODE=34　PDSIZE=5.0000
指定点：

- 当前点模式：显示当前点模式及大小。
- 指定点：直接在绘图区单击鼠标会输入点坐标确定其位置。

4. 操作演练

将长 100 的线段分别按照相应的距离插入相应的点，如图 2-25 所示。

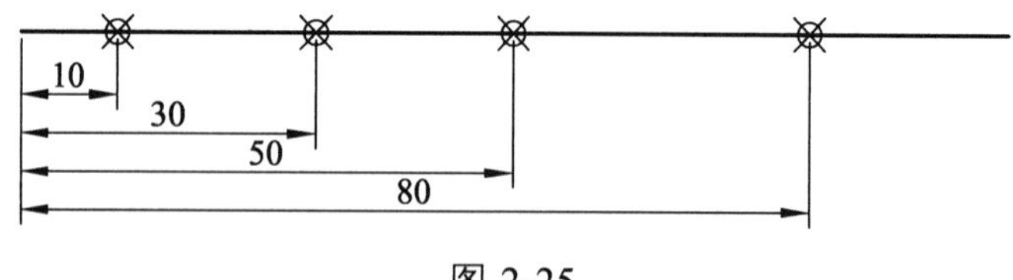

图 2-25

（三）定数等分命令

1. 命令的调用的方法

定数等分

（1）下拉菜单：[绘图]\[点]\[定数等分]。
（2）工具栏：单击绘图工具栏中的按钮。

（3）键盘命令：在命令行输入 Divide（或缩写 DIV）。

2. 功 能

将指定点的对象平均分为若干段，并利用点或块对象进行标识。该命令要求用户提供分段数，然后根据对象总长度自动计算每段的长度。

3. 操作及选项说明

命令_divide
选择要定数等分的对象：
输入线段数目或[块(B)]：

- 选择要定数等分的对象：该对象可以是直线、圆弧、样条曲线、圆、椭圆。
- 输入线段数目：指定等分数目（2 ~ 32 767 之间的整数）。
- 块（B）：以块作为标记来定数等分对象。

4. 操作演练

等分点的形状和大小按所设的点样式画出，效果如图 2-26 所示。

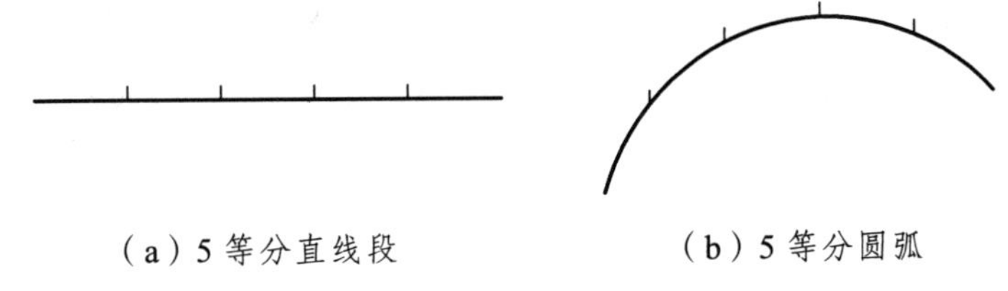

（a）5 等分直线段　　（b）5 等分圆弧

图 2-26　等分效果

三、旋转命令

旋转命令

1. 命令的调用方法

（1）下拉菜单：单击[修改]的\[旋转]命令。
（2）工具栏：单击工具栏中的按钮。
（3）键盘命令：在命令行输入 Rotate（或缩写 RO）。

2. 功 能

改变对象的方向，并按指定的基点和角度定位对象的方向。

3. 操作及选项说明

命令：_rotate
USC 当前的正角方向：ANGDIR=逆时针　ANGBASE=0
选择对象：
指定基点：
指定旋转角度，或[复制(C)/参照(R)]：

• 选择对象：选择要旋转的对象时，可以依次选择多个对象。

• 指定旋转角度：如果直接输入角度值，则可以将对象绕基点转动该角度，角度为正时逆时针旋转，角度为负时顺时针旋转，如图 2-27 所示。

• 复制（C）：将选定的对象旋转指定角度，并保留原有对象。

• 参照（R）：将对象从指定的角度旋转到新的绝对角度，如图 2-28 所示。

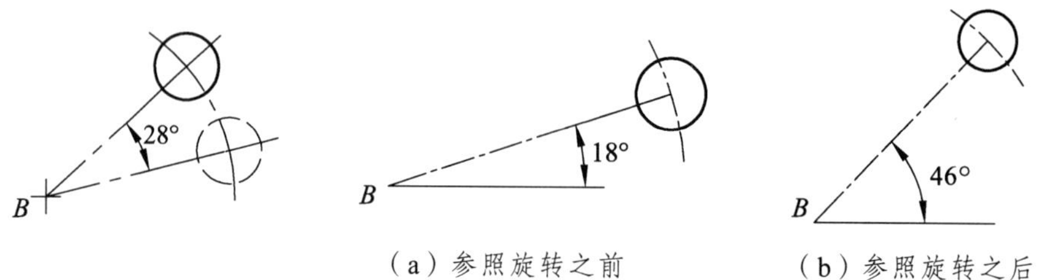

（a）参照旋转之前　（b）参照旋转之后

图 2-27　旋转角方式　　图 2-28　参照旋转

技巧提示：

（1）用参照方式旋转实体，实体所转的角度等于新角度减去参考角度。

（2）在出现提示行为“指定参照角 <0>”时，可以给角的一条边上的两点来确定实体现在的角度位置；在出现提示行“指定新角度或[点(P)]<0>:”时，选择“点(P)”选项，可以给角的一条边上的两点来确定实体旋转后的角度位置。

4. 操作演练

角度变换：（1）把 α 旋转到 46°，如图 2-29（a）所示。

（2）把 18° 旋转到 α，如图 2-29（b）所示。

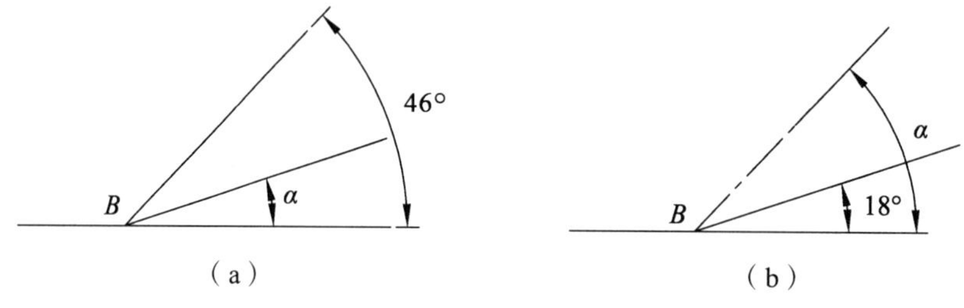

（a）　（b）

图 2-29　角度变换

四、删除命令

在 AutoCAD 中对于不需要的图形对象，既可以用 AutoCAD 删除功能删除，也可用 Windows 系统的删除功能进行删除，常用方法如下：

1. 用删除命令或工具栏按钮删除

（1）下拉菜单：单击[修改]\[删除]命令。

（2）工具栏：单击工具栏中的按钮。

（3）键盘命令：在命令行输入 Erase（或缩写 E）

命令：_erase

选择对象：

通常，当发出“删除”命令后，需要先选择要删除的一个或多个对象，然后按【Enter】键或空格键结束对象选择，同时删除已选择的对象。

2. 用【Delete】键删除

AutoCAD 还支持 Windows 系统的操作功能，利用键盘上的删除键【Delete】也可以删除图形对象。先选中删除的对象，然后按【Delete】键即可。

3. 全部清除

若要全部清除 AutoCAD 绘图区的图形对象，可以用组合键【Ctrl+A】全选图形，然后执行[常用]\[删除]命令或输入“Erase”命令，也可直接按下【Delete】键。

五、修剪命令

修剪命令

1. 命令的调用方法

（1）下拉菜单：单击[修改]\[修剪]命令。

（2）工具栏：单击工具栏中的按钮。

（3）键盘命令：在命令行输入 Trim（或缩写 TR）。

2. 功　能

按其他对象定义的剪切边（边界）修剪对象（删除对象的一部分）。该命令在 AutoCAD 中用来删除超出图形对象的一部分图形，从而保留需要的另一部分图形。

3. 操作及选项说明

命令：_trim

当前设置：投影=UCS，边=延伸

选择剪切边…

选择对象或<全部选择>：

选择要修剪的对象，或按住 shift 键选择要延伸的对象，或[栏选(F)/窗交(C)/投影(P)/边(E)/删除(R)/放弃(U)]：

- 选择剪切边：制定剪切边的对象，即指定修剪时的边界。
- 选择要修剪的对象：指定修剪对象，就是将要被部分删除的对象。注意对象被剪切边分为若干段，选择对象时拾取点所在的部分将被删除。
- 栏选（F）：指定围栏点，将多个图形实体修剪成单一对象。
- 窗交（C）：通过从左到右指定两个点来确定一个矩形窗口选择区域，选择区域内的所有图形实体将被剪切边修剪。
- 投影（P）：图形实体修剪时的投影方式。
- 边（E）：确定修剪方式是否以延伸方式修剪。
- 删除（R）：如果所要修剪的实体已经为独立的个体，将无法修剪，只能以删除方式除掉。

• 放弃（U）：取消上次的修剪操作。

4．操作演练

用修剪直线命令修剪如图 2-30 所示的图形。

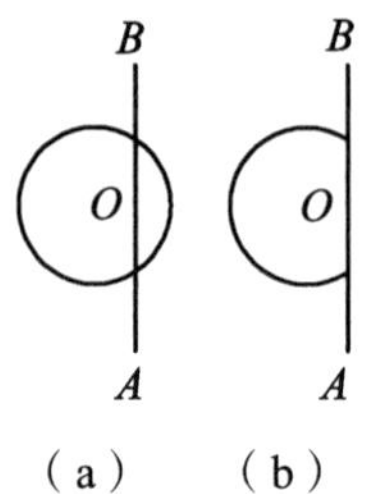

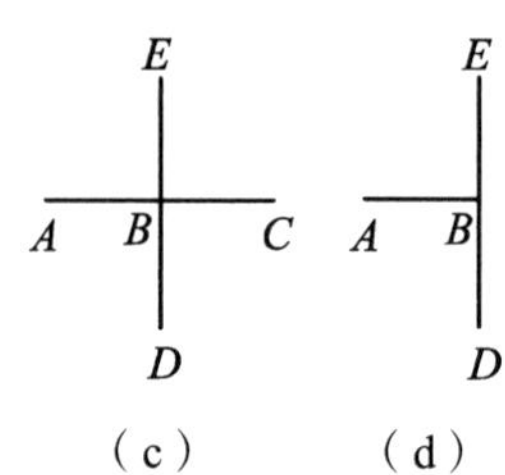

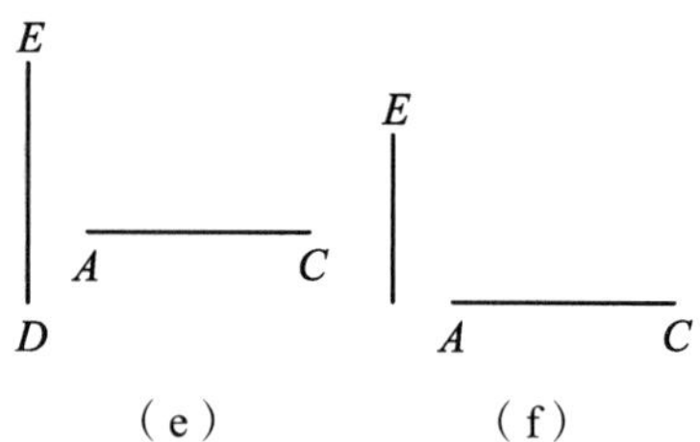

（a）　（b）　（c）　（d）　（e）　（f）

图 2-30　修剪图形

【操作技能】

步骤 1：设置点样式。

单击[实用工具]\[格式]\[点样式]命令，在弹出的“点样式”对话框中进行设置，如图 2-24 所示。

步骤 2：任意绘制一个圆，如图 2-31（a）所示。

命令：_circle

指定圆的圆心或[三点(3P)/两点(2P)/相切、相切、半径(T)]：　//启动圆命令，任意拾取一点作为圆心

指定圆的半径或[直径(D)]：　//任意指定圆的半经

步骤 3：把圆的周长 5 等分，如图 2-31（b）所示。

命令：_divide　//单击[绘图]\[点]\[定数等分]命令，启动“定数等分”命令

选择要定数等分的对象：　//选择刚才绘制的圆

输入线段数目或[块(B)]:5　//输入要等分的数目 5

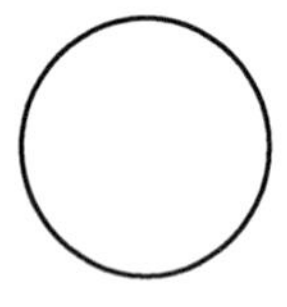

（a）任意绘制一个圆

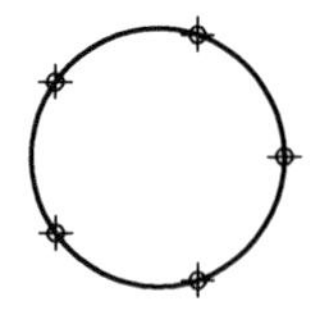

（b）圆周 5 等分

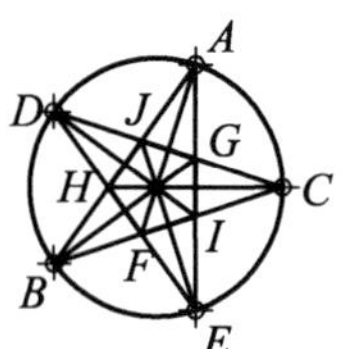

（c）绘制五角星

（d）旋转

（e）修剪

（f）删除辅助圆

图 2-31　绘制五角星

步骤 4：进行对象捕捉设置，如图 2-32 所示，选取圆心、节点和交点三种模式。

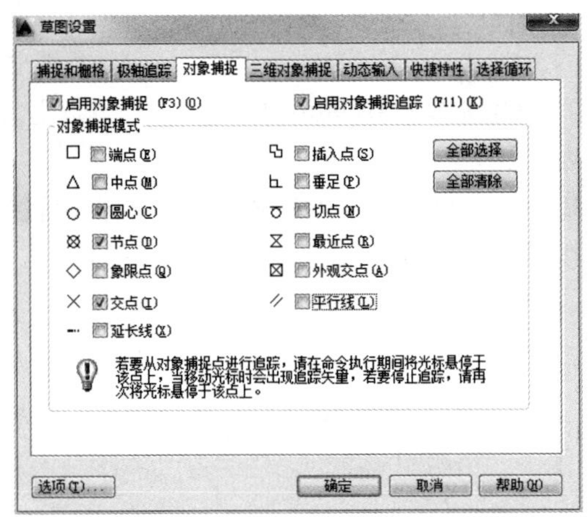

图 2-32 “对象捕捉”选项卡设置

步骤 5：使用直线命令，通过捕捉节点，在 5 个等分点之间绘制直线，如图 2-31（c）所示。

命令：_line 指定第一点： //启动直线命令，捕捉节点 *A*
指定下一点或[放弃(U)]: //捕捉节点 *B*，绘制直线 *AB*
指定下一点或[放弃(U)]: //捕捉节点 *C*，绘制直线 *BC*
指定下一点或[闭合(C)/放弃(U)]: //捕捉节点 *D*，绘制直线 *CD*
指定下一点或[闭合(C)/放弃(U)]: //捕捉节点 *E*，绘制直线 *DE*
指定下一点或[闭合(C)/放弃(U)]: //捕捉节点 *A*，绘制直线 *EA*
指定下一点或[闭合(C)/放弃(U)]: //捕捉交点 *F*，绘制直线 *FA*
指定下一点或[闭合(C)/放弃(U)]: //按【Enter】键，结束直线命令
命令：_line 指定第一点： //重新启动直线命令，捕捉节点 *B*
指定下一点或[放弃(U)]: //捕捉交点 *G*，绘制直线 *BG*
指定下一点或[闭合(C)/放弃(U)]: //按【Enter】键，结束直线命令
命令：_line 指定第一点： //重新启动直线命令，捕捉节点 *C*
指定下一点或[放弃(U)]: //捕捉交点 *H*，绘制直线 *CH*
指定下一点或[闭合(C)/放弃(U)]: //按【Enter】键，结束直线命令
命令：_line 指定第一点： //重新启动直线命令，捕捉节点 *D*
指定下一点或[放弃(U)]: //捕捉交点 *I*，绘制直线 *DI*
指定下一点或[闭合(C)/放弃(U)]: //按【Enter】键，结束直线命令
命令：_line 指定第一点： //重新启动直线命令，捕捉节点 *E*
指定下一点或[放弃(U)]: //捕捉交点 *J*，绘制直线 *EJ*
指定下一点或[闭合(C)/放弃(U)]: //按【Enter】键，结束直线命令

步骤 6：把所有对象逆时针旋转 90°，如图 2-31（d）所示。

命令：_rotate //启动旋转命令
USC 当前的正角方向：ANGDIR=逆时针 ANGBASE=0 //系统提示当前用户坐标系的角度测量方向和测量基点

选择对象：指定对角点：找到 16 个　　//用框选法选择所有的对象
选择对象：　　//按【Enter】键，结束对象选择
指定基点：　　//捕捉圆心
指定旋转角度，或[复制(C)/参照(R)]<90>：90　　//指定旋转角度为 90°

步骤 7：将点样式改为默认。

单击[格式]\[点样式]命令，在弹出的“点样式”对话框中设置点的样式为默认。

步骤 8：修剪多余的线段。如图 2-31（e）所示。

命令: _trim　　//启动修剪命令
当前设置:投影=UCS，边=无　　//系统显示当前设置
选择剪切边...
选择对象或 <全部选择>: 找到 1 个　　//选择 *AB* 直线
选择对象: 找到 1 个，总计 2 个　　//选择 *AE* 直线
选择对象: 找到 1 个，总计 3 个　　//选择 *DE* 直线
选择对象: 找到 1 个，总计 4 个　　//选择 *DC* 直线
选择对象: 找到 1 个，总计 5 个　　//选择 *BC* 直线
选择对象:
选择要修剪的对象，或按住 Shift 键选择要延伸的对象，或
[栏选(F)/窗交(C)/投影(P)/边(E)/删除(R)/放弃(U)]:　　//选择 *GJ* 直线
选择要修剪的对象，或按住 Shift 键选择要延伸的对象，或
[栏选(F)/窗交(C)/投影(P)/边(E)/删除(R)/放弃(U)]:　　//选择 *GI* 直线
选择要修剪的对象，或按住 Shift 键选择要延伸的对象，或
[栏选(F)/窗交(C)/投影(P)/边(E)/删除(R)/放弃(U)]:　　//选择 *IF* 直线
选择要修剪的对象，或按住 Shift 键选择要延伸的对象，或
[栏选(F)/窗交(C)/投影(P)/边(E)/删除(R)/放弃(U)]:　　//选择 *FH* 直线
选择要修剪的对象，或按住 Shift 键选择要延伸的对象，或
[栏选(F)/窗交(C)/投影(P)/边(E)/删除(R)/放弃(U)]:　　//选择 *HJ* 直线
选择要修剪的对象，或按住 Shift 键选择要延伸的对象，或
[栏选(F)/窗交(C)/投影(P)/边(E)/删除(R)/放弃(U)]:　　//按【Enter】键，结束修剪命令

步骤 9：删除辅助圆，只留下五角星，如图 2-31（f）所示。

命令：_erase　　//启动删除命令
选择对象：找到 1 个　　//选择圆
选择对象:　　//按【Enter】键，结束删除命令

【拓展知识】

一、定距等分命令

除了上面介绍的定数等分外，有些时候用户要求对某个对象进行等距的划分，并需要在等分点上进行标记，如道路上的路灯、边界上的界限符号等。

1. 命令的调用方法

定距等分命令

（1）下拉菜单：单击[绘图]\[点]\[定数等分]命令。

（2）工具栏：单击绘图工具栏中的按钮。

（3）键盘命令：在命令行输入 Measure（或缩写 ME）。

2. 功　能

将指定的对象平均分为若干段，并利用点或块对象进行标识。该命令要求用户提供每段的长度，然后根据对象总长度自动计算分数段，如图 2-33 所示。

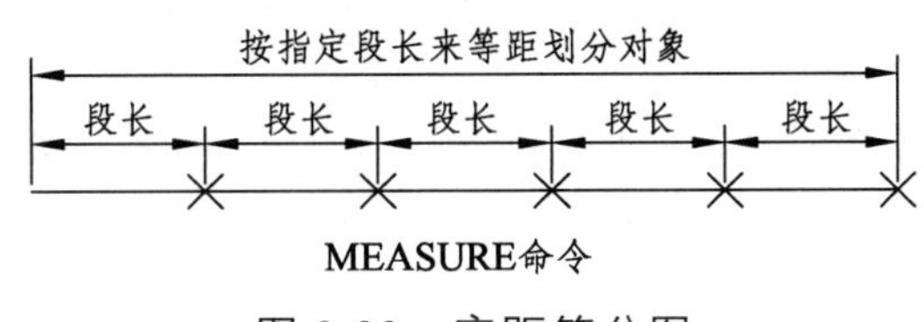

图 2-33　定距等分图

3. 操作及选项说明

命令：_measure

选择要定距等分的对象：

指定线段长度或[块(B)]：

- 选择要定距等分的对象：选择要等距等分的对象，该对象可以是直线、圆弧、样条曲线、圆、椭圆。
- 指定线段长度：输入等分距离的长度值。
- 块（B）：以块作为标记来定距等分对象。

AutoCAD 中的等分命令并不是真的将对象等分成独立的对象，它仅仅是通过点或块来表明等分的位置。

等分对象的类型不同，则定距等分或定数等分的起点也不同。对于直线或多线段，分段开始于距离选择点最近的端点。闭合多线段的分段开始于多线段的起点。圆的分段起点是以圆心为起点，当前捕捉角度为方向的捕捉路径与圆的交点。

二、圆环命令

圆环是由相同圆心、不同半径的两个圆组成的。控制圆环的主要参数是圆心、内直径和外直径。圆环经常用在电路图中代表一些元件符号或在工程中的混凝土构件的截面配筋及一些钢结构图中的钢管符号等。

1. 命令的调用方法

圆环命令

（1）下拉菜单：单击[绘图]\[圆环]命令。

（2）键盘命令：在命令行输入 Dount（或缩写 Do）。

2. 功　能

可以通过指定圆环内、外直径绘制圆环，也可以绘制填充圆。

3. 操作及选项说明

命令：_dount

指定圆环的内径<0.5000>:

指定第二点：

指定圆环的外径<1.0000>:

指定第二点：

指定圆环的中心点或<退出>:

此时系统会在指定位置，用指定的内外径绘制圆环，根据命令行提示，还可以继续给定中心点，绘制一系列大小相同的圆环。

- 启动圆环命令后，系统默认的圆环是填充的，在绘图时是否填充圆环，可以根据需要，在应用圆环命令前用“fill”命令来设置，命令执行过程如下：

命令：fill　　　　　　　　　　　　　　　　//打开填充命令

输入模式[开（ON）/关（OFF）]<关>：OFF　　　　//填充模式为关闭

- 当圆环的内径为 0 时，绘制的圆环便是一个填充圆，如果圆环的内径和外径数值相等，则绘制的将是一个普通的圆，如图 2-34 所示。

（a）普通填充圆环

（b）内径为 0 的填充圆环

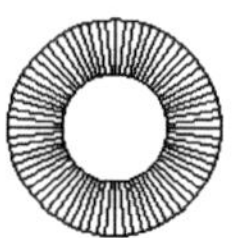

（c）普通不填充圆环

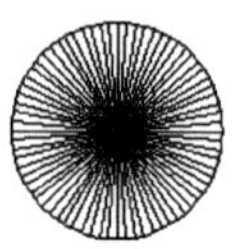

（d）内径为 0 的不填充圆环

图 2-34　各种圆环的形式

- 填充的圆环被编辑（平移、复制、缩放、阵列等）后，便成为非填充圆环。

三、延伸命令

延伸命令

1. 命令的调用方法

（1）下拉菜单：单击[修改]\[延伸]命令。

（2）工具栏：单击绘图工具栏中的--/按钮。

（3）键盘命令：在命令行输入 Extend（或缩写 EX）。

2. 功　能

延伸命令用于使线段、曲线等对象延伸到指定边界上，使其与边界对象相交。

3. 操作及选项说明

命令：_extend

选择对象或<全部选择>:

选择要延伸的对象或按住 shift 键选择要修剪的对象，或[栏选(F)/窗交(C)/投影(P)/边(E)/放弃(U)]:

- 选择要延伸的对象：直接选择需要延伸的图形实体，系统自动将实体延伸到选中的边界。
- 栏选（F）：选取围栏点，围栏点为要延伸的图形实体上的开始点，延伸多个图形实体到边界。
- 窗交（C）：通过从左到右指定两个点来确定一个矩形窗口选择区域，选择区域内的所有图形实体，延伸所有图形实体到边界。
- 投影（P）：图形实体延伸时的投影方式。
- 边（E）：确定图形实体延伸方式，即是否以实体延长方式进行图形延伸。
- 放弃（U）：取消上次的延伸操作。

【任务小结】

本任务介绍了设置点样式、圆环、延伸等命令使用方法，重点讲述了使用圆命令、点命令、删除命令、旋转命令和修剪命令绘制五角星的操作方法。

【任务训练】

训练 1：利用圆、定数等分、修剪、旋转等命令绘制图形，如图 2-35 所示。

训练 2：利用圆、修剪、旋转等命令绘制图形，如图 2-36 所示。

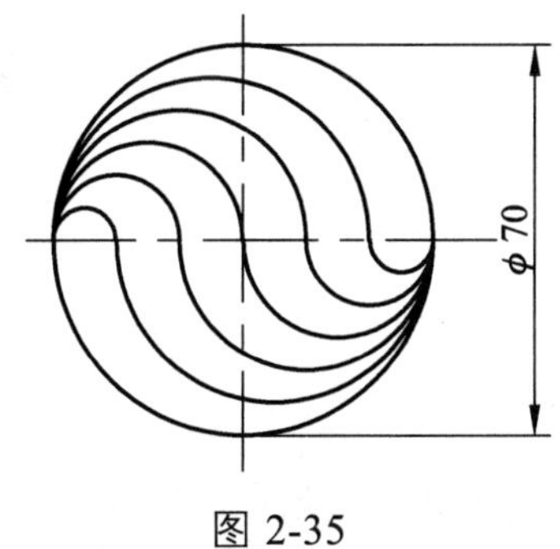

图 2-35

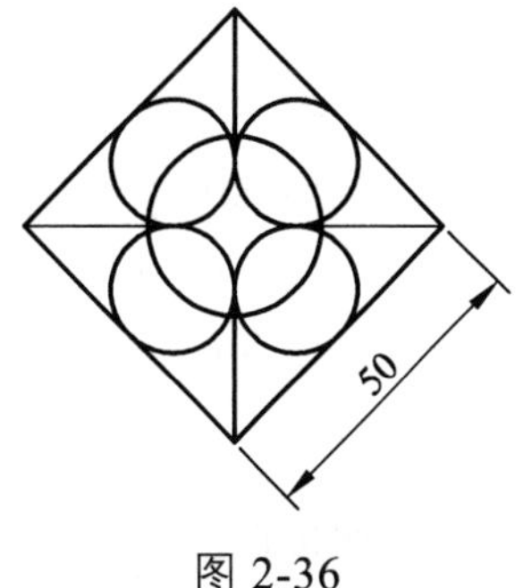

图 2-36

任务三　底座平面图的绘制

【学习要点】

★ 掌握矩形绘图命令的使用方法。

★ 掌握捕捉自命令、复制、镜像等修改命令的使用方法。

★ 了解分解功能的使用方法。

【任务内容】

如图 2-37 所示，本任务中底座平面图的绘制使用圆角矩形、圆、捕捉自命令、复制及镜像等命令。先使用矩形命令绘制一个圆角矩形，以矩形的两个边中点的连线为圆心绘制一个大圆，然后使用捕捉自命令绘制一个小圆，先复制一个小圆，最后用镜像得到另外两个小圆，即完成了本次任务。

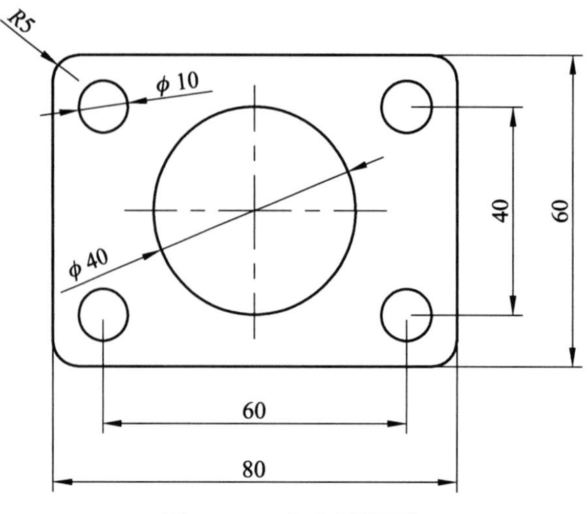

图 2-37　底座平面图

【理论基础】

一、矩形命令

矩形命令

1. 命令的调用方法

（1）下拉菜单：单击[绘图]\[矩形]命令。

（2）工具栏：单击工具栏中的□按钮。

（3）键盘命令：在命令行输入 Rectang（或缩写 REC）。

2. 功　能

绘制任意长度的四边形，也可以绘制斜角、圆角的矩形，绘制的矩形为一个对象。

3. 操作及选项说明

命令：_rectang

指定第一个角点或[倒角(C)/标高(E)/圆角(F)/厚度(T)/宽度(W)]:

指定另一个角点或[面积(A)/尺寸(D)/旋转(R)]:

指定第一个角点后，可以设置以下选项：

- 面积（A）：指定矩形的面积和一条边，使用面积方式创建矩形。
- 尺寸（D）：指定矩形的长度和宽度，使用尺寸方式创建矩形。
- 旋转（R）：输入旋转角度或指定两点绘制一个旋转矩形。

使用矩形命令可绘制出直角矩形、倒角矩形、圆角矩形、宽度矩形、有厚度的矩形等，如图 2-38 所示，可以通过设置以下选项来绘制：

- 倒角（C）：设置矩形的倒角距离。
- 圆角（F）：设置矩形圆角的半径。
- 宽度（W）：设置矩形的线宽。
- 标高（E）：确定矩形在三维空间内的基面高度。

- 厚度（T）：设置矩形的厚度，即 Z 轴方向的高度。

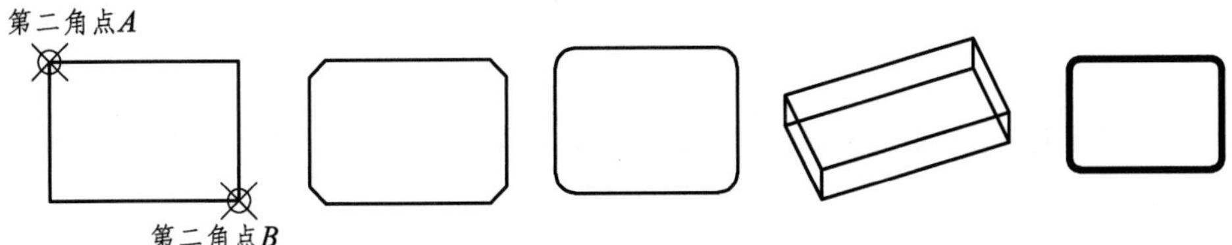

（a）矩形　（b）倒角矩形　（c）圆角矩形　（d）有厚度矩形　（e）有宽度矩形

图 2-38　用矩形命令绘制出的矩形种类

矩形是一个特殊的多边形，在建筑制图中，常用于绘制图框、建筑构件和建筑组件等。在绘制矩形时仅需要提供对角线的两个端点的坐标即可。选择对角端点时，没有方向的限制，可以从左到右，也可以从右到左。“Rectang”命令具有继承性，即当用户绘制矩形时，设置的各项参数始终起作用，直至修改该参数或重新启动 AutoCAD。

二、捕捉自命令

捕捉自命令

1. 命令的调用方法

（1）在指定点的提示下，输入“from”。

（2）在屏幕上单击右键，选择“捕捉代替”→“自”。

（3）在屏幕上按住 Ctrl+鼠标右键，选择“自”。

2. 功　能

在利用相对位置指定下一个应用点时，使用“捕捉自”工具可以提示输入基点，并将该点作为临时参照点，这与通过输入前缀@使用最后一个点作为参照点类似。它不是对象捕捉模式，但经常与对象捕捉一起使用。

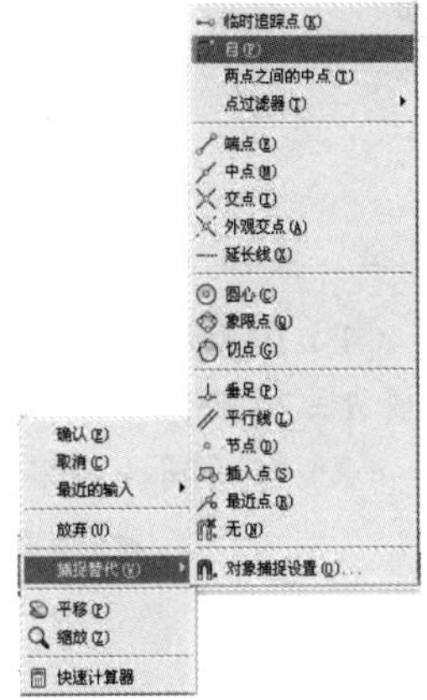

图 2-39　捕捉自命令

3. 操作及选项说明

指定圆的圆心或 [三点(3P)/两点(2P)/切点、切点、半径(T)]: from

基点：<偏移>:

自临时参照点偏移（From）的使用方法：在指定点的提示下，输入“from”，然后输入临时参照点或基点（可以指定自该基点的偏移以定位下一点）。输入自该基点的偏移位置作为相对坐标，或使用直接距离输入都可以定位目标点。

三、复制命令

复制命令

1. 命令的调用方法

（1）下拉菜单：单击[修改]\[复制]命令。

（2）工具栏：单击修改工具栏中的按钮。

（3）键盘命令：在命令行输入 Copy（或缩写 CO）。

2. 功　能

可将选中的实体复制到任意指定的位置。该命令可复制一次，也可连续进行复制。

3. 操作及选项说明

复制命令在复制过程中，可以通过指定复制的对象移动的距离和方向来定位目标对象；也可以输入坐标值指定相对距离和方向来定位目标对象。

命令：_copy

选择对象：

指定基点或[位移(D)]<位移>:

指定第一个点或[退出(E) / 放弃(u)]<退出>

- 选择对象：指定要复制的对象。
- 指定基点：指定复制时复制对象移动的距离和方向基准点。也是通过两点定义的一个矢量的第一点。
- 位移（D）：通过输入的坐标值来指定相对距离和方向。

复制命令无论是复制一次还是连续复制，选择实体后，都要先确定基点，基点是确定新复制实体位置的参考点，也就是位移的第一点；还可以通过重复指定第二点(定位点)或位移不断的复制出多个对象，如图 2-40 所示。要退出该命令，按【Enter】键即可。

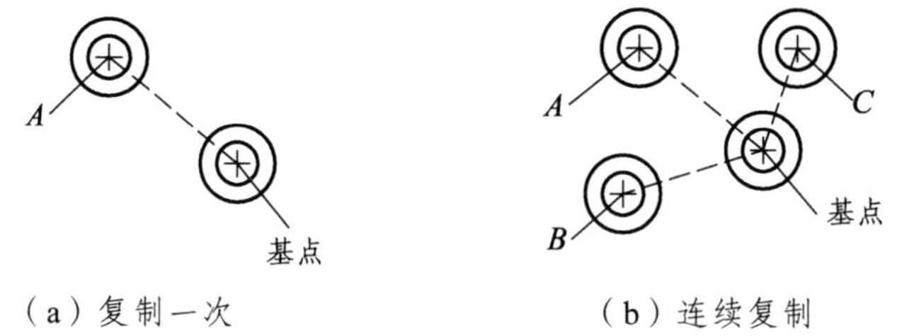

（a）复制一次　　（b）连续复制

图 2-40　复制

4. 操作演练

（1）用矩形命令绘制长 200，宽 100 的矩形，在矩形中的左上角位置用“捕捉自”命令绘制 $R = 20$ 的圆。

（2）在圆同一水平位置上复制两个图，圆心距分别为 60、120。如图 2-41 所示。

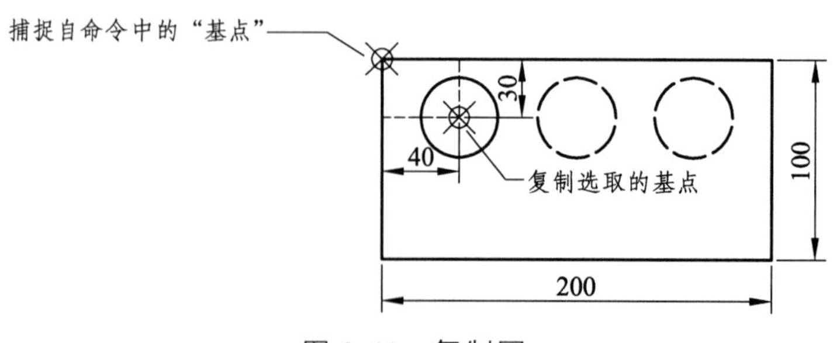

图 2-41　复制圆

四、镜像命令

镜像命令

1. 命令的调用方法

（1）下拉菜单：单击[修改]\[镜像]命令。

（2）工具栏：单击修改工具栏中的按钮。

（3）键盘命令：在命令行输入 Mirror（或缩写 MI）

2. 功　能

可以绕轴（镜像线）翻转对象创建镜像图像。

3. 操作及选项说明

命令：_mirror

选择对象：

指定镜像线的第一点指定镜像线的第二点：

要删除源对象吗？[是(Y) / 否(N)]<N>

- 选择对象：指定要镜像操作的对象。
- 镜像线的第一点：指定镜像轴线的起点。
- 镜像线的第二点：指定镜像轴线的端点。
- 要删除源对象吗：指定在通过绕轴（镜像线）翻转对象创建镜像图像后，是否保留源对象。键入“N”，将保留源对象；键入“Y”，将删除源对象，只留下创建的镜像图像。
- 镜像操作实现对象绕镜像线翻转对象创建镜像对象，也可以看成是一种特殊的复制操作。如图 2-42 所示，P_1、P_2 为镜像线，即圆 1 和圆 2 的对称线。

4. 操作演练

根据图 2-41 所示的图形，将三个圆镜像到矩形的下半部分，如图 2-43 所示。

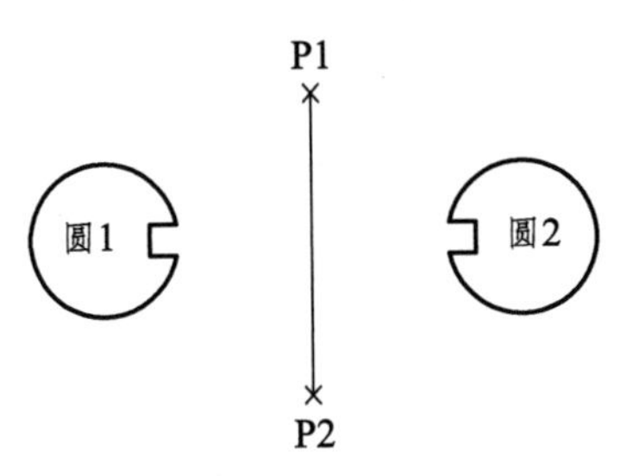

图 2-42　镜像复制

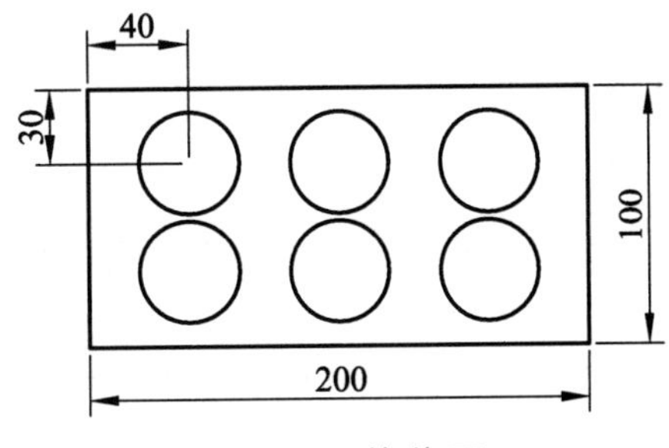

图 2-43　镜像圆

【操作技能】

步骤 1：绘制一个矩形，如图 2-44（a）所示。

命令: _rectang　　//启动矩形命令

指定第一个角点或 [倒角(C)/标高(E)/圆角(F)/厚度(T)/宽度(W)]: F　　//选择圆角矩形

指定矩形的圆角半径 <0.0000>: 5　　//指定圆角半径

指定第一个角点或 [倒角(C)/标高(E)/圆角(F)/厚度(T)/宽度(W)]: //指定第一个角点
指定另一个角点或 [面积(A)/尺寸(D)/旋转(R)]: @80,60 //指定第二点坐标

步骤 2：打开对象捕捉和对象追踪功能，绘制大圆，如图 2-44（b）所示。

命令：_circle
指定圆的圆心或[三点(3P)/两点(2P)/相切、相切、半径(T)]: //运用对象追踪指定圆心
指定圆的半径或[直径(D)]:20 //指定圆半径

步骤 3：绘制一个小圆，如图 2-44（c）所示。

命令: _circle 指定圆的圆心或 [三点(3P)/两点(2P)/切点、切点、半径(T)]: _from //启动圆命令，选择捕捉自命令
基点: //捕捉基点，如图 2-49（c）所示
<偏移>: @-30, 20 //指定偏移距离
指定圆的半径或 [直径(D)] <20.0000>: 5 //指定圆的半径

步骤 4：复制一个小圆，如图 2-44（d）所示。

命令: _copy //启动复制命令
选择对象: 找到 1 个 //选择已有的圆
选择对象: //按【Enter】键确定
当前设置: 复制模式 = 多个
指定基点或 [位移(D)/模式(O)] <位移>: //以第一个圆的圆心为第一个基点
指定第二个点或 <使用第一个点作为位移>: 40 //输入第二个点相对于第一个点的位移 40
指定第二个点或 [退出(E)/放弃(U)] <退出>: //按【Enter】键，结束复制命令

步骤 5：用镜像命令绘出另外两个圆，如图 2-44（e）所示。

命令: _mirror //启动镜像命令
选择对象: 找到 1 个
选择对象: 找到 1 个，总计 2 个 //选择已画好的两个小圆
选择对象: //按【Enter】键确定
指定镜像线的第一点: 指定镜像线的第二点: //捕捉两个中点作为镜像轴线的起点和端点
要删除源对象吗？[是(Y)/否(N)] <N>: //选择不删除源对象

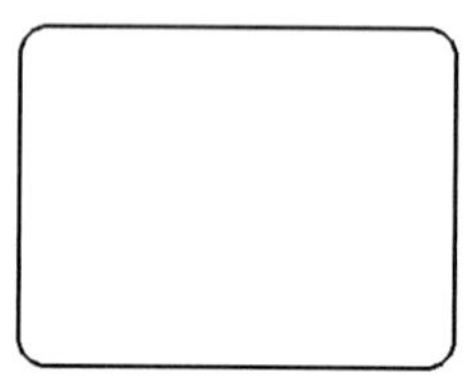

（a）绘制一个圆角矩形

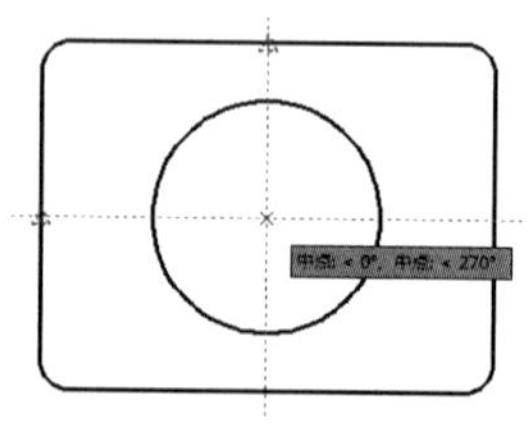

（b）绘制一个大圆

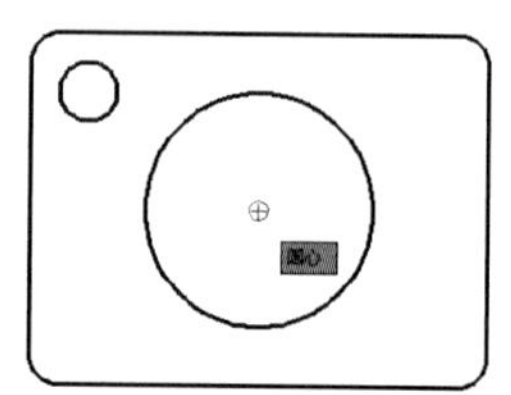

（c）绘制一个小圆

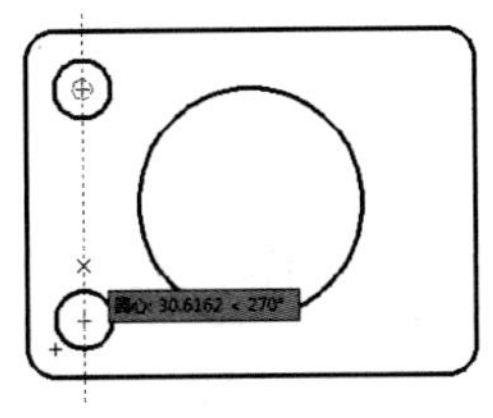

(d) 复制一个小圆

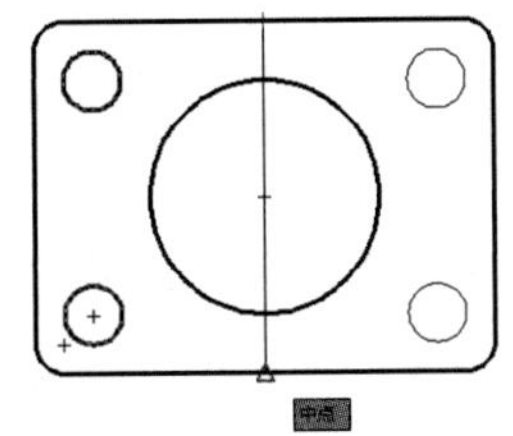

(e) 通过镜像绘制两个小圆

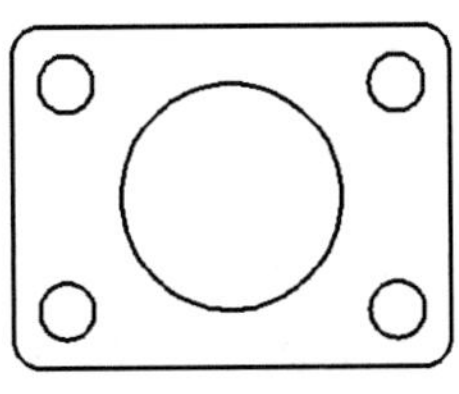

(f) 最后图形

图 2-44　操作过程图

【拓展知识】

分解命令

分别选中用直线命令和矩形命令绘制的长方形，如图 2-50 所示，可以看到其对象的组成情况不同，用直线命令绘制的长方形是由 4 条直线即 4 个对象组成的，而用矩形命令绘制的长方形是 1 个对象，在 AutoCAD 中矩形是一种封闭的多线段对象。

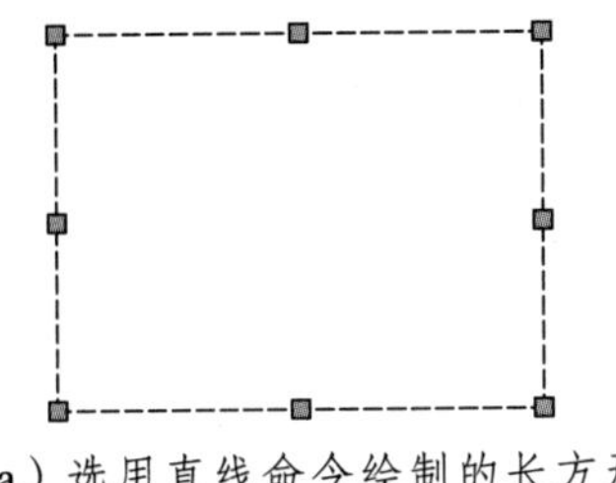

(a) 选用直线命令绘制的长方形

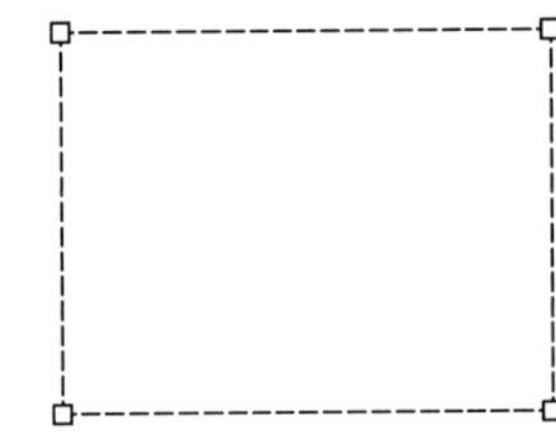

(b) 选中用矩形命令绘制的长方形

图 2-45　选中长方形

用矩形命令绘制的长方形是一个对象，如果需要对其一条直线进行编辑，就需要用分解命令将它分解开。下面介绍一下分解命令的调用方法、功能及操作。

1. 命令的调用方法

(1) 下拉菜单：点击[修改]\[分解]命令。
(2) 工具栏：单击工具栏中的按钮。
(3) 键盘命令：在命令行输入 Explode（或缩写 X）。

2. 功　能

将组合对象如多段、尺寸、填充图案及块分解为单个元素，以便对这些元素进行编辑操作。

3. 操作及提示说明

命令：_explode
选择对象：
选择对象：选择需要分解的对象。

【任务小结】

本任务介绍了分解功能的使用方法，重点讲述了如何使用矩形命令、捕捉自命令、复制命令、镜像命令。

【任务训练】

训练 1：如图 2-46 所示，用矩形命令、捕捉自命令及复制命令绘制该图形。

训练 2：如图 2-47 所示，绘制该图形。

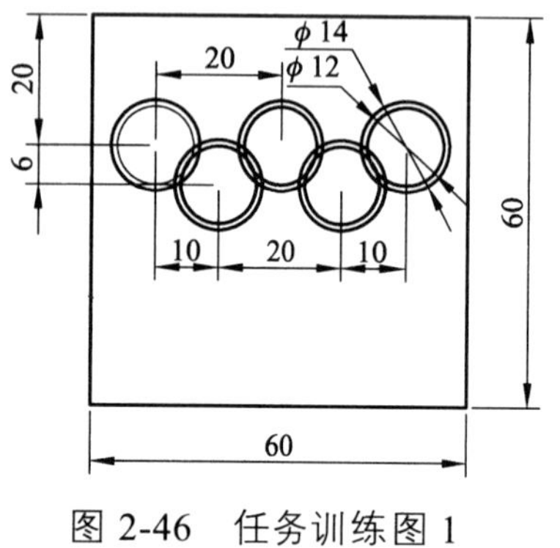

图 2-46　任务训练图 1

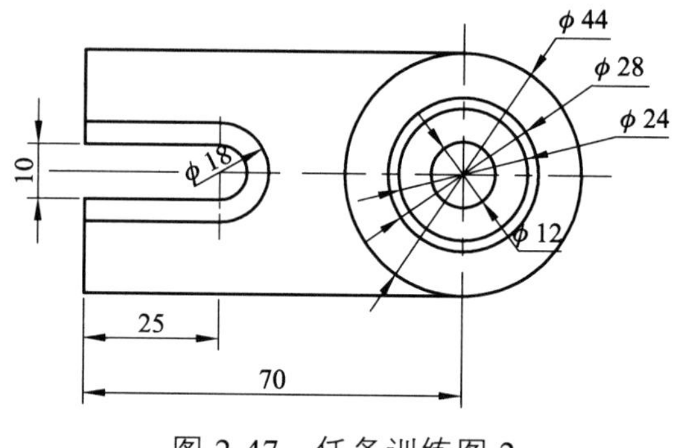

图 2-47　任务训练图 2

任务四　零件平面图的绘制

【学习要点】

★ 掌握圆角、倒角等绘图命令的使用方法。

★ 掌握构造线等辅助绘图命令的使用方法。

★ 了解编辑多线段及打断于点、打断、合并命令的使用方法。

【任务内容】

如图 2-48 所示，本任务中零件平面图的绘制使用矩形、倒角、构造线、修剪等命令。先使用矩形命令绘制一个矩形，然后再分别使用倒角命令和圆角命令绘制两个倒角和两个圆角，然后使用构造线命令绘制两条构造线，最后用修改命令进行修改，即完成了本次任务。

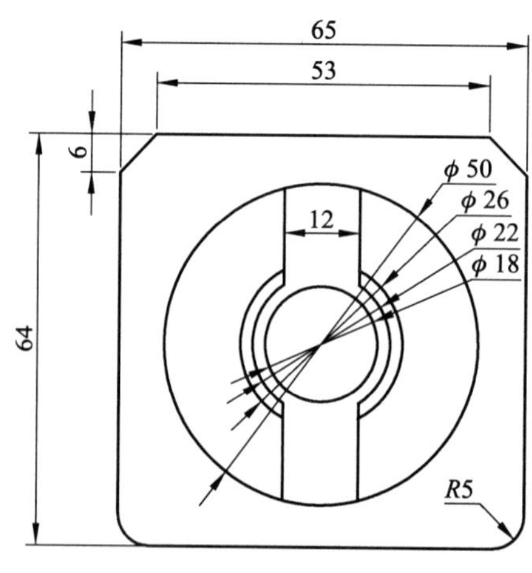

图 2-48　零件平面图

【理论基础】

一、倒角命令

倒角命令

1. 命令的调用方法

（1）下拉菜单：单击[修改]\[倒角]命令。

（2）工具栏：单击工具栏中的⌈按钮。

（3）键盘命令：在命令行输入 Chamfer（或缩写 CHA）。

2. 功　能

用指定的距离或角度，对选定的两个相交直线或整条多段线进行直线连接。当进行倒角时，要注意查看信息行中当前倒角的距离，如不是所需要的，应首先确定倒角大小。指定倒角大小的方法：一是距离法，分别指定两倒角边上的倒角距；二是角度法，指定第一倒边上的倒角距和第二边上的倒角角度。

3. 操作及选项说明

命令：_chamfer

选择第一条直线或[方弃(U)/多段线(P)/距离(D)/角度(A)/修剪(T)/方式(E)/多个(M)]

选择第二条直线，或按住 Shift 键选择要应用角点的直线：

选择第一条直线：指定二维倒角所需的两条边中的第一条边。

选择第二条直线：指定二维倒角所需的两条边中的第二条边。

- 距离（D）：用距离法设置倒角的角度。分别设置倒角的第一边、第二边上的倒角距，如图 2-49（a）所示。
- 角度（A）：用第一条线的倒角距离和该直线的倒角角度设置倒角,如图 2-49（b）所示。

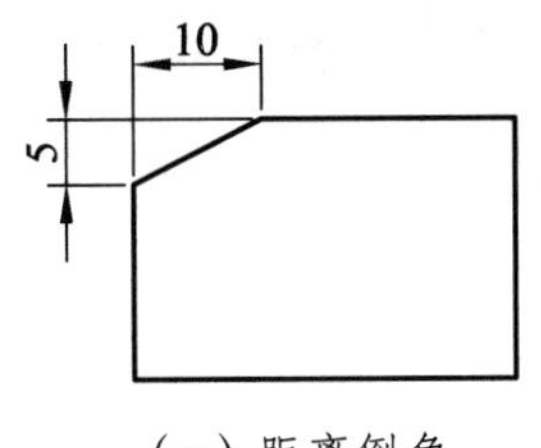

（a）距离倒角

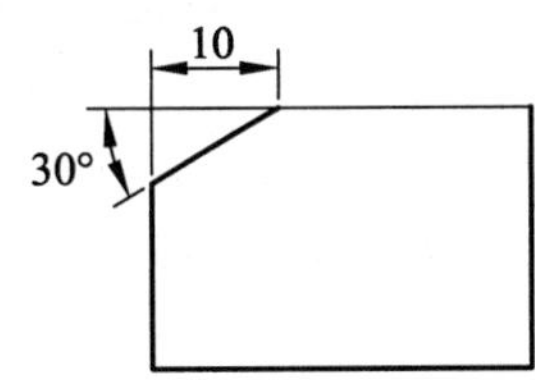

（b）角度倒角

图 2-49　倒角

- 修剪（T）：控制修剪命令是否保留原角点。如果选择修剪模式（T）将选定的边修剪到倒角直线的端点。如果选择不修剪模式（N），将保留原角点。
- 多段线（P）：对整个二维多段线倒角。相交多段线线段血每个多段线顶点被倒角。
- 方式（E）：控制倒角工具使用两个距离还是一个距离一个角度来创建倒角。
- 多个（M）：为多组对象的边倒角。要连续依次地倒斜角，应首先选择多个（M）项。
- 以上所定倒角大小将一直沿用，直到改变它。

二、圆角命令

圆角命令

1. 命令的调用方法

（1）下拉菜单：单击[修改]\[圆角]命令。

（2）工具栏：单击修改工具栏中的按钮。

（3）键盘命令：在命令行输入 Fillet（或缩写 F）。

2. 功　能

用指定的半径对选定的两个相交直线或整条多段线进行光滑的圆弧连接。该命令不仅用于倒圆角，还常常用于两线段间的圆弧连接。

3. 操作及选项说明

命令：_fillet

当前设置：模式=不修剪，半径=0.0000

选择第一个对象或[放弃(U)/多段线(P)/半径(R)/修剪(T)/多个(M)]：r

指定圆角半径<0.0000>：

选择第一个对象或[放弃(U)/多段线(P)/半径(R)/修剪(T)/多个(M)]：

选择第二个对象，或按住 Shift 键选择要应用角点的对象：

• 选择第一个对象：该选项为默认选项，当窗口显示的当前设置修剪模式和圆角半径值正好是用户所需要的，就可以直接拾取第一个实体对象，紧接着选择第二个对象，然后结束命令。

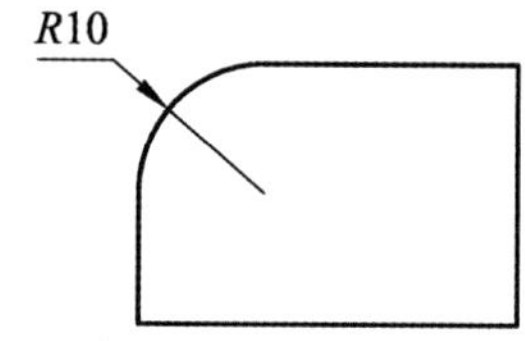

图 2-50　圆角半径为 10 的圆角

• 半径（R）：当命令窗口显示的当前圆角半径不是用户所需要的，选择该选项可以重新设置圆角半径，如图 2-50 所示。

• 多段线（P）：为了对二维多段线、矩形和正多边形进行圆角。

• 修剪（T）：设置两条原线段在圆角时是否修剪，默认情况为修剪模式。

• 多个（M）：连续进行多个圆角操作。

• 以上所定圆角半径大小将一直沿用，直到改变它。

三、构造线命令

构造线命令

1. 命令的调用方法

（1）下拉菜单：单击[绘图]\[构造线]命令。

（2）工具栏：单击绘图工具栏中的按钮。

（3）键盘命令：在命令行输入 Xline（或缩写 XL）。

2. 功　能

构造线命令用于绘制在两个方向无限延长的直线，它可以在屏幕上显示出来，一般不需

要打印输出，通常用作绘图过程中的辅助线，在绘制工程图中常作为图架线，该命令可按指定的方式和距离画一条或一组无穷长直线。

3. 操作及选项说明

命令：_xline

指定点或[水平(H)/垂直(V)/角度(A)/二等分(B)/偏移(O)]:

指定通过点：

从命令提示可以看到，绘制构造线有以下几种方式：

• 指定点：指定用以确定构造线位置的点，为默认选项，接着指定构造线的通过点，系统将通过这两点创建构造线。

• 水平方式（H）：绘制通过指定点的水平构造线。

• 垂直方式（V）：绘制通过指定点的垂直构造线。

• 角度方式（A）：绘制与 X 轴正方向成指定角度的构造线。

• 二等分方式（B）：绘制角的平分线。执行该选项后，用户输入角的顶点、角的起点和角的终点。输入三点后，即可画出过角顶点的角平分线。

• 偏移方式（O）：绘制与指定直线平行的构造线。执行该选项后，给出偏移距离或指定通过点，即可画出与指定直线相平行的构造线。该选项的功能与[修改]\[偏移]命令功能相同。

【操作技能】

步骤 1：绘制一个矩形，如图 2-51（a）所示。

命令: _rectang //启动矩形命令

指定第一个角点或 [倒角(C)/标高(E)/圆角(F)/厚度(T)/宽度(W)]: //单击鼠标左键，指定第一个角点

指定另一个角点或 [面积(A)/尺寸(D)/旋转(R)]: D //选择尺寸

指定矩形的长度 <10.0000>: 65 //输入矩形长度

指定矩形的宽度 <10.0000>: 64 //输入矩形宽度

指定另一个角点或 [面积(A)/尺寸(D)/旋转(R)]: //屏幕上左击鼠标键，结束矩形命令

步骤 2：绘制矩形倒角，如图 2-51（b）所示。

命令: _chamfer //启动倒角命令

（“修剪”模式）当前倒角距离 1 = 6.0000，距离 2 = 6.0000 //显示当前倒角设置

选择第一条直线或 [放弃(U)/多段线(P)/距离(D)/角度(A)/修剪(T)/方式(E)/多个(M)]: T //选择修剪选项

输入修剪模式选项 [修剪(T)/不修剪(N)] <修剪>: //系统默认修剪

选择第一条直线或 [放弃(U)/多段线(P)/距离(D)/角度(A)/修剪(T)/方式(E)/多个(M)]: M //选择“多个”选项

选择第一条直线或 [放弃(U)/多段线(P)/距离(D)/角度(A)/修剪(T)/方式(E)/多个(M)]: D /选择“距离”选项，用于设置倒角距离

指定第一个倒角距离 <0.0000>: 6 //设置第一个倒角距离

指定第二个倒角距离 <6.0000>: //系统默认与第一个倒角距离相同，确认默认值

选择第一条直线或 [放弃(U)/多段线(P)/距离(D)/角度(A)/修剪(T)/方式(E)/多个(M)]: //选择矩形的左边

选择第二条直线，或按住 Shift 键选择要应用角点的直线: //选择矩形的上边

选择第一条直线或 [放弃(U)/多段线(P)/距离(D)/角度(A)/修剪(T)/方式(E)/多个(M)]: //选择矩形的右边

选择第二条直线，或按住 Shift 键选择要应用角点的直线: //选择矩形的上边

选择第一条直线或 [放弃(U)/多段线(P)/距离(D)/角度(A)/修剪(T)/方式(E)/多个(M)]: //按【Enter】键结束倒角操作

步骤 3：绘制矩形圆角，如图 2-51（b）所示。

命令: _fillet //启动圆角命令

当前设置: 模式 = 修剪，半径 = 0.0000 //系统显示当前圆角设置

选择第一个对象或 [放弃(U)/多段线(P)/半径(R)/修剪(T)/多个(M)]: M //选择“多个”选项

选择第一个对象或 [放弃(U)/多段线(P)/半径(R)/修剪(T)/多个(M)]: R //选择“半径”选项，以指定圆角半径

指定圆角半径 <0.0000>: 5 //指定圆角半径

选择第一个对象或 [放弃(U)/多段线(P)/半径(R)/修剪(T)/多个(M)]: //单击矩形的左侧边

选择第二个对象，或按住 Shift 键选择要应用角点的对象: //单击矩形的下边

选择第一个对象或 [放弃(U)/多段线(P)/半径(R)/修剪(T)/多个(M)]: //单击矩形的右侧边

选择第二个对象，或按住 Shift 键选择要应用角点的对象: //单击矩形的下边

选择第一个对象或 [放弃(U)/多段线(P)/半径(R)/修剪(T)/多个(M)]: //按【Enter】键结圆角命令

步骤 4：绘制四个同心圆，如图 2-51（c）所示。

命令: _circle //启动圆命令

指定圆的圆心或 [三点(3P)/两点(2P)/切点、切点、半径(T)]: //开启对象捕捉，指定圆的圆心

指定圆的半径或 [直径(D)] <0.0000>: 25 //指定圆的半径

命令:

CIRCLE 指定圆的圆心或 [三点(3P)/两点(2P)/切点、切点、半径(T)]: //按【Enter】键重复圆命令

指定圆的半径或 [直径(D)] <25.0000>: 13 //指定圆的半径

命令:

CIRCLE 指定圆的圆心或 [三点(3P)/两点(2P)/切点、切点、半径(T)]: //按【Enter】键重复圆命令

指定圆的半径或 [直径(D)] <13.0000>: 11 //指定圆的半径

命令:
CIRCLE 指定圆的圆心或 [三点(3P)/两点(2P)/切点、切点、半径(T)]:
//按【Enter】键重复圆命令
指定圆的半径或 [直径(D)] <11.0000>: 9 //指定圆的半径

步骤 5：绘制三条构造线，如图 2-51（d）所示。

命令: _xline //启动构造线命令
指定点或 [水平(H)/垂直(V)/角度(A)/二等分(B)/偏移(O)]: V //选择垂直
指定通过点: //指定通过圆心点
指定通过点: //按[Enter]键确定
命令:
XLINE 指定点或 [水平(H)/垂直(V)/角度(A)/二等分(B)/偏移(O)]: O
//按【Enter】键重复圆构造线令，选择偏移
指定偏移距离或 [通过(T)] <0.0000>:6 //指定偏移距离
选择直线对象: //选择通过圆心构造线
指定向哪侧偏移: //左侧点击
选择直线对象: //选择通过圆心构造线
指定向哪侧偏移: //左侧点击

步骤 6：修剪图形，如图 2-51（e）和 2-51（f）所示。

命令: _erase //启动删除命令
选择对象: 找到 1 个 //选择通过圆心构造线
选择对象: //按【Enter】键确定
命令: _trim //启动修改命令
当前设置:投影=UCS，边=无 //系统显示当前设置
选择剪切边...
选择对象或 <全部选择>: 找到 1 个 //选择左边构造线
选择对象: 找到 1 个，总计 2 个 //选择右边边构造线
选择对象: 找到 1 个，总计 3 个
//选择圆 A(设四个同心圆，从外到内，分别为圆 A、B、C、D)
选择对象: 找到 1 个，总计 4 个 //选择圆 B
选择对象: 找到 1 个，总计 5 个 //选择圆 C
选择对象: //按【Enter】键确定
选择要修剪的对象，或按住 Shift 键选择要延伸的对象，或
[栏选(F)/窗交(C)/投影(P)/边(E)/删除(R)/放弃(U)]: //修剪圆 A 外的左上构造线
选择要修剪的对象，或按住 Shift 键选择要延伸的对象，或
[栏选(F)/窗交(C)/投影(P)/边(E)/删除(R)/放弃(U)]: //修剪圆 A 外的右上构造线
选择要修剪的对象，或按住 Shift 键选择要延伸的对象，或
[栏选(F)/窗交(C)/投影(P)/边(E)/删除(R)/放弃(U)]: //修剪圆 A 外的左下构造线
选择要修剪的对象，或按住 Shift 键选择要延伸的对象，或

[栏选(F)/窗交(C)/投影(P)/边(E)/删除(R)/放弃(U)]: //修剪圆 A 外的右下构造线
选择要修剪的对象，或按住 Shift 键选择要延伸的对象，或
[栏选(F)/窗交(C)/投影(P)/边(E)/删除(R)/放弃(U)]: //修剪圆 B 上面部分
选择要修剪的对象，或按住 Shift 键选择要延伸的对象，或
[栏选(F)/窗交(C)/投影(P)/边(E)/删除(R)/放弃(U)]: //修剪圆 B 上面部分
选择要修剪的对象，或按住 Shift 键选择要延伸的对象，或
[栏选(F)/窗交(C)/投影(P)/边(E)/删除(R)/放弃(U)]: //修剪圆 C 上面部分
选择要修剪的对象，或按住 Shift 键选择要延伸的对象，或
[栏选(F)/窗交(C)/投影(P)/边(E)/删除(R)/放弃(U)]: //修剪圆 C 下面部分
选择要修剪的对象，或按住 Shift 键选择要延伸的对象，或
[栏选(F)/窗交(C)/投影(P)/边(E)/删除(R)/放弃(U)]: //修剪左侧构造线中间部分
选择要修剪的对象，或按住 Shift 键选择要延伸的对象，或
[栏选(F)/窗交(C)/投影(P)/边(E)/删除(R)/放弃(U)]: //修剪右侧构造线中间部分
选择要修剪的对象，或按住 Shift 键选择要延伸的对象，或
[栏选(F)/窗交(C)/投影(P)/边(E)/删除(R)/放弃(U)]: //按【Enter】键结束命令

（a）绘制一个矩形

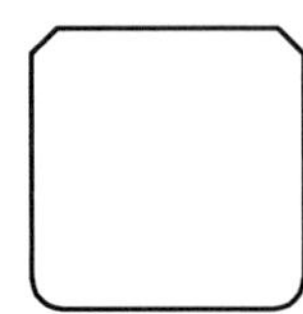

（b）绘制矩形倒角和圆角

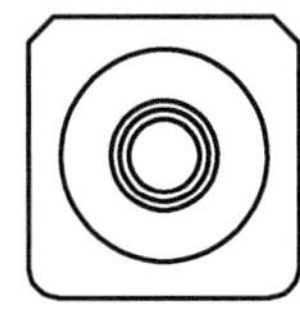

（c）绘制四个同心圆

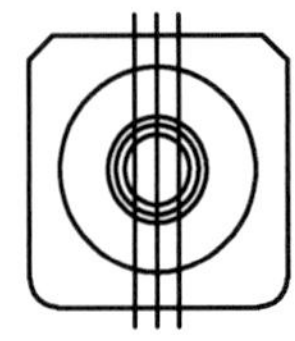

（d）绘制三条构造线

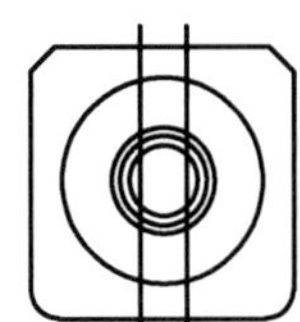

（e）删除一条，选择修改边

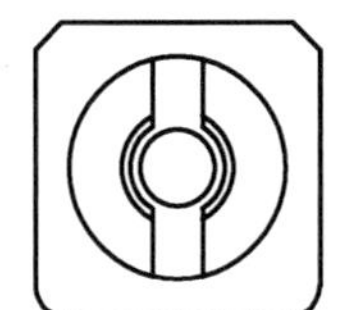

（f）修剪图形

图 2-51 操作过程图

【拓展知识】

一、打断于点命令

1. 命令的调用方法

工具栏：单击修改工具栏中的按钮。

2. 功 能

绘制工程图有时需要将某些图形实体，例如，直线、圆弧等打断为两个实体，在某点将图形实体断开成两个实体。

3. 操作及选项说明

命令：_break 选择对象：

指定第一个打断点：

选择对象指选择需要打断的图形；指定第一个打断点是确定图形打断的点如图 2-57 所示。

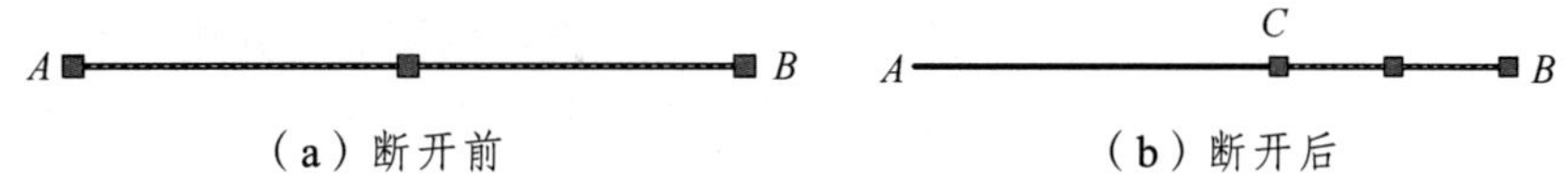

图 2-52　打断于

二、打断命令

1. 命令的调用方法

（1）下拉菜单：单击[修改]\[打断]命令。

（2）工具栏：单击工具栏中的按钮。

（3）键盘命令：在命令行输入 Break（或缩写 BR）。

2. 功　能

绘制工程图有时需要将某些图形实体，例如，直线、圆弧、圆等指定的两点间的部分删除，在指定的两点间将图形实体断开成两个实体。打断命令可以在除了多线和面域以外的所有图形对象上打开一个缺口。

3. 操作及选项说明

命令：_break 选择对象：

指定第一个打断点：

指定第二个打断点或[第一点(F)]:

- 第一点（F)：重置打断起点,重选打断点，然后再选打断终点，如图 2-53 所示。

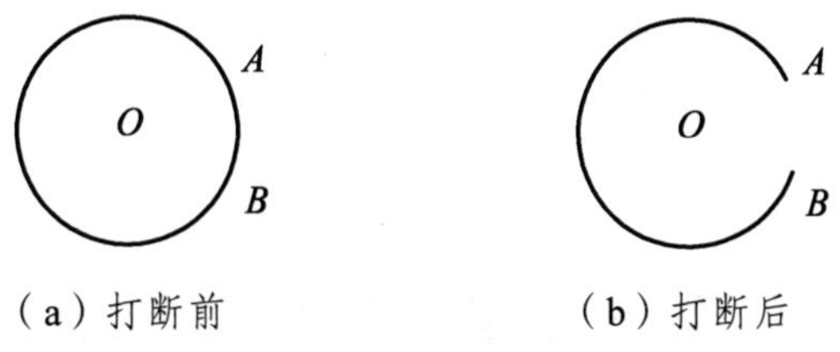

图 2-53　打断

- 如果对于圆执行打断操作，从第一断点到第二断点按逆时针方向则删除的是两点间的圆弧。

三、合并命令

1. 命令的调用方法

（1）下拉菜单：单击[修改]\[合并]命令。

（2）工具栏：单击工具栏中的→←按钮。

（3）键盘命令：在命令行输入 Join（或缩写 J）。

2. 功　能

合并命令可以将几个相似的图形实体对象合并成一个完整的图形实体对象。它可以将一段圆弧或椭圆恢复成圆或椭圆，也可以将两条共圆或共椭圆的圆弧合并成一条，也可以将两条直线合并成一条，条件是一条直线在另一条直线的延长线上，还可以将两条端点相接的样条曲线合并成一条。

3. 操作及选项说明

命令：_Join 选择源对象或要一次合并的多个对象：

可直接选择多个符合条件的对象进行合并。

【任务小结】

本任务重点讲述了如何正确使用倒角命令、圆角命令、构造线命令，了解打断、合并等辅助绘图命令。

【任务训练】

训练 1：如图 2-54 所示，绘制木枕断面形状。

训练 2：用圆、倒圆角、修剪等命令绘制该图形，如图 2-55 所示。

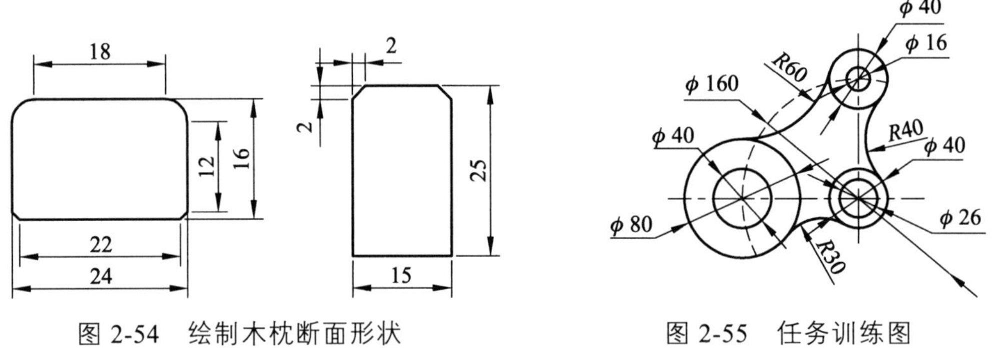

图 2-54　绘制木枕断面形状　　　　图 2-55　任务训练图

任务五　组合图形的绘制

【学习要点】

★ 掌握椭圆、正多边形等绘图命令的使用方法。

★ 了解椭圆弧绘图命令的使用方法。

【任务内容】

如图 2-56 所示，本任务中组合图形的绘制使用椭圆、正多边形等命令。先使用椭圆命令绘制一个大椭圆和一个小椭圆，使用圆命令绘制两个小圆，然后使用正多边形命令绘制一个六边形，最后用椭圆命令绘制一个小椭圆，并对其进行修改，即完成了本次任务。

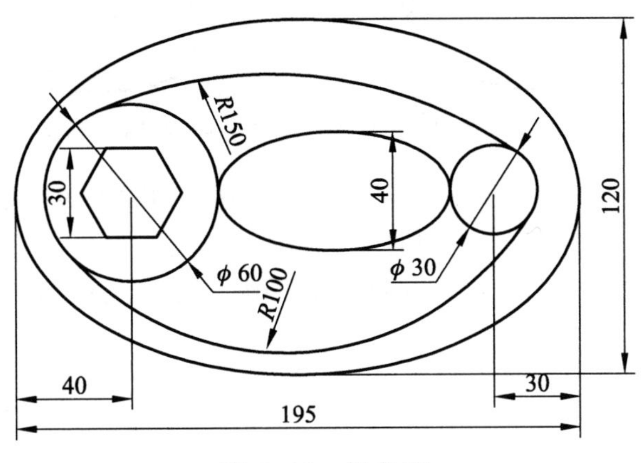

图 2-56　任务图

【理论基础】

一、椭圆命令

椭圆命令

1. 命令的调用方法

（1）下拉菜单：单击[绘图]/[椭圆]命令。

（2）工具栏：单击工具栏中的按钮。

（3）键盘命令：在命令行输入 Ellipse（或缩写 EL）。

2. 功　能

绘制椭圆或椭圆弧。

3. 操作及选项说明

命令：_ellipse

指定椭圆的轴端点或[圆弧(A)/中心点(C)]:

指定轴的另一个端点:

指定令一条半轴长度或[旋转(R)]:

（1）第 1 种椭圆绘制的方法——轴端点方式绘椭圆，如图 2-57 所示。

• 轴端点：根据两个端点定义椭圆的第一条轴。第一条轴的角度确定了整个椭圆的角度。第一条轴即可定义椭圆的长轴，也可定义椭圆的短轴。

• 另一条半轴长度：使用从第一条轴的中点到第二条轴的端点的距离定义第二条轴。

（2）第 2 种椭圆绘制的方法——椭圆心方式绘椭圆，如图 2-58 所示。

• 中心点（C）：通过指定的中心点来创建椭圆。

• 轴端点：指定椭圆一条轴的一个端点。

• 另一条半轴长度：使用从第一条轴的中点到第二条轴的端点的距离定义第二条轴。

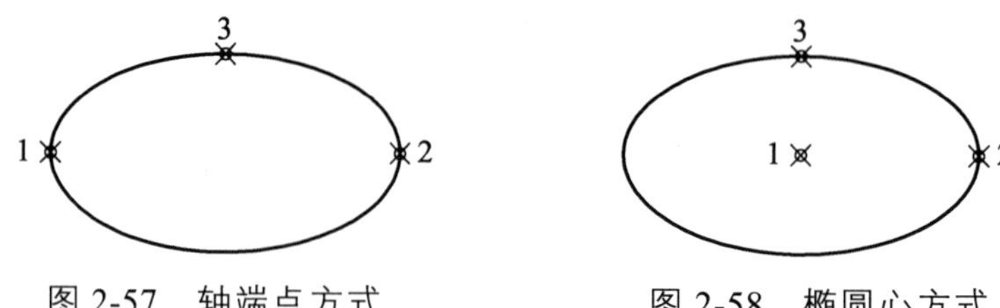

图 2-57　轴端点方式　　　　图 2-58　椭圆心方式

（3）第 3 种椭圆绘制的方法——旋转角方式绘椭圆，如图 2-59 所示。

- 轴端点：根据两个端点定义椭圆的第一条轴。
- 旋转（R）：通过绕第一条轴旋转圆来创建椭圆。相当于将一个圆绕椭圆轴翻转一个角度后的投影视图。

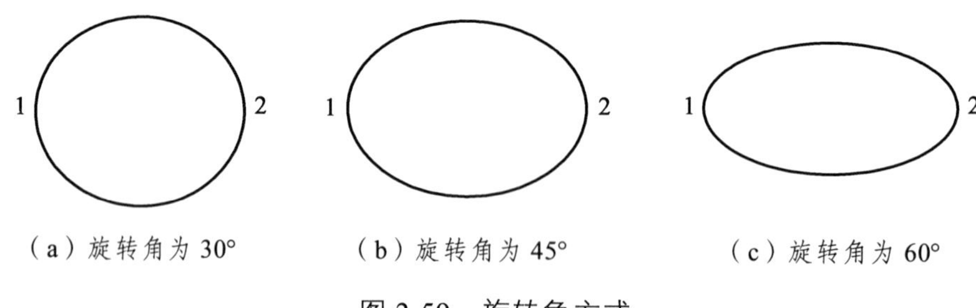

（a）旋转角为 30°　　（b）旋转角为 45°　　（c）旋转角为 60°

图 2-59　旋转角方式

- 绕长轴旋转角度确定的是椭圆长轴和短轴的比例。旋转角度值越大，长轴和短轴的比例越大，当旋转角度为“0”时，该命令绘制的椭圆为圆。

4. 操作演练

用椭圆命令绘制如图 2-60 所示图形。

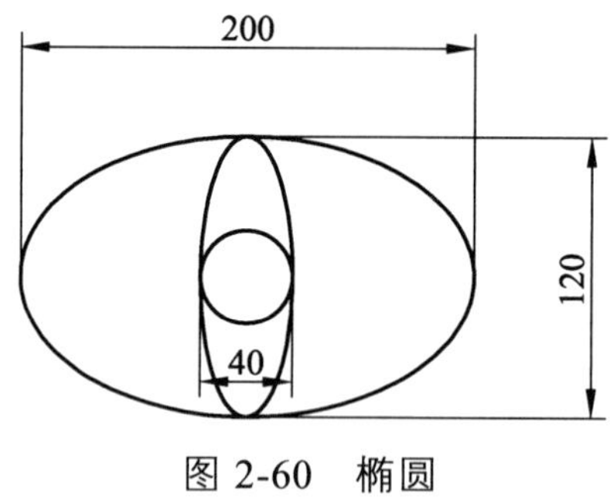

图 2-60　椭圆

二、正多边形命令

正多边形命令

1. 命令的调用方法

（1）下拉菜单：单击[绘图]\[正多边形]命令。

（2）工具栏：单击绘图工具栏中的按钮。

（3）键盘命令：在命令行输入 Polygon（或缩写 POL）。

2. 功　能

创建边数最少为 3，最多为 1 024 的正多边形。它是绘制正方形、等边三角形、正八边形等的最简单方法。通过正多边形与假象的圆内接和外切的方法来绘制，也可通过指定正多边形某一边的端点进行绘制。该命令在机械设计中常用于绘制螺母等机械零件。

3. 操作及选项说明

命令：_polygon
输入侧面数目<4>:
指定正多边形的中心点或[边(E)]:
输入选项[内接于圆(I)/外切于圆(C)] <I>:
指定圆的半径：

- 指定正多边形的中心点：定义正多边形的中心点。
- 内接于圆（I）：指定外接圆的半径，正多边形的所用定点都在此圆周上。
- 外切于圆（C）：指定内切圆的半径（从正多边形中心点到各边中点的距离）。
- 边（E）：通过指定第一条边的端点来定义正多边形。如图 2-61 所示

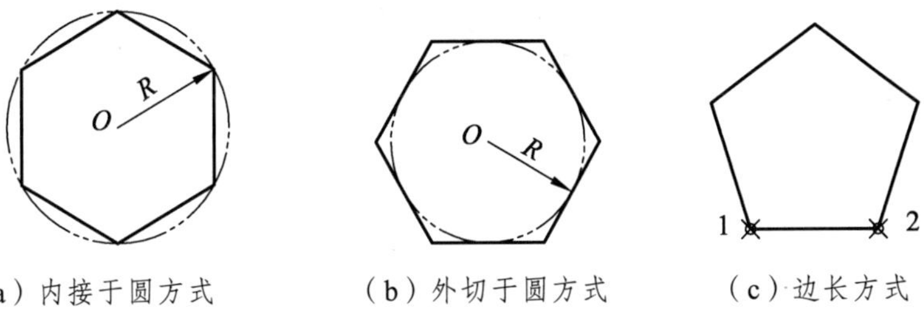

（a）内接于圆方式　（b）外切于圆方式　（c）边长方式

图 2-61　多边形的绘制方式

- 用“内接于圆”和“外切于圆”方式画多边形时圆并不画出，当提示“指定圆的半径”时，只有用光标拖动指定，才能够控制多边形的方向。
- 用边长方式画正多边形时，按逆时针方向画出。

技巧提示：正多边形实际上是多段线，所以不能用“圆心”捕捉方式来捕捉一个已存在的多边形的中心。

说明：绘制正多边形时，如果采用等分圆的方法，一定要弄清楚正多边形与圆的关系。

多边形内接于圆实际就是圆外接于多边形，圆的半径就是多边形的中心到多边形哥定点的距离。多用于已知偶数边正多边形对顶点距离绘制正多边形。

多边形外切于圆实际就是圆内切于多边形，圆的半径就是多边形的中心到多边形各边中点的距离。多用于一直偶数边正多边形对边距离绘制正多边形。

如图 2-62 所示，同样大小的圆，使用不同的正多边形与圆的关系，画出的正多边形的大小不一样。

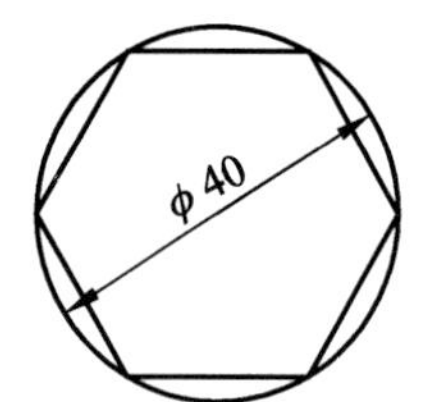

（a）多边形内接于圆

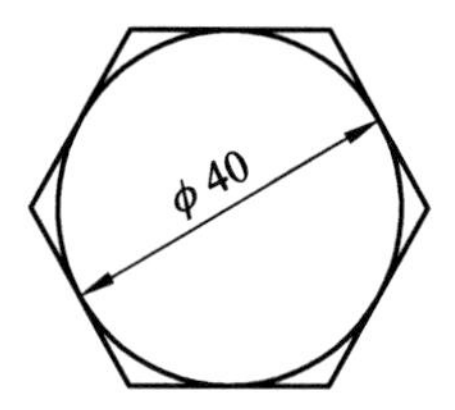

（b）多边形外切于圆

图 2-62　正多边形与圆的关系

4. 操作演练

用正多边形命令绘制如图 2-63 所示图形。

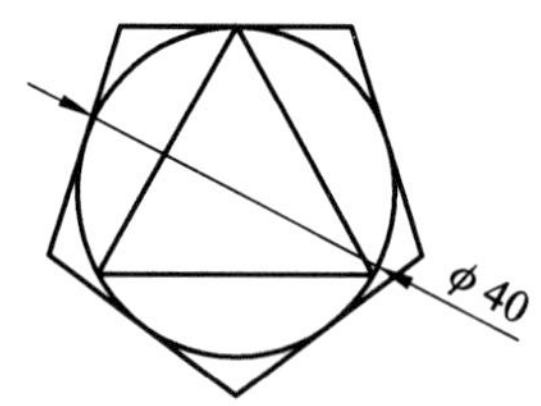

图 2-63　绘制正多边形

【操作技能】

步骤 1：绘制大椭圆，如图 2-64（a）所示。

命令: _ellipse　　//启动椭圆命令，选择轴、端点方法绘制椭圆

指定椭圆的轴端点或 [圆弧(A)/中心点(C)]:　　//任意指定椭圆的一个轴端点

指定轴的另一个端点: 195　　//指定椭圆的另一个轴

指定另一条半轴长度或 [旋转(R)]: 60　　//指定另一条半轴长度

步骤 2：用圆心、半径方法绘制两个圆，如图 2-64（b）所示。

命令: _circle　　//启动圆命令

指定圆的圆心或 [三点(3P)/两点(2P)/切点、切点、半径(T)]:　40

//以椭圆左边的象限点为追踪点向右水平追踪 40

指定圆的半径或 [直径(D)] <00.0000>: 30　　//指定圆的半径

命令: _circle　　//启动圆命令

指定圆的圆心或 [三点(3P)/两点(2P)/切点、切点、半径(T)]: 30

//以椭圆右边的象限点为追踪点向左水平追踪 30

指定圆的半径或 [直径(D)] <30.0000>: 15　　//指定圆的半径

步骤 3：绘制小椭圆，如图 2-64（c）所示。

命令: _ellipse　　//启动椭圆命令，选择轴、端点方法绘制椭圆

指定椭圆的轴端点或 [圆弧(A)/中心点(C)]:　　//以大圆的右侧象限点作为椭圆轴端点

指定轴的另一个端点:　　//以小圆的左侧象限点作为椭圆另一个轴端点

指定另一条半轴长度或 [旋转(R)]: 20　　//指定另一条半轴长度

步骤 4：绘制正多边形，如图 2-64（d）所示。

命令: _polygon //启动正多边形命令
输入边的数目 <4>: 6 //指定边的数目
指定正多边形的中心点或 [边(E)]: <捕捉 开> //指定正多边形的中心点，以大圆的圆心作为中心点
输入选项 [内接于圆(I)/外切于圆(C)] <I>: C //选择外切于圆
指定圆的半径: 15 //指定圆的半径

步骤 5：相切、相切、半径方法绘制圆，如图 2-64（e）所示。

命令: _circle //启动圆命令
指定圆的圆心或 [三点(3P)/两点(2P)/切点、切点、半径(T)]: _ttr
//选择相切、相切、半径方法绘制圆
指定对象与圆的第一个切点: //以大圆上半部分为第一个切点
指定对象与圆的第二个切点: //以小圆上半部分为第二个切点
指定圆的半径 <15.0000>: 150 //指定圆的半径
命令: _circle //启动圆命令
指定圆的圆心或 [三点(3P)/两点(2P)/切点、切点、半径(T)]: _ttr
//选择相切、相切、半径方法绘制圆
指定对象与圆的第一个切点: //以大圆下半部分为第一个切点
指定对象与圆的第二个切点: //以小圆下半部分为第二个切点
指定圆的半径 <150.0000>: 100 //指定圆的半径

步骤 6：修剪图形，如图 2-64（f）所示。

命令: _trim //启动修改命令
当前设置:投影=UCS，边=无 //系统显示当前设置
选择剪切边...
选择对象或 <全部选择>: 找到 1 个 //选择半径为 150 的圆
选择对象: 找到 1 个，总计 2 个 //选择半径为 100 的圆
选择对象: 找到 1 个，总计 3 个 //选择半径为 30 的圆
选择对象: 找到 1 个，总计 4 个 //选择半径为 15 的圆
选择对象:
选择要修剪的对象，或按住 Shift 键选择要延伸的对象，或
[栏选(F)/窗交(C)/投影(P)/边(E)/删除(R)/放弃(U)]: //修剪最上面圆弧
选择要修剪的对象，或按住 Shift 键选择要延伸的对象，或
[栏选(F)/窗交(C)/投影(P)/边(E)/删除(R)/放弃(U)]: //修剪最下面圆弧
选择要修剪的对象，或按住 Shift 键选择要延伸的对象，或
[栏选(F)/窗交(C)/投影(P)/边(E)/删除(R)/放弃(U)]: //修剪左上圆弧
选择要修剪的对象，或按住 Shift 键选择要延伸的对象，或
[栏选(F)/窗交(C)/投影(P)/边(E)/删除(R)/放弃(U)]: //修剪左下圆弧
选择要修剪的对象，或按住 Shift 键选择要延伸的对象，或
[栏选(F)/窗交(C)/投影(P)/边(E)/删除(R)/放弃(U)]: //修剪右上圆弧

选择要修剪的对象，或按住 Shift 键选择要延伸的对象，或
[栏选(F)/窗交(C)/投影(P)/边(E)/删除(R)/放弃(U)]: //修剪右弧
选择要修剪的对象，或按住 Shift 键选择要延伸的对象，或
[栏选(F)/窗交(C)/投影(P)/边(E)/删除(R)/放弃(U)]: //按【Enter】键结束命令

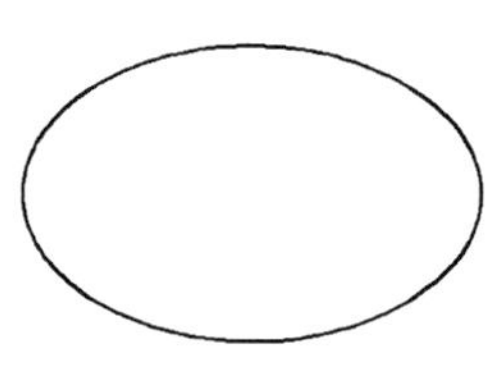
（a）绘制一个大椭圆

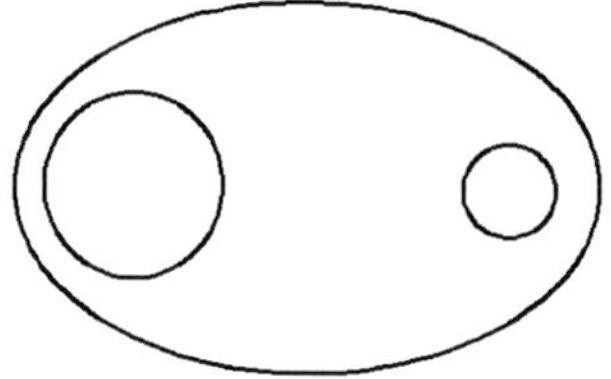
（b）用圆心、半径方法绘制两个圆

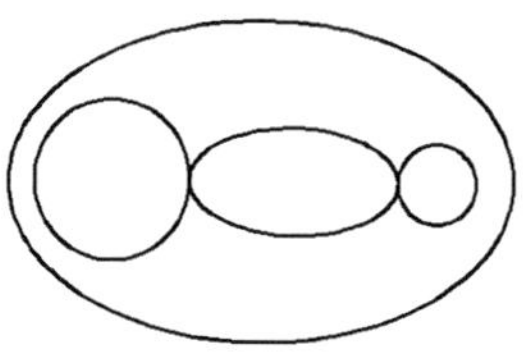
（c）绘制一个小椭圆

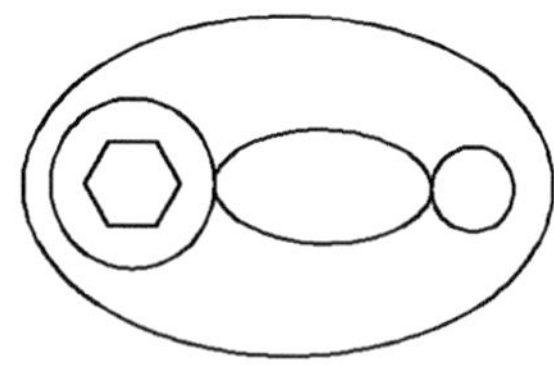
（d）绘制正多边形

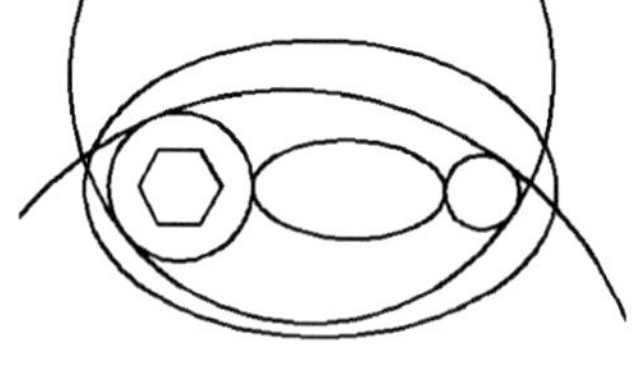
（e）相切、相切、半径方法绘制圆

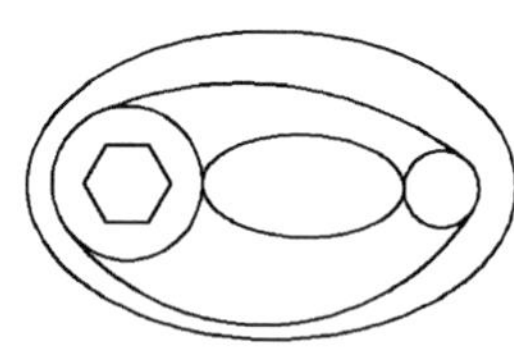
（f）修剪图形

图 2-64 操作过程图

【拓展知识】

绘制椭圆弧

1. 命令的调用方法

（1）下拉菜单：单击[绘图]\[椭圆]\[圆弧]命令。
（2）工具栏：单击绘图工具栏中的按钮。
（3）键盘命令：在命令行输入 Ellipse（或缩写 EL）。

2. 功 能

绘制椭圆弧。

3. 操作及选项说明

命令：_ellipse
指定椭圆的轴端点或[圆弧(A)/中心点(C)]：A
指定椭圆弧的轴端点或[中心点(C)]:
指定轴的另一个端点:
指定另一条半轴长度或[旋转(R)]:
指定起点角度或[参数(P)]:
指定端点角度或[参数(P)/包含角度(I)]:

• 轴端点：定义第一条轴的起点。

• 中心点：用指定的中心点创建椭圆弧。

• 另一条半轴长度：定义第二条轴为从椭圆的圆心到指定点的距离。

• 旋转：通过绕第一条轴旋转定义椭圆的长轴短轴比例。

• 起点角度：定义椭圆弧的第一个端点。

• 端点角度：定义椭圆弧的第二个端点。

• 参数：可按矢量方程式输入起始角度。

• 包含角度：可指定保留椭圆段的包含角。

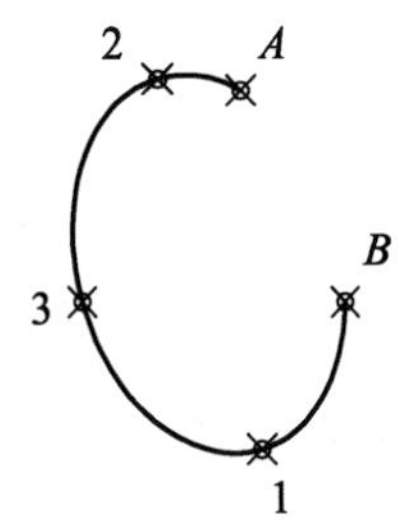

图 2-65　椭圆弧的绘制

【任务小结】

本任务重点讲述了椭圆命令和正多边形命令的使用方法，同时温习了圆命令的使用方法。

【任务训练】

训练 1：运用椭圆命令绘制如图 2-66 所示的图形。

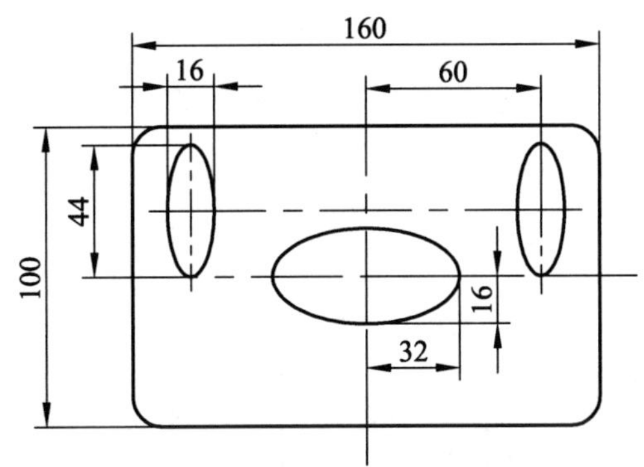

图 2-66　任务训练图 1

训练 2：运用正多边形、圆及倒圆角命令绘制如图 2-67 所示的图形。

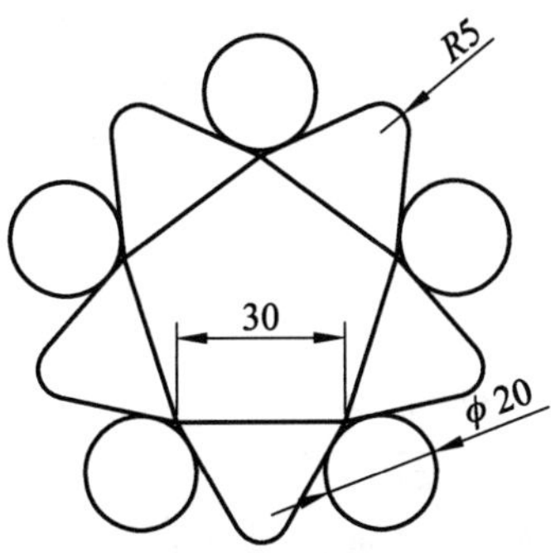

图 2-67　任务训练图 2

任务六　六角螺栓的绘制

【学习要点】

★ 掌握圆弧绘图命令及缩放、拉伸修改命令的使用方法。

★ 了解拉长修改命令的使用方法。

【任务内容】

如图 2-68 所示，本任务中六角螺栓的绘制使用圆弧、直线、修剪等命令。若螺栓整体尺寸变化，需要使用缩放命令；若螺栓身长尺寸变化，螺栓头部尺寸不变，需要使用拉伸命令。

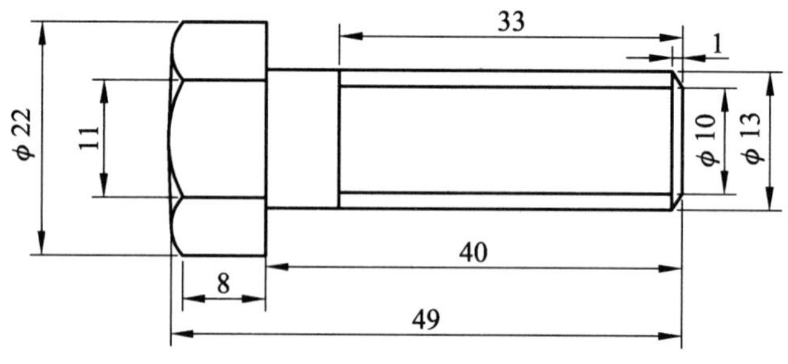

图 2-68　六角螺栓的绘制

图 2-68 所示为螺栓的正立面图，其左侧立面图如图 2-69 所示。对螺栓头部尺寸进行分析，绘制时可以先绘制螺栓头部，再选择直线命令绘制螺身。

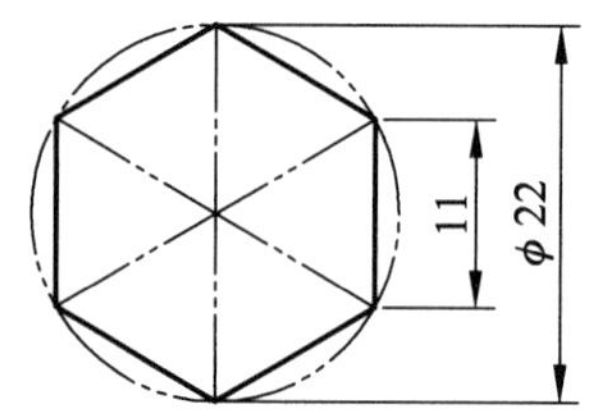

图 2-69　螺栓头部尺寸分析

【理论基础】

一、圆弧命令

圆弧命令

1. 命令的调用方法

（1）下拉菜单：单击[绘图]/[圆弧]命令。

（2）工具栏：单击工具栏中的按钮。

（3）键盘命令：在命令行输入 Arc（或缩写 A）。

2. 功　能

圆弧是工程制图中常用的对象之一。在建筑图形中常用于绘制门窗平面图，创建圆弧的方法有多种，可以指定三点画弧；可以指定弧的起点、圆心、和端点画弧；可以指定弧的起点、圆心和角度画弧；可以指定弧的角度、半径、方向和弦长等方法画弧。

3．操作及选项说明

命令： _arc

指定圆弧的起点或 [圆心(C)]:

指定圆弧的第二个点或 [圆心(C)/端点(E)]:

ARC 指定圆弧的端点：

- 三点：指定圆弧的起点、终点及圆弧上任意一点。
- 起点：指定圆弧的起点。如果未指定就按【Enter】键，将创建一条与最后绘制的直线、圆弧或多段线相切的圆弧。
- 终点：指定圆弧的终点。
- 圆心：指定圆弧的圆心。
- 方向：指定和圆弧起点相切的方向。
- 长度：指定圆弧的弦长。
- 角度：指定圆弧包含的角度。默认情况下，逆时针为正，顺时针为负。
- 半径：指定圆弧的半径。

在 AutoCAD 中，有 11 种绘制圆弧的方法供用户选择：

（1）三点（P）：如图 2-70（a）所示；

（2）起点、圆心、端点（S）：如图 2-70（b）所示；

（3）起点、圆心、角度（T）：如图 2-70（c）所示，角度指的是圆心角，角度要求逆时针为正，顺时针为负；

（4）起点、圆心、长度（A）：如图 2-70（d）所示，从起点开始逆时针方向画弧，如果弦长为正，则为劣弧，如果弦长为负，则为优弧；

（5）起点、端点、角度（N）：如图 2-70（e）所示，角度指的是起点、终点所包含的圆心角度，角度要求逆时针为正，顺时针为负；

（6）起点、端点、方向（D）：如图 2-70（f）所示，所给方向是弧与起点连线的切线方向；

（7）起点、端点、半径（R）：如图 2-70（g）所示，如果半径为正，则为劣弧，如果半径为负，则为优弧；

（8）圆心、起点、端点（C）：同（2）；

（9）圆心、起点、角度（E）：同（3）；

（10）圆心、起点、弦长（L）：同（4）；

（11）继续（O）：如图 2-70（h）所示，以最后一次所画的圆弧或直线的终点为圆弧的起点，再按提示给出圆弧的端点，所画圆弧将与上一段相切。

上述选项（8）、（9）、（10）与（2）、（3）、（4）中条件相同，只是操作时命令提示顺序不同，AutoCAD 实际提供的是 8 种画圆弧的方式，如图 2-70 所示。

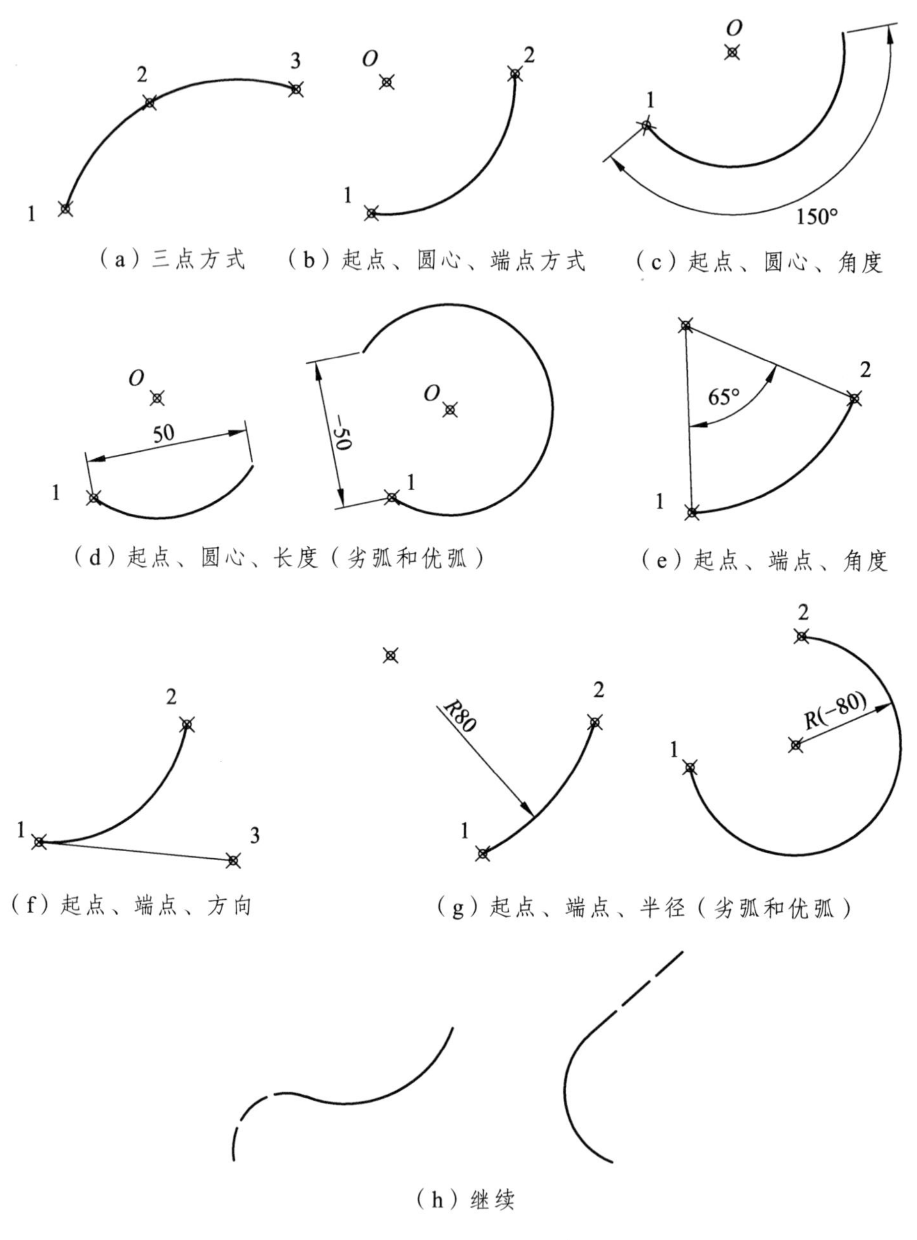

图 2-70　圆弧的画法

> 技巧提示:
>
> (1) 不是所有圆弧都适合用"Arc"命令来绘制,一些圆弧适合用圆与修剪命令生成。
>
> (2) 在用圆弧命令时,圆弧的曲率遵循逆时针方向,所以在选择指定圆弧两个端点和弦长或半径模式时,需要注意端点的指定顺序,弦长或半径的正负,否则有可能导致圆弧的凹凸、方向与预期相反。

4. 操作演练

用圆弧命令绘制如图 2-71 所示的平开门图形,该图形由两个单扇门组成,其中直线长度为 850，弧线角度为 90°。

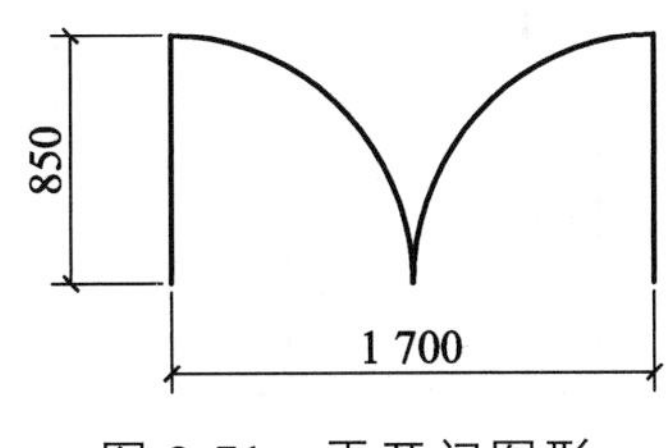

图 2-71　平开门图形

二、缩放命令

缩放命令

1. 命令的调用方法

（1）下拉菜单：单击[修改]/[缩放]命令。

（2）工具栏：单击工具栏中的按钮。

（3）键盘命令：在命令行输入 Scale（或缩写 SC）。

2. 功　能

可以将选中的实体相对于基点在各轴向上以相同的比例进行放大或缩小，保证了缩放对象的形状不变，该命令可根据需要选用比例值方式或参照方式，并能实现复制缩放。

3. 操作及选项说明

命令：_scale

选择对象：

指定基点：

指定比例因子或 [复制(C)/参照(R)] <1.0000>:

- 指定比例因子：确定要缩放的比例因子。如果要输入该项，可输入比例因子后，按回车键，如图 2-72 所示。

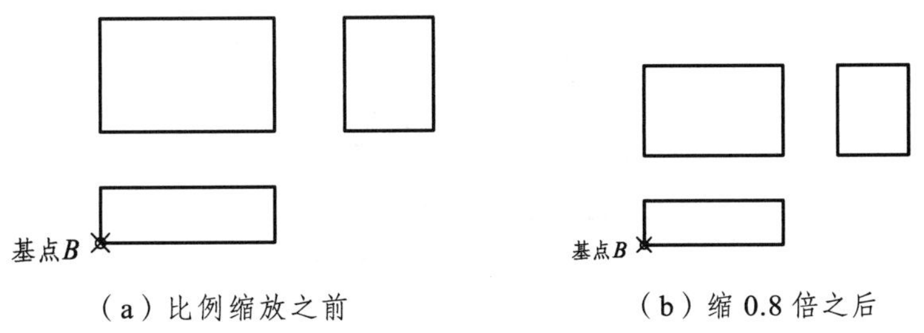

（a）比例缩放之前　　（b）缩 0.8 倍之后

图 2-72　给比例值方式缩放

- 复制：选择该选项，并在后面提示中输入比例因子，则在缩放图形的同时也保留原图形，即将复制的图形缩放了，原图形不变。
- 参照：将对象以参考的方式进行缩放，所给出的新长度与原长度之比即为缩放的比例值。缩放一组实体时，只要知道其中任意一个尺寸的原长和缩放后的长，就可以用参照方式而不必计算缩放比例，该方式在绘图中非常实用，如图 2-73 所示。

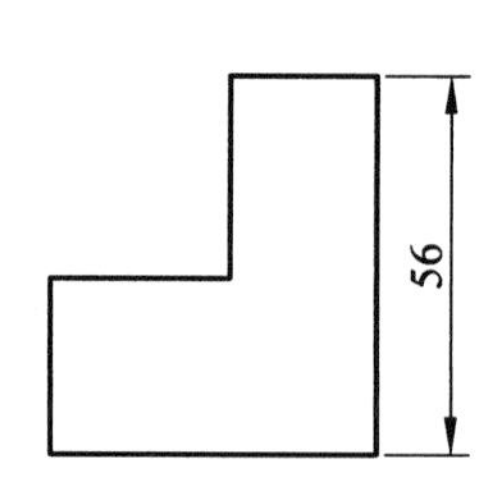

（a）参照缩放前的尺寸值 56

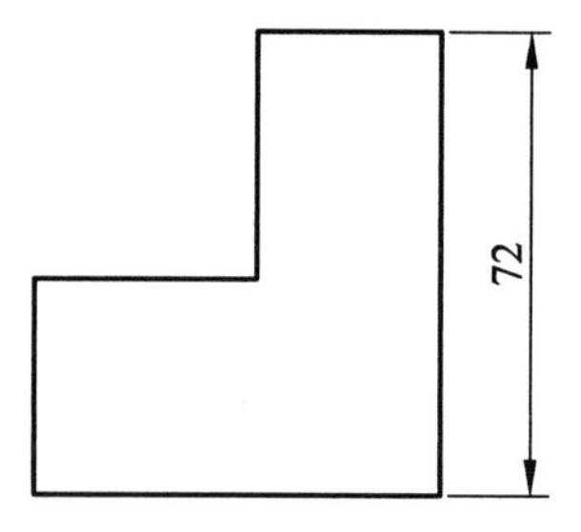

（b）参照缩放后的尺寸值 72

图 2-73　参照方式缩放

• 在缩放参照中，如果不知道缩放前和缩放后的尺寸，可以按照提示给出两点来确定实体缩放前后的长短，如图 2-74 所示，圆在缩放前的尺寸可以直接给出直径的两点，缩放后的尺寸可以按照矩形的宽给出两点。

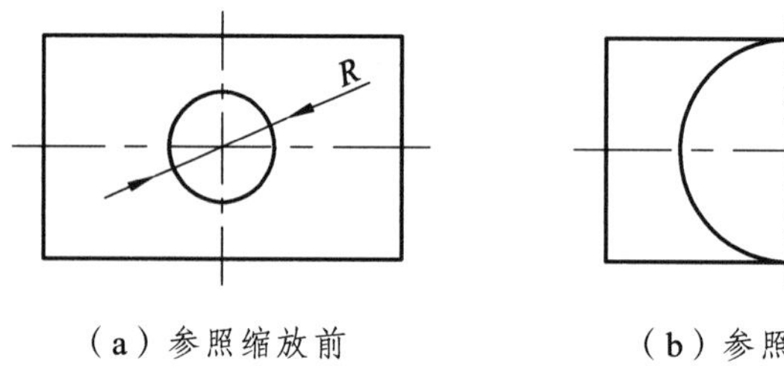

（a）参照缩放前　　（b）参照缩放后

图 2-74　参照方式缩放

4. 操作演练

用缩放-参照命令绘制如下尺寸的正三角形内接最大正方形，如图 2-75 所示。

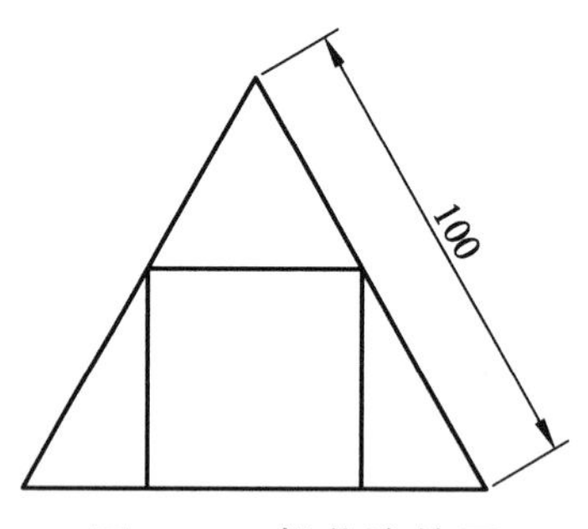

图 2-75　操作演练图

二、拉伸命令

1. 命令的调用方法

拉伸命令

（1）下拉菜单：单击[修改]/[拉伸]命令。

（2）工具栏：单击工具栏中的按钮。

（3）键盘命令：在命令行输入 Stretch（或缩写 S）。

2. 功　能

拉伸命令可以在一个方向上按用户所确定的尺寸拉伸图形，即用来拉长、缩短、移动图形实体对象。

3. 操作及选项说明

命令：_stretch

以交叉窗口或交叉多边形选择要拉伸的对象...

选择对象：

指定基点或 [位移(D)] <位移>：

指定第二个点或 <使用第一个点作为位移>：

- 指定基点：确定拉伸参考点。
- 选择对象：选取要拉伸实体的一部分，拉伸命令只对交叉窗口选中的图形实体有效，对完全选取窗口内或其他方式选中的实体只发生移动，如图 2-76 所示。
- 位移：可输入相对坐标方式进行拉伸。

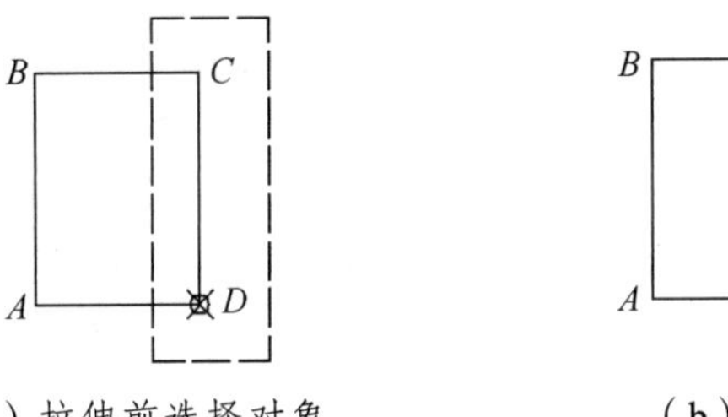

（a）拉伸前选择对象　　（b） 拉伸过程

图 2-76　拉伸

六角螺栓拉伸如图 2-77 所示。

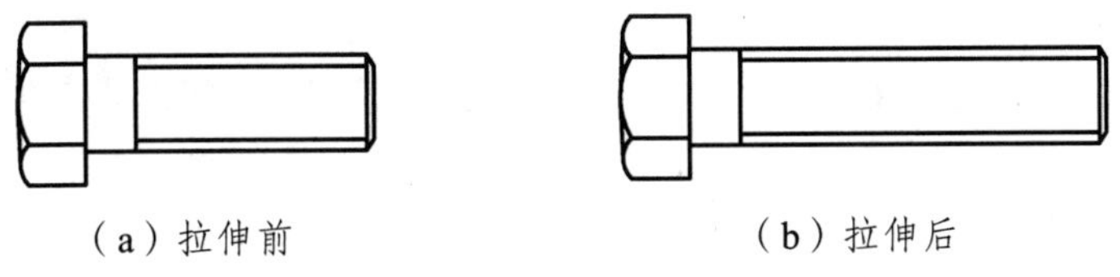

（a）拉伸前　　（b）拉伸后

图 2-77　六角螺栓的拉伸

【操作技能】

步骤 1：绘制六角螺栓顶部与曲线相切的直线和六角的边，如图 2-78（a）所示。

命令：_line　　//打开直线命令

指定第一点： <正交 开>　　//指定直线的第一点

指定下一点或 [放弃(U)]：8　　//将光标移至右侧，输入长度

指定下一点或 [放弃(U)]：22　　//将光标移至下方，输入长度

指定下一点或 [放弃(U)]：8　　//将光标移至左侧，输入长度

指定下一点或 [放弃(U)]：　　//结束直线命令

命令： _line　　//打开直线命令

指定第一点：<对象追踪 开> 5.5　　//将光标沿右上角点向下追踪
指定下一点或 [放弃(U)]： 8　　//将光标移至左侧，输入长度
指定下一点或 [放弃(U)]:　　//结束直线命令
命令： _line　　//打开直线命令
指定第一点：<对象追踪 开> 16.5　　//将光标沿右上角点向下追踪
指定下一点或 [放弃(U)]： 8　　//将光标移至左侧，输入长度
指定下一点或 [放弃(U)]:　　//结束直线命令
指定下一点或 [放弃(U)]:　　//结束直线命令
命令： _line　　//打开直线命令
指定第一点：_from　　//使用捕捉自命令，以右上角点为基点
基点：<偏移>： @-9，-2.75　　//指定偏移距离
指定下一点或 [放弃(U)]：16.5　　//将光标移至下方，输入长度，绘制与圆弧相切的直线
指定下一点或 [放弃(U)]:　　//结束直线命令

步骤 2：绘制六角螺栓顶部的曲线，如图 2-78（b）所示。

命令： _arc　　//执行圆弧命令
指定圆弧的起点或[圆心(C)]:　　//指定显示六角的第一条水平边的左端点
指定圆弧的第二个点或[圆心(C) 端点(E)]:　　//指定与圆弧相切直线的上端点
指定圆弧的端点：　　//指定显示六角的第二条水平边的左端点
命令： _arc　　//执行圆弧命令
指定圆弧的起点或[圆心(C)]:　　//指定显示六角的第二条水平边的左端点
指定圆弧的第二个点或[圆心(C) 端点(E)]:　　//指定与圆弧相切直线的中点
指定圆弧的端点：　　//指定显示六角的第三条水平边的左端点
命令： _arc　　//执行圆弧命令
指定圆弧的起点或[圆心(C)]:　　//指定显示六角的第三条水平边的左端点
指定圆弧的第二个点或[圆心(C) 端点(E)]:　　//指定与圆弧相切直线的下端点
指定圆弧的端点：　　//指定显示六角的第四条水平边的左端点

步骤 3：绘制六角螺栓杆，如图 2-78（c）、（d）所示。

命令： _line　　//打开直线命令
指定第一点：<对象追踪 开>4.5　　//将光标沿螺栓头右上角点向下追踪
指定下一点或 [放弃(U)]： <正交 开> 40　　//将光标移至右侧，输入长度
指定下一点或 [放弃(U)]： 13　　//将光标移至下方，输入长度
指定下一点或 [闭合(C)/放弃(U)]：40　　//将光标移至左侧，输入长度
指定下一点或 [闭合(C)/放弃(U)]:　　//结束直线命令
命令：_chamfer　　//打开倒角命令
选择第一条直线或[方弃(U) / 多段线(P) / 距离(D) / 角度(A) / 修剪(T) / 方式(E) / 多个(M)]： M　　//选择多个选项
选择第一条直线或[方弃(U) / 多段线(P) / 距离(D) / 角度(A) / 修剪(T) / 方式(E) / 多个

```
(M)]: D                                           //选择距离选项
指定第一个倒角距离<0.0000>: 1                      //设置第一个倒角距离
指定第二个倒角距离<1.0000>: 1.5                    //设置第二个倒角距离
选择第一条直线:                                    //选择螺栓身的上部直线
选择第二条直线:                                    //选择螺栓身的右部直线
选择第一条直线:                                    //选择螺栓身的下部直线
选择第二条直线:                                    //选择螺栓身的右部直线
选择第一条直线:                                    //按回车结束倒角命令
命令: _line                                       //打开直线命令
指定第一点: <对象追踪 开>7                         //将光标沿螺栓头与身衔接左上角点向右追踪
指定下一点或 [闭合(C)/放弃(U)]: 13                 //将光标移至下方，输入长度
指定下一点或 [闭合(C)/放弃(U)]:                    //结束直线命令
命令: _line                                       //打开直线命令
指定第一点: <正交 开>                              //捕捉螺身右上第一角点
指定下一点或 [放弃(U)]: 13                         //将光标移至下方，输入长度
指定下一点或 [放弃(U)]:                            //结束直线命令
命令: _line                                       //打开直线命令
指定第一点:  <正交 开>                             //捕捉螺身右上第二角点
指定下一点或 [放弃(U)]: 33                         //将光标移至左侧，输入长度
指定下一点或 [放弃(U)]:                            //结束直线命令
命令: _line                                       //打开直线命令
指定第一点: <正交 开>                              //捕捉螺身右下第三角点
指定下一点或 [放弃(U)]:  33                        //将光标移至左侧，输入长度
指定下一点或 [放弃(U)]:                            //结束直线命令
命令: _trim                                       //启动修剪命令
当前设置:投影=UCS，边=无                           //系统显示当前设置
选择剪切边...
选择对象或 <全部选择>:                             //回车
选择要修剪的对象，或按住 Shift 键选择要延伸的对象，或
[栏选(F)/窗交(C)/投影(P)/边(E)/删除(R)/放弃(U)]:   //选择要修剪的螺身尾多余的线
选择要修剪的对象，或按住 Shift 键选择要延伸的对象，或
[栏选(F)/窗交(C)/投影(P)/边(E)/删除(R)/放弃(U)]:   //按【Enter】键结束命令
```

（a）绘制六角螺栓顶部及与曲线相切的直线　　（b）绘制六角螺栓顶部曲线

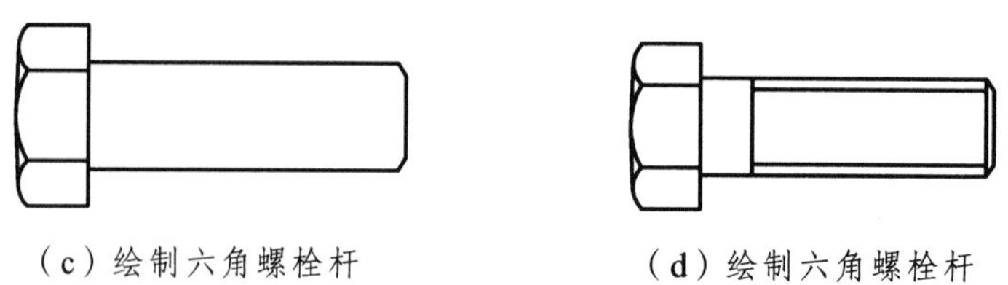

（c）绘制六角螺栓杆　　（d）绘制六角螺栓杆

图 2-78　六角螺栓的绘制

【拓展知识】

拉长命令

1. 命令的调用方法

（1）下拉菜单：单击[修改]\[拉长]命令。

（2）键盘命令：在命令行输入 Lenghen（或缩写 LEN）。

2. 功　能

拉长命令可以延伸或缩短直线或圆弧的圆心角，也可以用于查看线段的长度。

3. 操作及选项说明

命令： _lengthen

选择对象或 [增量(DE)/百分数(P)/全部(T)/动态(DY)]:

当前长度： 39.0000

选择对象或 [增量(DE)/百分数(P)/全部(T)/动态(DY)]:

输入长度增量或 [角度(A)] <0.0000>:

选择要修改的对象或 [放弃(U)]:

选择要修改的对象或 [放弃(U)]: *取消*

- 增量：通过输入长度或角度增量值的方法延长或缩短对象，输入正值表示增长，输入负值表示缩短。
- 百分数：通过输入百分比的方式来改变对象的长度或圆心角大小。
- 全部：通过输入对象的总长度来改变对象的长度。
- 动态：拖动对象的某个端点来改变对象的长度或角度，并用动态模式显示。

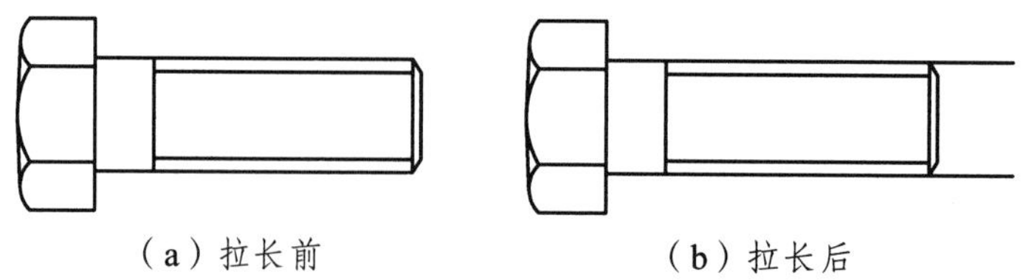

（a）拉长前　　（b）拉长后

图 2-79　六角螺栓被拉长

【任务小结】

缩放命令可以在不改变图形的情况下对图形进行等比例放大和缩小，拉伸命令可以使部分需要拉伸的图形进行拉伸变形。

【任务训练】

训练 1：用缩放-参照命令绘制如图 2-80 所示的图形。

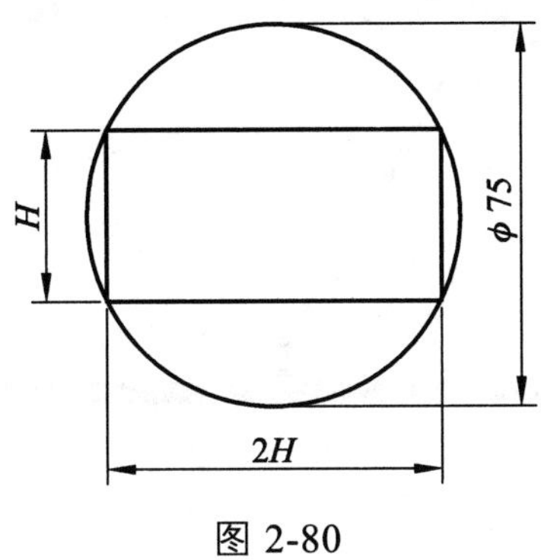

图 2-80

训练 2：对钢筋混凝土梁的剖面进行拉伸，如图 2-81 所示。

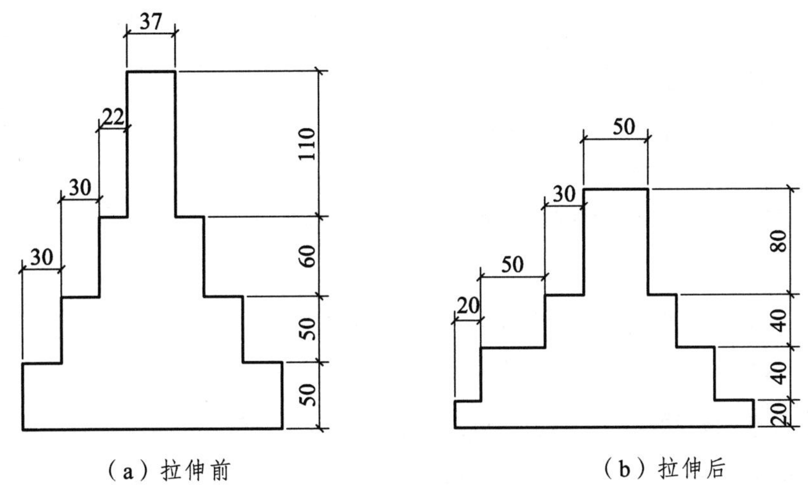

（a）拉伸前　　（b）拉伸后

图 2-81　钢筋混凝土梁的剖面

任务七　仪表的绘制

【学习要点】

★ 学会多段线绘图命令的使用方法。

★ 学会多段线编辑的使用方法。

★ 了解线宽设置、样条曲线绘图命令以及使用夹点快速编辑图形的方法。

【任务内容】

表盘线宽为 5 mm，指针起始宽度为 8 mm，如图 2-82 所示，本任务中仪表盘由表盘和指针组成，用多段线命令来绘制，通过直线和弧线来绘制表盘半圆，通过改变线宽来绘制指针。

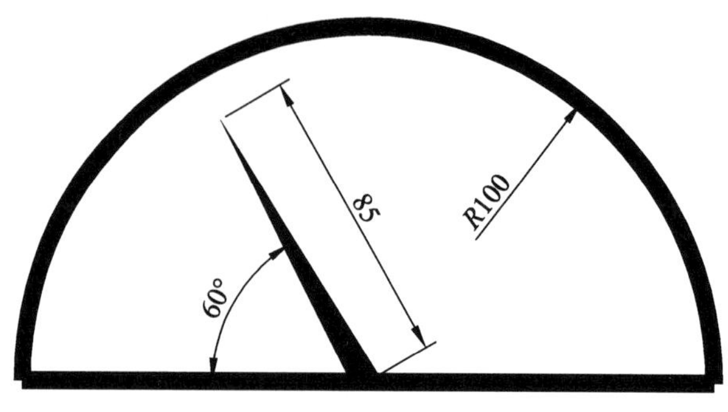

图 2-82　仪表

【理论基础】

一、多段线命令

多段线命令

1. 命令的调用方法

（1）下拉菜单：单击[绘图]\[多段线]命令。

（2）工具栏：单击绘图工具栏中的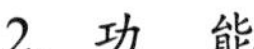按钮。

（3）键盘命令：在命令行输入 Pline（或缩写 PL）。

2. 功　能

绘制包括若干直线段或圆弧段的多段线，整条多段线可以作为一个整体编辑，另外，多段线可以指定线宽，因而特别适合于绘制一些特殊的形体。

3. 操作及选项说明

命令：_pline

指定起点：

当前线宽为：0.0000

指定下一点或[圆弧(A)/半宽(H)/长度(L)/放弃(U)/宽度(W)]:

指定圆弧的端点或[角度(A)/圆心(CE)/闭合(CL)/方向(D)/半宽(H)/直线(L)/半径(R)/第二个点(S)/放弃(U)/宽度(W)]:

- 圆弧（A）：将多段线命令有绘制直线段模式转换为绘制圆弧段模式。向多段线中添加圆弧段。
- 半宽（H）：指定从宽多段线线段的中心到其一边的宽度。
- 长度（L）：指定下一段多段线的长度。
- 宽度（W）：指定下一段多段线的宽度。
- 放弃（U）：删除最近一次添加到多段线上的直线段。
- 开始执行多段线命令时，默认的是绘制直线段模式。输入“A”切换到绘制圆弧段模式下时，系统又会给出新的选项。

• 圆弧端点：制定短短并绘制弧线段。

• 角度（A）指定弧线段从起点开始的包含角。输入正值将按逆时针方向创建弧线段；输入负值将按顺时针创建弧线段。

• 圆心（CE）：指定弧线段的圆心。

• 闭合（CL）：绘制一条直线段（从当前位置到多段线起点）以闭合多段线。

• 方向（D）：制定弧线段的起始方向（起点处的切线方向）。

• 直线（L）：退出当前绘制圆弧段的模式，返回到绘制直线段模式继续绘制直线。

• 半径（R）：指定弧线段的半径。

• 第二个点（S）：指定圆弧上的点和圆弧的终点，以 3 个点来绘制圆弧。

> **技巧提示**：起点宽度将成为默认的端点宽度。端点宽度在再次修改宽度之前将作为所有后续线段的统一宽度。宽线线段的起点和端点位于宽线的中心。

4. 操作演练

用多段线命令绘制指北针，箭头起始宽度为 3 mm，如图 2-83 所示。

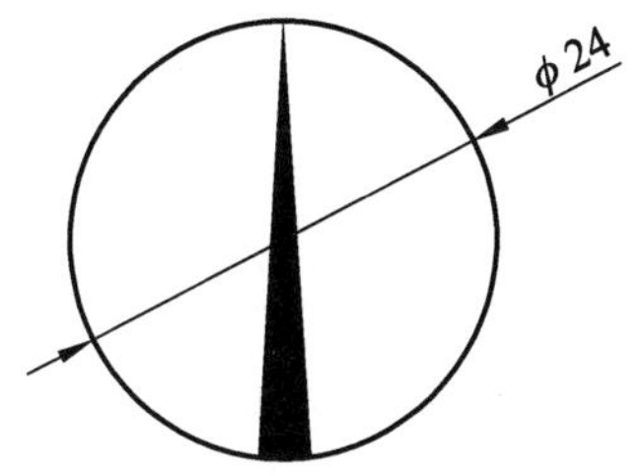

图 2-83 指北针

二、编辑多段线命令

1. 命令的调用方法

（1）下拉菜单：单击[修改]\[对象]\[多段线]命令。

（2）工具栏：单击工具栏中的按钮。

（3）键盘命令：Pedit（或缩写 PE）。

2. 功 能

编辑多段线命令不但可以编辑二维和三维多线段，还可以编辑正多边形、矩形、圆环，甚至多边形网格。

3. 操作及选项说明

命令：_pedit

选择多段线或 [多条(M)]:

输入选项 [闭合(C)/合并(J)/宽度(W)/编辑顶点(E)/拟合(F)/样条曲线(S)/非曲线化(D)/线

型生成(L)/放弃(U)]:

- 打开/闭合：打开或闭合多段线。
- 合并：将首尾相连的多个非多段线对象连接成一条完整的多段线。
- 宽度：修改多段线的宽度。
- 编辑顶点：对多段线的顶点进行编辑。
- 拟合：选择该项后，系统将用圆弧组成的光滑曲线拟合多段线。
- 样条曲线：选择该项后，系统将用样条曲线拟合多段线。
- 非曲线化：将多段线中的曲线拉成直线，同时保留多段线顶点的所有切线信息。
- 线型生成：用于控制有线型的多段线的显示方式。

技巧提示："Pline"绘制的多段线用"Explode"命令分解后将失去宽度意义并变为一段段的直线或圆弧。而用"Pedit"命令的"合并"选项择可以把首尾相连的直线或圆弧组合成多段线。当系统变量"Fill"设为"关"时所做的多段线为空心线，设为"开"时为实心线。

4. 操作演练

将本任务中仪表盘用直线和圆弧绘制，指针用多段线绘制后，再用编辑多段线命令将整个仪表合并成一个多段线图形。

【操作技能】

步骤 1：设置绘图环境。

步骤 2：绘制中心线。

设置图层、线形、颜色、线宽以及绘制相应的中心线

步骤 3：绘制表盘，如图 2-84（a）所示。

命令：_pline //启动多段线命令

指定起点： //绘图区任意位置拾取一点

当前线宽为：0.0000 //系统提示信息

指定下一个点或[圆弧(A)/半宽(H)/长度(L)/放弃(U)/宽度(W)]：W //选择宽度选项

指定起点宽度<0.0000>：5 //指定起点宽度为 5

指定端点宽度<0.0000>：5 //指定端点宽度为 5

指定下一个点或[圆弧(A)/半宽(H)/长度(L)/放弃(U)/宽度(W)]：<正交开>200 //将光标移至左方，输入长度

指定下一个点或[圆弧(A)/半宽(H)/长度(L)/放弃(U)/宽度(W)]：A //选择圆弧选项

指定圆弧的端点或[角度(A)/圆心(CE)/方向(D)/半宽(H)/直线(L)/半径(R)/第二个点(S)/放弃(U)/宽度(W)]：A //选择角度选项

指定包含角：-180 //指定包含角为 180°

指定圆弧的端点或[圆心(CE)/半径(R)]： //捕捉直线段右端点

指定圆弧的端点或[角度(A)/圆心(CE)/方向(D)/半宽(H)/直线(L)/半径(R)/第二个点(S)/放

弃(U)/宽度(W)]:　　　　　　　　　　　　　　//回车，结束命令

步骤 4：画指针，如图 2-84（b）所示。

命令：_pline　　　　　　　　　　　　　　　//启动多段线命令

指定起点：　　　　　　　　　　　　　　　　//捕捉表盘的圆心

当前线宽为：0.0000　　　　　　　　　　　//系统提示信息，选择宽度选项

指定下一给点或[圆弧(A)/半宽(H)/长度(L)/放弃(U)/宽度(W)]：W

//选择宽度选项

指定起点宽度：<0.0000>：8　　　　　　//指定起点范围 8

指定端点宽度：<8.0000>：0　　　　　　//指定端点宽度 0

指定下一个点或[圆弧(A)/半宽(H)/长度(L)/放弃(U)/宽度(W)]：<极轴开> 85

//设置极轴增量角为 120°，输入直线长度

指定圆弧的端点或[角度(A)/圆心(CE)/方向(D)/半宽(H)/直线(L)/半径(R)/第二个点(S)/放弃(U)/宽度(W)]:　　　　　　　　　　　　　　//回车，结束命令

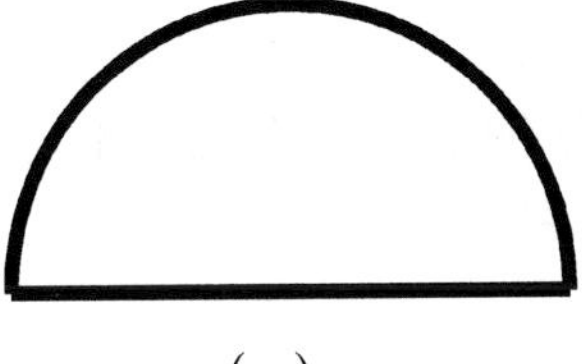

（a）

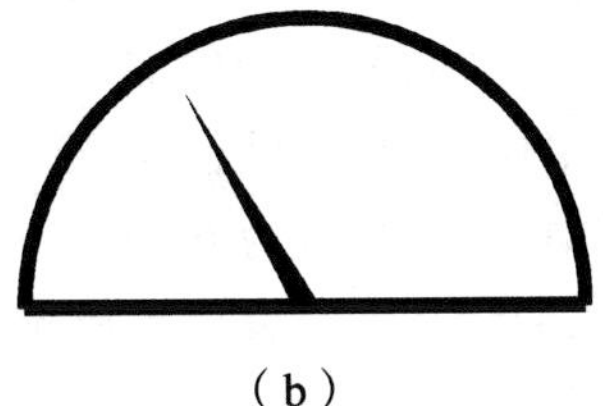

（b）

图 2-84　绘制仪表指针

【拓展知识】

一、设置线宽

AutoCAD 一般在对象特性中设置对象线宽，并且提供了一个线宽序列（0.00，0.05，0.09，0.13）供用户选用。而在多段线命令中设置线宽，用户可以不受线宽序列的限制，自由的设置线宽（如 0.04，0.10，…）。已设定线宽的多段线在打印输出时，如果设定宽度大于打印输出中该颜色线条设定的宽度，则以图面设定的宽度为准，不受打印输出中不同颜色线条的宽度限制；如果多段线的图面宽度小于打印输出中该颜色设定宽度，则根据其颜色按打印输出中设定的进行打印。

二、样条曲线命令

1. 命令的调用方法

（1）下拉菜单：单击[绘图]\[样条曲线]命令。

（2）工具栏：单击绘图工具栏中的～按钮。

（3）键盘命令：在命令行输入 Spline（或缩写 SPL）。

2. 功　能

由一组点定义的一条光滑曲线，主要用于创建一些不规则的曲线，可以绘制局部剖面中的断裂线，生成地形图中的地形线，还可以绘制盘形凸轮轮廓曲线等。

3. 操作及选项说明

命令：_spline

当前设置：方式=拟合　节点=弦

指定第一个点或[方式(M)/节点(K)/对象(O)]:

输入下一个点或[起点切向(T)/公差(L)]:

输入下一个点或[端点切向(T)/公差(L)/放弃(U)]:

输入下一个点或[端点切向(T)/公差(L)/放弃(U)/闭合(C)]:

- 方式：当前设置是拟合、调节。
- 节点：可以参数化，选项有弦（C）/平方根（S）/统一（U）。
- 对象（O）：选择要编辑的样条曲线。
- 端点相切（T）：决定样条曲线的相切点为端点。
- 公差（L）：指定样条曲线可以偏离指定拟合点的距离。公差越小，样条曲线与拟合点越接近。公差为 0，样条曲线将通过该点。起点切向和端点切向控制样条曲线的弯曲程度和形状。
- 闭合（C）：样条曲线封闭。

4. 操作演练

绘制花瓶，如图 2-85 所示。

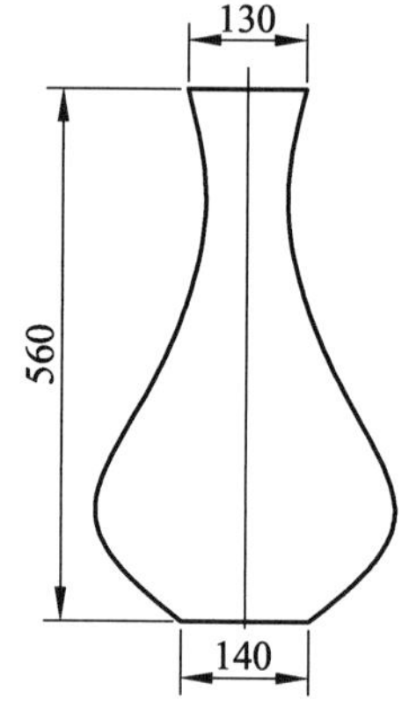

图 2-85　花瓶

三、夹点的编辑

1. 夹点的概念

夹点是所选对象上的控制点，是一些实心的蓝色小方框。改变夹点的位置，可以改变图形的位置和形状。拖动这些夹点可以快速拉伸、移动、旋转、缩放或镜像对象。例如，圆的夹点就有 1 个圆心和 4 个象限点，如图 2-86 所示。

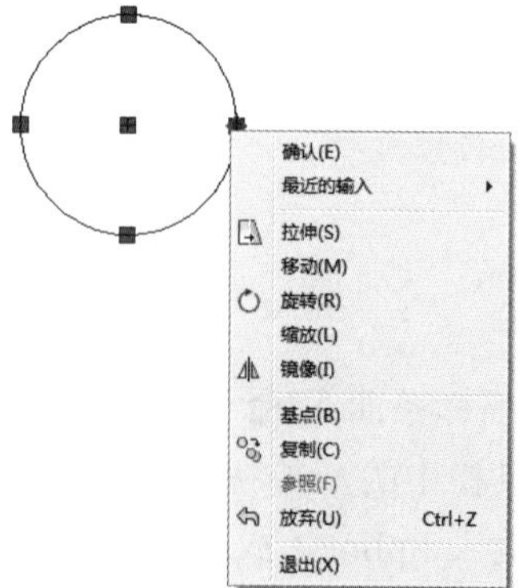

图 2-86　夹点

2. 使用夹点编辑图形

编辑夹点首先是选定要编辑的对象。选择对象后，在选定的对象上就会显示蓝色的小方块（称为冷点），此时，夹点处于非编辑状态。然后单击要编辑的夹点（基夹点），使其变成红色的小方块（称为热点），夹点处于激活状态，就可以对其进行编辑了。在夹点为热点状态时，点击右键，会出现如图 2-86 所示的快捷菜单。按【Enter】键可以在拉伸、移动、旋转、缩放或镜像操作中切换。夹点编辑不需要调用操作命令，操作简单方便。

【任务小结】

多段线命令是 AutoCAD 中绘制线类对象的重要工具，它功能强大，不仅能绘制直线段、圆弧段，还能绘制直线段和圆弧段组成的独立对象，而且还能设置线宽。学习多段线，还要正确区分直线、圆弧和多段线命令。学会运用多段线命令设置线宽。

【任务训练】

训练 1：绘制如图 2-87 所示的图形。

图 2-87　任务训练图 1

训练 2：绘制如图 2-88 所示的图形。

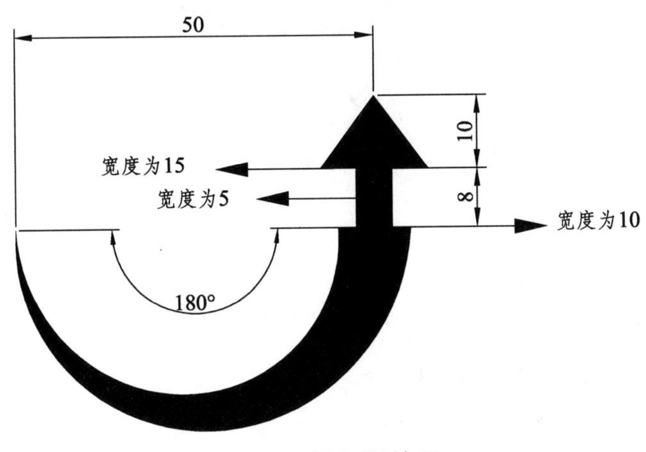

图 2-88　任务训练图 2

任务八　地板拼花的绘制

【学习目标】

★ 学会偏移、阵列、移动、填充命令的使用方法。

★ 正确使用各种复制方式来快速绘制图形。

★ 了解面域及布尔运算的使用方法。

【任务内容】

如图 2-89 所示，本任务中地板拼花的绘制使用圆、椭圆、偏移、移动、阵列、填充等命令，用偏移命令完成未给出直径的圆的绘制；用正多边形命令、移动、填充命令完成外圈小三角形的绘制，再阵列一圈；用椭圆命令绘制中心的一个花瓣，进行阵列，图案填充一个花瓣，再用填充的图案以花瓣数目的一半阵列一圈完成此项任务。

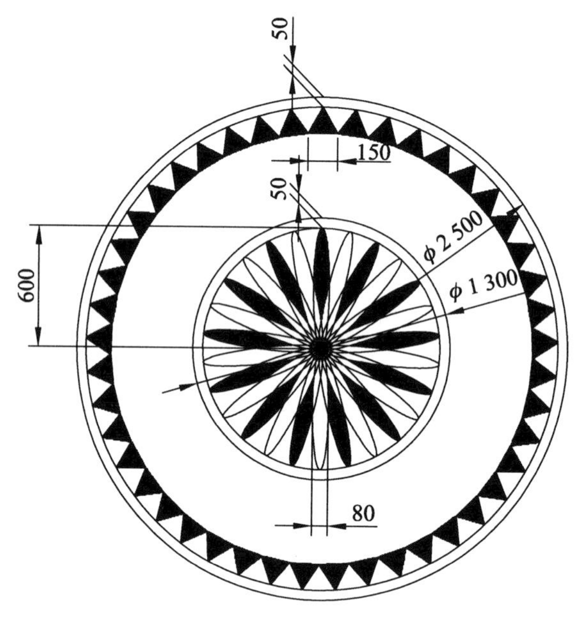

图 2-89　地板拼花

【理论基础】

一、偏移命令

偏移命令

1. 命令的调用方法

（1）下拉菜单：单击[修改]\[偏移]命令。

（2）工具栏：单击工具栏中的按钮。

（3）键盘命令：在命令行输入 Offset（或缩写 O）。

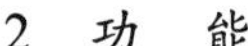

2. 功　能

偏移是复制的一种情况，使用偏移命令可以生成图形中的类似实体，用于向内或向外等距离复制已经绘好的直线的平行线或圆的同心圆等，而原对象仍在原处保持不变，偏移复制是平行复制或同心复制，如图 2-90 所示。

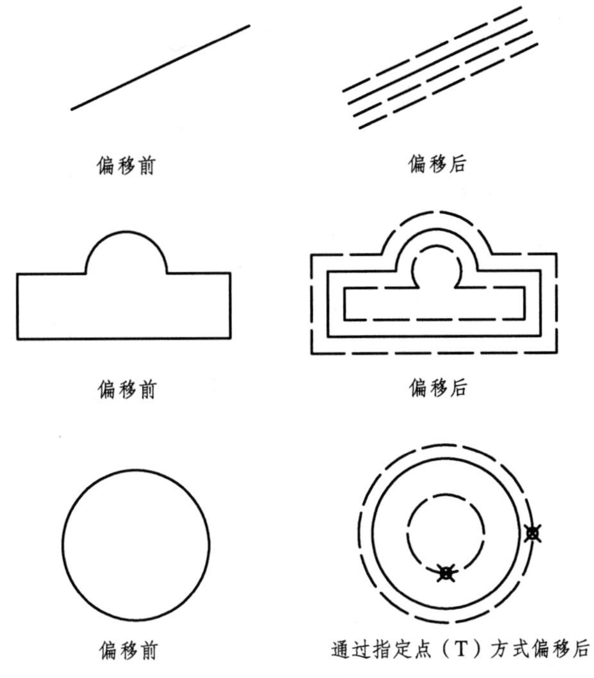

图 2-90　偏移

3. 操作及选项说明

命令：_offset

指定偏移距离或 [通过(T)/删除(E)/图层(L)] <通过>:

选择要偏移的对象，或 [退出(E)/放弃(U)] <退出>:

- 指定偏移距离：表示以该数值为偏移距离进行偏离。
- 通过（T）：对象要通过一点进行偏移。
- 删除（E）：偏移后将源对象删除。

技巧提示：偏移命令在选择实体时，只能用“直接点取”方式，并且一次只能选择一个实体，所以当需要一起偏移的对象较多时，可以采用编辑多段线方式中的合并，把众多实体对象合并成一个实体再去偏移。

4. 操作演练

（1）用直线和偏移命令绘制如图 2-91 所示标题栏。

（2）用直线和偏移命令绘制如图 2-92 所示图形。

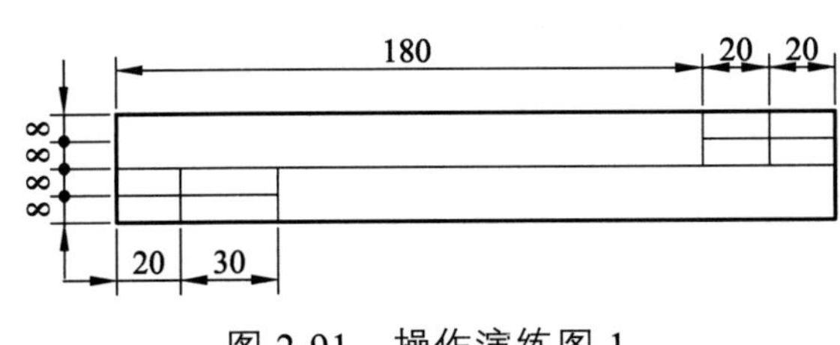

图 2-91　操作演练图 1

10
30
90

图 2-92　操作演练图 2

二、阵列命令

阵列命令

1. 命令的调用方法

（1）下拉菜单：单击[修改]\[阵列]命令。

（2）工具栏：单击修改工具栏中的按钮。

（3）键盘命令：在命令行输入 Array（或缩写 AR）。

2. 功　能

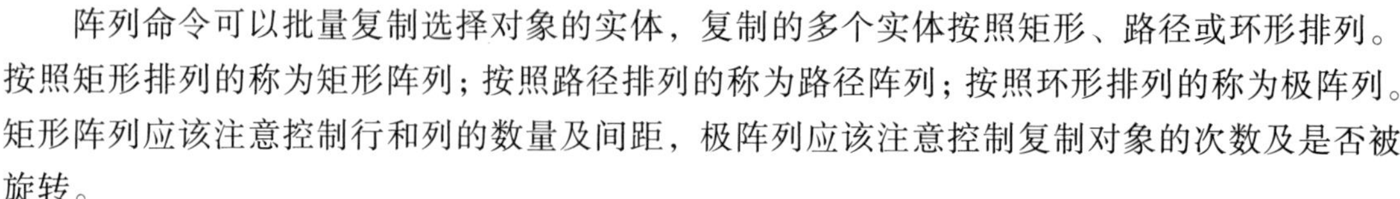

阵列命令可以批量复制选择对象的实体，复制的多个实体按照矩形、路径或环形排列。按照矩形排列的称为矩形阵列；按照路径排列的称为路径阵列；按照环形排列的称为极阵列。矩形阵列应该注意控制行和列的数量及间距，极阵列应该注意控制复制对象的次数及是否被旋转。

3. 操作及选项说明

命令：_array

选择对象：

输入阵列类型[矩形(R)/路径(PA)/极轴(PO)]<矩形>：

选择夹点以编辑阵列或[关联(AS)基点(B)计数(COU)间距(S)列数(COL)行数(R)层数(L)退出(X)]<退出>：

（1）矩形阵列：将批量复制的实体分布到行数、列数和层数的任意组合。

- 关联：可以编辑阵列后整个对象的特性。系统默认是关联的，阵列后整个是一个实体，更改其中带夹点的实体，可以改变整个阵列后整体的特性，如图 2-93 所示。
- 基点：阵列复制对象时定点的位置。
- 计数：可以指定列数和数行的数量。
- 列数：坚为列，指定阵列复制的列数及列间距的值，若为正值，复制的列方向向右，若为负值，复制的列方向向左。
- 行数：横为行，指定阵列复制的行数及行间距的值，若为正值，复制的行方向向上，若为负值，复制的行方向向下。
- 层数：是三维概念，当有了行和列，添加层可以生成三维阵列。
- 退出：退出阵列命令。

（2）路径阵列：把选中图形按指定路径复制多个，路径可以是直线、多段线、三维多段线、样条曲线、螺旋、圆弧、圆或椭圆，如图 2-94 所示。

- 方法：根据指定路径是按照定数等分方式复制还是按照定距等分方式复制。
- 切线：指定阵列中的项目实体如何相对于路径的起始方向对齐，通常在基本体直线边上选取切线矢量的两点。
- 项目：指定各个复制实体之间的间距及数目。
- 行：指定沿着复制路径可以复制的行数和间距。

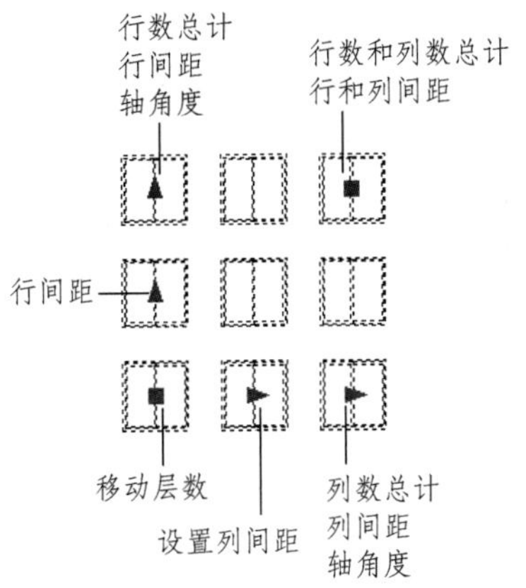

图 2-93　矩形阵列中各个夹点的作用

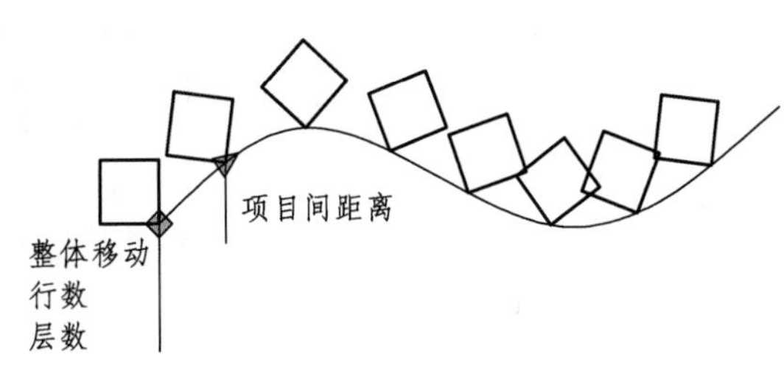

图 2-94　阵列的实体是否与路径的方向对齐

• 对齐项目：指定是否对齐每个项目以与路径的方向相切。对齐相对于第一个项目的方向。系统默认是对齐。如图 2-95 所示。

• Z 方向：控制是否保持项目的原始 Z 方向或沿三维路径自然倾斜项目。

（3）极阵列：即环形阵列，是以某一点为中心点进行环形复制，阵列结果是使阵列对象沿中心点的四周均匀排列成环形，如图 2-96 所示。

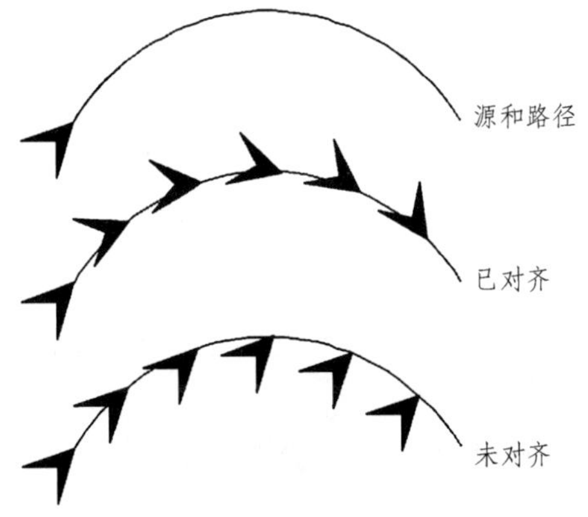

图 2-95　路径阵列中各个夹点的作用

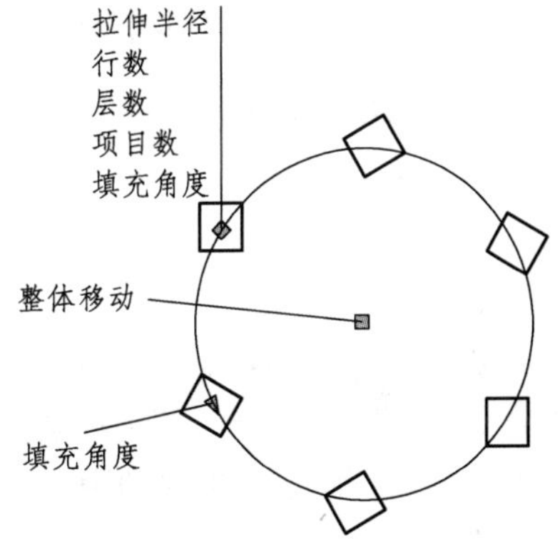

图 2-96　环形阵列中各个夹点的作用

• 项目：指定要阵列的对象的数目，包括源对象。

• 项目间角度：指定环形阵列中相邻两个实体的基点与阵列中心间的夹角，必须为正值。

• 填充角度：指定阵列中第一个元素与最后一个元素的基点之间的包含角。逆时针为正，顺时针为负，不允许为 0。

• 行：指定沿着环形可以复制的环数和环与环之间的间距。

• 层：是三维概念，添加层可以生成三维环形阵列。

• 旋转项目：复制时项目实体自身是否旋转，再进行环形阵列。

• 如果想出现阵列对话框，则可在键盘中输入命令 Arrayclassic 命令即可。

4. 操作演练

用阵列命令绘制如图 2-97 所示图形。

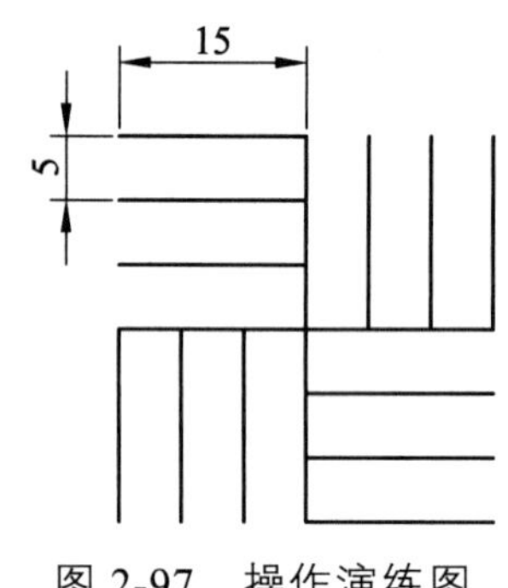

图 2-97　操作演练图

三、移动命令

1. 命令的调用方法

移动命令

（1）下拉菜单：单击[修改]\[移动]命令。

（2）工具栏：单击修改工具栏中的✥按钮。

（3）键盘命令：在命令行输入 Move（或缩写 M）。

2. 功　能

移动命令用于将单个或多个对象从其当前位置移至新位置。

3. 操作及选项说明

命令：_move

选择对象：找到 1 个

选择对象：

指定基点或 [位移(D)] <位移>:

指定第二个点或 <使用第一个点作为位移>:

- 指定基点：确定图形移动距离计算的起点，图形相对基点位置进行移动。
- 位移：输入相对坐标。

4. 操作演练

将圆和中心线向右平移 180 mm，从矩形框里移出来，如图 2-98 所示。

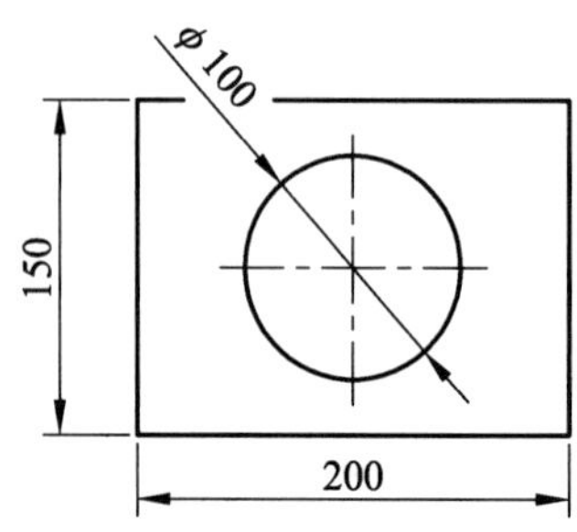

图 2-98　操作演练图

四、填充命令

填充命令

1. 命令的调用方法

（1）下拉菜单：单击[绘图]\[图案填充]命令。

（2）工具栏：单击绘图工具栏中的按钮。

（3）键盘命令：在命令行输入 Bhatch（或缩写 BH/H）。

2. 功　能

执行填充命令，可以以指定的图案或颜色来填充定义的封闭边界。工程图样中采用剖视图和断面图表示工程形体的内部形状，常用“图案填充”命令绘制常见的剖面符号。

3. 操作及选项说明

启动“图案填充”命令后，系统弹出“图案填充和渐变色”对话框，如图 2-99 所示。

（1）“图案填充”选项卡：用于设置与图案填充有关的参数。

① 类型和图案选项组。

• 类型：在该下拉列表框中选择图案的填充类型，有“预定义”“用户定义”、和“自定义”三种，一般为默认的“预定义”选项。

• 图案：该下拉列表框用于选择标准图案文件中的填充图案。

• ... 按钮，系统弹出“填充图案选项板”对话框，选择所需的填充图案后单击“确定”按钮即可，如图 2-100 所示。

图 2-99　“图案填充和渐变色”对话框

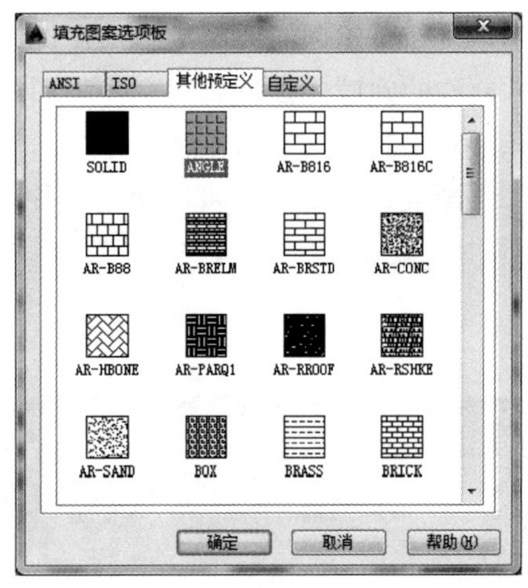

图 2-100　“填充图案选项板”对话框

• 样例：此栏用来给出一个样本图案。用户可以通过单击该图案的方式迅速查看选取已有的填充图案。

• 自定义图案：该项用于用户自定义的填充图案。只有在“类型”下拉列表框中选择“自定义”选项，该项才允许用户从自己定义的图案文件中选择填充图案。

② 角度和比例选项组。

• 角度：该项用于指定填充图案的倾斜角度。

• 比例：该项用于指定填充图案的比例值。

③ 边界组。

• 添加：拾取点：单击该按钮可以返回绘图区，通过拾取点的方式选择要填充的区域。

• 添加：对象：单击该按钮可以返回绘图区选择要填充的对象。

④ 选项组。

• 关联：该项用于控制填充图案是否填充边界相关联，如果选中该项，当改变填充边界时，填充图案也随之变化，并与边界变化保持一致。

• 绘图次序：该项用于指定填充图案的绘图顺序。

⑤ 预览按钮：预览填充效果，填充效果合适则按【Esc】键返回对话框，按确定键或者单击鼠标右键确认图案填充；填充效果不合适则按【Esc】键返回对话框，重新调整。

⑥ 继承特性按钮：选种该项可返回绘图区选择已填充好的图案，这样将自动使用该图案的设置。

⑦ 其他选项。

单击“边界图案填充和渐变色”对话框中位于右下角位置的小箭头，出现图 2-101（a）所示的形式。在填充图案时，通常将位于一个已定义好的填充区域内的封闭区域称为孤岛。可以对孤岛和边界进行设置。

• 孤岛检测：用于确定在最外端的边界内的对象是否作为填充的对象。在 AutoCAD 中提供了 3 种填充方式：普通、外部和忽略。

• 保留边界：用于保存填充边界。

• 边界集：指定使用当前视口中的对象还是使用现有选择集中的对象作为边界集，单击其右侧的按钮可返回绘图区重新选择作为边界集的对象。

• 允许的间隙：设置将对象作为图案填充时可以忽略的最大间隙。默认值为 0，此值要求对象必须是封闭区域而没有间隙。

（2）渐变色选项卡：可以使用一种或者两种颜色形成的渐变色来填充图案，如图 2-101（b）所示。

（a）

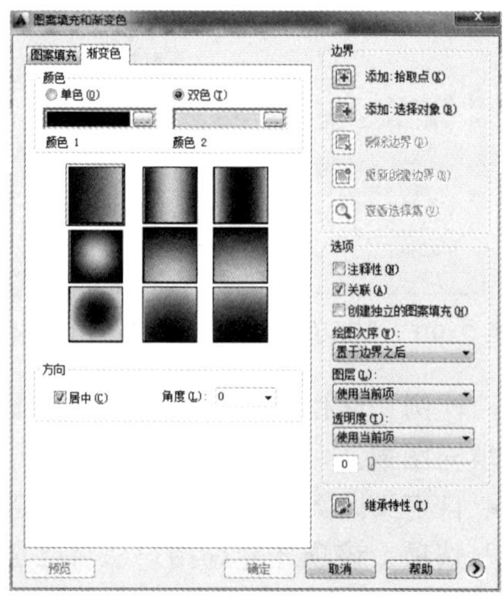

（b）

图 2-101 “填充图案和渐变色”对话框

- 单色：选中该单选按钮，可使用由一种颜色产生的渐变色来进行图案填充。

单击下面的按钮，在打开的对话框中可以选择颜色。

- 双色：选中该单选按钮，可使用由两种颜色产生的渐变色来进行图案填充。
- 填充样式：该区域列出了渐变填充的 9 种样式，单击某个样式便可选中该样式。
- 居中：选中该复选框，系统则指定对称的渐变填充图案。
- 角度：该列表框用于设置渐变色的角度。

4. 操作演练

用填充命令完成如图 2-102 所示的图形。

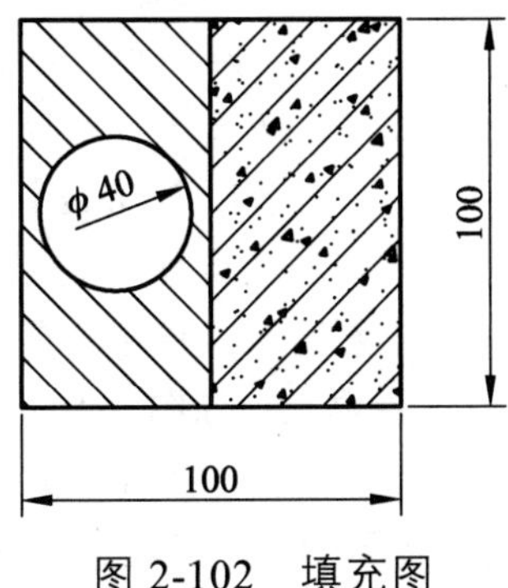

图 2-102 填充图

【操作技能】

步骤 1：设置绘图环境。

步骤 2：使用圆命令绘制图形轮廓。

命令: _circle 指定圆的圆心或 [三点(3P)/两点(2P)/切点、切点、半径(T)]:
//在图上任意找一圆心

指定圆的半径或 [直径(D)] <0.0000>: d //选择直径

指定圆的直径 <0.0000>: 2500 //指定直径

命令: CIRCLE 指定圆的圆心或 [三点(3P)/两点(2P)/切点、切点、半径(T)]:
//指定大圆圆心

指定圆的半径或 [直径(D)] <0.0000>: d //选择直径

指定圆的直径 <2500.0000>: 1300 //指定直径

步骤 3：使用偏移命令绘制内侧的圆，如图 2-103（a）所示。

命令: _offset //启动偏移命令

当前设置: 删除源=否 图层=源 OFFSETGAPTYPE=0 //系统默认设置

指定偏移距离或 [通过(T)/删除(E)/图层(L)] <0.0000>: 50 //指定偏移距离

选择要偏移的对象，或 [退出(E)/放弃(U)] <退出>: //选择要偏移对象

指定要偏移的那一侧上的点，或 [退出(E)/多个(M)/放弃(U)] <退出>:
//指定要偏移的一侧,将大圆向内偏移

选择要偏移的对象，或 [退出(E)/放弃(U)] <退出>: //选择小圆

指定要偏移的那一侧上的点，或 [退出(E)/多个(M)/放弃(U)] <退出>:

//指定要偏移的一侧，将小圆向内偏移

选择要偏移的对象，或 [退出(E)/放弃(U)] <退出>: //按【Enter】结束

步骤 4：使用多边形绘制三角形，如图 2-103（b）所示。

命令: _polygon 输入边的数目 <4>:3 //指定多边形变数

指定正多边形的中心点或 [边(E)]: e //指定以边的长短确定多边形大小

指定边的第一个端点: 指定边的第二个端点: <正交 开> 150

//指定其中一条边的端点,并打开正交输入边长

步骤 5：使用移动命令将三角形移动到指定位置。

命令: _move //启动移动命令

选择对象: 找到 1 个 //选择三角形

选择对象: //按【Enter】确认

指定基点或 [位移(D)] <位移>: 指定第二个点或 <使用第一个点作为位移>: <正交 关>

//关闭正交并打开象限点，指定三角形顶点为基点移动至象限点位置

步骤 6：使用填充命令对三角形进行填充，如图 2-103（c）所示。

命令: _gradient //启动填充命令

拾取内部点或 [选择对象(S)/删除边界(B)]: 正在选择所有对象...

//选取三角形内部任意一点

正在选择所有可见对象...

正在分析所选数据...

正在分析内部孤岛...

拾取内部点或 [选择对象(S)/删除边界(B)]: //按【Enter】结束

步骤 7：使用阵列命令对三角形进行环形阵列，如图 2-103（d）所示。

命令: _array //启动阵列命令

选择对象: 指定对角点: 找到 2 个 //选择三角形和填充

选择对象: //按【Enter】确认

指定阵列中心点: //选取大圆圆心为中心点，确定结束

步骤 8：使用椭圆命令绘制图案，如图 2-103（e）所示。

命令: _ellipse //启动椭圆命令

指定椭圆的轴端点或 [圆弧(A)/中心点(C)]: //指定大圆圆心

指定轴的另一个端点: 600 //指定椭圆长轴的另一端点

指定另一条半轴长度或 [旋转(R)]: 40 //指定短半轴长度

步骤 9：使用环形阵列命令绘制图形，如图 2-103（f）所示。

命令: _array //启动阵列命令

选择对象: 找到 1 个 //选择椭圆

选择对象: //按【Enter】确认

指定阵列中心点: //指定大圆圆心

步骤 10：使用填充命令对椭圆填充，如图 2-103（g）所示。

命令: _gradient　　　　　　　　　　　　　　　　　//启动填充命令

拾取内部点或 [选择对象(S)/删除边界(B)]: 正在选择所有对象...

　　　　　　　　　　　　　　　　　　　　　　　　//选取椭圆内部任意一点

正在选择所有可见对象...

正在分析所选数据...

正在分析内部孤岛...

拾取内部点或 [选择对象(S)/删除边界(B)]:　　　　　//按【Enter】结束

步骤 11：使用阵列命令对填充环形阵列，如图 2-103（h）所示。

命令: _array　　　　　　　　　　　　　　　　　　//启动阵列命令

选择对象: 找到 1 个　　　　　　　　　　　　　　//选择椭圆

选择对象:　　　　　　　　　　　　　　　　　　　//按【Enter】确认

指定阵列中心点:　　　　　　　　　　　　　　　　//按【Enter】确认

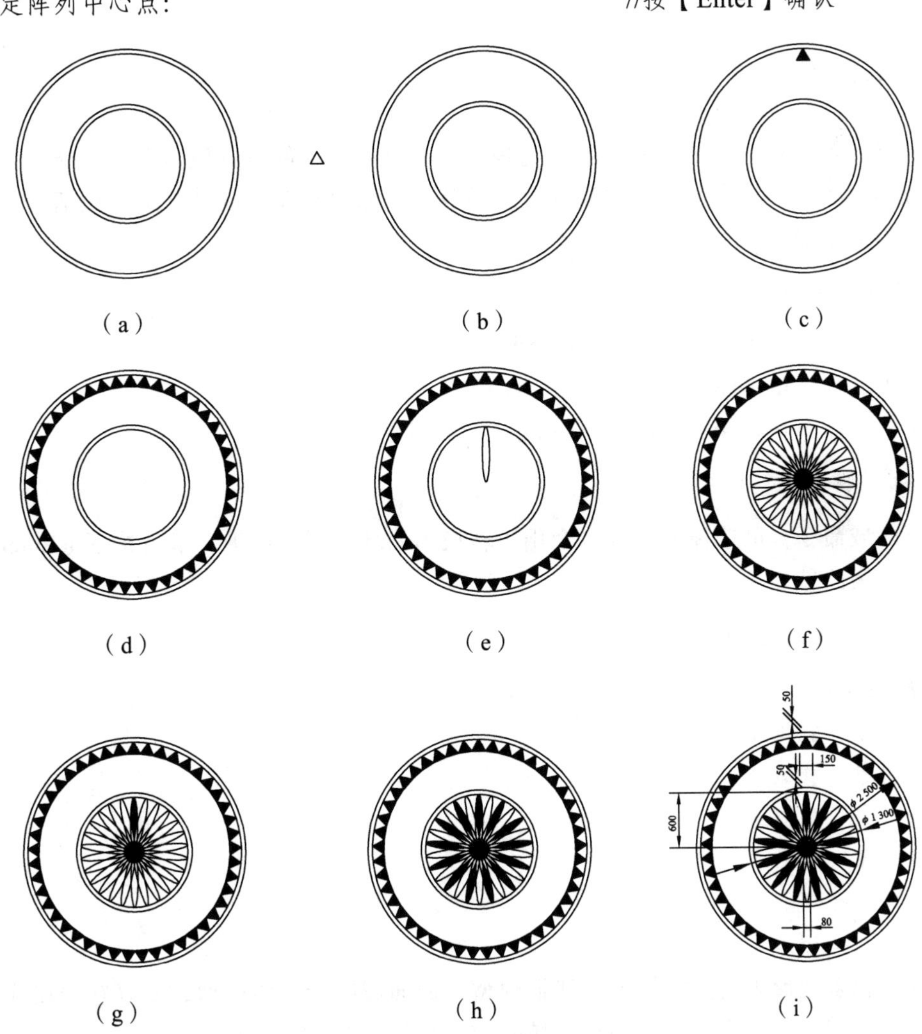

图 2-103　地板拼花的绘制

【知识拓展】

一、编辑图案填充

1. 命令的调用方法

（1）下拉菜单：单击[修改]\[对象]\[图案填充]命令。

（2）工具栏：单击修改工具栏Ⅱ中的按钮。

（3）键盘命令：在命令行输入 Hatchedit。

2. 功　能

用于修改已经生成的填充图案或用一个新的图案替换以前生成的图案，还可以改变一个已经生成的填充对象的图案类型。

二、创建面域

面域指的是具有边界的平面区域，它是一个面对象，内部可以包含孔。从外观来看，面域和一般的封闭线框没有区别，但实际上面域就像一张没有厚度的纸，除了包括边界外，还包括边界内的平面。

1. 命令的调用方法

（1）下拉菜单：单击[绘图]\[面域]命令。

（2）工具栏：单击绘图工具栏中的命令。

（3）键盘命令：在命令行输入 Region（或缩写 REG）。

2. 功　能

执行面域命令，可选择一个或多个用于转换为面域的封闭图形，最后按下【Enter】键即可将其转换为面域。

3. 操作及选项说明

命令：region
选择对象：找到 1 个
选择对象：找到 1 个，总计 2 个
选择对象：找到 1 个，总计 3 个
选择对象：
已提取 3 个环。
已创建 3 个面域。

因为圆和多边形等封闭实体属于线框模型，而面域属于实体模型，所以它们在选中时表现的形式也不相同，选中圆形和圆形面域时的效果如图 2-104 所示。

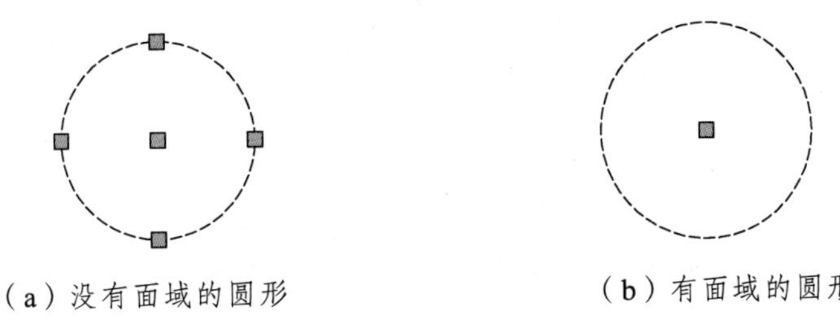

（a）没有面域的圆形　　（b）有面域的圆形

图 2-104　创建面域

三、布尔运算

1. 命令的调用方法

（1）下拉菜单：单击[修改]\[实体编辑]\[并集]（[交集]、[差集]）命令。

（2）工具栏：单击实体编辑工具栏中的（、）命令。

（3）键盘命令：在命令行输入 Union（Intersect、Subtract)。

2. 功　能

在 AutoCAD 绘图中，布尔运算是数学上的一种运算，能够极大地提高绘图效率。布尔运算的对象只包括实体和共面的面域，对于普通的线条图形对象，则无法使用。

3. 操作及选项说明

（1）并集运算［见图 2-105（b）］。

命令：UNION

选择对象：找到 1 个

选择对象：找到 1 个，总计 2 个

选择对象：

（2）交集运算［见图 2-105（c）］。

命令：INTERSECT

选择对象：找到 1 个

选择对象：找到 1 个，总计 2 个

选择对象：

（3）差集运算［见图 2-105（d）］

命令：SUBTRACT

选择要从中减去的实体、曲面和面域

选择对象：找到 1 个

选择对象：

选择要减去的实体、曲面和面域

选择对象：找到 1 个

选择对象：

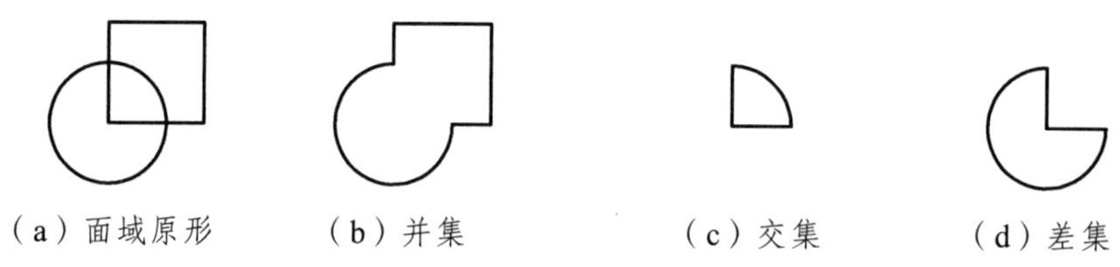

图 2-105　布尔运算的 3 种运算方法

【任务小结】

本任务通过绘制地板拼花的实例，详细讲解了偏移、阵列、移动、填充命令的使用方法，介绍了编辑图案填充、创建面域及布尔计算等命令，通过本项目掌握如何正确使用各种复制方式来快速绘制图形。

【任务训练】

训练 1：使用矩形命令、偏移、拉伸命令绘制如图 2-106 所示的 A3 图框。

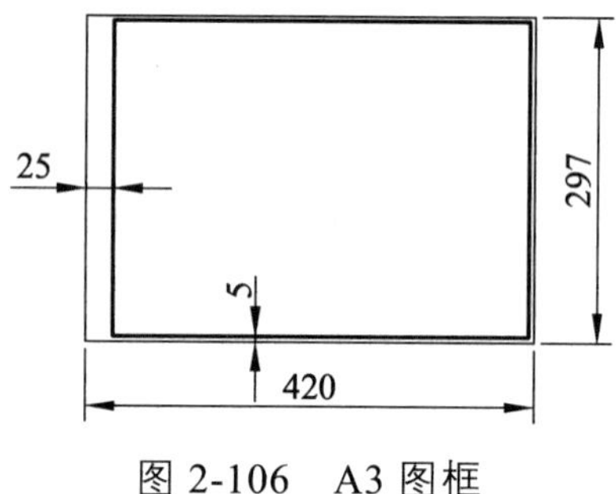

图 2-106　A3 图框

训练 2：使用直线、偏移、镜像命令绘制如图 2-107 所示的台阶平面图形。

训练 3：使用阵列命令绘制如图 2-108 所示图形。

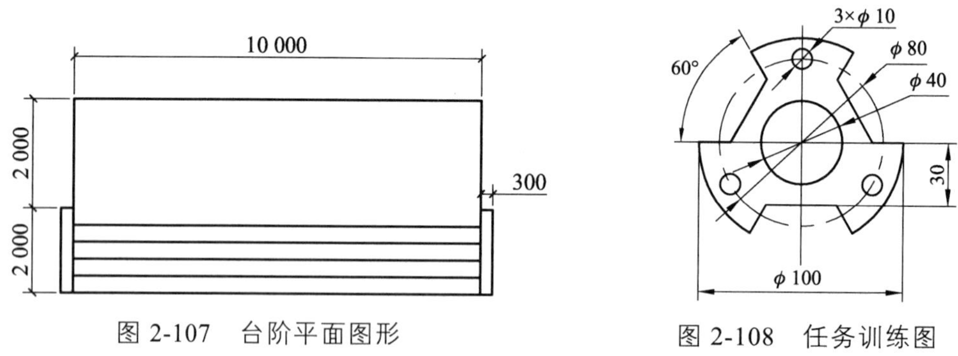

图 2-107　台阶平面图形　　图 2-108　任务训练图

任务九　墙体平面图

【学习要点】

★ 掌握设置多线样式、绘制与编辑多线的方法。

★ 学会使用查询图形信息的方法。

【任务内容】

如图 2-109 所示，本任务中绘制墙体平面图使用多线命令。首先定义多线样式，再运用多线命令和编辑多线命令绘制出墙体平面图。

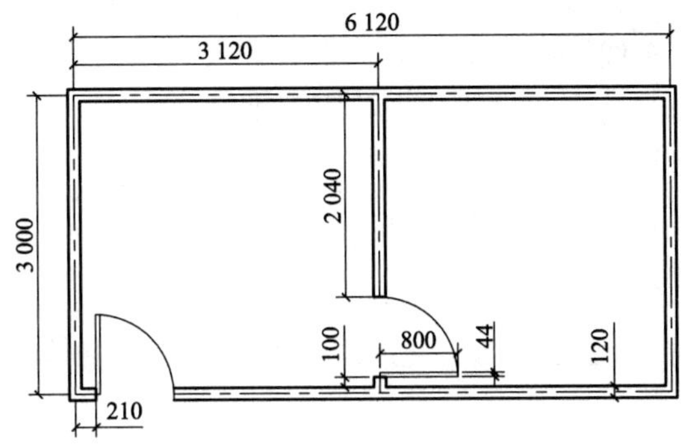

图 2-109　墙体平面图

【理论基础】

一、定义多线样式

设置多线样式

1. 命令的调用方法

（1）下拉菜单：单击[格式]\[多线样式]命令。

（2）键盘命令：在命令行输入 Mlstyle。

2. 功　能

可以根据需要创建多线样式，设置其线条数目、线型、颜色和线的连接方式。

3. 操作及选项说明

单击[格式]\[多线样式]命令，打开“多线样式”对话框，如图 2-110 所示。

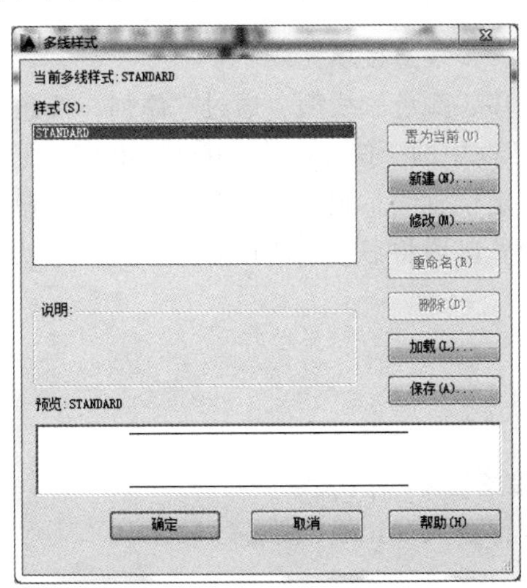

图 2-110　“多线样式”对话框

• 置为当前：非当前样式可以置为当前，再次执行多线样式时，置为当前样式被视为缺省样式。

• 新建：点击新建按钮，可以新建多线样式，输入新建样式名称，以备调用。

• 修改：对已有样式进行修改。

• 重命名：对已设定多线进行重新命名。

• 删除：只能删除非当前多线样式和未使用的多线样式。

• 加载：加载新的多线样式。

单击“新建”按钮，将打开“新建多线样式”对话框，如图 2-111 所示，可以设置新建多线样式的封口、填充、图元特性等内容 。

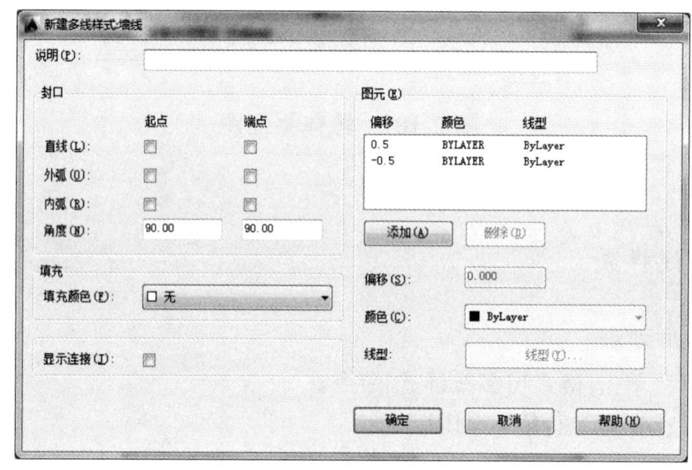

图 2-111 “新建多线样式”对话框

• 封口：分别对直线、外弧、内弧的起点和端点进行勾选，如选择封口，则多线端点封闭，角度默认 90°，多线端点间连线与多线之间成 90°。修改角度值，多线端点连线与多线之间成相应角度。

• 填充：选择填充颜色，多线直接填充。

• 图元：设置多线的偏移、颜色、线型。通过“添加”按钮，添加多线的数量。

• “新建多线样式”对话框中的“偏移”值“0.5”“-0.5”，是墙体轮廓线与定位轴线的距离比例。若所绘墙线需要有定位轴线，则需要点击“添加”按钮进行添加，确定后回到“多线样式”对话框，在下部预览区内将显示出所设多线样式的形状。

二、绘制多线

绘制多线

1. 命令的调用方法

（1）下拉菜单：单击[绘图]\[多线]命令。

（2）键盘命令：在命令行输入 Mline（或缩写 ML）。

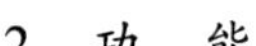

2. 功 能

该命令可以绘制多条平行线，即由两条或两条以上直线构成的相互平行的直线，且这些直线可以分别具有不同的线型和颜色。多用来绘制建筑工程图的墙体平面图。

3. 操作及选项说明

命令: _mline

当前设置: 对正 = 上，比例 = 20.00，样式 = STANDARD

指定起点或 [对正(J)/比例(S)/样式(ST)]:

指定下一点:

指定下一点或 [放弃(U)]:

指定下一点或 [闭合(C)/放弃(U)]:

- 指定起点：用于确定多线的起始点。
- 对正：用于控制如何在指定的点之间绘制多线，即控制多线上的哪条线要随光标移动，如图 2-112 所示。

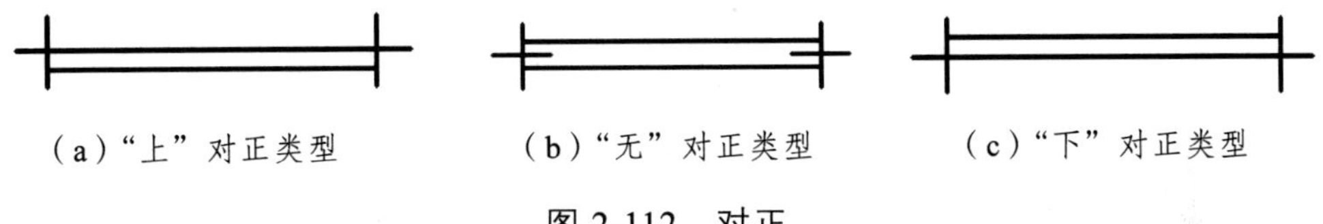

图 2-112 对正

- 比例：用于设置平行线的间距，输入值为 0，平行线重合；值为负，多线的排列倒置。系统默认比例为 20，用户可以根据给定不同的比例改变多线的宽度。例如：240 厚度的墙体样式，如果多线偏移量为 120 和 – 120，则设置比例为 1，如果多线偏移量为 12 和 – 12，则比例为 10。
- 样式：选项用于确定绘多线时采用的多线样式。

4. 操作演练

设置多线样式，名为“37 墙”，绘制如图 2-113 所示的墙体平面图。

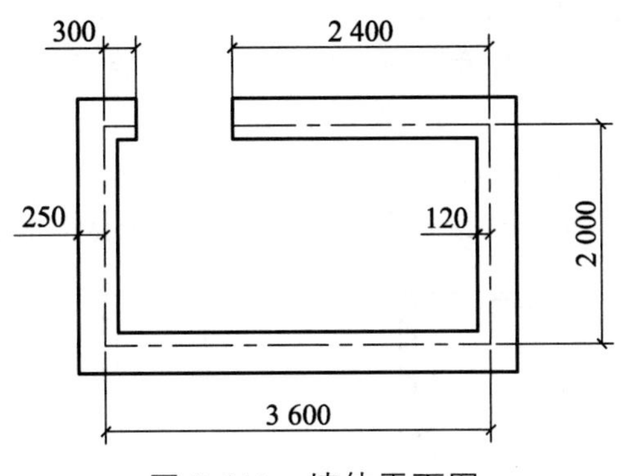

图 2-113 墙体平面图

三、编辑多线

1. 命令的调用方法

(1) 下拉菜单：单击[修改]\[对象]\[多线]命令。

(2) 键盘命令：在命令行输入 Mledit。

（3）在多线图形上双击鼠标左键。

2. 功　能

利用 AutoCAD 提供的 12 种多线编辑工具对多线进行编辑，如图 2-114 所示。

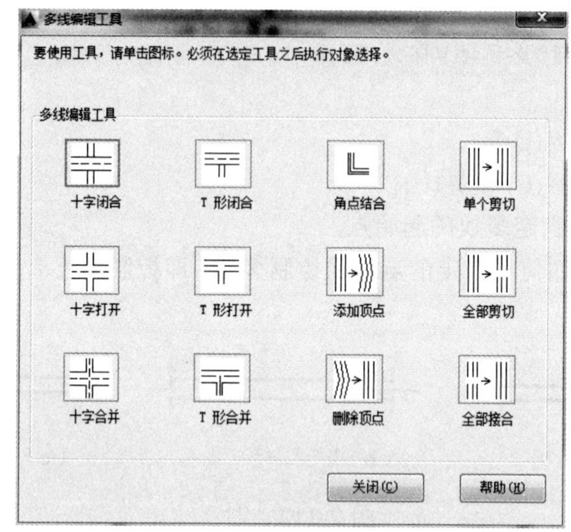

图 2-114　“多线编辑工具”对话框

3. 操作及选项说明

单击[修改]\[对象]\[多线]命令，打开“多线编辑工具”对话框。单击第一列中的“十字打开”图标并单击“确定”按钮，返回绘图区，命令区出现提示：

选择第一条多线：选择十字相交的第一条多线

选择第二条多线：选择十字相交的第二条多线

选择第二条多线或[放弃（U）]：回车

同理，可进行多线的“角点结合”和“T 形打开”操作。

在“多线编辑工具”对话框中，第 1 列为控制十字交叉的多线工具，第 2 列为控制 T 形交叉的多线工具，第 3 列为控制角点结合和顶点，第 4 列为控制多线中的打断。对话框中的各个图像按钮形象地说明了各编辑功能，根据需要选择按钮，然后根据提示操作即可，如图 2-115 所示。

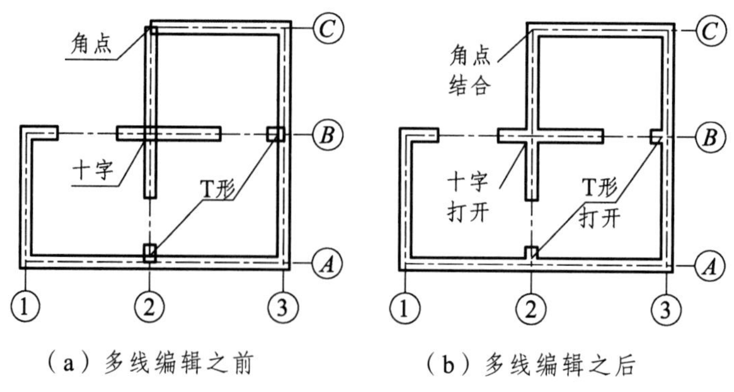

图 2-115　编辑多线

【操作技能】

步骤 1：设置多线样式。

要绘制带轴线的墙体，需要对多线的样式先进行编辑，单击[格式]\[多线样式]命令，打开“多线样式”对话框，新建一个多线样式 1，在弹出的“新建多线样式：1”对话框中进行如图 2-116 所示的设置。

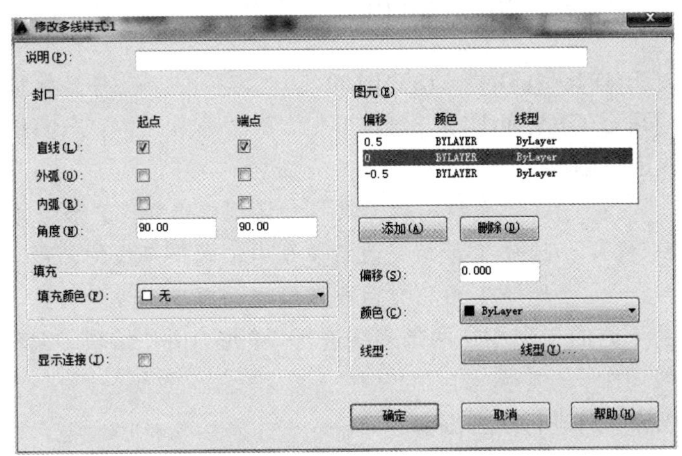

图 2-116 “新建多线样式：1”对话框设置

步骤 2：打开正交命令，运用多线命令绘制墙体平面图，如图 2-117（a）、（b）、（c）、（d）所示。

命令: _mline

当前设置: 对正 = 上，比例 = 20.00，样式 = 1

指定起点或 [对正(J)/比例(S)/样式(ST)]: s　　//指定比例

输入多线比例 <20.00>: 120　　//给出比例，确定墙线宽度

指定起点或 [对正(J)/比例(S)/样式(ST)]: j　　//指定对正

输入对正类型 [上(T)/无(Z)/下(B)] <上>: z　　//指定对正方式，中间轴线

当前设置: 对正 = 无，比例 = 120.00，样式 = 1

指定起点或[对正(J)/比例(S)/样式(ST)]: <正交开>　　//在绘图区任意位置指定第一点

指定下一点: 210　　//将光标移向左侧，给出长度

指定下一点或 [放弃(U)]: 3000　　//将光标移向上方，给出长度

指定下一点或 [闭合(C)/放弃(U)]: 6120　　//将光标移向右侧，给出长度

指定下一点或 [闭合(C)/放弃(U)]: 3000　　//将光标移向下方，给出长度

指定下一点或 [闭合(C)/放弃(U)]: 5110　　//将光标移向左侧，给出长度

指定下一点或 [闭合(C)/放弃(U)]:　　//回车，结束多线命令

命令: _mline

当前设置: 对正 = 无，比例 = 120.00，样式 = 1

指定起点或 [对正(J)/比例(S)/样式(ST)]: <对象追踪开>　　//将光标移向左上端点，向左追踪 3120，如图 2-117(a)所示

指定下一点或 [闭合(C)/放弃(U)]: 2040　　　　　　　//将光标移向下方，给出长度
指定下一点或 [闭合(C)/放弃(U)]:　　　　　　　　　//回车，结束多线命令
命令: _mline
当前设置: 对正 = 无，比例 = 120.00，样式 = 1
指定起点或 [对正(J)/比例(S)/样式(ST)]:
指定起点或 [对正(J)/比例(S)/样式(ST)]: <对象追踪开>　//将光标移向右下端点，向左追踪 3000，如图 2-117(b)所示
指定起点或 [对正(J)/比例(S)/样式(ST)]:100　　　　//将光标移向上方，给出长度
指定下一点或 [闭合(C)/放弃(U)]:　　　　　　　　　//回车，结束多线命令

步骤 3：对多线进行编辑。

命令: _mledit　　　　//在"多线编辑工具"对话框中选择"T 形合并"编辑工具
选择第一条多线:　　　//选择 T 形相交两条多线中，水平多线的轴线
选择第二条多线:　　　//选择 T 形相交两条多线中，垂直多线的轴线

用同样的方法将下方的 T 形相交两条多线进行"T 形合并"编辑，编辑结果如 2-117（c）所示。

步骤 4：将多线分解后进行特性编辑。

命令: _explode
选择对象: 指定对角点: 找到 3 个　　　　　　　　//选择图中的全部多线

选择内外墙线，在特性工具栏中将其线宽改为 0.30 mm；再选择中心轴线，在特性工具栏中将线型改为点画线，并将线型全局比例因子设置为 20，如图 2-117（d）所示。

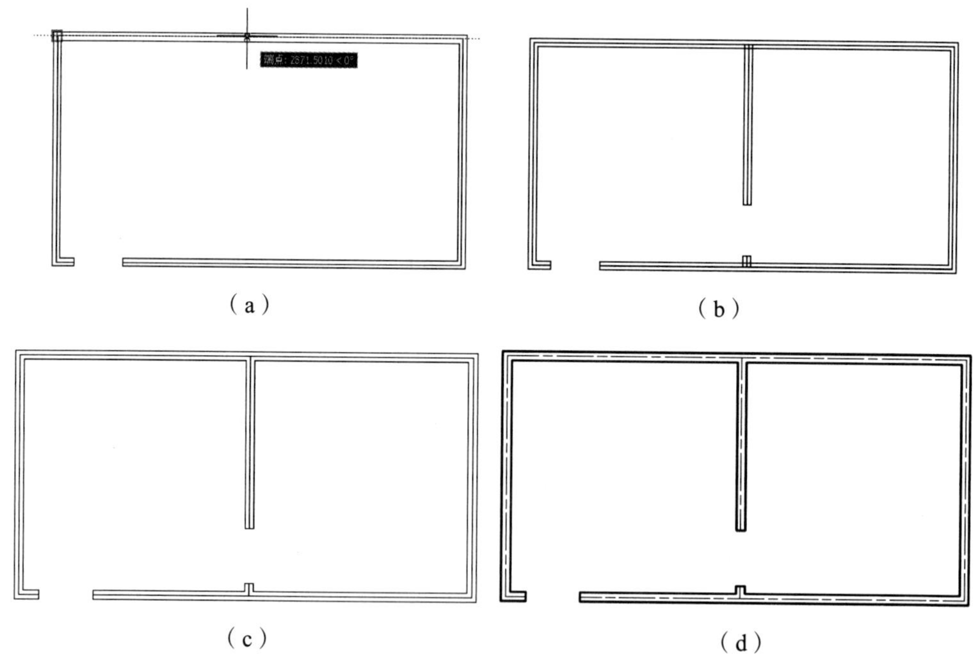

图 2-117　墙体的绘制

步骤 5：绘制门。

用矩形和圆弧命令绘制如图 2-118 所示门的形状。利用移动、复制、旋转命令将门插入到正确位置。

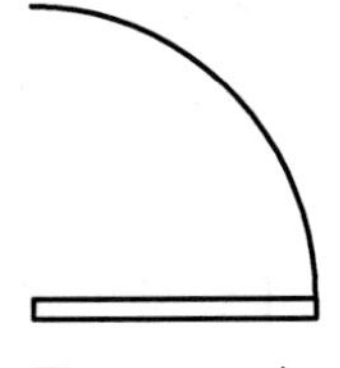

图 2-118　门

步骤 6：对图形进行合理的尺寸标注。

【拓展知识】

一、面积查询命令

1. 命令的调用方法

（1）下拉菜单：单击[工具]\[查询]\[面积]命令。

（2）工具栏：单击查询工具栏中的按钮。

（3）键盘命令：在命令行输入 Area。

2. 功　能

用于查询闭合图形的面积。

3. 操作及选项说明

命令: _area

指定第一个角点或 [对象(O)/加(A)/减(S)]:

指定下一个角点或按 ENTER 键全选:

指定下一个角点或按 ENTER 键全选:

指定第一个角点或 [对象(O)/加(A)/减(S)]:

指定下一个角点或按 ENTER 键全选:

指定下一个角点或按 ENTER 键全选:

面积 = 21600.0000，周长 = 588.0000

二、距离查询命令

1. 命令的调用方法

（1）下拉菜单：单击[工具]\[查询]\[距离]命令。

（2）工具栏：单击查询工具栏中的按钮。

（3）键盘命令：在命令行输入 Dist（或缩写 DI）。

2. 功　能

用于查询图形两点间的距离。

3. 操作及选项说明

命令: _dist

指定第一点:

指定第二点:

距离 =231.2244，XY 平面中的倾角 =0，　与 XY 平面的夹角 =0

X 增量 =231.2244，　Y 增量 =0.0000，　Z 增量 =0.0000

【任务小结】

本任务通过绘制墙线平面图的实例，讲解了多线样式、多线绘制、多线编辑命令，了解了查询图形信息的方法，在绘图过程中，能灵活正确地使用以上命令将大大提高绘制建筑平面图的效率。

【任务训练】

训练：使用多线命令绘制如图 2-119 所示的房屋平面图。

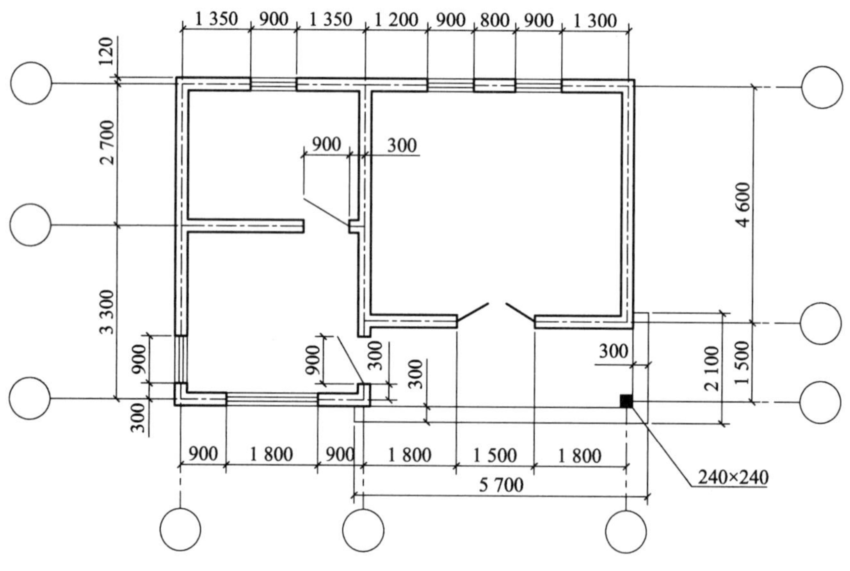

图 2-119　房屋平面图

项目训练

训练 1：请绘制如图 2-120 所示的平面图。

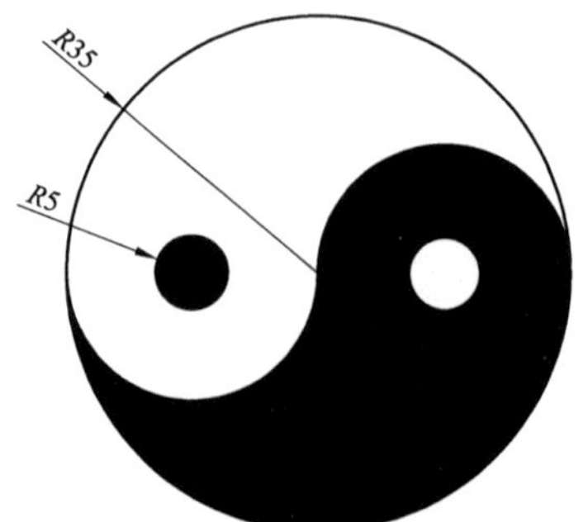

图 2-120　训练 1

训练 2：请绘制如图 2-121 所示的平面图。

训练 3：请绘制如图 2-122 所示的平面图。

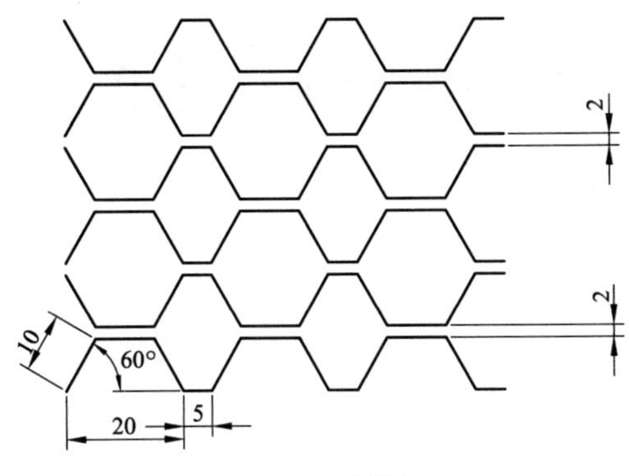

图 2-121 训练 2

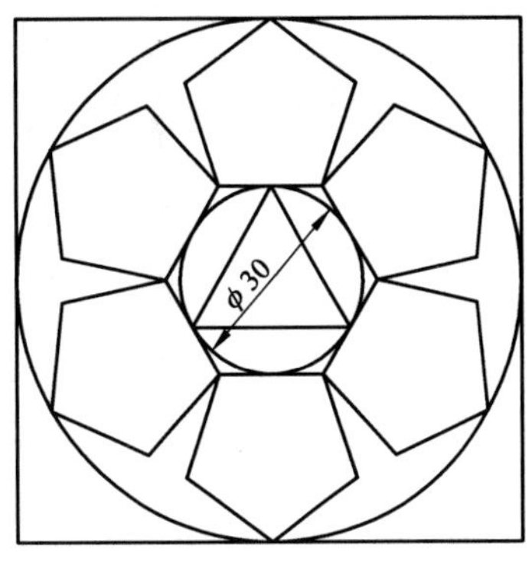

图 2-122 训练 3

训练 4：请绘制如图 2-123 所示的平面图。

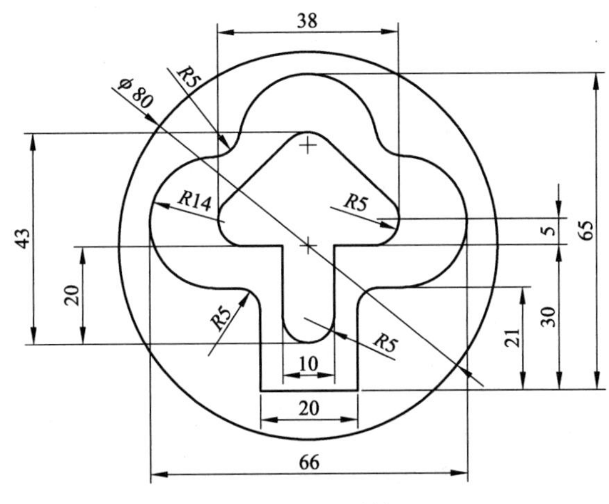

图 2-123 训练 4

训练 5：请绘制如图 2-124 所示的平面图。

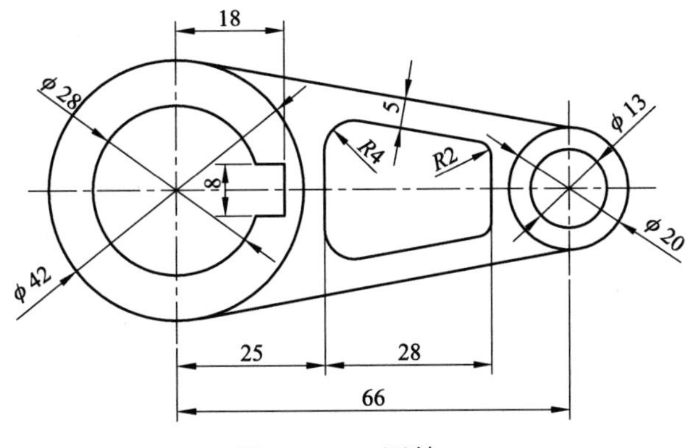

图 2-124 训练 5

项目三 文字、尺寸标注、图块和打印

【项目导学】

本项目介绍了在 AutoCAD 绘图过程中如何对图形进行文字和尺寸标注，从而使图形本身不易表达的设计内容和信息得以展现，以此来增加图形的可读性。同时，还介绍了如何应用 AutoCAD 图块功能将图样中常用的图形或符号创建为块，以便使用时随时调用，提高绘图的效率。最后，介绍了图形打印输出的方法，将电子图样打印成 CAD 图纸。

【学习目标】

1. 知识目标

（1）熟悉设置文字样式及填写文本信息的方法。

（2）熟悉设置表格样式及创建表格的方法。

（3）熟悉设置尺寸标注样式及对图形进行尺寸标注、编辑尺寸标注的方法。

（4）熟悉内部块、块文件的建立和插入方法、块属性的定义和修改方法。

（5）熟悉打印和输出图形的方法。

2. 能力目标

（1）熟练应用文字、表格和尺寸标注的使用方法及样式编辑技巧。

（2）灵活使用图块功能和工具选项板、设计中心命令提高绘图效率。

（3）熟练设置打印样式进行打印出图。

3. 素质目标

（1）培养学生细致、严谨的阅图和绘图习惯。

（2）培养学生具有保障图纸质量的责任意识，做好打印前准备和核对工作，避免造成纸张浪费。

（3）培养学生良好的职业素养，具有分析和解决问题的能力、沟通协调和团队合作的能力，具有良好的职业道德和敬业精神。

任务一　图纸标题栏的绘制

【学习要点】

★ 掌握文字样式的设置方法。

★ 掌握创建、编辑单行文字与多行文字的方法。

★ 掌握标题栏的绘制和输入表格中文字的方法。

【任务内容】

如图 3-1 所示，绘制标题栏。完成本项目主要用到矩形命令、分解命令、偏移命令、修剪命令、文字样式命令和多行文字（或单行文字）命令等。首先绘制矩形并分解矩形，然后利用偏移命令偏移矩形的边，形成内部网格线条，再对多余的线条进行修剪或删除就得到标题栏图框，设置标题栏外边框线宽为 0.5。最后使用多行文字（或单行文字）命令输入文字，除“图名”“校名”“班级”文字高度为 5，其他文字高度均为 3.5，文字位置均正中对齐。

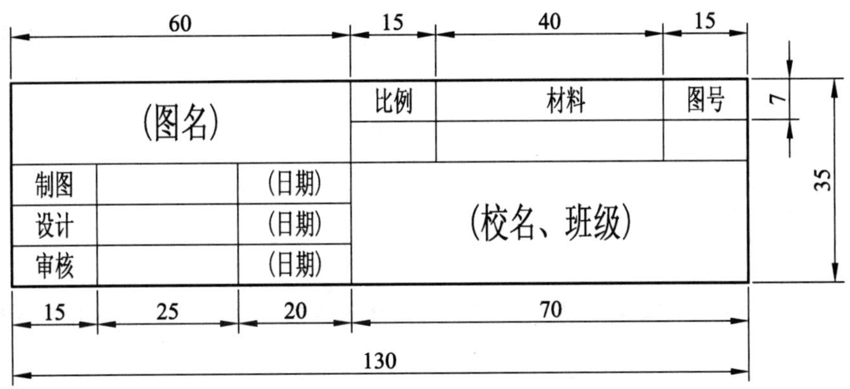

图 3-1　标题栏

【理论基础】

一、设置文字样式

设置文字样式

1. 命令的调用方法

（1）下拉菜单：单击[格式]\[文字样式]命令。

（2）工具栏：单击文字工具栏中的 A 按钮。

（3）键盘命令：在命令行输入 Style（或缩写 ST）。

2. 功　能

根据用户要求设置文字样式，可设置样式名、文字字体、字高、字颜色、文字标注方向及其他效果。

3. 操作及选项说明

启动[文字样式]命令后，将弹出“文字样式”对话框，如图 3-2 所示。

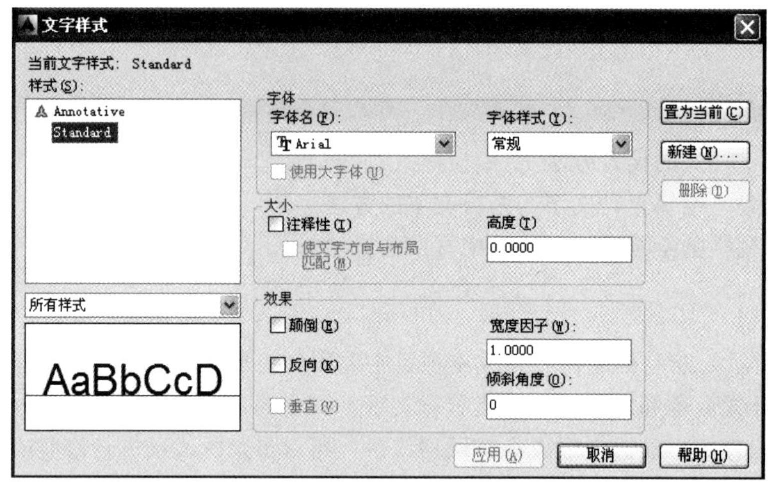

图 3-2 “文字样式”对话框

[样式] 列表框：列有当前已定义的文字样式，用户若新建样式名、更名、删除文字样式均可显示。

[字体] 选项组：

- “字体名”下拉列表：选择文字样式的字体。
- “字体样式”下拉列表：选择文字样式的字体样式。

技巧提示：若要选择汉字字体，应在“字体名”下拉列表中选择需要的中文字体，但不要选择如“T@仿宋_GB2312”类的字体，因为带有@的中文字体，输入时文字将逆时针旋转 90° 放置。

[大小] 选项组：

- “高度”文本框：设定文字的高度。

技巧提示：文字样式中的字体高度一般使用默认值“0.0000”，可在进行文字标注或尺寸标注的过程中设置文字的高度。

[效果] 选项组：

- “宽度因子”文本框：可以设置文字字符的高度和宽度之比，当“宽度比例”值为 1 时，将按系统定义的高宽比书写文字；当“宽度比例”小于 1 时，字符会变窄；当“宽度比例”大于 1 时，字符则会变宽。
- 在“倾斜角度”文本框：可设置文字的倾斜角度，角度为 0° 时，文字不倾斜；角度为正值时，文字向右倾斜；角度为负值时，文字向左倾斜。

设置文字样式的显示效果如图 3-3 所示。

计算机绘图

计算机绘图 —— 颠倒

计算机绘图 —— 反向

计算机绘图 —— 宽度因子：0.7

计算机绘图 —— 倾斜角度：30°

图 3-3 “效果选项组”编辑文字效果

二、创建和编辑单行文字

（一）创建单行文字命令

创建单行文字

1．命令的调用方法

（1）下拉菜单：单击[绘图]\[文字]\[单行文字]命令。

（2）工具栏：单击文字工具栏中的 **A** 按钮。

（3）键盘命令：在命令行输入 Dtext（或缩写 DT）。

2．功　能

创建和编辑文字。单行文字命令并不是只能创建一行文字对象，该工具也可以创建多行文字对象，只是系统将每行文字看作是一个单独的对象。

3．操作及选项说明

命令：_dtext

当前文字样式 Standard　当前文字高度：2.5000

指定文字的起点或[对正(J) / 样式(S)]：

指定高度<2.5000>：

指定文字的旋转角度<0>：

• 指定文字的起点：用于确定文字行基线的起始点位置。

• 对正（J）：用于控制文字的对正方式。文字对齐方式基准线及各基点位置，如图 3-4 所示。

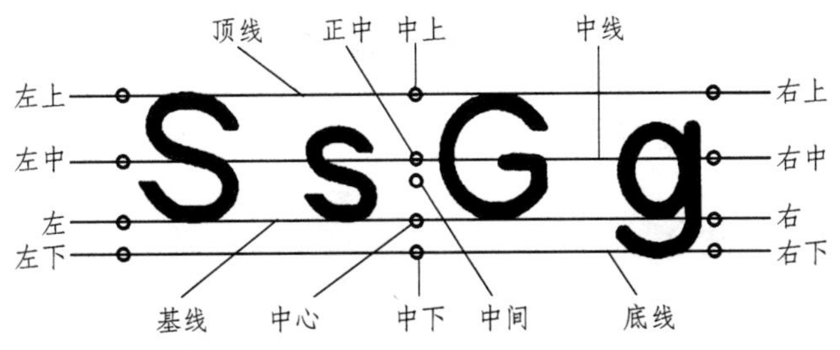

图 3-4　文字对齐方式基准线及各基点位置

• 样式（S）：设置当前使用的文字样式时，也可以选择当前图形中已定义的某种文字样式作为当前文字样式。

• 指定高度：如果当前文字样式的高度设置为 0，则系统将显示“指定高度:”提示信息，要求指定文字高度；否则不显示该提示信息，而使用“文字样式”对话框中设置的文字高度。

• 指定文字旋转角度：指定文字行排列方向与水平线的夹角，系统默认为 0°。

> **技巧提示：** 输入标题栏中的文字时，用“中间”对正模式定位比较方便。

（二）编辑单行文字命令

编辑单行文字

1. 命令的调用方法

（1）下拉菜单：单击[修改]\[对象]\[文字]\[编辑]命令。

（2）工具栏：单击文字工具栏中的按钮。

（3）键盘命令：在命令行输入 Ddedit。

2. 功　能

在发现创建的文本内容有错误文字，或者文字的放置位置不合适时，可以用 Auto CAD 系统提供的相应编辑文本命令对其进行编辑。此命令一般用于编辑单行文字的文本内容。

3. 操作及选项说明

命令: _ddedit

选择注释对象或 [放弃(U)]:

在弹出的“编辑文字”对话框中输入所需的文本内容，然后点击确定即可修改选中的单行文字的内容。

4. 操作演练

创建“汉字”文字样式，字体为“仿宋”，文字高度为 5，宽度比例为 0.7。用“单行文字命令”输入图 3-5（a）中所示的文字，再运用“编辑单行文字命令”将（a）图编辑为（b）图。

计算机绘图　　　　计算机辅助绘图

（a）输入单行文字　　（b）编辑单行文字

图 3-5　输入和编辑单行文字

三、创建和编辑多行文字

（一）创建多行文字命令

创建多行文字

1. 命令的调用方法

（1）下拉菜单：单击[绘图]\[文字]\[多行文字]命令。

（2）工具栏：单击绘图工具栏中的 A 按钮。

（3）键盘命令：在命令行输入 Mtext（或缩写 MT）。

2. 功　能

多行文字又称为段落文字，是一种更易于管理的文字对象，可以由一行或以上的文字组成，而且各行文字都是作为一个整体处理。在 AutoCAD 制图中，常使用多行文字功能创建较为复杂的文字说明，如创建图样的技术要求；还可利用多行文字功能准确地进行表格文字输入。

3. 操作及选项说明

命令：_mtext

当前文字样式："Standard"　当前文字高度：2.5　注释性：否

指定第一角点：

指定对角点或 [高度(H)/对正(J)/行距(L)/旋转(R)/样式(S)/宽度(W)/栏(C)]:

- 指定第一角点：指定多行文字矩形边界的一个角点。
- 指定对角点：指定多行文字矩形边界的另一角点。

指定好边界之后，系统将显示多行文字编辑器，如图 3-6 所示。利用多行文字编辑器可以设置文字格式，设置多行文本的段落外观，添加特殊字符等。

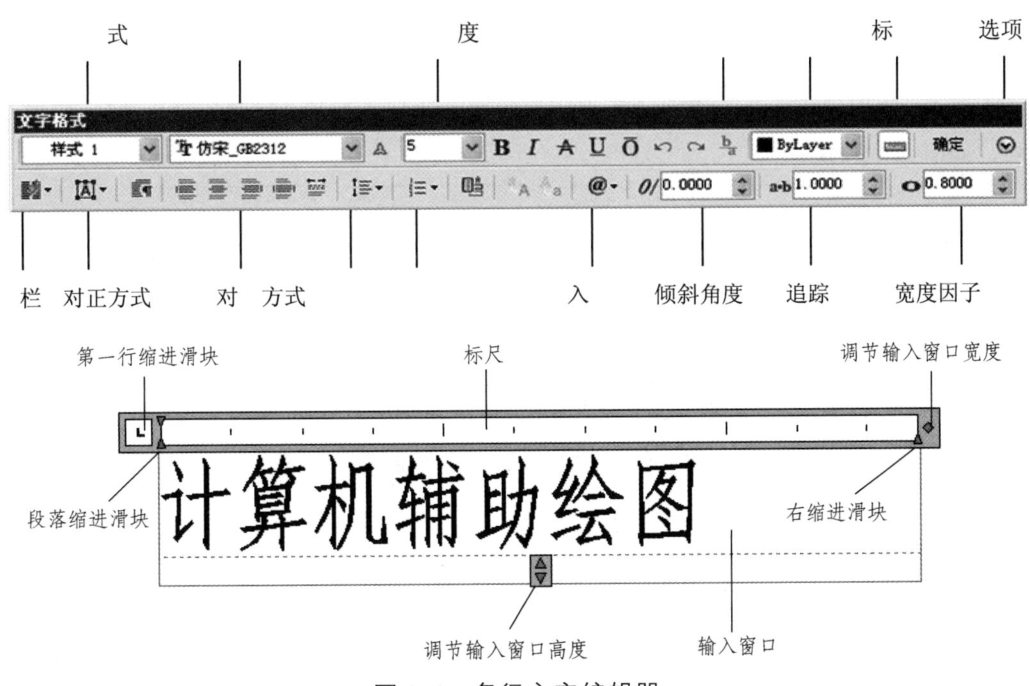

图 3-6　多行文字编辑器

（二）编辑多行文字命令

直接双击需要编辑的多行文字，即可弹出多行文字编辑器，直接编辑文字内容，如图 3-7 所示。

图 3-7 在多行文字编辑器中修改文字内容及特性

【操作技能】

步骤 1：绘制 130 mm × 35 mm 的矩形外框，并用分解命令进行分解矩形。

命令：_rectang //启动矩形命令

指定第一个角点或[倒角(C)/标高(E)/圆角(F)/厚度(T)/宽度(W)]:

//拾取一点作为矩形的左下角点

指定另一个角点或[面积(A)/尺寸(D)/旋转(R)]：@130， 35

//输入另一角点相对直角坐标

命令：_explode //启动分解命令

选择对象：找到 1 个 //选择矩形

选择对象： //按<Enter>键，结束选择对象

步骤 2：使用偏移命令，把左边垂直边框线向右边依次偏移 15、25、20、15、40 个单位距离，如图 3-8 所示。

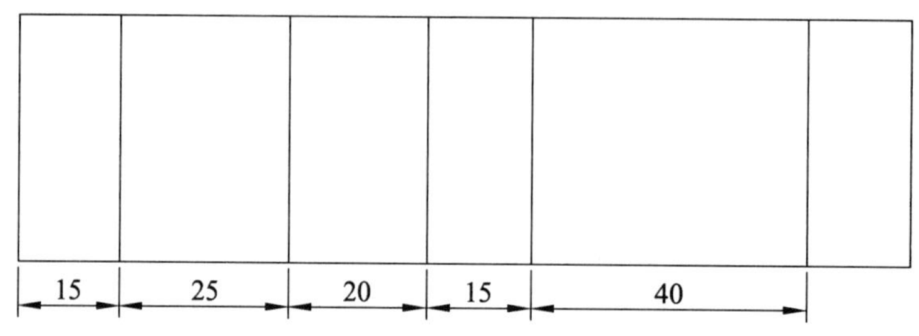

图 3-8 使用“偏移”命令绘制垂直线框

步骤 3：使用偏移命令，把底边水平边框线向上面偏移 7 个单位距离，偏移 4 次，如图 3-9 所示。

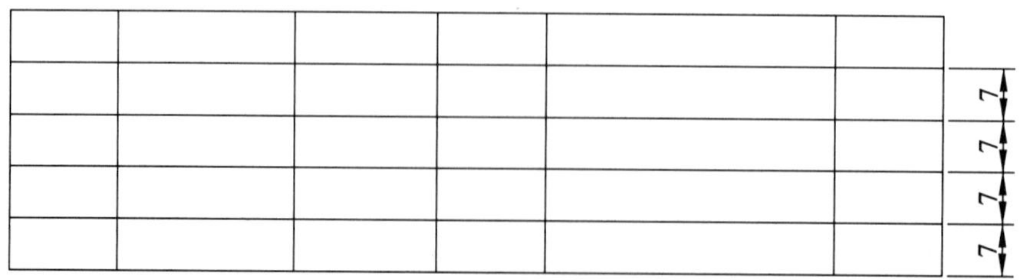

图 3-9 使用“偏移”命令绘制水平线框

步骤 4：使用修剪命令、删除命令清除多余线条，把标题栏外边框线改为 0.5 粗实线，完成标题栏绘制，如图 3-10 所示。

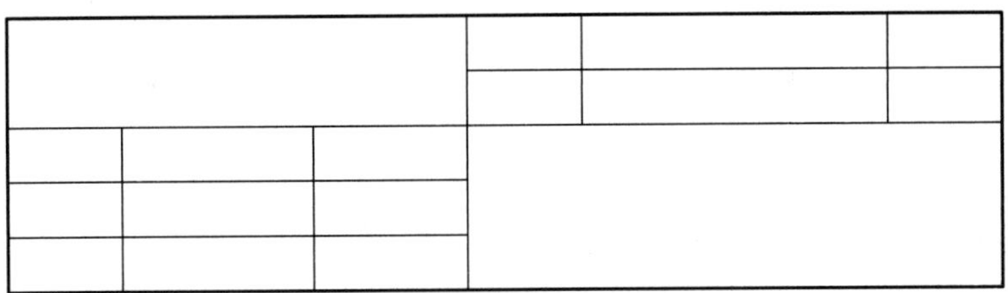

图 3-10　修剪、清除多余线条

步骤 5：设置标题栏的文字样式。

新建名为汉字的样式，字体采用仿宋体，宽高比例为 0.7，以达到国际规定工程图样中的长仿宋体，如图 3-11 所示，高度设置为 0，在多行文字编辑器中再根据实际需要输入汉字高度。

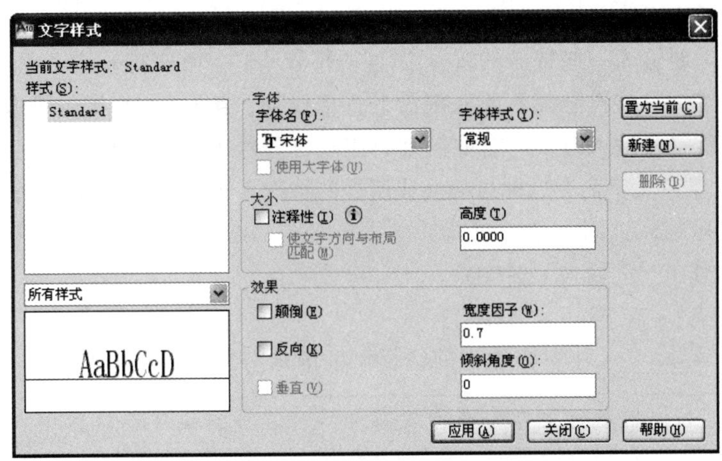

图 3-11　“文字样式”对话框

步骤 6：在标题栏中添加文字，如图 3-12 所示。

命令: _mtext

指定第一角点:　　　　　　　　　　　　　　　//捕捉要填写文字矩形框的左上角点

指定对角点或 [高度(H)/对正(J)/行距(L)/旋转(R)/样式(S)/宽度(W)]:

　　　　　　　　　　　　　　　　　　　　　　//捕捉要填写文字矩形框的右下角点

在弹出的“多行文字编辑器”中设置文字高度为“3.5”，输入文字内容，确定居中排列，完成输入后按 确定 键。

制图		

图 3-12　在标题栏中添加文字

步骤 7：利用多行文字命令在标题中添加其他文字，除“图名、校名、班级”文字高度为 5，其他均为“3.5”，文字位置均居中。如图 3-13 所示。

<table>
<tr><td colspan="3" rowspan="2">(图名)</td><td>比例</td><td>材料</td><td>图号</td></tr>
<tr><td></td><td></td><td></td></tr>
<tr><td>制图</td><td></td><td>(日期)</td><td colspan="3" rowspan="3">(校名、班级)</td></tr>
<tr><td>设计</td><td></td><td>(日期)</td></tr>
<tr><td>审核</td><td></td><td>(日期)</td></tr>
</table>

图 3-13　标题栏

【拓展知识】

输入特殊字符

一、特殊字符的输入

有时用户会需要输入一些特殊的符号,如直径符号“ϕ”、角度符号“°”和公差符号“±”等，这些符号都不能在键盘上直接找到，AutoCAD 提供了这些特殊字符的控制码。在进行特殊符号输入时，所有的控制码用双百分号（%%）起头，然后输入要转换特殊符号的代表字母,结束文字命令后即可切换成所需的特殊字符。最常用的特殊符号输入方法如下：

（1）直径符号（ϕ）：输入“%%C”。

（2）角度符号（°）：输入“%%D”。

（3）加/减符号(±)：输入“%%P”。

（4）下划线（____）：在需要加下划线文字的前后分别输入“%%U”。

技巧提示：如使用多行文字命令输入符号，可在多行文字编辑器中点击@▾按钮，选择所需的符号进行插入。

二、调整文字的整体比例

1. 命令的调用方法

（1）下拉菜单：单击[修改]\[对象]\[文字]\[比例]命令。

（2）工具栏：单击文字工具栏中的按钮。

（3）键盘命令：在命令行输入 Scaletext。

2. 功　能

可以成批改变选定文本对象的整体比例。

3. 操作及选项说明

命令: _scaletext

选择对象: 指定对角点: 找到 2 个

[现有(E)/左(L)/中心(C)/中间(M)/右(R)/左上(TL)/中上(TC)/右上(TR)/左中(ML)/正中(MC)/右中(MR)/左下(BL)/中下(BC)/右下(BR)] <现有>:

指定新高度或 [匹配对象(M)/缩放比例(S)] <2.5>:

- 匹配对象：选择一个具有所需高度的文字对象，将选择的文字对象与之匹配大小。
- 缩放比例：输入一个数值，系统将以此数值为比例因子缩放文本。

4. 操作演练

运用多行文字命令输入图 3-14（a）中的文字，字体为“宋体”，文字高度分别为 5、10，再运用 Scaletext /匹配对象(M) 命令选项，调整文字比例，将图（a）调整为图（b）。

编辑多行文字　　输入特殊字符±

（a）调整文字比例前

编辑多行文字　　输入特殊字符±

（b）调整文字比例后

图 3-14　输入和调整文字比例

【任务小结】

文字是图形的一个组成部分，用于表达几何图形无法表达的内容。本任务中主要介绍了文字样式设置、单行文字命令、多行文字命令以及文字的编辑等内容。

【任务训练】

训练 1：绘制如图 3-15 所示标题栏，文字样式的字体为仿宋，宽度因子为 0.7，“图名”和“单位”的文字高度为 5，其他文字高度均为 3.5。

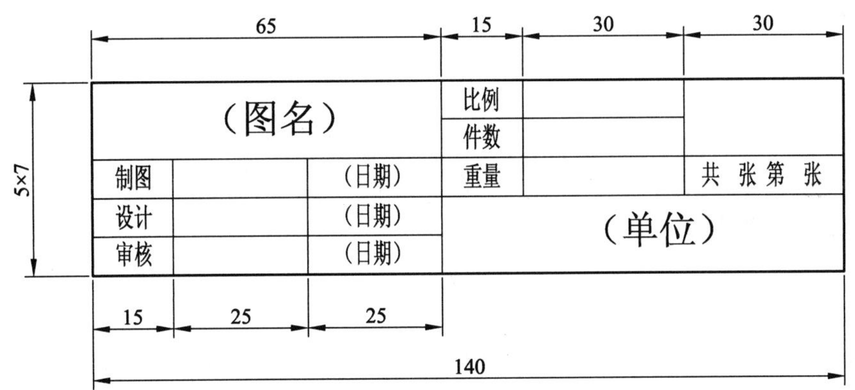

图 3-15　标题栏

训练 2：绘制如图 3-16 所示的文字，设置文字样式名为“长仿宋体”，字体为“仿宋”，高度为 5，宽度因子为 0.7。

技术要求

1. 材料为40Cr锻钉；
2. 整体调质处理200 HBW，齿面高频淬火；
3. 未注倒角C1，粗糙度Ra=6.3 μm；
4. 分度圆ϕ 180对孔ϕ 50的同轴度公差为0.02；
5. 齿轮齿宽极限偏差为±0.15。

图 3-16　文字标注

任务二　空白表格的绘制

【学习要点】

★ 掌握表格样式的设置方法。

★ 掌握创建和编辑表格的方法。

【任务内容】

如图 3-17 所示，创建空白表格。完成本任务先要创建一个预先表格，再通过编辑表格和编辑单元表格，进行“行”“列”的插入与合并，最后再调整表格的尺寸，从而创建一个符合图中条件的空白表格。

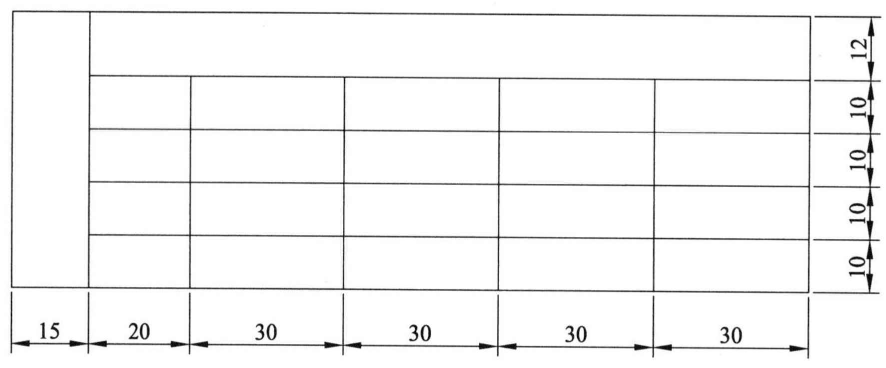

图 3-17　空白表格

【理论基础】

一、设置表格样式

1. 命令的调用方法

（1）下拉菜单：单击[格式]\[表格样式]命令。

（2）工具栏：单击文字工具栏中的按钮。

（3）键盘命令：在命令行输入 Tablestyle。

2. 功　能

表格样式控制一个表格的外观，用于保证标准的字体、颜色、文本、高度和行距。可以使用默认的表格样式，也可以根据需要自定义表格样式。

3. 操作及选项说明

（1）启动[格式]\［表格样式]命令后，将弹出“表格样式”对话框，如图 3-18 所示。点击“新建”按钮后进入“创建新的表格样式”对话框，如图 3-19 所示。

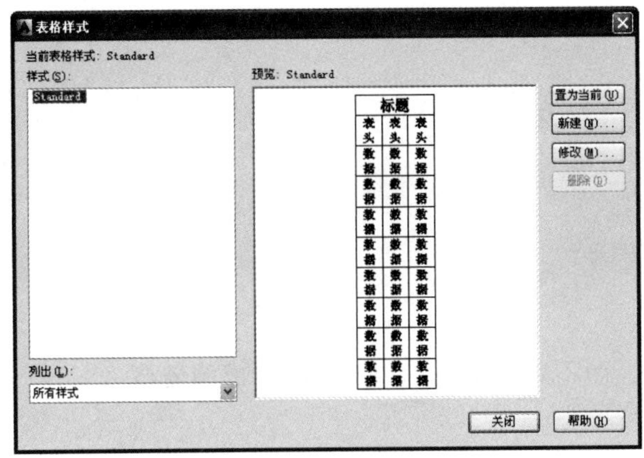

图 3-18 “表格样式”对话框

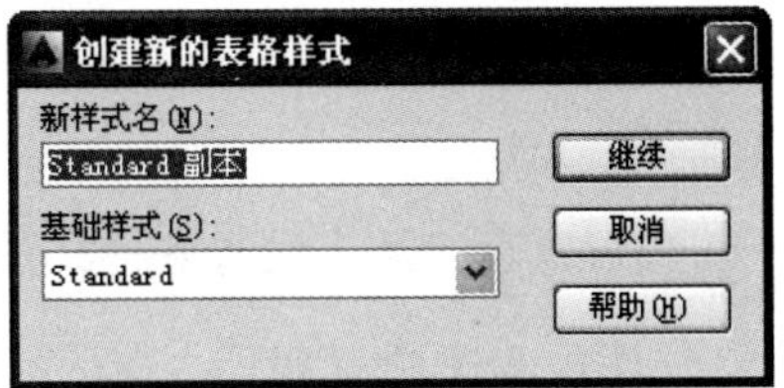

图 3-19 “创建新的表格样式”对话框

（2）通过对话框中的“基础样式”下拉列表选择基础样式，并在“新样式名”文本框中输入新样式的名称（如输入“表格 1”），单击“继续”按钮，将弹出“新建表格样式”对话框，如图 3-20 所示。“新建表格样式”对话框分为“起始表格”“常规”和“单元样式”3 个选项组。

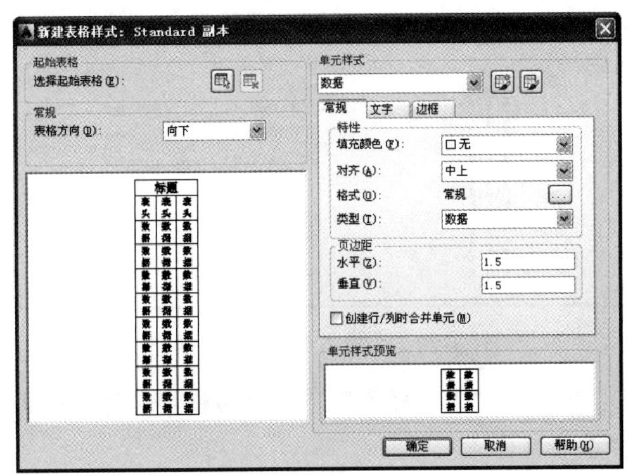

图 3-20 “新建表格样式”对话框

［起始表格］选项组：单击该区的图标返回绘图区，可选择一个已有的表格为新建表格样式的基础格式。

［常规］选项组：“表格方向”下拉列表中有“向上”“向下”2 个选项，默认方式为“向上”，选择“向下”将使标题和表头在表格的下方，其下为表格样式的预览框。

［单元样式］选项组：

- 在该选项组的下拉列表中，有“数据”“表头”“标题”3 个选项，每个选项都对应“基本”“文字”“边框”3 个选项卡和 1 个单元模式预览框。
- “基本”选项卡：设置表格的填充颜色、对齐方向、格式、类型及页边距等特性。
- “文字”选项卡：设置表格单元中的文字样式、高度、颜色和角度等特性。
- “边框”选项卡：单击边框设置按钮，可以设置表格的边框是否存在。当表格具有边框时，还可以设置表格的线宽、线型、颜色和间距等特性。

二、创建表格

1. 命令的调用方法

（1）下拉菜单：单击[绘图]\[表格]命令。

（2）工具栏：单击绘图工具栏中的按钮。

（3）键盘命令：在命令行输入 Table。

2. 功　能

用户可以直接插入设置好样式的表格，而不用绘制由单独的图线组成的栅格。

3. 操作及选项说明

启动［绘图］\［表格］命令，打开“插入表格”对话框，如图 3-21 所示。

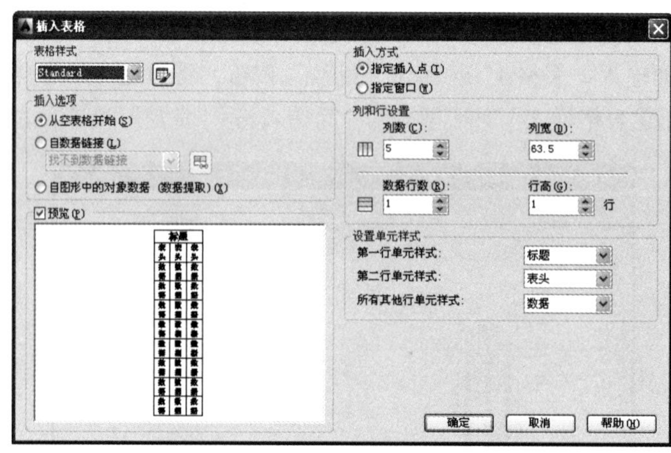

图 3-21　“插入表格”对话框

[表格样式]选项组：可以在“表格样式”下拉列表框中选择一种表格样式，也可以单击后面的按钮新建或修改表格样式。

[插入方式]选项组：该选项区域有“指定插入点（I）”和“指定窗口（W）”2 个单选项，可选择其中一种作为表格的定位方式。

• “指定插入点”选项：指定表格左上角的位置。可以使用光标指定，也可以在命令行中输入坐标值。如果表格样式将表的方向设置为由下而上读取，则插入点位于表的左下角。

• “指定窗口”选项：指定表格的大小和位置。“列宽”和“数据行”文字编辑框将显示灰色（不可用），表格的列宽和数据行数将在插入表格时由光标指定的窗口大小来确定。

[列和行设置]选项组：用来指定列和行的数目以及列宽与行高。

[设置单元样式]选项组：可以通过下拉列表分别选择一种样式作为“第一行单元样式”“第二行单元样式”和“所有其他行单元样式”的单元样式。

完成“插入表格”对话框相应的设置后，单击“确定”按钮，将关闭对话框进入绘图状态，此时命令行提示：“指定插入点”（或指定窗口的两个对角点），光标或输入坐标点指定后，自动插入一个空表格，并显示多行文字编辑器，用户可以逐行、逐列输入相应的文字或数据，如图 3-22 所示。

图 3-22　空表格和多行文字编辑器

三、编辑表格

1. 调整表格和表单元的行高与列宽

（1）调整表格的行高与列宽,先直接单击表线或利用选择窗口选择整个表格，表格被选中后表格框线将显示为断续线，并显示了一组夹点，通过拖动不同夹点可移动表格的位置，或者调整表格的行高与列宽，夹点的功能，如图 3-23 所示。

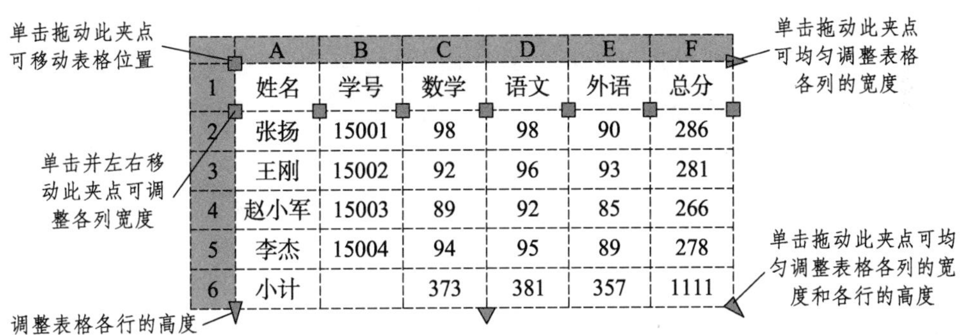

	A	B	C	D	E	F
1	姓名	学号	数学	语文	外语	总分
2	张扬	15001	98	98	90	286
3	王刚	15002	92	96	93	281
4	赵小军	15003	89	92	85	266
5	李杰	15004	94	95	89	278
6	小计		373	381	357	1111

图 3-23　调整表格的行高与列宽

（2）调整表单元的行高与列宽，要先选择一个表单元，可直接在该表单元中单击，此时将在所选表单元四周显示夹点，通过拖动其上下夹点可调整当前行的行高，通过拖动其左右夹点可调整其列宽，如图 3-24 所示。

（3）调整表单元区域的行高与列宽，先在表单元区域的左上角表单元中单击，然后向表单元区域的右下角表单元中拖动，则释放鼠标后，选择框所包含或与选择框相交的表单元均被选中。通过拖动其上下夹点可均匀调整表单元区域所包含行的行高，通过拖动其左右夹点可均匀调整表单元区域所包含列的列宽，如图 3-25 所示。

	A	B	C	D	E	F
1	姓名	学号	数学	语文	外语	总分
2	张扬	15001	98	98	90	286
3	王刚	15002	92	99	93	281
4	赵小军	15003	89	100	85	266
5	李杰	15004	94	101	89	278
6	小计		373	381	357	1111

图 3-24　调整表单元的行高与列宽

	A	B	C	D	E	F
1	姓名	学号	数学	语文	外语	总分
2	张扬	15001	98	98	90	286
3	王刚	15002	92	99	93	281
4	赵小军	15003	89	100	85	266
5	李杰	15004	94	101	89	278
6	小计		373	381	357	1111

图 3-25　调整表单元区域的行高与列宽

技巧提示：在单击选中表单元区域中某个角点的表单元后，按住【Shift】键，在表单元区域中所选表单元的对角单元中单击，也可选中表单元区域。

2. 编辑表格内容

要编辑表格的内容，只需鼠标双击某一表单元，即可进入多行文字编辑框进行修改。要删除表单元中的内容，可首先选中表单元，然后按【Delete】键。

3. 利用“表格”工具栏编辑表格

在选中表单元或表单元区域后，“表格”工具栏被自动打开，如图 3-26 所示。通过单击其中的按钮，可对表格插入或删除行或列，以及合并单元、取消单元合并、调整单元边框等，还可对表格中的数据进行“求和”“均值”“方程式”运算等更多的操作和修改。

表格

	A	B	C	D	E	F
1	姓名	学号	数学	语文	外语	总分
2	张扬	15001	98	98	90	286
3	王刚	15002	92	99	93	281
4	赵小军	15003	89	100	85	266
5	李杰	15004	94	101	89	278
6	小计		373	381	357	1111

图 3-26 “表格”工具栏

4. 利用“表格”快捷菜单编辑表格

在 AutoCAD 2014 中，还可以使用表格的快捷菜单编辑表格。当选中整个表格时，其快捷菜单，如图 3-27 所示；当选中表格单元时，其快捷菜单如图 3-28 所示。

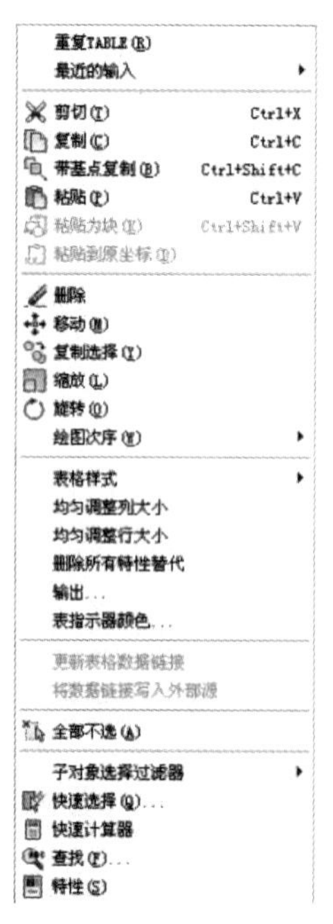

图 3-27 编辑表格快捷菜单

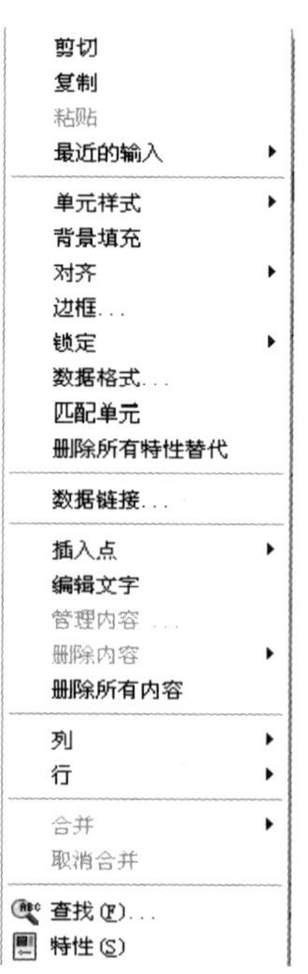

图 3-28 编辑表单元快捷菜单

【操作技能】

步骤 1：执行[绘图]\[表格]命令，打开“插入表格”对话框，在该对话框中输入创建表格的参数，如图 3-29 所示。单击“确定”按钮，关闭文字编辑器，创建的预先表格如图 3-30 所示。

步骤 2：删除“行”。在表格内按住鼠标左键并拖动鼠标光标，选中第一、二行，弹出“表格”工具栏，单击工具栏中的按钮，删除选中的两行，如图 3-31 所示。

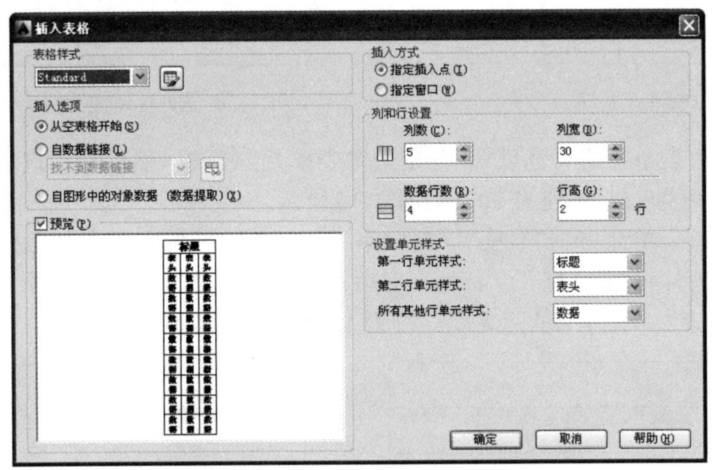

图 3-29 在“插入表格”对话框中创建表格参数

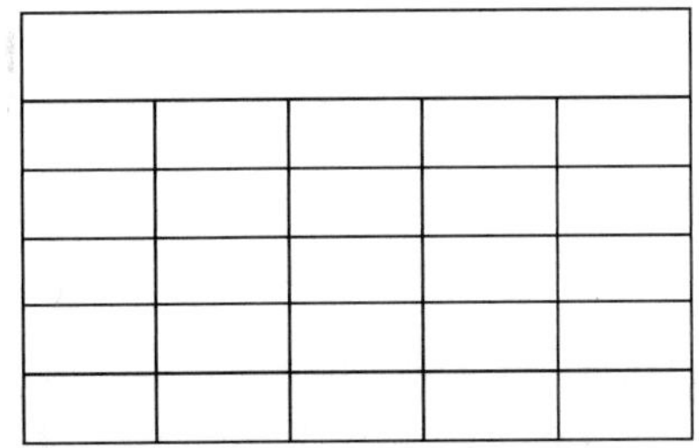

图 3-30 预先表格

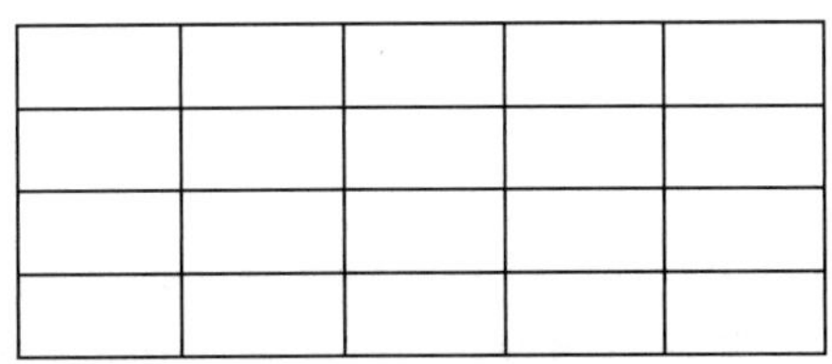

图 3-31 删除行

步骤 3：插入“列”。选中第一列的任一表单元，弹出“表格”工具栏，单击工具栏中的按钮，在左侧插入一列，结果如图 3-32 所示。

步骤 4：插入“行”。选中第一行的任一表单元，弹出“表格”工具栏，单击工具栏中的按钮，在上方插入一行，如图 3-33 所示。

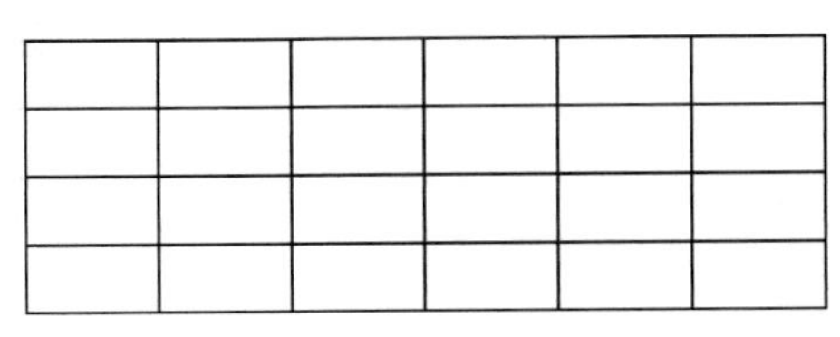

图 3-32 插入一列

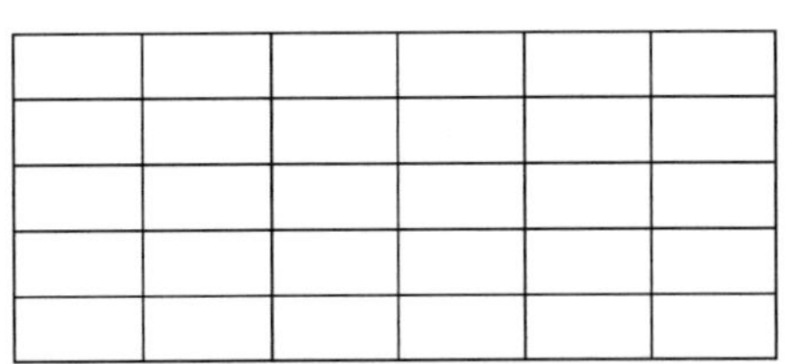

图 3-33 插入一行

步骤 5：合并“列”。按住鼠标左键并拖动鼠标光标，选中第一列的所有单元，弹出“表格”工具栏，单击工具栏中的按钮，选择［全部］选项，合并选中的表单元区域，如图 3-34 所示。

步骤 6：合并“行”。按住鼠标左键并拖动鼠标光标，选中第一行的所有表单元，弹出“表格”工具栏，单击工具栏中的按钮，选择［全部］选项，合并选中的表单元区域，如图 3-35 所示。

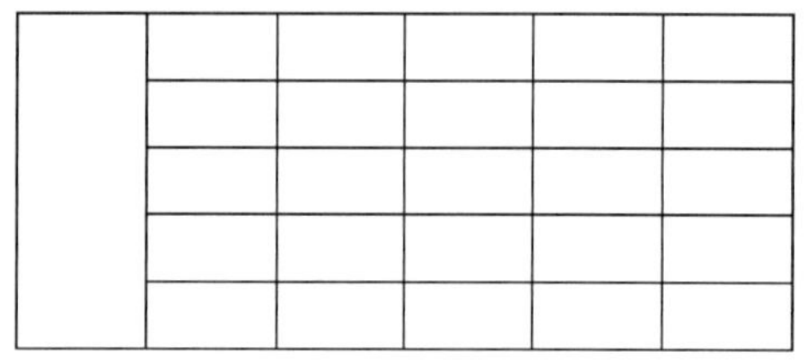

图 3-34　合并一列

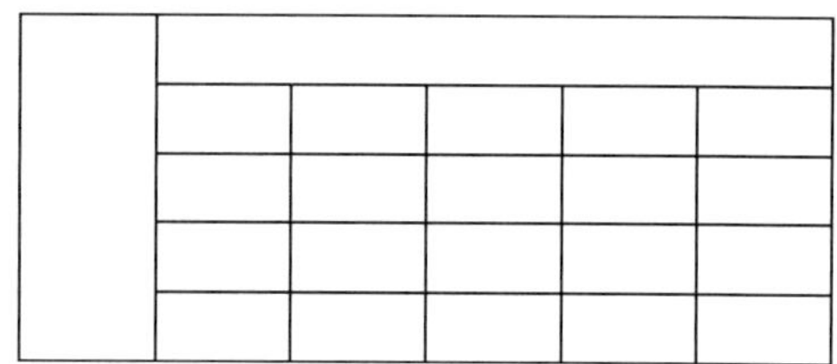

图 3-35　合并一行

步骤 7：调整表单元格“宽度”。分别选中表单元 A、B，然后利用拖动夹点方式调整表单元的列宽，A 列为 15，B 列为 20，如图 3-36 所示。

步骤 8：调整表单元格 “高度”。选中第一行，单击鼠标右键，弹出“编辑表格单元快捷菜单”，选择[特性]选项，打开“特性”对话框，在“单元高度”文本框中输入数值 12，用类似的方法再将第 2 ~ 5 行“单元高度”改为 10，如图 3-37 所示。

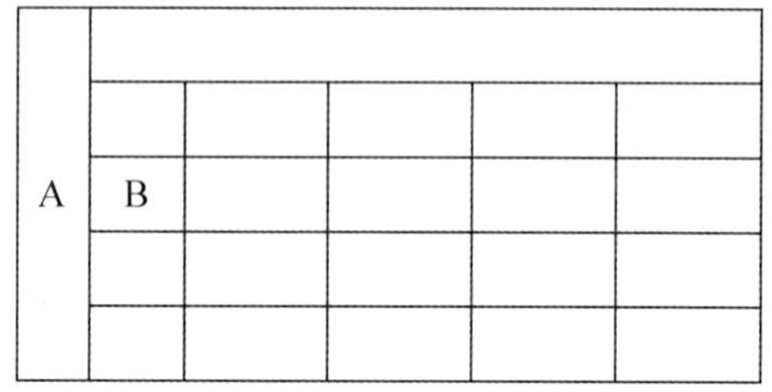

图 3-36　调整表格宽度

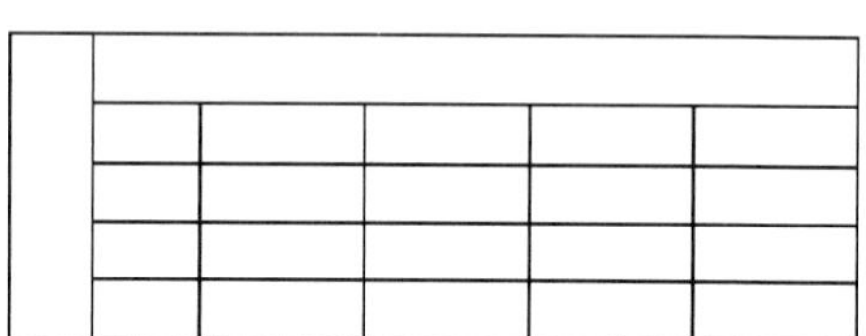

图 3-37　调整表格高度

【任务小结】

表格使用行和列以一种简洁清晰的形式提供信息，常用于一些组件或列表说明的图形中。用户可以基于已有的表格样式，通过指定表格的相关参数(如行数、列数等)将表格插入到图形中；可以通过快捷菜单编辑表格。同样，插入表格时，如果当前已有的表格样式不符合要求，则应首先定义表格样式。

【任务训练】

训练：创建如图 3-38 所示的空白表格，不标注尺寸。

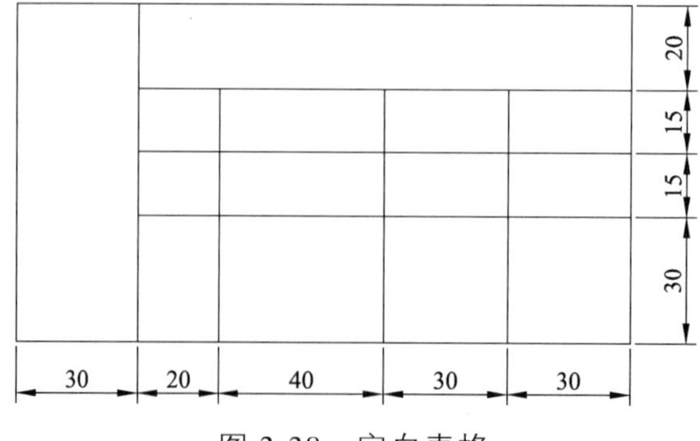

图 3-38　空白表格

任务三　对图形进行尺寸标注

【学习要点】

★ 了解尺寸标注的规则、组成元素和类型及注意事项。

★ 掌握尺寸样式的创建及修改方法。

★ 掌握各种类型尺寸标注的方法。

【任务内容】

对图形进行尺寸标注如图 3-39 所示，首先使用圆、直线、修剪、对象捕捉、极轴等命令绘制图形的轮廓线，然后按照制图方面的国家标准创建尺寸标注的样式，最后使用线性标注、对齐标注、半径标注、直径标注、角度标注、基线标注、连续标注和圆心标记等命令进行尺寸的标注。

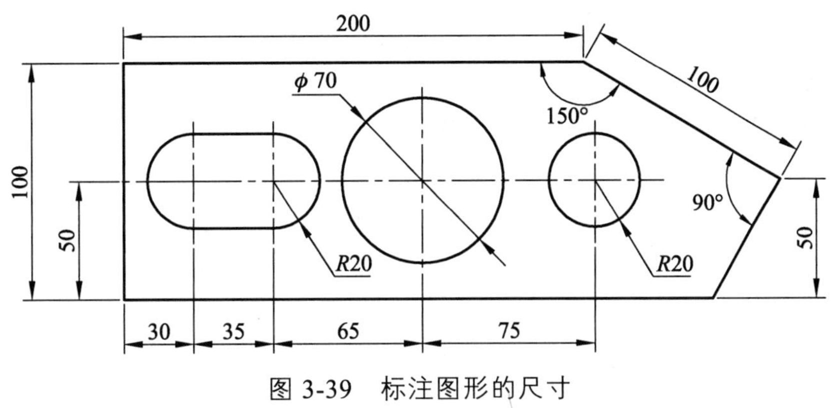

图 3-39　标注图形的尺寸

【理论基础】

一、尺寸标注的规则

在 AutoCAD 2014 中，对绘制的图形进行尺寸标注时应遵循以下规则：物体的真实大小应以图样上所标注的尺寸数值为依据，与图形的大小及绘图的准确度无关。若图样中的尺寸以“mm”为单位时，则不需要标注计量单位的代号或名称。如采用其他单位，则必须注明相应计量单位的代号或名称，如“°”“m”及“cm”等。图样中所标注的尺寸为该图样所表示的物体的最后完工尺寸，否则应另加说明。

二、尺寸标注的组成

无论是在工程制图还是在机械制图中，一个完整的尺寸标注都应由标注文字、尺寸线、尺寸界线、尺寸箭头及起点等组成，如图 3-40 所示。

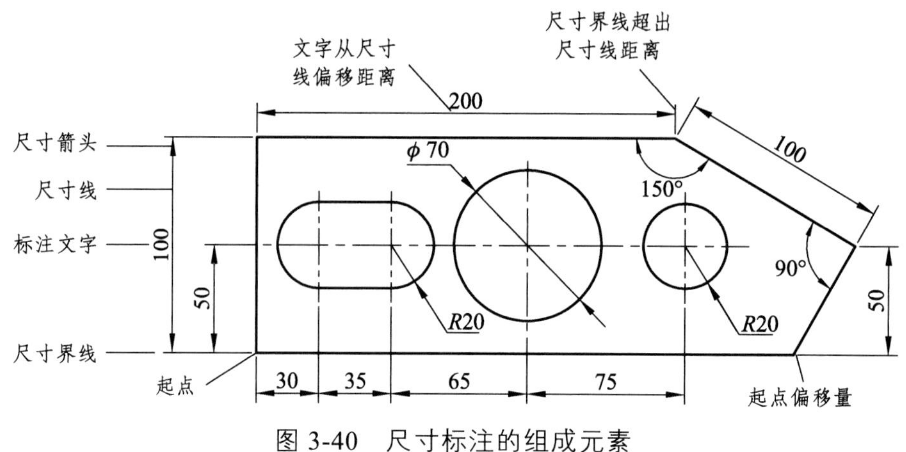

图 3-40　尺寸标注的组成元素

三、尺寸标注的类型

AutoCAD 2014 提供了十余种标注工具以标注图形对象，主要通过[标注]菜单、[标注]工具栏的使用来实现，如图 3-41 和图 3-42 所示。使用它们可以进行线性、对齐、角度、直径、半径、连续、基线及圆心等标注，如图 3-43 所示。

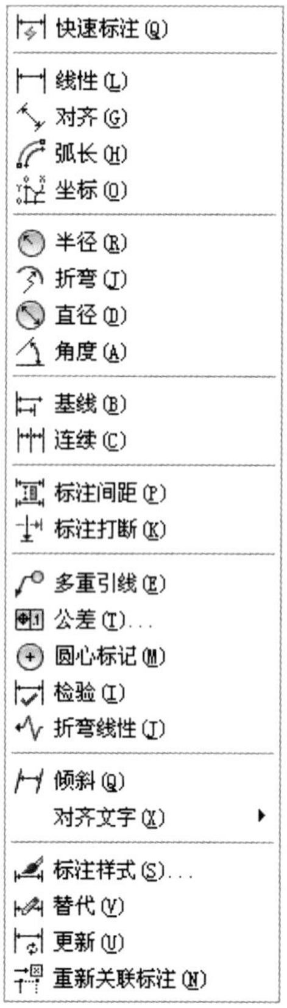

快速标注(Q)

线性(L)
对齐(G)
弧长(H)
坐标(O)

半径(R)
折弯(J)
直径(D)
角度(A)

基线(B)
连续(C)

标注间距(P)
标注打断(K)

多重引线(E)
公差(T)...
圆心标记(M)
检验(I)
折弯线性(J)

倾斜(Q)
对齐文字(X)

标注样式(S)...
替代(V)
更新(U)
重新关联标注(N)

图 3-41　尺寸标注的多种类型图

图 3-42　尺寸标注的多种类型

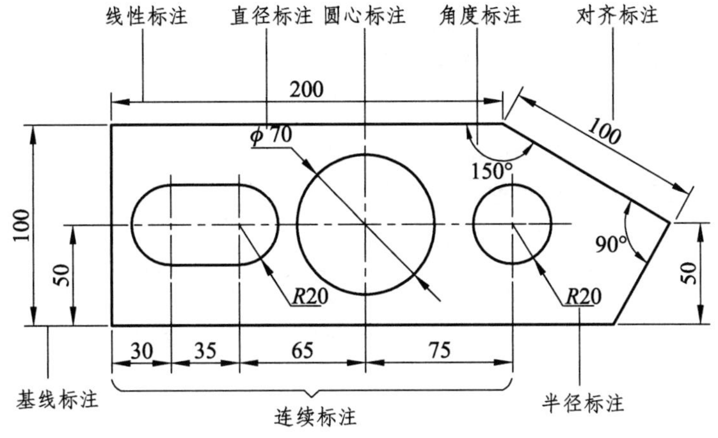

图 3-43　尺寸标注的多种类型

四、创建尺寸标注样式

1. 命令的调用方法

创建尺寸标注样式

（1）下拉菜单：[格式]\[标注样式]或[标注]\[样式]菜单命令。

（2）工具栏：在标注或样式工具栏中单击工具按钮。

（3）键盘命令：在命令行输入 Dimstylr（或缩写 D）。

2. 功　能

尺寸标注样式（简称标注样式）用于设置尺寸标注的具体格式（如尺寸文字采用的样式；尺寸线、尺寸界线以及尺寸箭头的标注设置等），以满足不同行业或不同国家的尺寸标注要求。

3. 操作及选项说明

（1）新建标注样式。

若要创建标注样式，则选择[格式]\[标注样式]命令，打开“标注样式管理器”对话框，如图 3-44 所示，点击“新建”按钮，可新建一个标注样式，如图 3-45 所示。

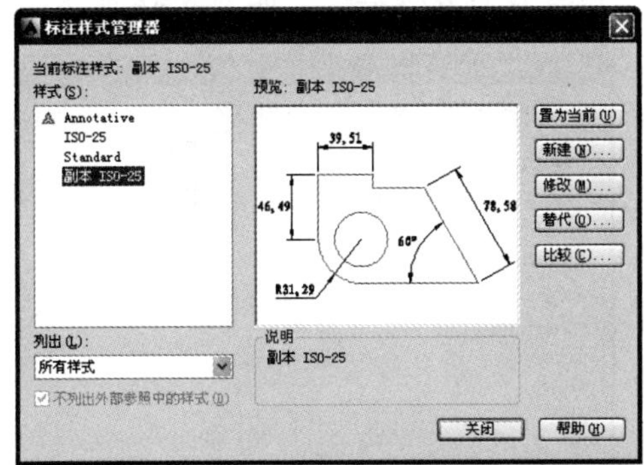

图 3-44　“标注样式管理器”对话框

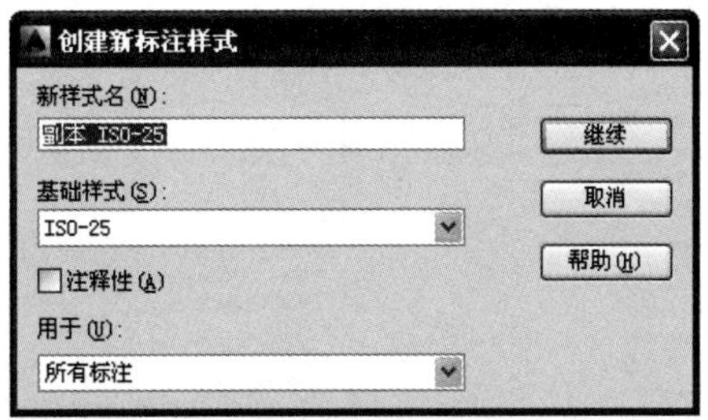

图 3-45“创建新标注样式”对话框

“标注样式管理器”对话框中各选项说明：

- “样式”列表：列出当前文件所设置的所有标注样式。

- “置为当前（U）”按钮：将“样式”列表中所选的样式作为当前样式。
- “新建（N）”按钮：新建尺寸标注样式。
- “修改（M）”按钮：修改当前的尺寸标样式。
- “替代（O）”按钮：替代当前的尺寸标样式。
- “比较（C）”按钮：比较两种标注样式。
- “预览”框：显示所选的尺寸标注样式。

技巧提示：对已使用的标注样式进行修改后，所有按该标注样式标注的尺寸，包括已经标注和将要标注的尺寸，均自动按修改后的标注模式进行更新。

（2）设置标注样式。

“新建标注模式”对话框中有 7 个选项卡，说明如下：

- ［线］选项卡：用于设置尺寸线、尺寸界线（延伸线）的特性，如图 3-46 所示。

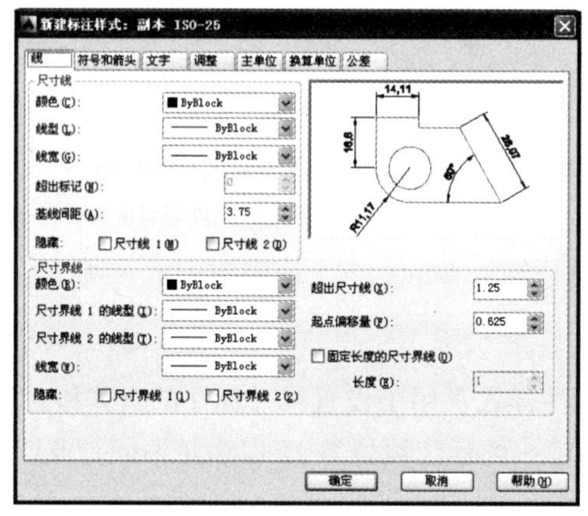

图 3-46　“线”选项卡

- ［符号和箭头］选项卡：用于设置箭头、圆心标记、折断标注、弧长符号、半径折弯标注和线性折弯标注的格式和位置，如图 3-47 所示。
- ［文字］选项卡：用于设置尺寸文字外观、位置及对齐等特性，如图 3-48 所示。

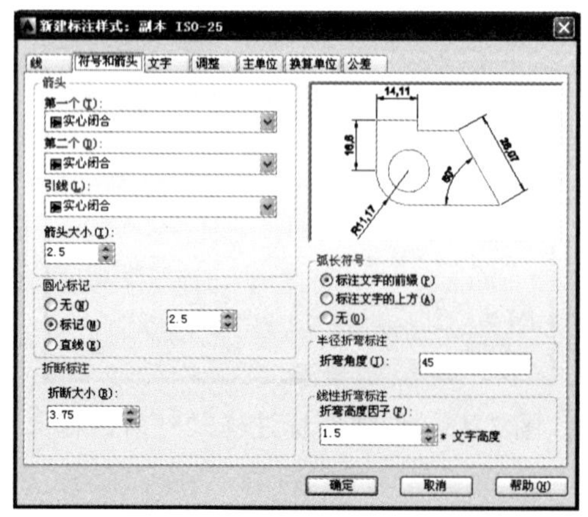

图 3-47　“符号和箭头”选项卡

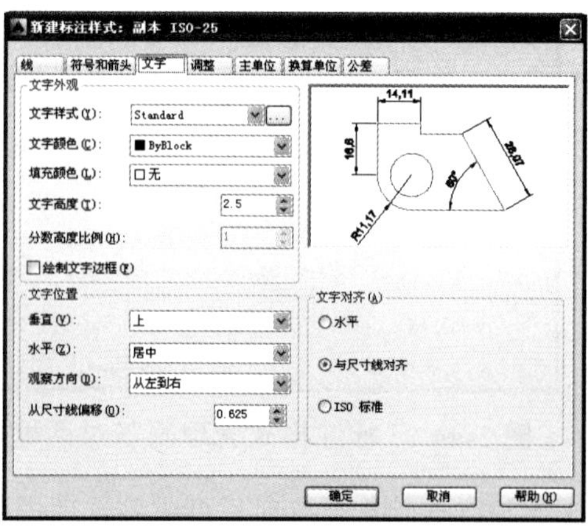

图 3-48　“文字”选项卡

• [调整] 选项卡：用于控制尺寸标注文字、箭头、引出线以及尺寸线的位置，如图 3-49 所示。

技巧提示：设定“使用全局比例”单选项的全局比例系数，可以控制尺寸标注样式的尺寸要素，即该标注样式中所有尺寸要素的大小及偏移量都会乘上全局比例系数。全局比例一般使用默认值“1”，当各要素适合成倍缩放时，可以在右边的文字编辑框中重新指定系数，会提高设置尺寸样式的效率。

• [主单位] 选项卡：用于设置线性和角度标注的单位格式和精度，并能设置尺寸数字的前缀和后缀，指定绘图测量单位比例，如图 3-50 所示。

技巧提示：设定测量单位的“比例因子”系数，可以设置尺寸测量的比例，即该图中的尺寸数字将会乘以该因子数值注出。默认值为“1”，当需将图形整体缩放比例标注时，可以在右边的文字编辑框中重新指定系数。

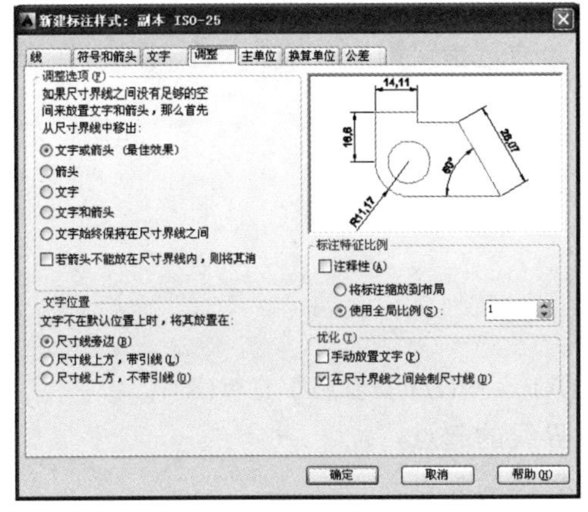

图 3-49 “调整”选项卡

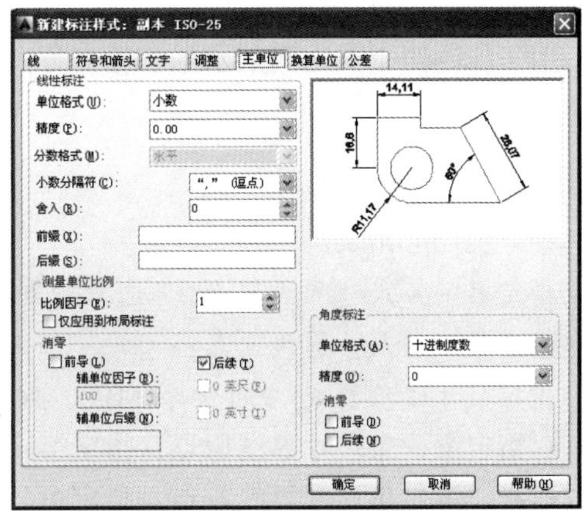

图 3-50 “主单位”选项卡

• [换算单位] 选项卡：用于设置换算尺寸单位的格式和精度，并设置尺寸数字的前缀和后缀。[换算单位] 选项卡在特殊情况时才使用（默认设置为不显示），该选项卡中的各项操作项与 [主单位] 选项卡的同类项基本相同，如图 3-51 所示。

• [公差] 选项卡：用于设置标注尺寸公差的格式，主要用于机械图，如图 3-52 所示。

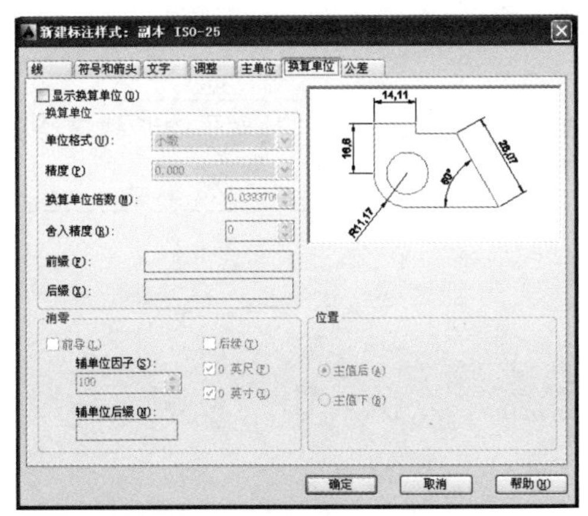

图 3-51 “换算单位”选项卡

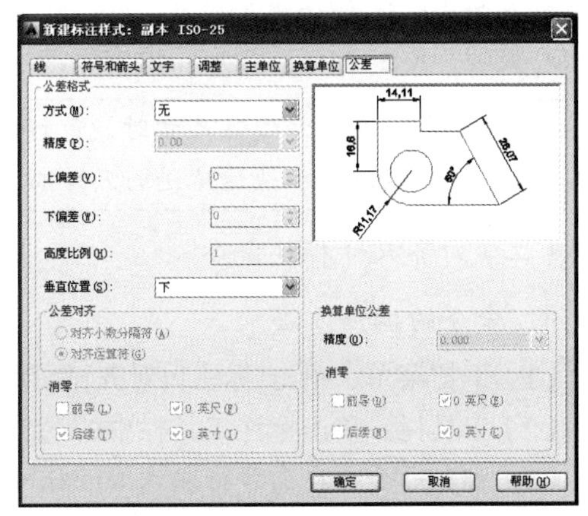

图 3-52 “公差”选项卡

技巧提示：在绘制工程图时，一般都会创建“直线”和“圆引出”与“角度”3 种基础标注样式，其他可根据需要创建。

五、常用尺寸标注命令

（一）线性尺寸标注命令

线性标注

1. 命令的调用方法

（1）下拉菜单：单击[标注]\[线性]命令。
（2）工具栏：单击标注工具栏中的按钮。
（3）键盘命令：在命令行输入 Dimlinear（或缩写 DIMLIN)。

2. 功　能

用于标注两个点之间的水平、垂直方向的长度，通过指定丙点或选择一个对象来实现，如图 3-53 所示。

3. 操作及选项说明

命令：_dimlinear
指定第一条尺寸界线原点或<选择对象>;
指定第二条尺寸界线原点：
指定尺寸线位置或[多行文字(M)/文字(T)/角度(A)/水平(H)/垂直(V)/旋转(R)]:

- 指定第一条尺寸界线原点：指定第一条尺寸界线的起点。
- 指定第二条尺寸界线原点：指定第二条尺寸界线的起点。
- 选择对象：按【Enter】键，直接选择标注对象。
- 指定尺寸线位置：指定一个点作为尺寸线要通过的点。
- 多行文字（M）：使用多行文字编辑器输入新的标注文字。
- 文字（T）：在命令行显示自动测量值，用户可以输入新值。
- 角度（A）：设置标注文字的倾斜角度。
- 水平（H）：标注水平尺寸。
- 旋转（R）：标注按指定角度倾斜的尺寸。

技巧提示：在标注线性尺寸时，最好打开“极轴”“对象捕捉”“对象追踪”辅助绘图命令，这样可以准确、快速地进行尺寸标注。

（二）对齐尺寸标注命令

1. 命令的调用方法

（1）下拉菜单：单击[标注]\[对齐]命令。
（2）工具栏：单击标注工具栏中的按钮。
（3）键盘命令：在命令行输入 Dimaligned。

2. 功　能

对齐标注是线性尺寸标注的一种特殊形式，用于标注倾斜的线性尺寸，且尺寸线与尺寸界线原点连线平行。如图 3-54 所示。

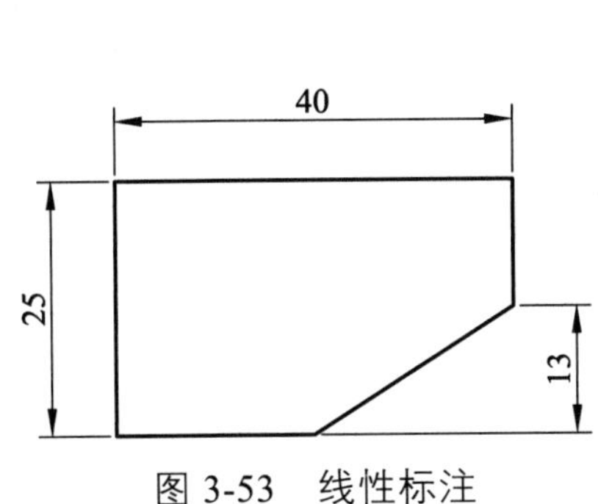

图 3-53　线性标注

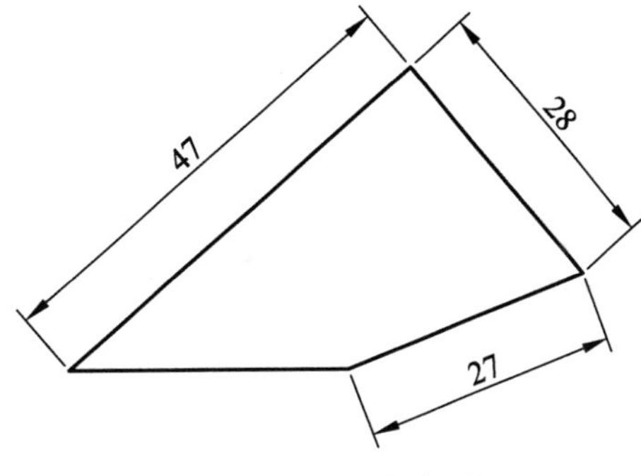

图 3-54　对齐标注

3. 操作及选项说明

命令：_dimaligned

指定第一条尺寸界线原点或<选择对象>:

指定第二条尺寸界线原点：

指定尺寸线位置或[多行文字(M)/文字(T)/角度(A)]:

- 指定第一条尺寸界线原点：指定第一条尺寸界线的起点。
- 指定第二条尺寸界线原点：指定第二条尺寸界线的起点。
- 选择对象：按【Enter】键，直接选择标注对象。
- 指定尺寸线位置或[多行文字(M)/文字(T)/角度(A)]：选项含义与线性尺寸标注命令同类选项相同。

（三）半径尺寸标注命令

半径标注

1. 命令的调用方法

（1）下拉菜单：单击[标注]\[半径]命令。

（2）工具栏：单击标注工具栏中的按钮。

（3）键盘命令：在命令行输入 Dimradius（或缩写 DRA）。

2. 功　能

标注圆或圆弧的半径尺寸，如图 3-55 所示。

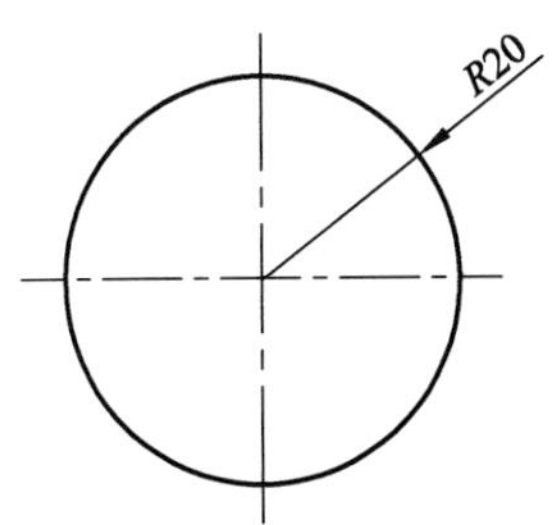

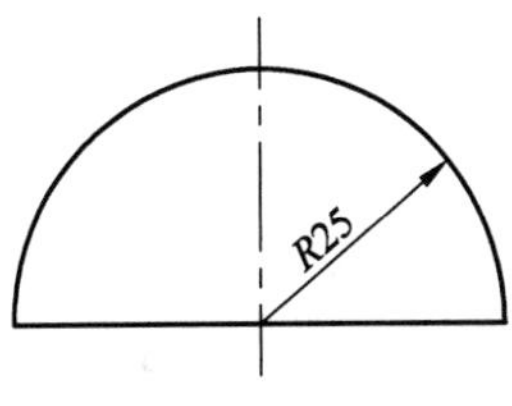

（a）用“直线”标注样式标注半径尺寸

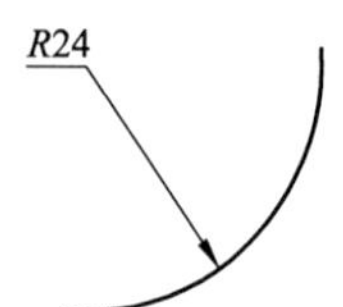

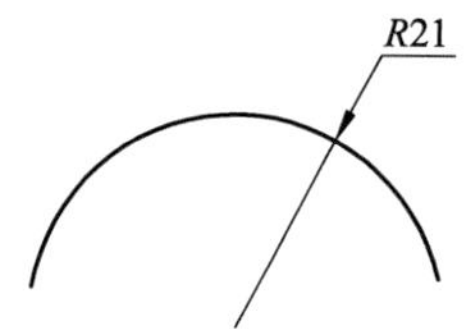

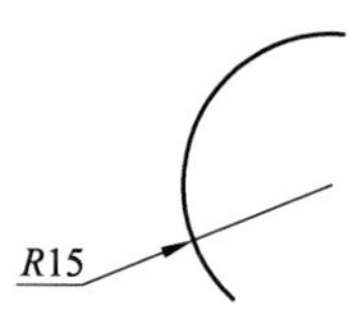

（b）用“圆引出”标注样式标注半径尺寸

图 3-55　半径标注

3. 操作及选项说明

命令：_dimradius

选择圆弧或圆：

指定尺寸线位置或[多行文字(M)/文字(T)/角度(A)]：

- 选择圆弧或圆：选择要标注半径的圆弧或圆。
- 指定尺寸线位置：指定一个点作为尺寸线要经过的点。
- 多行文字（M）：使用多行文字编辑器输入新的标注文字。
- 文字（T）：在命令行显示自动测量值，用户可以输入新值。
- 角度（A）：设置标注文字的倾斜角度。

（四）直径尺寸标注命令

1. 命令的调用方法

（1）下拉菜单：单击[标注]\[直径]命令。
（2）工具栏：单击标注工具栏中的按钮。
（3）键盘命令：在命令行输入 Dimdiameter（或缩写 DDI）。

2. 功　能

标注圆或圆弧的直径尺寸，如图 3-56 所示。

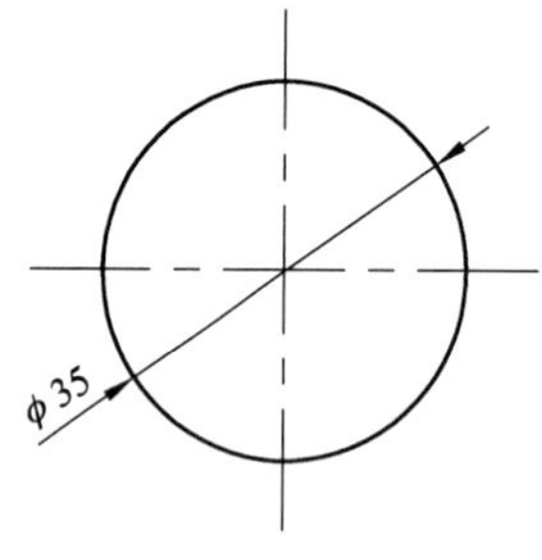

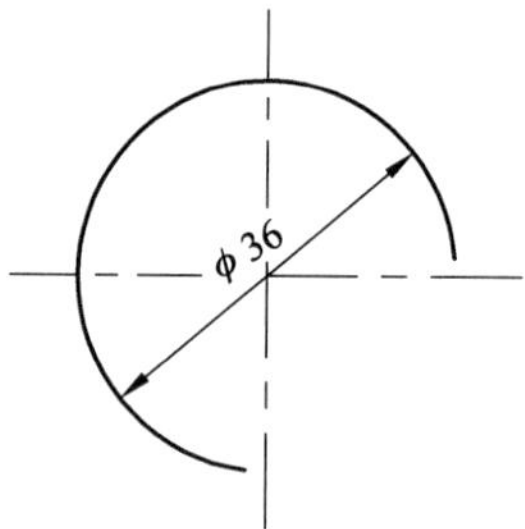

（a）用“直线”标注样式标注直径尺寸

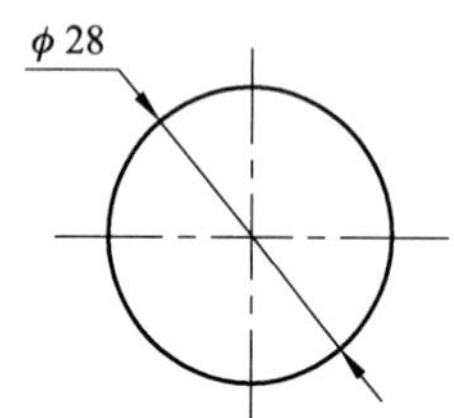

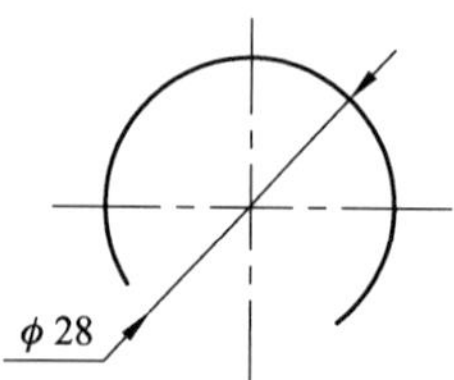

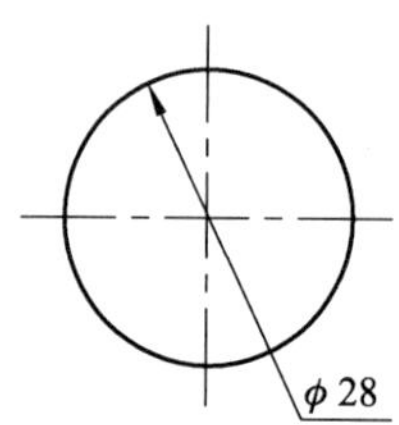

（b）用“圆引出”标注样式标注直径尺寸

图 3-56　直径标注

3. 操作及选项说明

命令：_dimdiameter

选择圆弧或圆：

指定尺寸线位置或[多行文字(M)/文字(T)/角度(A)]:

- 选择圆弧或圆：选择要标注直径的圆弧或圆。
- 指定尺寸线位置：指定一个点作为尺寸线要通过的点。
- 指定尺寸线位置或[多行文字（M）/文字（T）/角度（A）]：选项含义与半径尺寸标注命令同类选项相同。

（五）角度尺寸标注命令

角度标注

1. 命令的调用方法

（1）下拉菜单：单击[标注]\[角度]命令。

（2）工具栏：单击标注工具栏中的按钮。

（3）键盘命令：在命令行输入 Dimangular。

2. 功　能

标注两条非平行直线的夹角或圆弧两端点对应的圆心角，如图 3-57 所示。

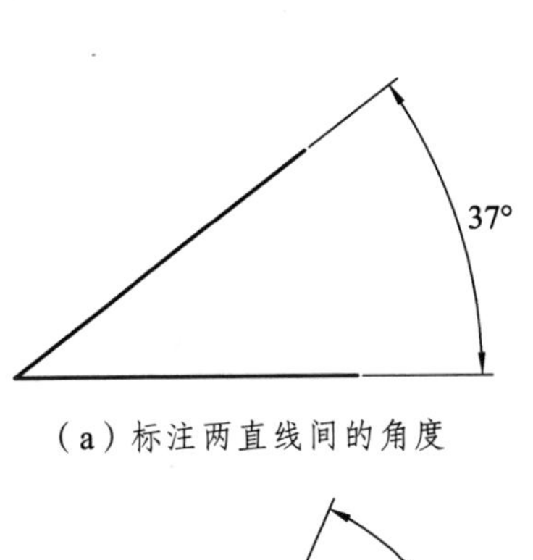

（a）标注两直线间的角度

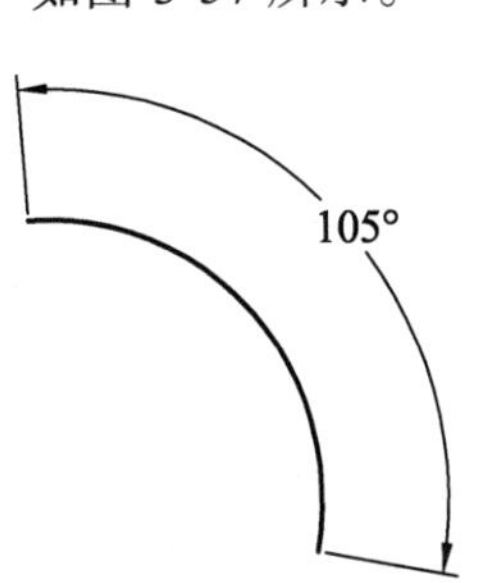

（b）标注圆弧的角度

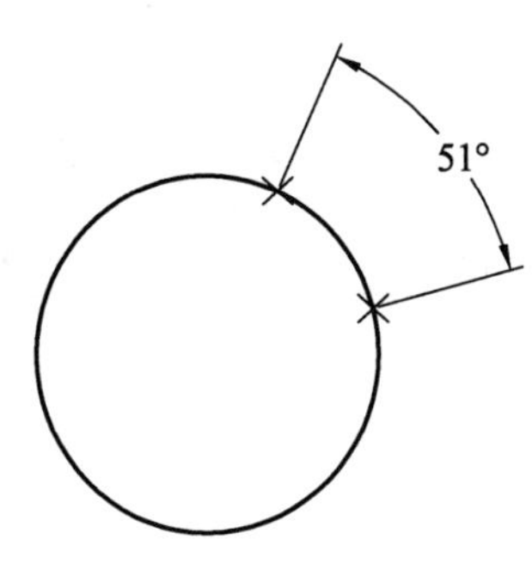

（c）标注圆上某部分的角度

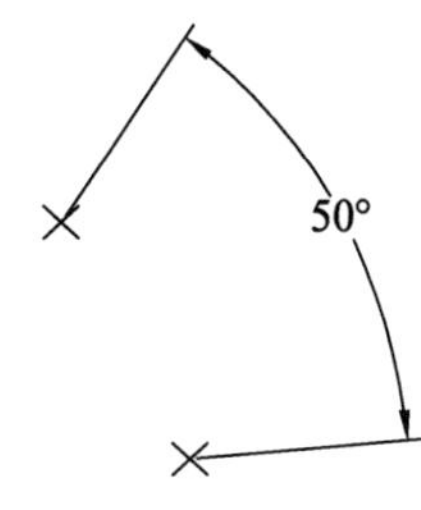

（d）三点形式标注角度

图 3-57　角度标注

3. 操作及选项说明

命令：_dimangular

选择圆弧、圆、直线或<指定顶点>:

选择第二条直线:

指定标注弧线位置或[多行文字(M)/文字(T)/角度(A)]:

- 指定顶点：指定角度的角顶点。
- 选择圆弧：选择要标注圆心角的圆弧。
- 选择圆：选择要标注圆心角的圆。
- 选择直线：选择要标注夹角的直线。
- 指定标注弧线位置或[多行文字(M)/文字(T)/角度(A)]:选项含义与线性尺寸标注命令同类选项相同。

（六）基线尺寸标注命令

1. 命令的调用方法

（1）下拉菜单：单击[标注]\[基线]命令。

（2）工具栏：单击标注工具栏中的 按钮。

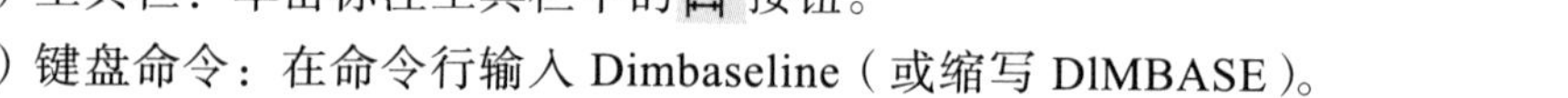

（3）键盘命令：在命令行输入 Dimbaseline（或缩写 DIMBASE）。

基线标注

2. 功 能

创建一系列由相同的基线测量出来的多个标注，在创建基线标注之前必须先用线性、对齐或角度标注等标注出基准尺寸，再以此基准尺寸的一条尺寸界线为基线来标注其他图形对象的尺寸。如图 3-58 所示。

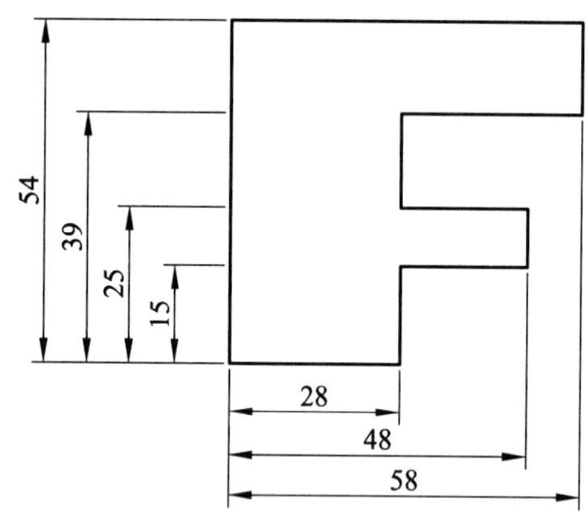

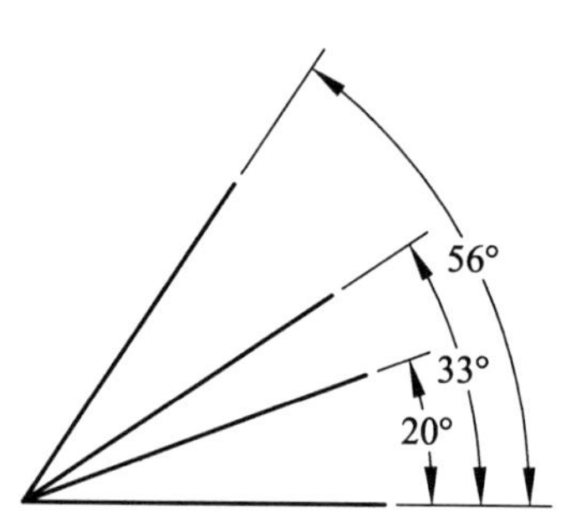

图 3-58　基线标注

3. 操作及选项说明

命令：_dimbaseline

指定第二条尺寸界线原点或[放弃(U)/选择(S)]<选择>:

- 指定第二条尺寸界线原点：指定第二条尺寸界线的起点。
- 放弃（U）：可撤销前一个基线尺寸。
- 选择（S）：允许重新指定基线尺寸第一尺寸界线的位置。

系统将上一个标注或选定标注的第一条尺寸界线作为基线标注尺寸界线起点，指定第二条尺寸界线的起点后，系统将创建具有公共基准的线性或角度标注。所注基线尺寸数值只能使用 AutoCAD 内测值，标注过程中不能重新指定。

（七）连续尺寸标注命令

连续标注

1. 命令的调用方法

（1）下拉菜单：单击[标注]\[连续]命令。

（2）工具栏：单击标注工具栏中的按钮。

（3）键盘命令：在命令行输入 Dimcontinue（或缩写 DIMCONT）。

2. 功　能

创建一系列首尾相连的尺寸标注，即相邻的两个尺寸标注间的尺寸界线作为公共用界线。如图 3-59 所示。

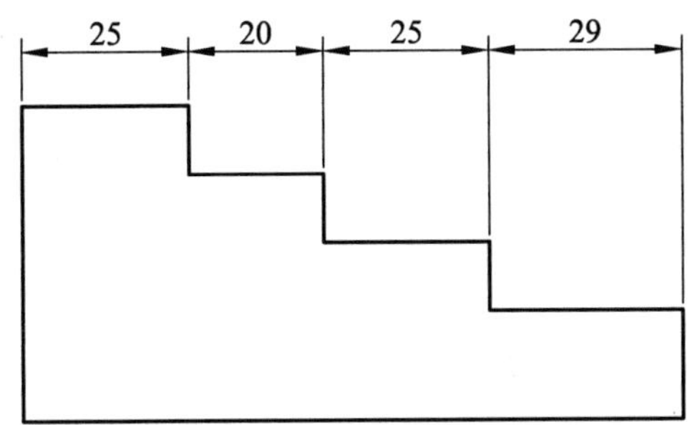

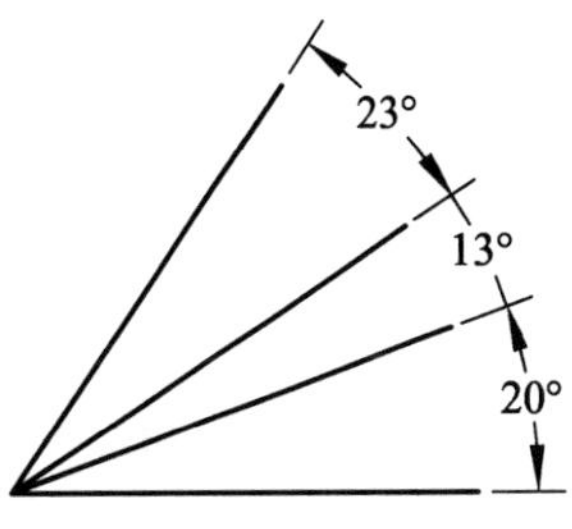

图 3-59　连续标注

3. 操作及选项说明

命令：_dimcontinue

指定第二条尺寸界线原点或<放弃(U)/选择(S)><选择>:

- 指定第二条尺寸界线原点或[放弃(U)/选择(S)]<选择>：选项含义与基线尺寸标注命令同类选项相同。

在连续标注过程中，用户只能向一个方向标注下一连续尺寸，不能往相反的方向进行，否则会覆盖已标注文本。所注连续尺寸数值只能使用 AutoCAD 内测值，标注过程中不能重新指定。

（八）圆心标记标注命令

圆心标记标注

1. 命令的调用方法

（1）下拉菜单：单击[标注]\[圆心]命令。

（2）工具栏：单击标注工具栏中的按钮。

（3）键盘命令：在命令行输入 Dimcenter（或缩写 DCE）。

2. 功　能

标注圆或圆弧的圆心标记，如图 3-60 所示。

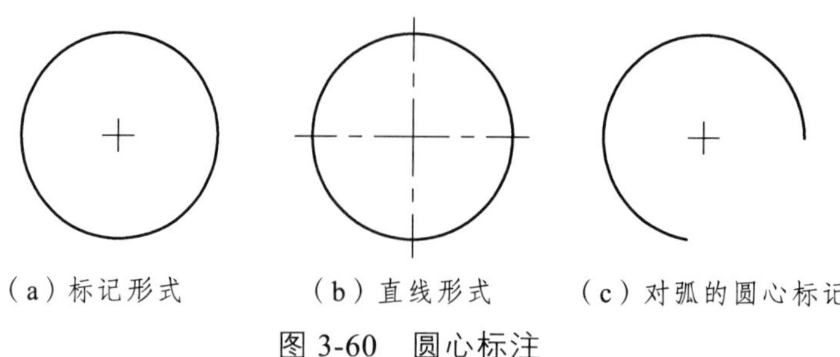

图 3-60　圆心标注

3. 操作及选项说明

命令：_dimcenter

选择圆弧或圆：

选择圆弧或圆：选择要标注圆心标记的圆或圆弧。

【操作技能】

步骤 1：绘制图形。

使用直线命令、圆命令、修剪命令、对象捕捉命令、极轴命令等绘制任务图形的轮廓线，如图 3-61 所示。

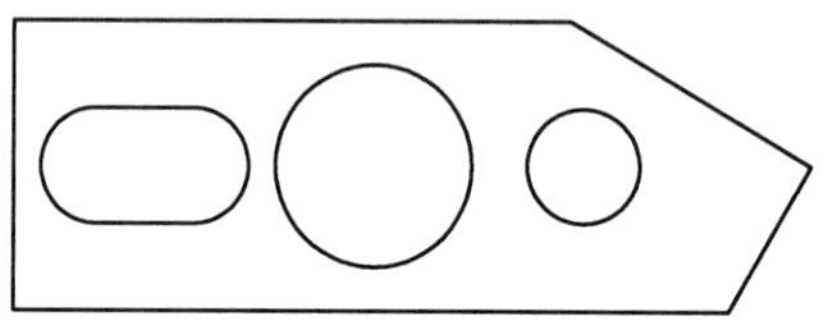

图 3-61　任务图形

步骤 2：新建尺寸标注的图层。

单击[格式]\[图层]命令，在弹出的“图层管理器”对话框中新建“尺寸标注”图层，并将“尺寸标注”图层设为当前层。在绘制图形时，只有将新建尺寸标注设置为当前层，才能使用新建标注样式对图形实体进行标注。

步骤 3：设置尺寸标注样式。

打开“标注样式管理器”对话框，如图 3-62 所示，单击“新建”按钮，弹出“创建新标注样式”对话框，如图 3-63 所示。以 ISO-25 为基础样式新建“样式一”样式，单击“继续”按钮按照国家标准进行设置。

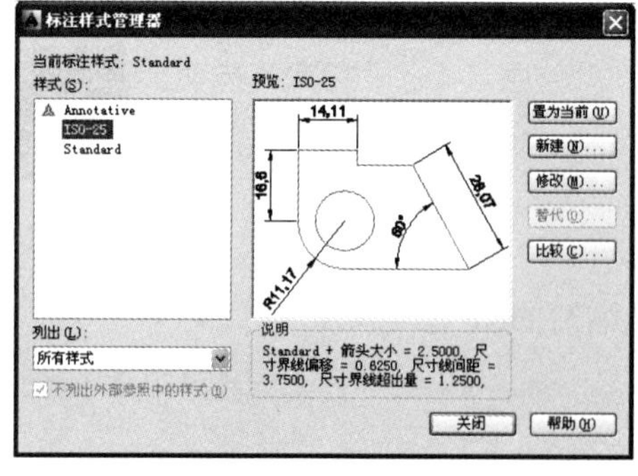

图 3-62　“标注样式管理器”对话框

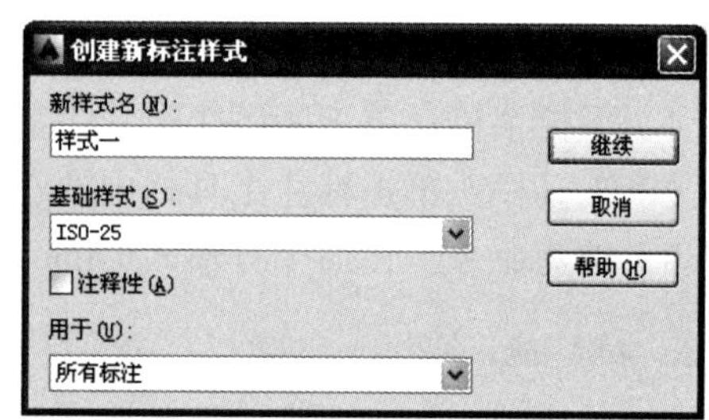

图 3-63　“创建新标注样式”对话框

在［直线］选项卡中进行如下设置：尺寸线的基线间距为16，尺寸界线超出尺寸线为4，起点偏移量为3，其余采用默认设置，如图3-64所示，

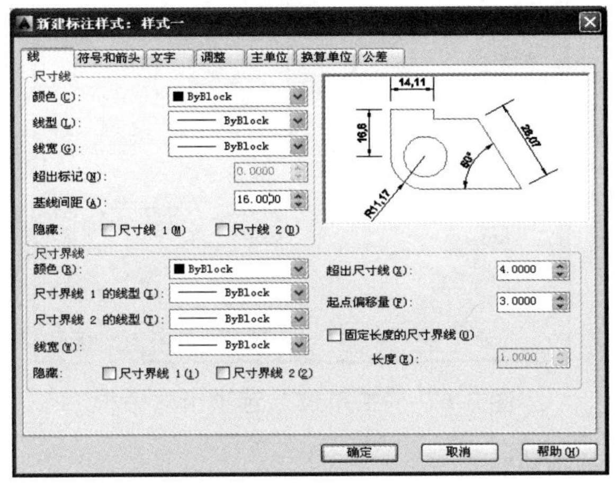

图3-64 “直线”选项卡对话框

在［符号和箭头］选项卡进行如下设置：第一项、第二个、引线箭头均为“实心闭合”，箭头大小为8，其余采用默认设置，如图3-65所示。

在［文字］选项卡进行如下设置：文字字体为“仿宋”，文字高度为8，文字位置垂直方向为“上“，水平方向为“居中”，从尺寸线偏移为2，如图3-66所示。

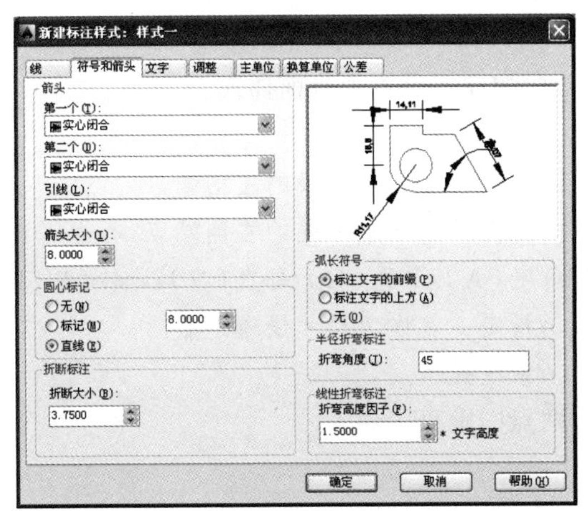

图3-65 “符号和箭头”选项卡对话框

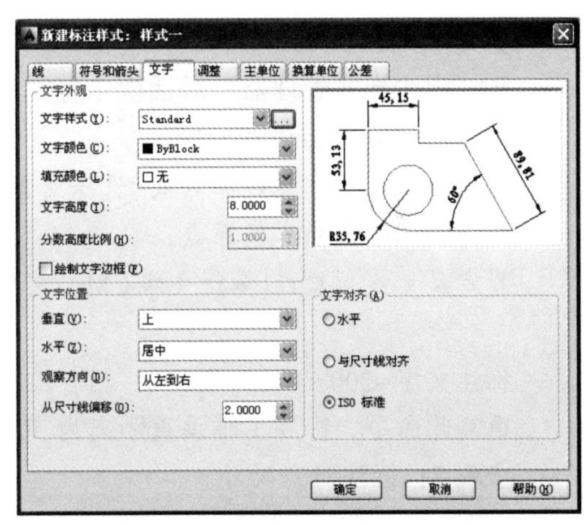

图3-66 “文字”选项卡对话框

在［主单位］选项卡进行如下设置：线性标注单位格式为“小数”，精度为0，其余采用默认设置，如图3-67所示。

其余选项卡采用默认设置，最后按“确定”按钮，完成标注样式的设置。

按照上面的方法，以“样式一”为基础样式，创建“圆引出”标注样式，将文字对齐采用“ISO标准”；再以“样式一”为基础样式，创建“角度”标注样式，将文字位置的垂直方向设为“上”，文字对齐采用“水平”。

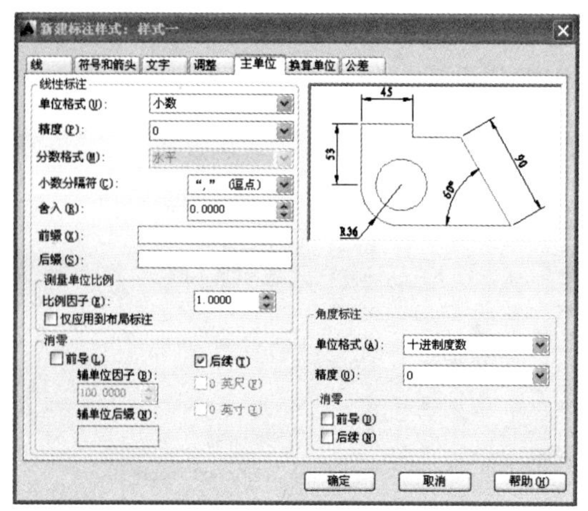

图 3-67 “主单位”选项卡对话框

步骤 4：启用对象捕捉功能。

设置对象捕捉模式为端点、圆心等，标注尺寸时要用到的一些特殊点。

步骤 5：标注圆心标记。

命令：_dimcenter　　//启用圆心标记命令

选择圆弧或圆　　//选择要标注圆心的 $\phi 70$ 圆

单击[格式]\[标注样式]命令，修改将“样式一”的［符号和箭头］选项卡设置：圆心标记改为“直线”，箭头大小为 5。重复圆心标记命令，再标注另外 3 个 $R20$ 圆的圆心。

步骤 6：标注线性尺寸。

在“标注样式管理器”对话框中将“样式一”标注样式设置为当前样式。

命令：_dimlinear　　//启用线性标注命令

指定第一条尺寸界线原点或<选择对象>：　　//捕捉最上方水平线的左侧端点

指定第二条尺寸界线原点：　　//捕捉最上方水平线的右侧端点

指定尺寸线位置或[多行文字（M）/文字（T）/角度（A）/水平（H）/垂直（V）/旋转（R）]：

//指定一点作为尺寸线通过点

标注文字=200　　//系统提示

重复此命令，标注 Y 轴垂直距离为 50 的斜线两点间垂直距离。

步骤 7：标注对齐尺寸。

命令：_dimaligned　　//启用对齐标注命令

指定第一条尺寸界线原点或<选择对象>：　　//捕捉右侧长度为 100 斜线的左上方端点

指定第二条尺寸界线原点：　　//捕捉右侧长度为 100 斜线的右下方端点

指定尺寸线位置或[多行文字（M）/文字（T）/角度（A）/水平（H）/垂直（V）/旋转（R）]：

//指定一点作为尺寸线通过点

标注文字=100　　//系统提示

步骤 8：标注半径尺寸。

在“标注样式管理器”对话框中将“圆引出”标注样式设置为当前样式。

命令：_dimradius　　//启用半径标注命令

选择圆弧或圆　　//选择右边 *R*20 的圆

标注文字=20　　//系统提示

指定尺寸线位置或[多行文字(M)/文字(T)/角度(A)]　　//指定一点作为尺寸线通过点

重复此命令，标注左侧 *R*20 圆的尺寸。

步骤 9：标注直径尺寸。

命令：_dimdiameter　　//启用直径标注命令

选择圆弧或圆　　//选择中间的 ϕ70 的大圆

标注文字=70　　//系统提示

指定尺寸线位置或[多行文字(M)/文字(T)/角度(A)]　　//指定一点作为尺寸线通过点

步骤 10：标注角度尺寸

在“标注样式管理器”对话框中将“角度”标注样式设置为当前样式。

命令：_dimangular　　//启用角度标注命令

选择圆弧、圆、直线或<指定顶点>:　　//选择最上方的水平线

选择第二条直线:　　//选择长度为 100 的斜线

指定标注弧线位置或 [多行文字(M)/文字(T)/角度(A)]:　//指定一点作为尺寸线通过点

标注文字 =90　　//系统提示

重复此命令，标注右侧角度为 90 夹角尺寸。

步骤 11：使用线性尺寸标注命令、基线尺寸标注命令、连续尺寸标注命令标注尺寸。

命令：_dimlinear　　//启动线性标注命令

指定第一条尺寸界线原点或<选择对象>:　　//捕捉图形的左下角点

指定第二条尺寸界线原点:　　//捕捉最左侧 *R*20 小圆圆心

指定尺寸线位置或[多行文字(M)/文字(T)/角度(A)/水平(H)/垂直(V)/旋转(R)]:
　　//向左侧指定一点作为尺寸线通过点

标注文字=50　　//系统提示

命令：_dimbaseline　　//启动基线标注命令

指定第二条尺寸界线原点或<放弃(U)/选择(S)><选择>:　//捕捉尺寸标注为 50 的下方尺寸界限

指定第二条尺寸界线原点或<放弃(U)/选择(S)><选择>: //捕捉图形的左上角点

标注文字=100　　//系统提示

命令：_dimlinear　　//启动线性标注命令

指定第一条尺寸界线原点或<选择对象>:　　//捕捉图形的左下角点

指定第二条尺寸界线原点:　　//捕捉最左侧 *R*20 小圆圆心

指定尺寸线位置或[多行文字(M)/文字(T)/角度(A)/水平(H)/垂直(V)/旋转(R)]:
　　//向下方指定一点作为尺寸线通过点

标注文字=30　　//系统提示

命令：_dimcontinue　　//启动连续标注命令

指定第二条尺寸界线原点或<放弃(U)/选择(S)><选择>: //捕捉左侧第二个小圆圆心

标注文字=35　　//系统提示

指定第二条尺寸界线原点或<放弃(U)/选择(S)><选择>：　　//捕捉中间大圆圆心
标注文字=65　　//系统提示
指定第二条尺寸界线原点或<放弃(U)/选择(S)><选择>：　　//捕捉右侧小圆圆心
标注文字=75　　//系统提示

【知识拓展】

一、快速标注命令

快速标注

1. 命令的调用方法

（1）下拉菜单：单击［标注］\[快速标注]命令。
（2）工具栏：单击标注工具栏中的按钮。
（3）键盘命令：在命令行输入 Qdim。

2. 功　能

当创建系列基线或连续标注，或者为一系列圆或圆弧进行标注时，可选择多个需要标注的相同类型尺寸对象，使用快速标注命令进行标注。操作该命令可一次标注一批尺寸形式相同的尺寸，如图 3-68 所示。

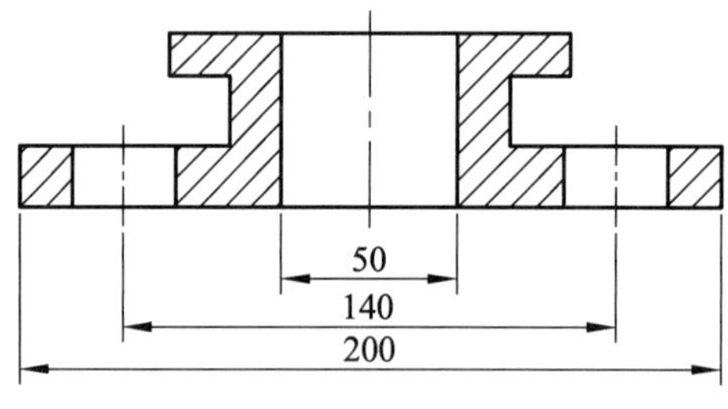

图 3-68　快速标注

3. 操作及选项说明

命令：_qdim
选择要标注的几何图形：
指定尺寸线位置或[连续(C)/并列(S)/基线(B)/坐标(O)/半径(R)/直径(D)/基准点(P)/编辑(E)/设置(T)]<连续>:

- 选择要标注的几何图形：用窗口直接选择要标注的几何图形。
- 指定尺寸线位置：拖动鼠标确定尺寸线的位置完成标注。
- 连续(C)/并列(S)/基线(B)/坐标(O)/半径(R)/直径(D)：指定标注类型。
- 基准点(P)：为基线标注和连续标注确定一个新的基准点。
- 编辑(E)：编辑一系列标注。AutoCAD 提示在现有标注中添加或删除标注点。
- 设置(T)：为指定尺寸界线原点设置默认的对象捕捉方式。

本任务也可使用“快速标注”命令完成部分尺寸的标注。

二、折弯半径标注命令

1. 命令的调用方法

（1）下拉菜单：单击[标注]\[折弯]命令。

（2）工具栏：单击标注工具栏中的按钮。

（3）键盘命令：在命令行输入 Dimjogged。

2. 功 能

标注圆或圆弧的中心位于布局外且无法在其实际位置显示时的半径尺寸，如图 3-69 所示。

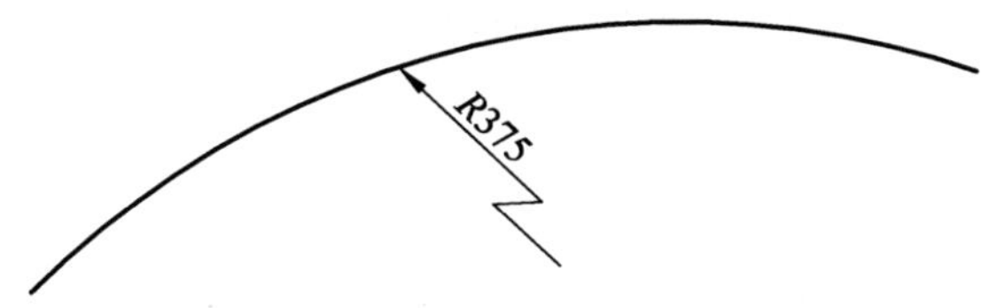

图 3-69　折弯半径标注

3. 操作及选项说明

命令：_ dimjogged

选择圆弧或圆：

指定中心位置替代：

指定尺寸线位置或[多行文字(M)/文字(T)/角度(A)]：

指定折弯位置：

- 选择圆弧或圆：选择一个圆弧、圆或多段线弧线段。
- 指定中心位置替代：指定折弯半径标注的新中心点，用于替代实际中心点。
- 指定折弯位置：确定连接半径标注的尺寸界限和尺寸线的横向直线中点的位置。

三、坐标标注命令

1. 命令的调用方法

（1）下拉菜单：单击[标注]\[坐标]命令。

（2）工具栏：单击标注工具栏中的按钮。

（3）键盘命令：在命令行输入 Dimordinate。

2. 功 能

标注图形中指定点的 X 和 Y 坐标，如图 3-70 所示。

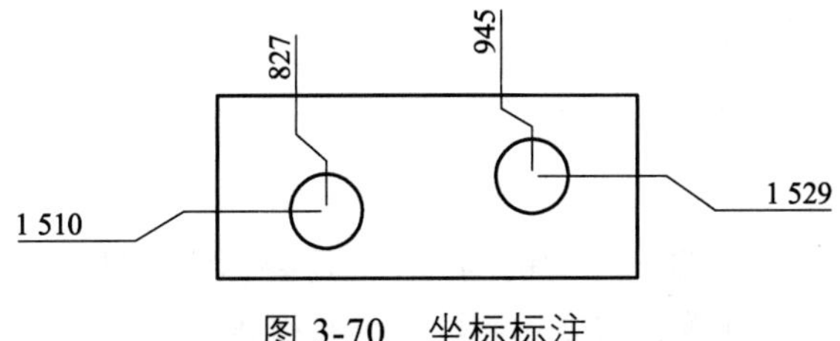

图 3-70　坐标标注

3. 操作及选项说明

命令：_ dimordinate

指定点坐标：

指定引线端点或[X 基准(X)/Y 基准(Y)/多行文字(M)/文字(T)/角度(A)]:

- 指定点坐标：选择引线的起点。
- 指定引线端点：指定引线终点。
- X 基准（X）：标注指定点的 X 坐标。
- Y 基准（Y）：标注指定点的 Y 坐标。
- 其他选项含义与线性尺寸标注命令同类选项相同。

【任务小结】

尺寸标注是图样的重要组成部分，常被用来精确表达图形各部分的实际大小及相互位置关系。AutoCAD 提供了一套完整、灵活的标注系统，具有非常强大的尺寸标注功能。本任务主要介绍了尺寸标注样式的创建方法及各种类型尺寸标注命令的使用方法。

【任务训练】

训练：绘制如图 3-71 所示的图形，创建尺寸标注样式，并对图形进行标注尺寸。

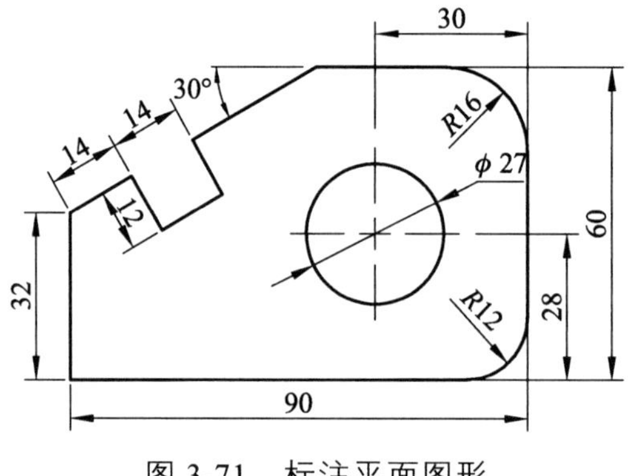

图 3-71　标注平面图形

任务四　带轮的尺寸标注

【学习要点】

★ 掌握多重引线样式的设置和引线命令的使用方法。

★ 掌握形位公差和尺寸公差的标注方法。

【任务内容】

如图 3-72 所示，这是一个带轮零件的剖面图，需要标注的尺寸很多，如形位公差、尺寸公差、倒角、角度、线性尺寸等，需要用到的命令有引线标注命令、角度标注命令、线性尺寸标注命令、基线尺寸标注命令、连续尺寸标注、形位公差标注等命令。

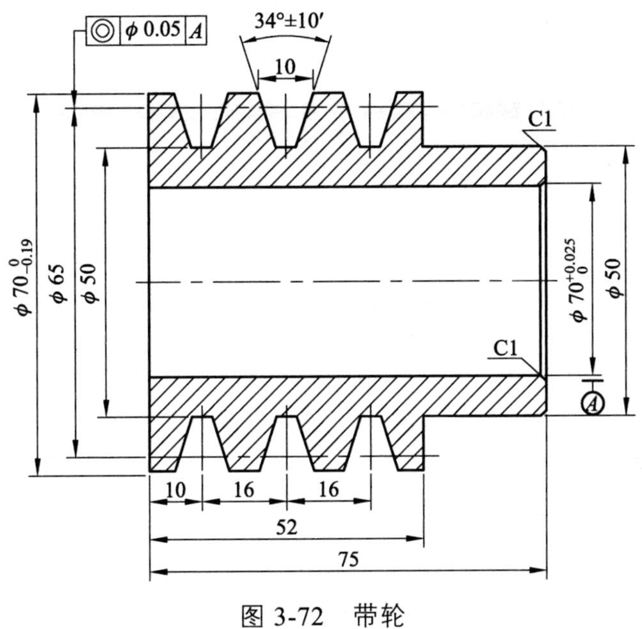

图 3-72　带轮

【理论基础】

一、多重引线标注

多重引线标注

1. 命令的调用方法

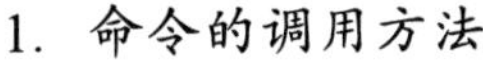

（1）下拉菜单：单击[标注]\[多重引线]命令。

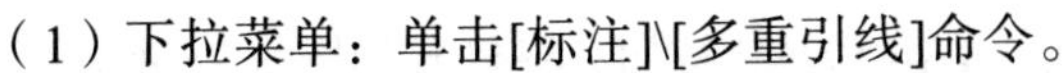

（2）工具栏：单击多重引线工具栏中的按钮。

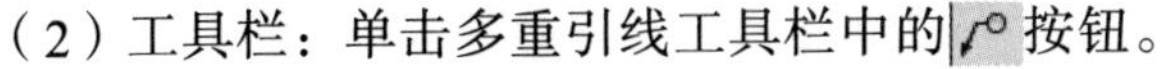

（3）键盘命令：在命令行中输入 Mleader。

2. 功　能

利用多重引线标注，用户可以标注（标记）注释、说明等，如图 3-73 所示。

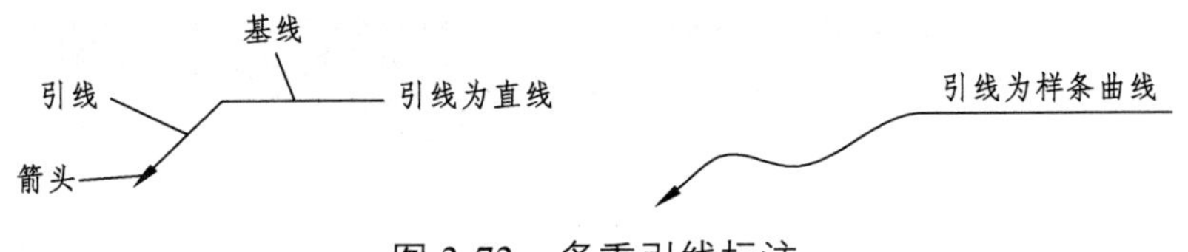

图 3-73　多重引线标注

3. 操作及选项说明

命令：_ mleader

指定引线箭头的位置或[引线基线优先(L)/内容优先(C)/选项(O)] <选项>:

指定下一点或[端点(E)] <端点>: (指定点)

指定下一点或[端点(E)] <端点>:

在该提示下依次指定各点，然后按【Enter】键，将弹出文字编辑器，如图 3-74 所示。

通过文字编辑器输入对应的多行文字后，单击“文字格式”工具栏上的“确定”按钮，即可完成引线标注。

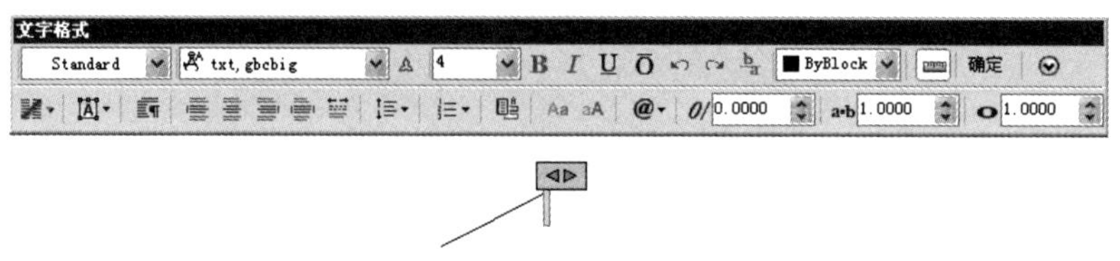

图 3-74　引线标注文字编辑器

二、多重引线样式

1. 命令的调用方法

（1）下拉菜单：单击[格式]\[多重引线样式]命令。

（2）工具栏：单击多重引线工具栏中的按钮。

（3）键盘命令：在命令行输入 Mleaderstyle。

2. 功　能

用户可以设置多重引线的样式。

3. 操作及选项说明

（1）单击[格式]\[多重引线样式]命令，打开“多重引线样式管理器”对话框，如图 3-75 所示。

“新建”按钮用于创建新的多重引线样式。单击“新建”按钮，将打开如图 3-76 所示的“创建新多重引线样式”对话框。

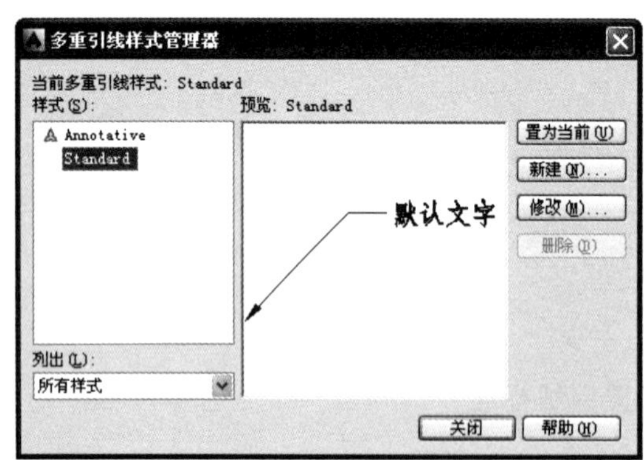

图 3-75　“多重引线样式管理器”对话框

图 3-76　“创建多重引线样式”对话框

（2）确定新样式的名称和相关设置后，单击“继续”按钮，弹出“修改多重引线样式”对话框，如图 3-77 所示。

［引线格式］选项卡：此选项卡用于设置引线的格式。

- “常规”选项组：用于设置引线的外观。
- “箭头”选项组：用于设置箭头的样式与大小。
- “引线打断”选项：用于设置引线打断时的距离值。
- “预览”框：用于预览对应的引线样式。

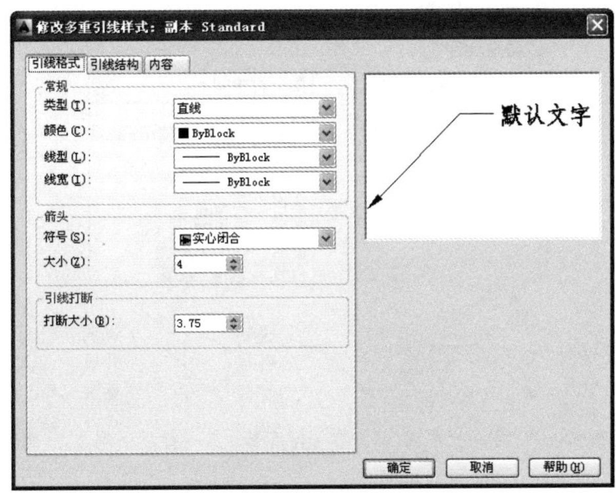

图 3-77　引线格式选项卡

［引线结构］选项卡：用于设置引线的结构，如图 3-78 所示。

- “约束”选项组：用于控制多重引线的结构。
- “基线设置”选项组：用于设置多重引线中的基线。
- “比例”选项组：用于设置多重引线标注的缩放关系。

［内容］选项卡：用于设置多重引线标注的内容，如图 3-79 所示。

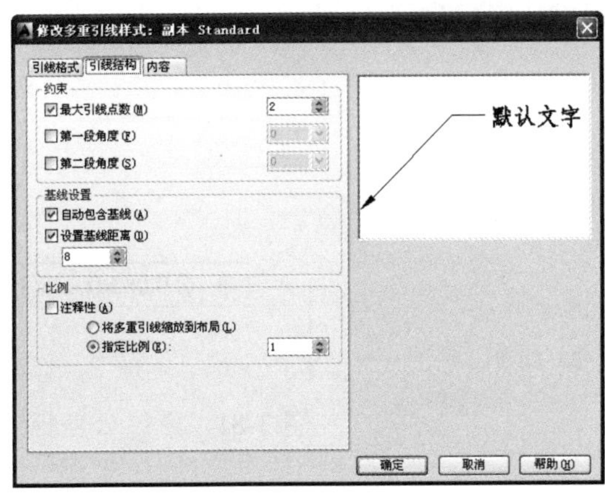

图 3-78　引线结构选项卡

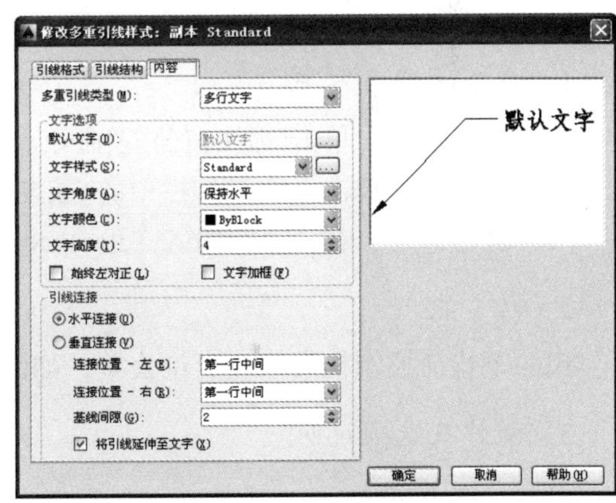

图 3-79　内容选项卡

- “多重引线类型”下拉列表框：用于设置多重引线标注的类型。

技巧提示：“多重引线类型”可以设置为“块”，此时系统将显示“块选项”设置区，利用该设置区或设置块类型，块附着到引线的方式，以及块的颜色等。

“文字选项”选项组：用于设置多重引线标注的文字内容。

“引线连接”选项组：用于设置标注出对象沿垂直方向相对于引线基线的位置。如图 3-80 所示。

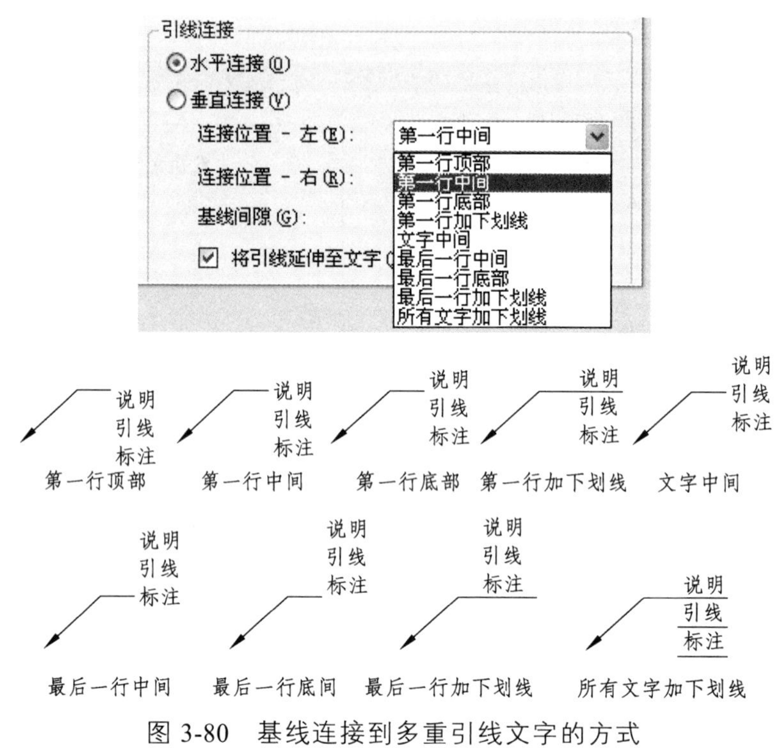

图 3-80　基线连接到多重引线文字的方式

三、形位公差标注命令

1. 命令的调用方法

（1）下拉菜单：单击[标注]\[公差]命令。

（2）工具栏：单击标注工具栏中的按钮。

（3）键盘命令：在命令行输入 Tolerance。

2. 功　能

用一个特征控制框来标注形位公差，如图 3-81 所示。

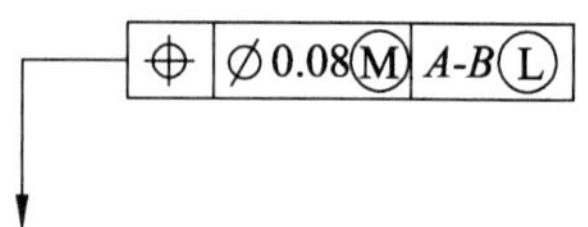

图 3-81　形位公差标注

3. 操作及选项说明

命令：_tolerance

单击[标注]\[公差]命令，弹出“形位公差”对话框，如图 3-82 所示。

• “符号”选项组：用于确定形位公差的符号。单击符号下面的黑框，弹出“特征符号”对话框，如图 3-83 所示，可从该对话框确定所需要的符号，单击某一符号，将返回到“形位公差”对话框，并在对应位置显示出该符号。

• “公差 1”“公差 2”选项组：用于确定公差。用户可在对应的文本框中输入公差值。此外，可通过单击位于文本框前边的小方框来确定是否在该公差值前加直径符号；单击位于文本框后边的小方框，可从弹出的“包容条件”对话框中确定包容条件。

- “基准 1”“基准 2”“基准 3”选项组：用于确定基准和对应的包容条件。

通过“行位公差”对话框确定要标注的内容后，单击对话框中的“确定”按钮，系统将切换到绘图区，并提示：“输入公差位置:”，在该提示下确定标注公差的位置即可。

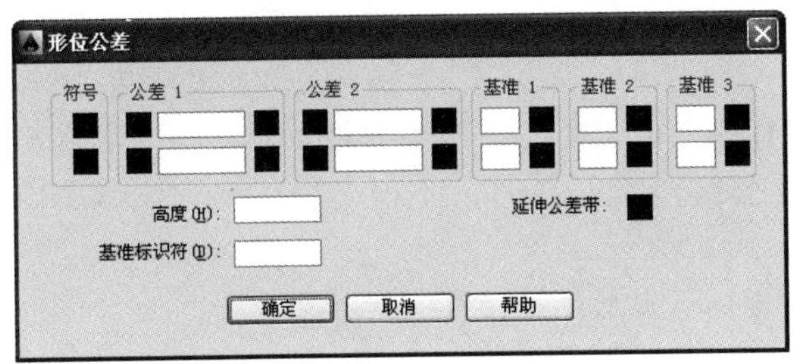

图 3-82 “形位公差”对话框

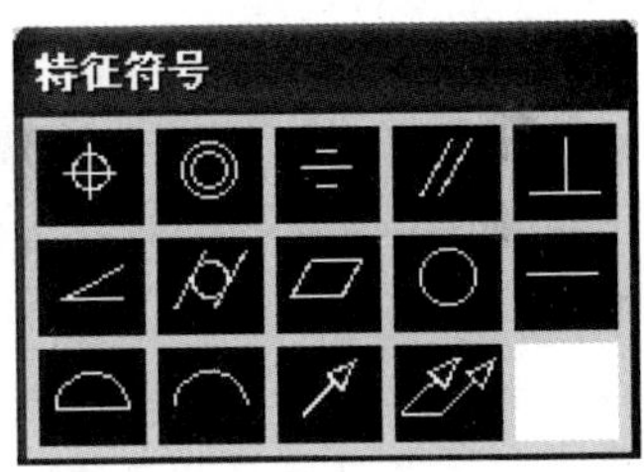

图 3-83 “特征符号”对话

【操作技能】

步骤 1：绘制图形和标注准备。

打开或绘制带轮零件剖面图，如图 3-84 所示。新建尺寸图层，创建必要的尺寸标注样式，设置好对象捕捉模式，做好尺寸标注前的准备工作。

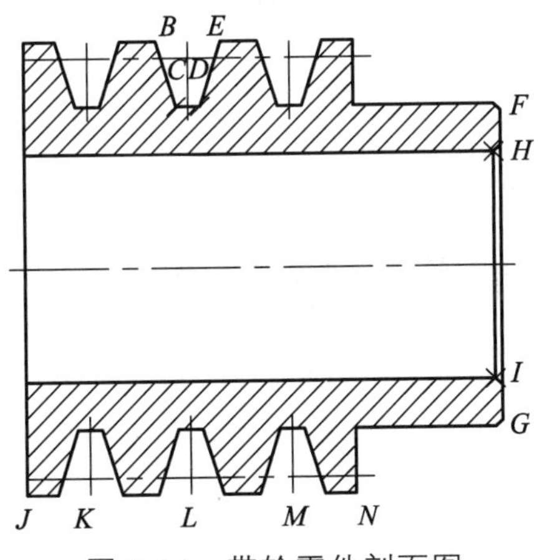

图 3-84 带轮零件剖面图

步骤 2：标注角度。

命令：_dimangnlar　　//启动角度标注命令

选择圆弧、圆、直线或<指定顶点>：　　//选择夹角的一条直线 *BC*

选择第二条直线：　　//选择夹角的另一条直线 *DE*

指定标注弧线位置或[多行文字(M)/文字(T)/角度(A)]：M

//输入 M，打开“多行文字编辑”窗口，输入 34%%d%%P10′

指定标注弧线位置或[多行文字(M)/文字(T)/角度(A)]：　　//选择标注弧线的位置

标注文字=34　　//系统提示

步骤 3：标注倒角。

命令：_qleader //启动引线命令

指定第一个引线点或[设置(S)]<设置>：S //进行引线设置

指定第一个引线点或[设置(S)]<设置>： //指定第一个引线点

指定下一点： //指定第二个引线点

指定下一点： //指定第三个引线点

指定文字宽度<0>：3.5 //指定文字宽带为 3.5

输入注释文字的第一行<多行文字(M)>：C1 // C1

步骤 4：用堆叠字符的方法标注尺寸公差。

命令：_dimlinear

指定第一条尺寸界线原点或<选择对象>： //捕捉 *H* 点

指定第二条尺寸界线原点： //捕捉 *I* 点

指定尺寸线位置或[多行文字(M)/文字(T)/角度(A)/水平(H)/垂直(V)/旋转(R)]：M

//输入 M，打开多行文字编辑器；在多行文字编辑器中输入：%%c35+0.025^0；选中“+0.025^0”,单击多行文字编辑器上的堆叠按钮，再单击“确定”返回绘图窗口。

指定尺寸线位置或[多行文字(M)/文字(T)/角度(A)/水平(H)/垂直(V)/旋转(R)]：

标注文字=35 //系统提示

以上操作完成了$\phi35^{+0.025}_{0}$的标注，按同样的方法标注尺寸$\phi70^{0}_{-0.19}$的标注。

步骤 5：标注ϕ50、ϕ65、ϕ5O 等尺寸。

命令：_dimlinear

指定第一条尺寸界线原点或<选择对象>： //捕捉 *F* 点

指定第二条尺寸界线原点： //捕捉 *G* 点

指定尺寸线位置或[多行文字(M)/文字(T)/角度(A)/水平(H)/垂直(V)/旋转(R)]：M

//输入 M，打开多行文字编辑器，输入%%c< >

指定尺寸线位置或[多行文字(M)/文字(T)/角度(A)/水平(H)/垂直(V)/旋转(R)]：

//指定一点作为尺寸线通过点

标注文字=50 //系统提示

步骤 6：标注 10、16、16 三个首尾相连的线性尺寸。

命令：_dimlinear

指定第一条尺寸界线原点或<选择对象>： //捕捉 *J* 点

指定第二条尺寸界线原点： //捕捉 *A* 点

指定尺寸线位置或[多行文字(M)/文字(T)/角度(A)/水平(H)/垂直(V)/旋转(R)]：

//指定一点作为尺寸线通过点

标注文字=10 //系统提示

命令：_dimcontinue

指定第二条尺寸界线原点或<放弃（U）/选择（S）><选择>： //捕捉 *L* 点

标注文字=16

指定第二条尺寸界线原点或<放弃（U）/选择（S）><选择>： //捕捉 *M* 点

标注文字=16

步骤 7：标注 52、75 两个线性尺寸。

命令：_dimbaseline

指定第二条尺寸界线原点或<放弃(U)/选择(S)><选择>：S //输入 S 选择基准

选择基准标注： //选择 *J* 点处的线性尺寸 10 作为基准

指定第二条尺寸界线原点或<放弃(U)/选择(S)><选择>： //选择尺寸界线原点 *N* 点

标注文字=52 //系统提示

指定第二条尺寸界线原点或<放弃(U)/选择(S)><选择>： //选择尺寸界线原点 *G* 点

标注文字=75 //系统提示

步骤 8：标注线性尺寸 10。

命令：_dimlinear

指定第一条尺寸界线原点或<选择对象>： //捕捉 *B* 点

指定第二条尺寸界线原点： //捕捉 *E* 点

指定尺寸线位置或[多行文字(M)/文字(T)/角度(A)/水平(H)/垂直(V)/旋转(R)]：

//指定一点作为尺寸线通过点

标注文字=10 //系统提示

步骤 9：标注形位公差。

命令：_qleader //启动引线命令

指定第一个引线点或[设置(S)]<设置>：S //输入 S，弹出引线设置对话框，如图 3-85 所示，设置注释类型为公差，箭头为实心闭合，角度约束为第一段 90°，第二段水平。

指定第一个引线点或[设置(S)]<设置>： //捕捉 ϕ65 的尺寸端点

指定下一点： //指定引线的第二点

指定下一点： //指定引线的第三点，弹出“形位公差”对话框，选择符号，输入公差 1 和公差 2，如图 3-86 所示，最后单击“确定”按钮完成行位公差的标注。

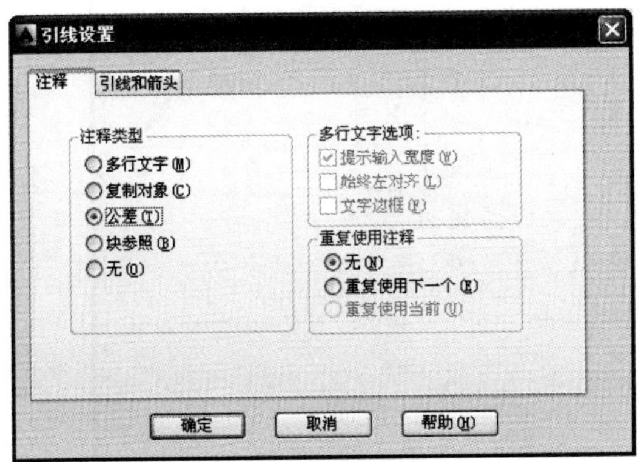

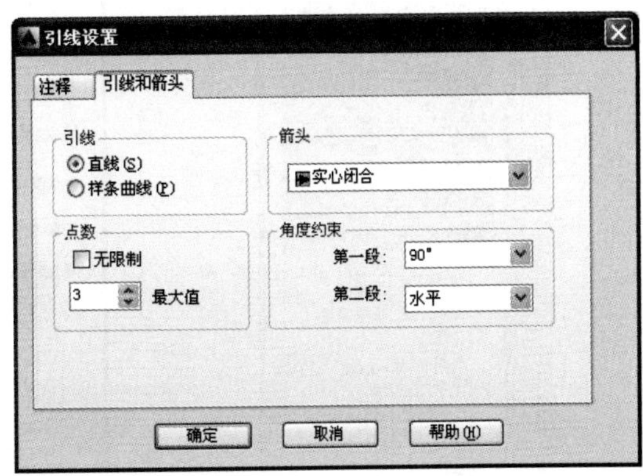

图 3-85 “引线设置”对话框

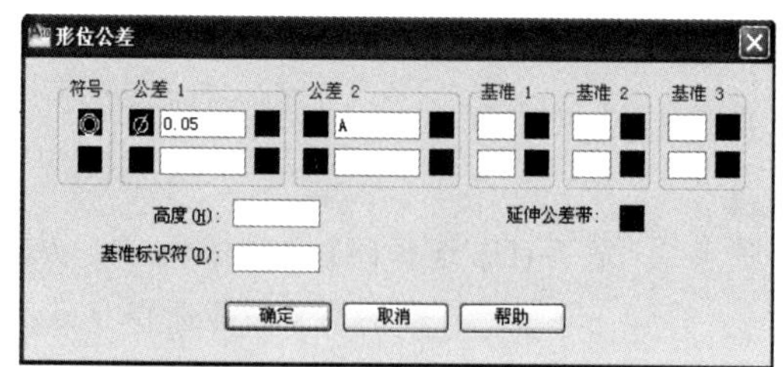

图 3-86 “形位公差”对话框

【知识拓展】

尺寸公差标注的其他方法

尺寸公差的标注方法除了步骤 3 中介绍的堆叠字符的方法外，通常还可通过修改公差特性或利用替代样式的方法标注尺寸公差，具体操作方法如下。

1. 通过修改公差特性来标注尺寸公差

（1）选中要修改的尺寸。

（2）单击常用工具栏上的对象特性按钮，弹出“特性”选项板。如图 3-87 所示。

（3）在选项板中进行如下设置：在显示公差框中选择极限偏差，在公差下偏差框输入下偏差值，在公差上偏差框中输入上偏差值，公差精度设为 0.000。

（4）单击“特性”选项板上“关闭”按钮，关闭特性选项板；再按【Esc】键结束编辑，完成标注。

2. 利用替代样式标注尺寸公差

（1）单击［格式］\［标注样式］命令，弹出“标注样式管理器”对话框。

（2）单击“标注样式管理器”上的“替代”按钮，弹出“替代当前样式”对话框，如图 3-88 所示。

图 3-87 “特性”选项板

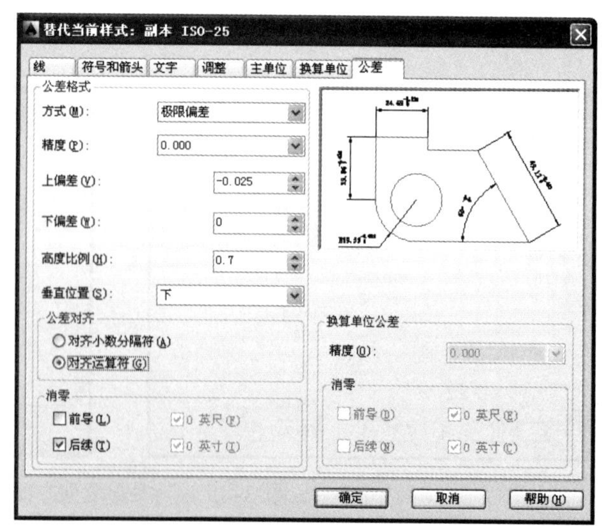

图 3-88 “替代当前样式”对话框

（3）选择“公差”选项卡，设置公差的方式为极限偏差，精度为 0.000，高度比例为 0.7，输入上、下偏差值，再单击“确定”按钮返回“标注样式管理器”对话框，最后单击“关闭”按钮，返回绘图区。

（4）用标注尺寸的命令进行标注，此时标注的尺寸就会有替代样式中设置的公差。

【任务小结】

本任务主要讲了引线标注和公差标注的设置及使用，其中尺寸公差和形位公差标注是比较复杂的。形位公差可以在引线设置中选择注释类型为公差，然后直接进行标注；尺寸公差可使用字符堆叠方法、修改公差特性、利用替代样式等方法进行设置；对于倾斜距离的标注可使用对齐命令。

【任务训练】

训练：标注如图 3-89 所示的短轴尺寸。

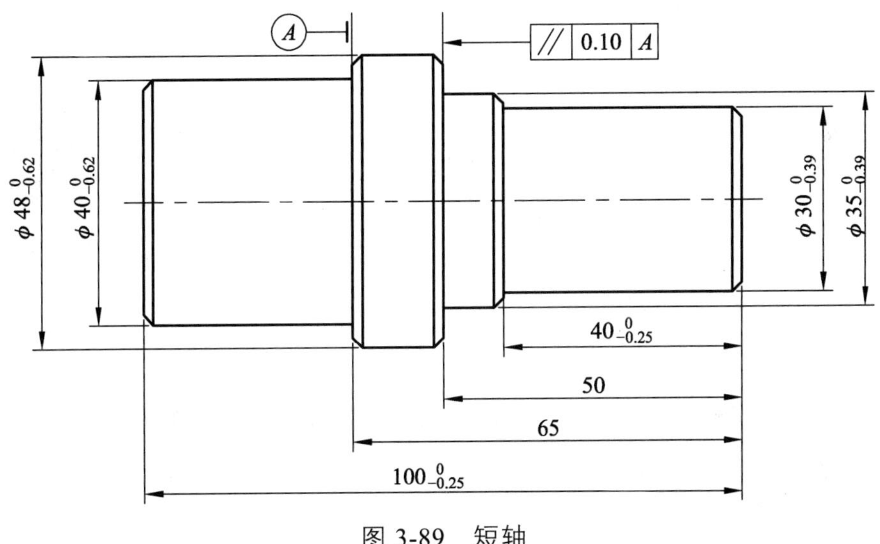

图 3-89　短轴

任务五　编辑尺寸标注

【学习要点】

★ 掌握编辑标注对象的方法。

★ 掌握修改标注文字内容的方法。

【任务内容】

在 AutoCAD 2014 中，可以对已标注对象的文字、位置及样式等内容进行修改，而不必删除所标注的尺寸对象再重新进行标注，如图 3-90 所示，就是利用“标注”工具栏中的标注距离、折断标注、检验标注、折弯线性、编辑标注、编辑标注文字等命令对已标注的尺寸进行修改。

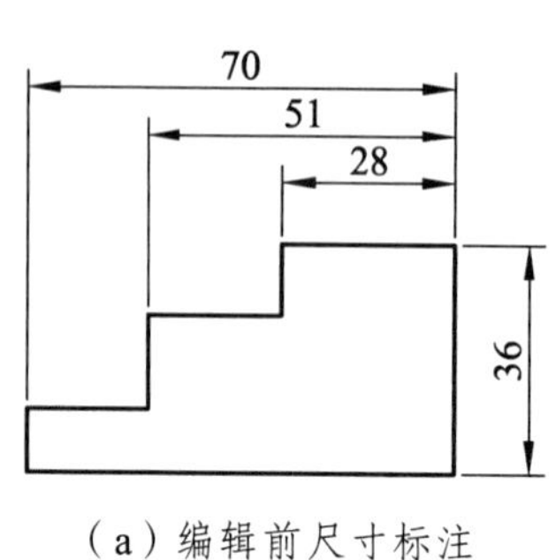

(a)编辑前尺寸标注

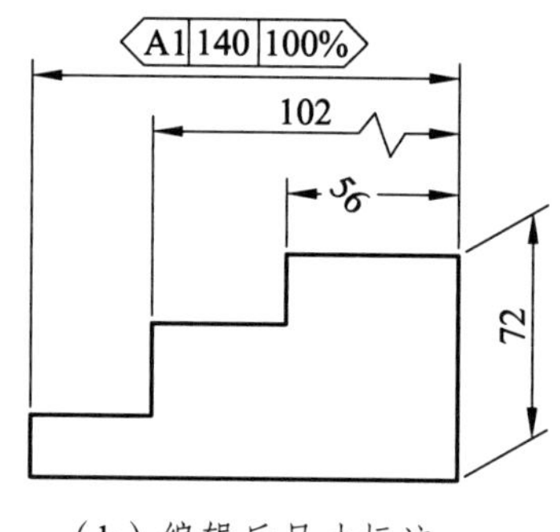

(b)编辑后尺寸标注

图 3-90 编辑尺寸标注

【理论基础】

一、等距标注命令

等距标注

1. 命令的调用方法

(1)下拉菜单：单击[标注]\[等距标注]命令。

(2)工具栏：单击标注工具栏中的按钮。

(3)键盘命令：在命令行输入 Dimspace。

2. 功 能

可将选中的尺寸以指定的尺寸线间距均匀整齐地排列，如图 3-91 所示。

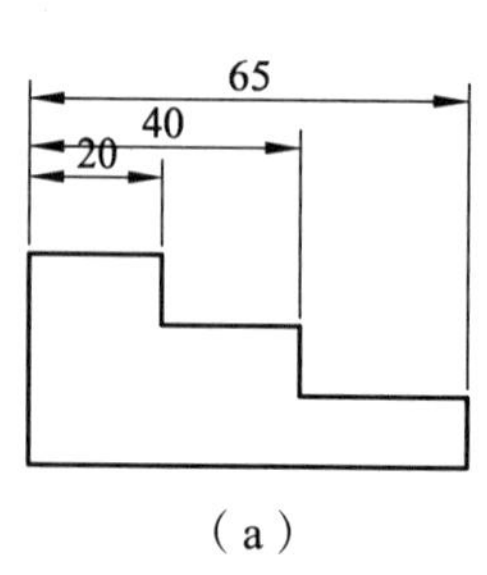

(a)

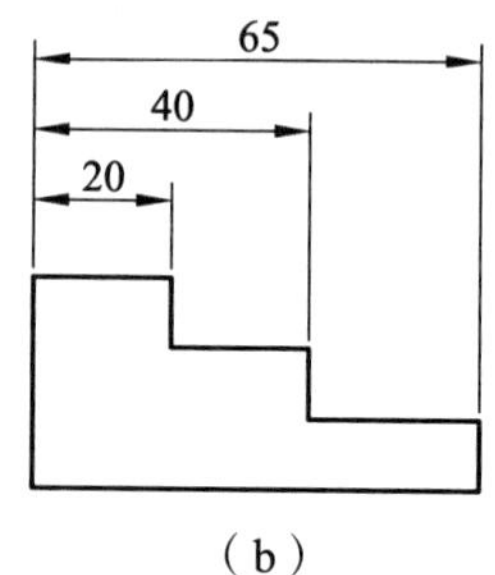

(b)

图 3-91 “等距标注”命令编辑尺寸标注

3. 操作及选项说明

命令: _dimspace

选择基准标注:

选择要产生间距的标注:

输入值或 [自动(A)] <自动>:

- 选择基准标注:选择一个已有尺寸标注。

- 选择要产生间距的标注：选择一个或多个与基准标注要等距排列的尺寸标注。
- 输入值或[自动(A)] <自动>：输入两个尺寸线之间的距离。

二、折断标注命令

折断标注

1. 命令的调用方法

（1）下拉菜单：单击[标注]\[折断标注]命令。

（2）工具栏：单击标注工具栏中的按钮。

（3）键盘命令：在命令行输入 Dimbreak。

2. 功　能

可将已有线性尺寸的尺寸线或尺寸界线按指定位置删除一部分，如图 3-92 所示。

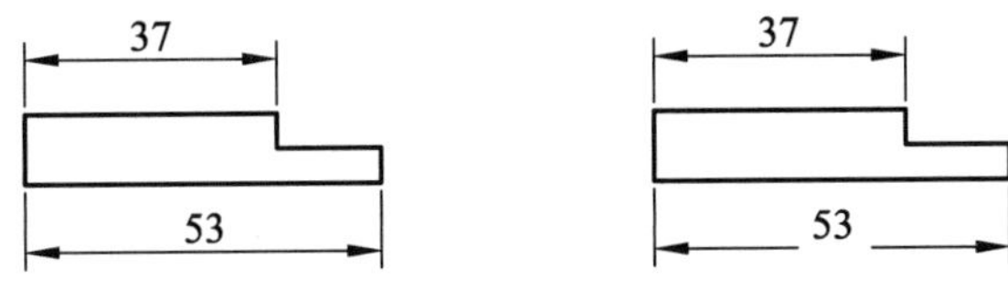

图 3-92　“折断标注”命令编辑尺寸标注

3. 操作及选项说明

命令: _dimbreak

选择要添加/删除折断的标注或 [多个(M)]:

选择要折断标注的对象或 [自动(A)/手动(M)/删除(R)] <自动>:

指定第一个打断点:

指定第二个打断点:

- 选择要添加/删除折断的标注或 [多个(M)]：选择一个已有尺寸标注。
- 自动（A）：将所选尺寸的尺寸界线从起点开始打断一段长度，其打断的长度由当前标注样式设定。
- 手动（M）：将手动指定尺寸线折断的两点距离。
- 恢复（R）：所选尺寸的打断处恢复为原状。
- 指定第一个打断点：在尺寸线上指定第一个打断点。
- 指定第二个打断点：在尺寸线上指定第二个打断点。

三、检验标注命令

检验标注

1. 命令的调用方法

（1）下拉菜单：单击[标注]\[检验]命令。

（2）工具栏：单击标注工具栏中的按钮。

（3）键盘命令：在命令行输入 Diminspe。

2. 功　能

可在选中尺寸的尺寸数字前后加注所需的文字，并可在尺寸数字与加注的文字之间绘制分隔线并加注外框，如图 3-93 所示。

图 3-93 “检验标注”命令编辑尺寸标注

3. 操作及选项说明

单击[标注]\[检验]命令，AutoCAD 弹出[检验标注]对话框，如图 3-94 所示。

在该对话框中进行相应的设置，单击“选择标注（S）”按钮，返回图纸，选择所要修改的尺寸，再单击右键返回[检验标注]对话框，设置“形状”和“标签/检验率”选项组后，单击“确定”按钮完成修改。

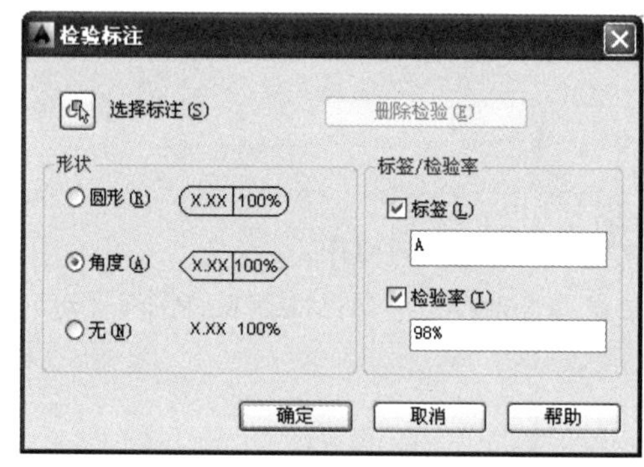

图 3-94 “检验标注”对话框

［形状］选项组：用来选定在加注的文字上加画外框的形状，若选择“无（N）”将不画外框和分隔线。

［标签/检验率］选项组：

- “标签（L）”开关：可在其下的文字编辑框中输入要加注的尺寸数字前的文字。
- “检验率（I）”开关：可在其下的文字编辑框中输入要加注的尺寸数字后的文字。

四、折弯标注命令

1. 命令的调用方法

折弯标注

（1）下拉菜单：[标注]\[折弯标注]菜单命令。

（2）工具栏：单击标注工具栏中的按钮。

（3）键盘命令：在命令行输入 Dimjogline。

2. 功　能

可在已有线性尺寸的尺寸线上加一个折弯，如图 3-95 所示。

图 3-95 “折弯标注”命令编辑尺寸标注

3. 操作及选项说明

命令: _dimjogline
选择要添加折弯的标注或[删除(R)]:
指定折弯位置 (或按【ENTER】键):

- 选择要添加折弯的标注或 [删除(R)]：选择一个线性尺寸标注
- 删除（R)：按提示操作，可删除已有的折弯。
- 指定折弯位置或按【Enter】键：指定折弯位置，折弯的高度由当前标注样式设定。

五、编辑标注命令

编辑标注

1. 命令的调用方法

（1）工具栏：单击标注工具栏中的按钮。
（2）键盘命令：在命令行输入 Dimedit。

2. 功　能

可改变尺寸数字的大小、旋转尺寸数字、使尺寸界线倾斜，如图 3-96 所示。

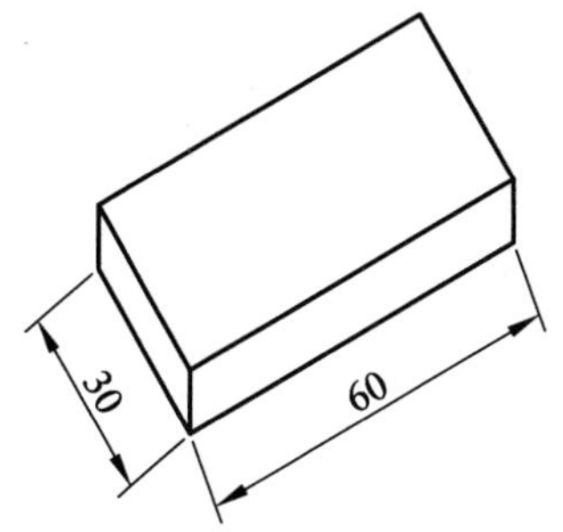

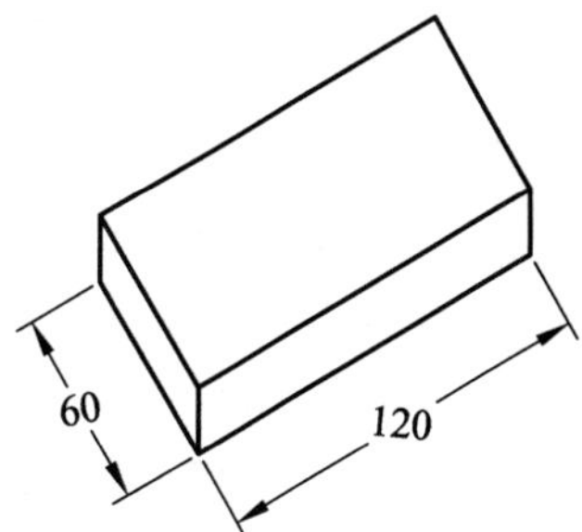

图 3-96 “编辑标注”命令编辑尺寸标注

3. 操作及选项说明

命令: _dimedit
输入标注编辑类型[默认(H)/新建(N)/旋转(R)/倾斜(O)] <默认>:
选择对象:

• 默认（H）：可将所选尺寸标注回退到“旋转”编辑前的状况。

• 新建（N）：将新输入的尺寸数字替代所选尺寸的尺寸数字。该选项主要应用于多个尺寸需要改为同一尺寸数字的情况。

• 旋转（R）：将所选尺寸数字以指定角度旋转。

• 倾斜（O）：将所选尺寸的尺寸界线以指定的角度倾斜。

• 选择对象：选择要编辑的尺寸，可多次选择，按【Enter】键结束选择。

技巧提示：“编辑标注”命令中的“倾斜（O）”选项是标注轴测图尺寸必用的命令操作项。

六、编辑标注文字命令

1. 命令的调用方法

编辑标注文字

（1）工具栏：在标注工具栏中单击工具按钮。

（2）键盘命令：在命令行输入 Dimtedit。

2. 功　能

可改变尺寸数字的放置位置，如图 3-97 所示。

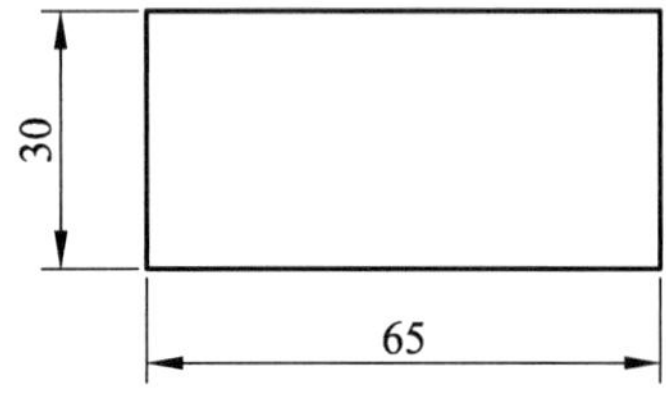

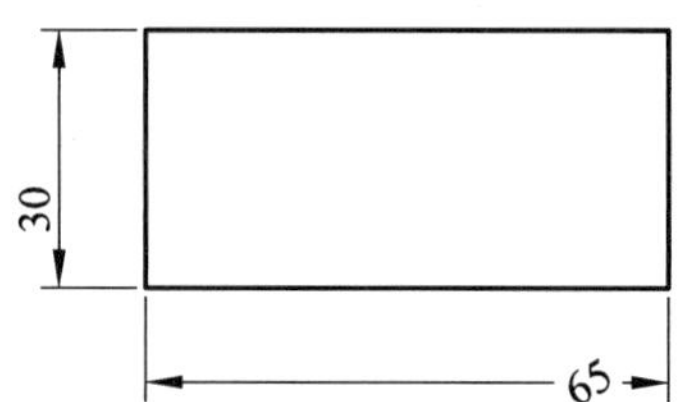

图 3-97　“编辑标注文字”命令编辑尺寸标注

3. 操作及选项说明

命令: _dimtedit

选择标注:

指定标注文字的新位置或[左(L)/右(R)/中心(C)/默认(H)/角度(A)]:

• 左（L）：将尺寸数字移到尺寸线左边。

• 右（R）：将尺寸数字移到尺寸线右边。

• 中心（C）：将尺寸数字移到尺寸线正中。

• 默认（H）：回退到编辑前的尺寸标注状态。

• 角度（A）：将尺寸数字旋转指定的角度。

【操作技能】

步骤 1：等距标注编辑尺寸。

命令: _dimspace　　//启动等距标注命令

选择基准标注:　　//选择尺寸为 28 的基准标注

选择要产生间距的标注:　　//选择尺寸为 51、70 的线性标注

输入值或 [自动(A)] <自动>:10

步骤 2：检验标注编辑尺寸。

单击标注工具栏中的按钮，在弹出的[检验标注]对话框中单击“选择标注（S）”按钮，返回绘图区，选择尺寸为 70 的线性标注，再单击右键返回“检验标注”对话框，在［形状］选项组中选择“角度”，在［标签/检验率］选项组中，设置“标签”为 A，“检验率”为 100%，单击“确定”按钮完成编辑。

步骤 3：折弯标注编辑尺寸。

命令: _dimjogline //启动折弯标注命令

选择要添加折弯的标注或[删除(R)]: //选择尺寸为 51 的线性标注

指定折弯位置 (或按【ENTER】键): //在尺寸线需要折弯的位置指定点

步骤 4：编辑标注编辑尺寸。

命令: _dimedit //启动编辑标注命令

输入标注编辑类型 [默认(H)/新建(N)/旋转(R)/倾斜(O)] <默认>: //选择新建(N)选项，在弹出的“多行文字编辑器”中输入 72，按【Enter】键确定，返回图纸，选择尺寸为 36 的标注

同样方法编辑图中其他尺寸标注，将所有尺寸文字放大 2 倍。

命令: _dimedit //再次启动编辑标注命令

输入标注编辑类型 [默认(H)/新建(N)/旋转(R)/倾斜(O)] <默认>: //选择倾斜(O)选项

选择对象: //选择刚编辑完尺寸为 72 的线性标注

输入倾斜角度:-30

步骤 5：编辑标注文字。

命令: _dimtedit //启动编辑标注文字命令

选择标注: //选择刚编辑的线性尺寸标注文字 56

指定标注文字的新位置或 [左(L)/右(R)/中心(C)/默认(H)/角度(A)]: //选择左(L)选项

命令: _dimtedit //再次启动编辑标注文字命令

为标注文字指定新位置或 [左对齐(L)/右对齐(R)/居中(C)/默认(H)/角度(A)]: //选择角度(A)选项

指定标注文字的角度: -30

步骤 6：折断标注编辑尺寸。

命令: _dimbreak //启动折断标注命令

选择要添加/删除折断的标注或 [多个(M)]: //选择刚编辑完尺寸为 72 的线性标注

选择要折断标注的对象或 [自动(A)/手动(M)/删除(R)] <自动>: //选择手动(M) 选项

指定第一个打断点: //在尺寸线上指定第一个打断点

指定第二个打断点: //在尺寸线上指定第二个打断点

【知识拓展】

一、替代样式

1. 命令的调用方法

（1）下拉菜单：单击[标注]\[替代样式]命令。

（2）键盘命令：在命令行输入 Dimoverride。

2. 功　能

可以修改尺寸标注的系统变量设置，并按该设置修改尺寸标注。

3. 操作及选项说明

命令：_dimoverride
输入要替代的标注变量名或[清除替代(C)]:

默认情况下，输入要修改的系统变量名，并为该变量指定一个新值。然后选择需要修改的对象，这时指定的尺寸对象将按新的变量设置作相应的更改。如果在命令提示下输入“C”，并选择需要修改的对象，这时可以取消用户已作出的修改，并将尺寸对象恢复成在当前系统变量设置下的标注形式。

二、更新标注

1. 命令的调用方法

（1）下拉菜单：单击［标注]\[更新]命令。
（2）工具栏：单击标注工具栏中的按钮。
（3）键盘命令：在命令行输入 Dimstyle。

2. 功　能

可将已有尺寸的标注样式更新为当前标注样式。

3. 操作及选项说明

命令: _dimstyle
输入标注样式选项[保存(S)/恢复(R)/状态(ST)/变量(V)/应用(A)/?]<恢复>:
选择对象:

首先在“标注样式管理器”对话框的［样式］列表中选择目前样式设为当前样式。再单击工具按钮，选择需要更新的标注，按【Enter】键结束命令。

三、重新关联标注

1. 命令的调用方法

（1）下拉菜单：单击［标注]\[尺寸关联]命令。
（2）键盘命令：在命令行输入 Dimreassociate。

2. 功　能

将标注尺寸与被标注对象建立关联关系，从而更新标注。

3. 操作及选项说明

命令：_dimreassociate

选择对象:

指定第一个尺寸界线原点 或[选择对象] <下一个>:

指定第二个尺寸界线原点 <下一个>:

尺寸关联是指所标注尺寸与被标注对象有关联关系。如果标注的尺寸值是按自动测量值标注，且尺寸标注是按尺寸关联模式标注的，那么改变被标注对象的大小后相应的标注尺寸也将发生改变，即尺寸界线、尺寸线的位置都将改变到相应新位置，尺寸值也改变成新测量值。反之，改变尺寸界线起始点的位置，尺寸值也会发生相应的变化。

【任务小结】

当需要对已标注的尺寸进行修改时，不用对尺寸标注进行删除，可以利用编辑标注的一系列命令来编辑标注文字的位置和内容，也可以对尺寸界线的位置进行编辑，以达到标注的预期效果。

【任务训练】

训练：绘制如图 3-98 所示的图形，并准确标注尺寸。

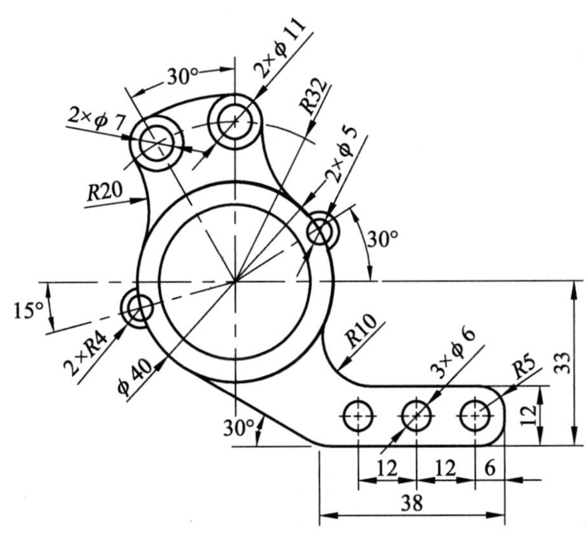

图 3-98 对图形进行尺寸标注和尺寸编辑

任务六 创建图块及块文件

【学习要点】

★ 掌握创建块、写块、插入块等命令的基本操作。

★ 掌握定义块属性、更改块属性的方法。

【任务内容】

如图 3-99 所示，创建带属性的图块及块文件。首先，使用直线命令绘制图块中符号的图形，再定义其属性，最后使用创建块命令和写块命令定义块，以供其他绘图时调用，插入块命令时更改其属性值。本任务主要用到的命令有直线命令、定义属性命令、创建块命令、写块命令、插入块、编辑定义属性命令等。

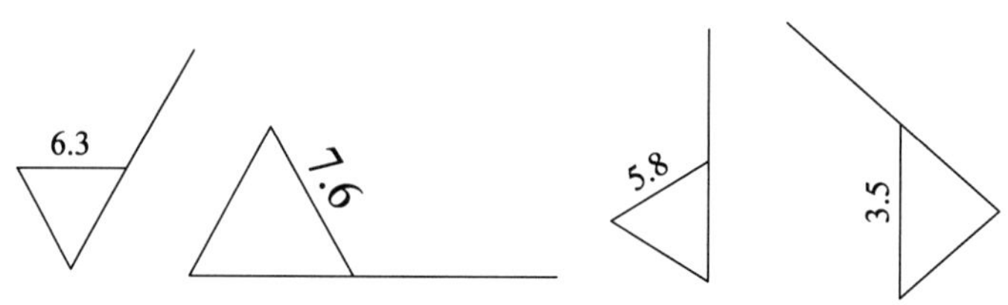

图 3-99　创建带属性的图块及块文件

【理论基础】

一、块的作用

在绘制图形时，如果图形中有大量相同或相似的内容，或者所绘制的图形与已有的图形文件相同，则可以把要重复绘制的图形创建成块(也称为图块)，并根据需要为块定义属性，指定块的名称、用途及设计者等信息。在需要时可将其直接插入到图中任意指定位置，插入时可以指定图块的比例和旋转角度，改变它的大小和方位，从而提高绘图效率，还可以节省大量存储空间，而且便于图形的统一修改。

二、创建块命令

创建内部块命令

1. 命令的调用方法

（1）下拉菜单：单击[绘图]\[块]\[创建]命令。

（2）工具栏：单击绘制工具栏中的按钮。

（3）键盘命令：在命令行输入 Block（或缩写 B）。

2. 功　能

在当前图形中将选定的对象定义为块，并保存到当前图形文件内部。该块只能在定义它的图形文件中调用，而不能在其他图形中调用，故称其为内部块。

3. 操作及选项说明

单击[绘图]\[块]\[创建]命令，弹出“块定义”对话框，如图 3-100 所示。

［名称］下拉列表框：输入要创建块的名称。

［基点］选项组：用于确定块的插入基点位置。可单击“拾取点（K）”按钮后到图纸中点取，也可在“X、Y、Z”文本框中直接输入基点的位置坐标。

［对象］选项组：用于确定组成块的对象。

- “选择对象”按钮：单击按钮后到图纸中选择创建为块的图形对象。
- “快速选择”按钮：单击按钮从随后弹出的对话框中定义选择集。

［方式］选项组：用于确定块的方式相应设置。

- “注释性”复选框：选择此选项，所创建的块将成注释对象。
- “按统一比例缩放”复选框：选择此选项，在插入块时 X 和 Y 方向以同一比例缩放。
- “允许分解”复选框：选择此选项，所创建的块允许使用“分解”命令分解。

［设置］选项组：用于设置块的单位，默认为“毫米”。

- “在块编辑器中打开”复选框：需要设置动态块时应打开它。

如果是带属性的图块是由图形对象和属性对象组成的，创建带有属性的块应首先定义属性，然后才能在创建块定义时将其作为一个对象来选择。

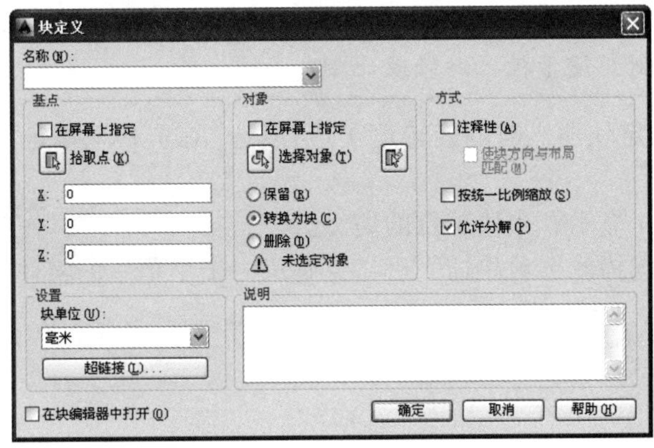

图 3-100 “块定义”对话框

三、插入块命令

插入块命令

1. 命令的调用方法

（1）下拉菜单：单击[插入]\[块]命令。

（2）工具栏：单击绘图工具栏中的按钮。

（3）键盘命令：在命令行输入 Insert（或缩写 I）。

2. 功 能

将已定义的块插入到当前图形中，实现块的引用功能。

3. 操作及选项说明

单击[插入]\[块]命令，弹出“插入”对话框，如图 3-101 所示。

［名称］下拉列表框：在列表中选择要插入块或图形的名称。

［插入点］选项组：确定块在图形中的插入位置。可复选“在屏幕上指定”或在“X、Y、Z”文本框中输入插入点的位置坐标。

［比例］选项组：确定块的插入比例。可复选“在屏幕上指定”或在“X、Y、Z”文本框中输入坐标比例因子进行缩放。

图 3-101 “插入”对话框

> **技巧提示：** 插入块时，若给出的 X、Y、Z 比例因子小于 1 将缩小块，大于 1 将放大块。若打开“统一比例”选项，只需输入 X 比例因子进行等比缩放。因此，定义块的实体按标准或常用大小绘制，便于插入时修改比例。

[旋转]选项组：确定块插入时的旋转角度。可复选“在屏幕上指定”或在输入“角度(A)”文本框输入旋转角度。

[块单位]选项组：显示有关块单位的信息。

[分解]复选框：选择此选项块插入后将分解成一个个单一的实体。

四、创建写块命令

创建外部块命令

1. 命令的调用方法

键盘命令：在命令行输入 Wblock（或缩写 W）。

2. 功　能

将整个图形、对象或内部块保存到独立的图形文件中，又称为外部块。

3. 操作及选项说明

执行“Wblock”命令，弹出“写块”命令对话框，如图 3-102 所示。

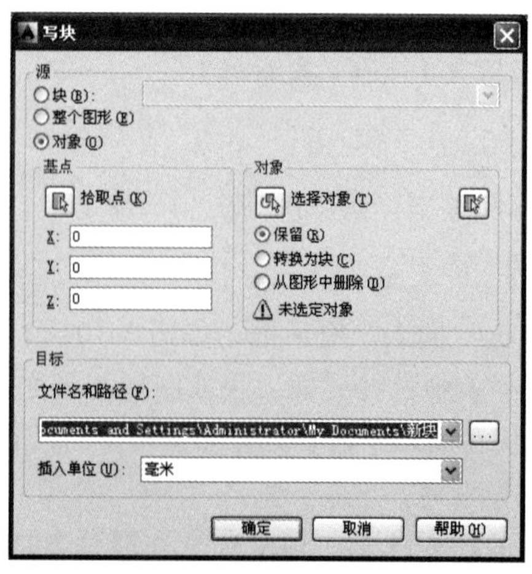

图 3-102 “写块”对话框

［源］选项组：用于确定组成块的对象来源。

［基点］选项组：用于确定块的插入基点位置。

［对象］选项组用于确定组成块的对象。只有在［源］选项组中选中“对象”单选按钮后，这两个选项组才有效。

［目标］选项组：确定块的保存名称、保存位置。

用 Wblock 命令创建写块文件后，该块以.DWG 格式保存，即以 AutoCAD 图形文件格式保存在指定路径中。

五、定义属性命令

定义块属性

1. 命令的调用方法

（1）下拉菜单：单击[绘图]\[块]\[定义属性]命令。

（2）工具栏：单击块编辑器专用工具栏中的按钮。

（3）键盘命令：在命令行输入 Attdef（或缩写 ATT）。

2. 功　能

块属性是附属于块的非图形信息，是块的组成部分，是特定的可包含在块定义中的文字对象。一个属性包括属性标记和属性值两部分内容。在定义一个块时，属性必须预先定义而后选定。通常属性用于在块的插入过程中进行自动注释。

3. 操作及选项说明

单击[绘图]\[块]\[定义属性]命令，打开“属性定义”对话框创建块属性，如图 3-103 所示。

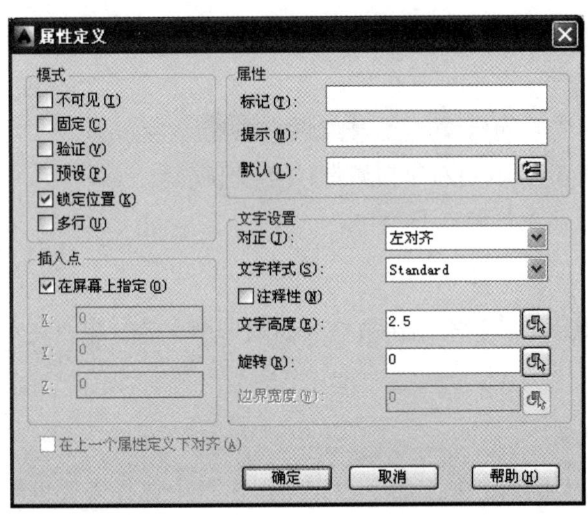

图 3-103　“属性定义”对话框

［模式］选项组：

• “不可见”复选框：表示插入图块并输入图块的属性值后，该属性值将不在图中显示出来。

• “固定”复选框，表示定义的属性值为一常量，在插入图块时，将保持不变。

• “验证”复选框：表示在插入图块时，系统将对用户输入的属性值再次给出校验提示，以确认输入的属性值是否正确。

• “预设”复选框：表示在插入图块时将直接以图块默认的属性值插入。

• “锁定位置”复选框：表示插入图块时 AutoCAD 锁定块参照中属性的位置，解锁后，属性可以跟着使用夹点编辑的块的其他部分移动，并且可以调整多行属性的大小。

• “多行”复选框：表示属性值可以包含多行文字。

［属性］选项组：

• “标记”文本框：用于确定属性的标记（用户必须指定标记）。

• “提示”文本框：用于确定插入块时 AutoCAD 提示用户输入属性值的提示信息。

• “默认”文本框：用于设置属性的默认值，用户在各对应文本框中输入具体内容即可。

［文字设置］选项组：设置属性文本的对齐方式、文本样式、字高和旋转角度。

“在上一个属性定义下对齐”复选框：选中此复选框，表示把属性标签直接放在前一个属性的下面，而且该属性继承前一个属性的文本样式、字高和旋转角度等特性。

［插入点］选项组：确定属性值的插入位置，可以在插入时由用户在图形中确定属性文本的位置，也可在“X、Y、Z”文本框中直接输入属性文本的位置坐标。

确定了“属性定义”对话框中的各项内容后，单击对话框中的“确定”按钮，AutoCAD 完成一次属性定义，并在图形中按指定的文字样式、对齐方式显示出属性标记。用户可以用上述方法为块定义多个属性。

六、编辑属性定义

1. 命令的调用方法

（1）下拉菜单：单击[修改]\[对象]\[属性] \[单个]命令。

（2）键盘命令：在命令行输入 Ddedit。

2. 功　能

当属性被定义到图块中，甚至图块被插入到图形中之后，用户还可以利用该命令对属性进行编辑。

3. 操作及选项说明

单击[修改]\[对象]\[属性]\[单个]命令，在绘图窗口中选择需要编辑的块对象后，系统将打开“增强属性管理器”对话框，如图 3-104 所示。此时可以重新指定图块的属性值，也可对属性的位置、文本等其他设置进行编辑。

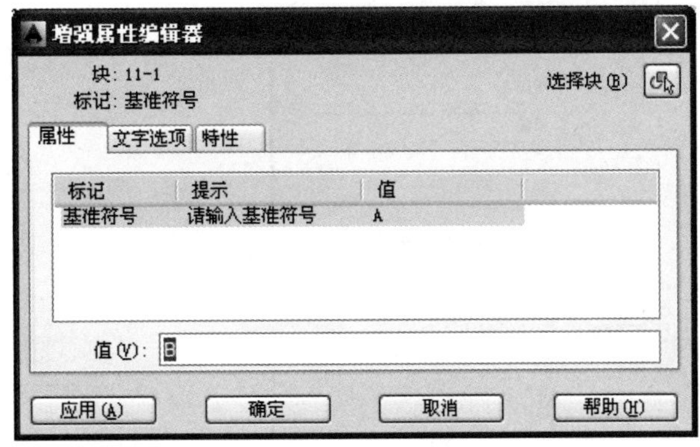

图 3-104 “增强属性管理器”对话框

【操作技能】

步骤 1：绘制表面粗糙度符号，如图 3-105 所示。

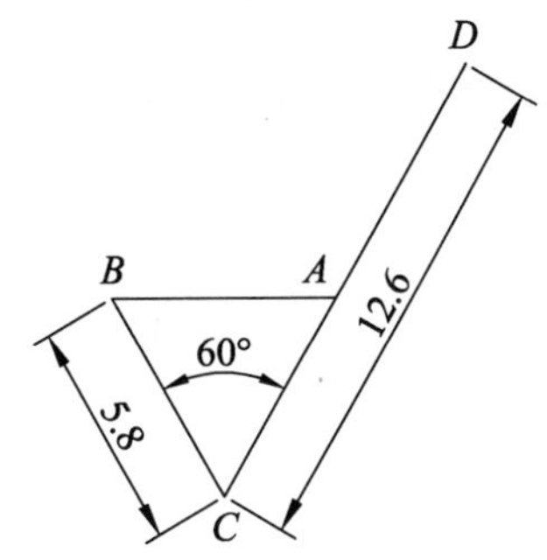

图 3-105 绘制表面粗糙度符号

设置极轴增量角为 30°，打开极轴追踪功能，使用细直线命令进行绘制；也可启动直线命令，用输入相对极坐标的方法进行绘制，其具体操作如下：

命令：_line 指定第一点： //启动直线命令，在绘制区任意拾取一点作为 A 点
指定下一点或[放弃（U）]：@-5.8<0 //输入 *B* 点相对 *A* 的相对极坐标
指定下一点或[放弃（U）]：@5.8<-60 //输入 *C* 点相对 *B* 的相对极坐标
指定下一点或[闭合（C）/放弃（U）]：@12.6<60 //输入 *D* 点相对 *C* 的相对极坐标
指定下一点或[闭合（C）/放弃（U）]： //按【Enter】键，结束直线的绘制

步骤 2：定义表面粗糙度参数属性。

单击[绘图]\[块]\[定义属性]命令，弹出“属性定义”对话框，如图 3-106（a）所示。在对话框中设置属性、文字选项、插入点等，最后单击“确定”按钮，关闭对话框，在图形水平线中点向上偏移一定距离处拾取属性的插入点即可，如图 3-106（b）所示。

步骤 3：创建带属性的粗糙度块。

单击绘图工具栏上的创建块按按钮，弹出“块定义”对话框，如图 3-107 所示。输入块名称、拾取 *C* 点为基点，选取表面粗糙度符号和表面粗糙度参数属性，输入“表面粗糙度符号”为块名称，然后单击“确定”按钮，即弹出“编辑属性”对话框，如图 3-108 所示。设置表面粗糙度 *Ra* 参数值为 6.3 μm，单击“确定”完成设置。

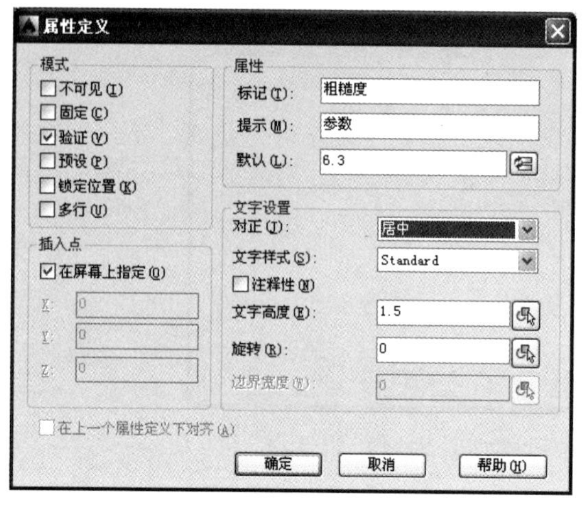

（a）

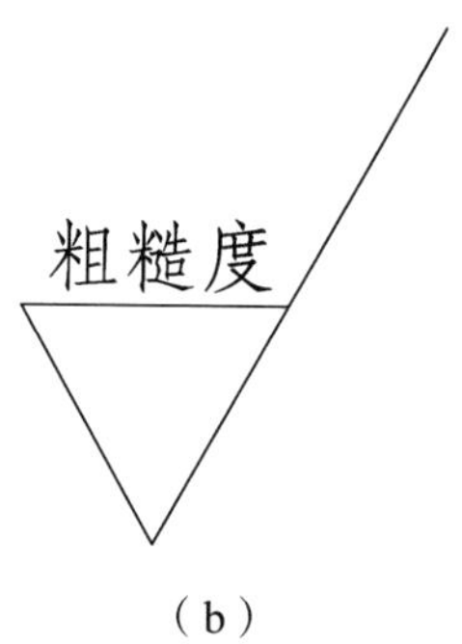

（b）

图 3-106　设置“属性定义”对话框

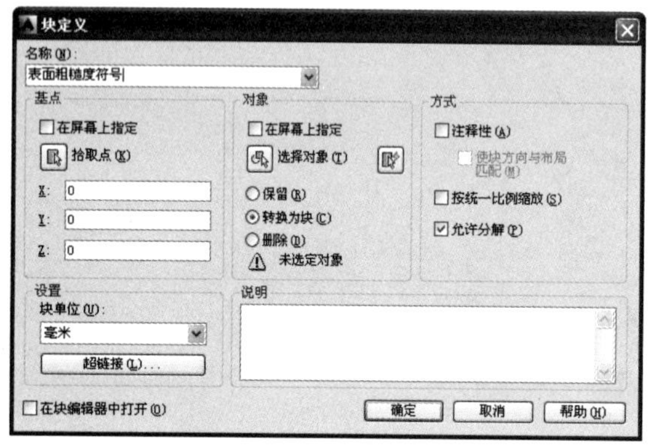

图 3-107　设置“块定义”对话框

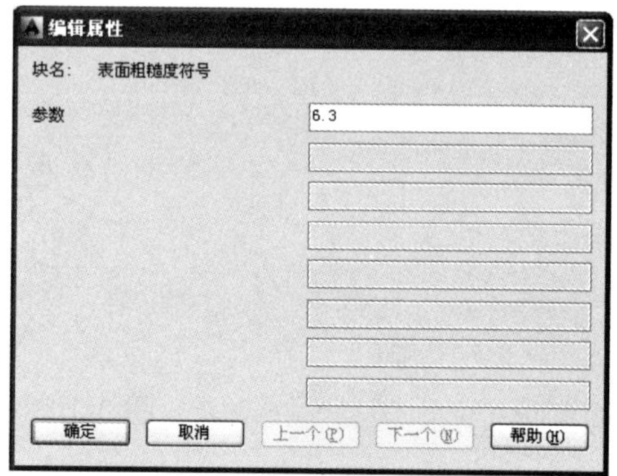

图 3-108　“编辑属性”对话框

步骤 4：编辑块的属性。

如图 3-109 所示，即为设置好表面粗糙度值的效果。选择该图形，单击鼠标右键，在弹出的快捷菜单中选择“编辑属性”命令，弹出“增强属性编辑器”对话框，如图 3-110 所示，在该对话框中还可以对属性进行修改，使表面粗糙度标注文字大小及位置都符合要求。例如：将参数值改为 9.8。

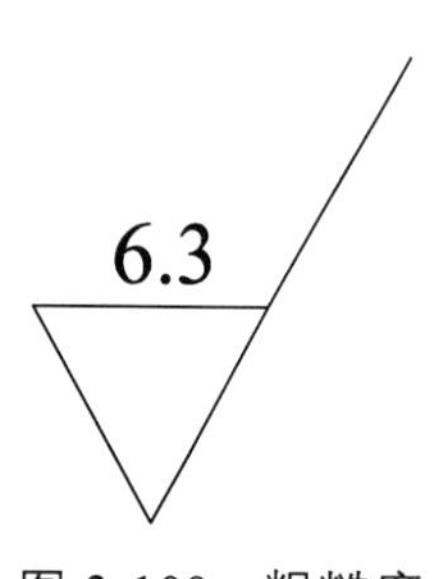

图 3-109　粗糙度

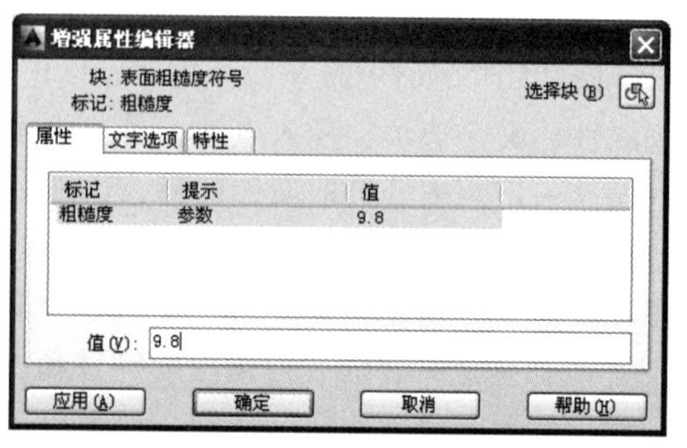

图 3-110　编辑“增强属性编辑器”对话框

步骤 5：保存为外部块。

以上方法定义的块仅能在当前图形文件中引用，称为内部块。如果要在其他图形文件中使用此图块，必须使用“写块”命令将此内部块转化为外部图块。具体操作方法如下：

在命令行输入“写块”命令 Wblock，弹出“写块”对话框，如图 3-111 所示。在对框［源］选项栏中选择“块”选项，并在其下拉列表中选择已有的“表面粗糙度符号”内部块为外部块的对象，然后在［目标］选项栏中指定块的名称和保存路径，最后单击“确定”按钮。这样就把内部块保存为一个外部块，可以在其他图形文件进行调用了。

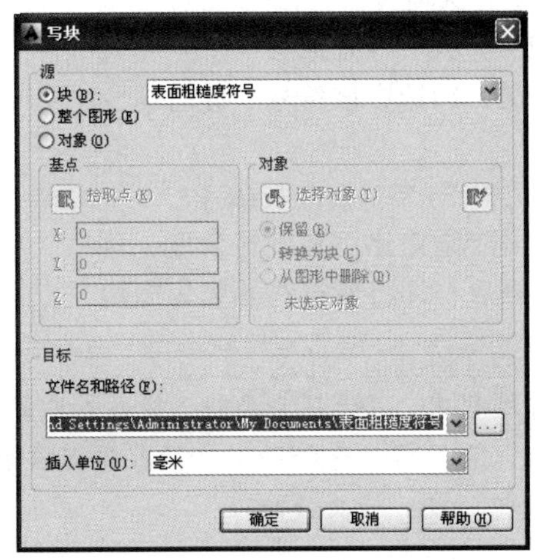

图 3-111　设置“写块”对话框

步骤 6：插入外部块。

单击[插入]\[块]命令，在“插入”对话框[名称]下拉列表框中，选择“表面粗糙度符号”文件，设置插入块的比例及旋转角度，在绘图区指定插入块的位置。打开一个新文件，分别设置如图 3-112 所示的 3 种效果并插入外部块，图（a）“统一比例”放大 1.5，“旋转角度”为 – 60°；图（b）“旋转角度”为 30°；图（c）“X”比例为 1.5，“旋转角度”为 90°。

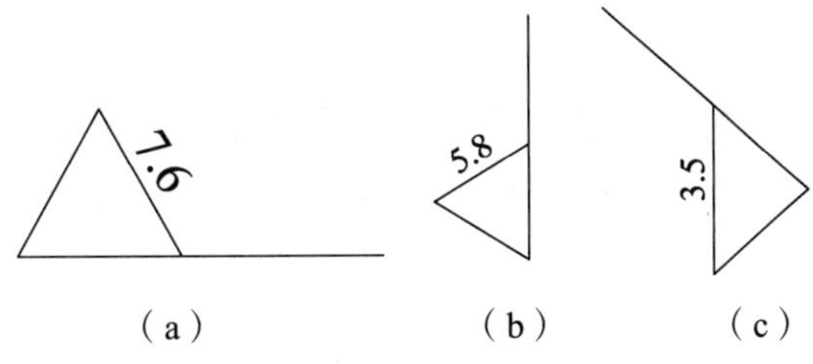

图 3-112　插入外部块

【拓展知识】

一、工具选项板

1. 命令的调用方法

（1）下拉菜单：单击[工具]\[选项板]\ [工具选项板窗口]命令。

（2）工具栏：单击标准工具栏中的按钮。

2. 功 能

工具选项板是 AutoCAD 中一个非常重要的图形资源管理与共享工具，工具选项板上的每一个选项卡就是一个符号库。

3. 操作及选项说明

单击[工具]\ [选项板]\ [工具选项板窗口]命令打开“工具选项板”窗口，如图 3-113 所示。将光标移至“工具选项板”中要选择的符号并单击，即选中该符号，此时命令行提示：

指定插入点或[基点(B)/比例(S)/X/Y/Z/旋转(R)]:

将光标移至绘图区（若需要指定比例和旋转角度，可先进行选项设置）指定插入点后，即将所选符号作为图块插入到当前图形中。

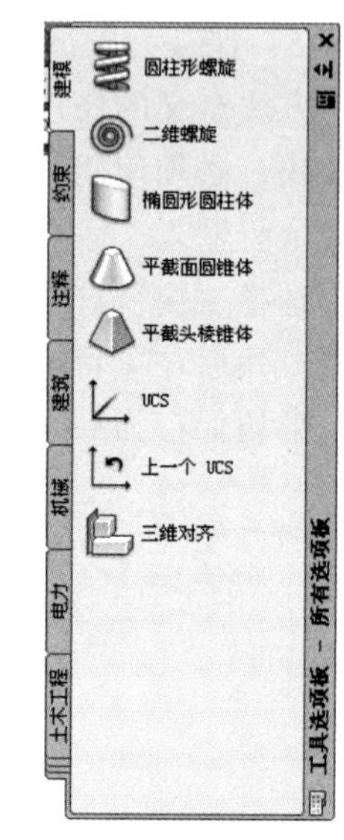

图 3-113 “工具选项板”窗口

> **技巧提示：**在具体操作过程中，可使用动态块、样式等图形资源，按住鼠标左键不放，向绘图区拖曳光标，指定插入点后将所选择的对象插入到当前绘图区，从而快速地构建图形，对图形资源进行有效利用，既方便又快捷。

二、设计中心

1. 命令的调用方法

（1）下拉菜单：单击[工具]\[选项板]\[设计中心]命令。
（2）工具栏：单击标准工具栏中的按钮。

2. 功 能

AutoCAD 设计中心（Design Center）为用户提供了一个可管理和查看的直观且高效的工具，它与 Windows 的资源管理器相类似。使用 AutoCAD 设计中心，可以方便地在当前图形中插入块，引用光栅图像及外部参照，在图形之间复制块、复制图层、线型、文字样式、标注样式以及用户定义的内容等。

3. 操作及选项说明

单击[工具]\[选项板]\[设计中心]命令，打开“设计中心”窗口，如图 3-114 所示。窗口左边是树状的设计中心资源管理器，右边是内容显示框（控制板），在内容显示框上部，显示树状图中所选择图形文件的内容，下部是图形预览区和文字说明显示区。

[文件夹] 选项卡：显示文件夹列表。

[打开的图形] 选项卡：在树状图处只列出 AutoCAD 当前打开的所有图形文件名。

[历史记录] 选项卡：将在窗口内只显示 AutoCAD 设计中心最近访问过的图形文件的位置和名称。

图 3-114 “设计中心”窗口

三、在设计中心查找内容

1. 命令的调用方法

工具栏：单击设计中心工具栏中的按钮。

2. 功 能

使用 AutoCAD 设计中心的查找功能，可通过“搜索”对话框快速查找诸如图形、块、图层及尺寸样式等图形内容或设置。

3. 操作及选项说明

使用 AutoCAD 设计中心的查找功能，可在设计中心工具栏中单击按钮，打开“搜索”对话框，如图 3-115 所示。

在“搜索”对话框中，可以设置条件来缩小搜索范围，或者搜索块定义说明中的文字和其他任何“图形属性”对话框中指定的字段。例如：如果不记得将块保存在图形中还是保存为单独的图形，则可以选择搜索图形和块。

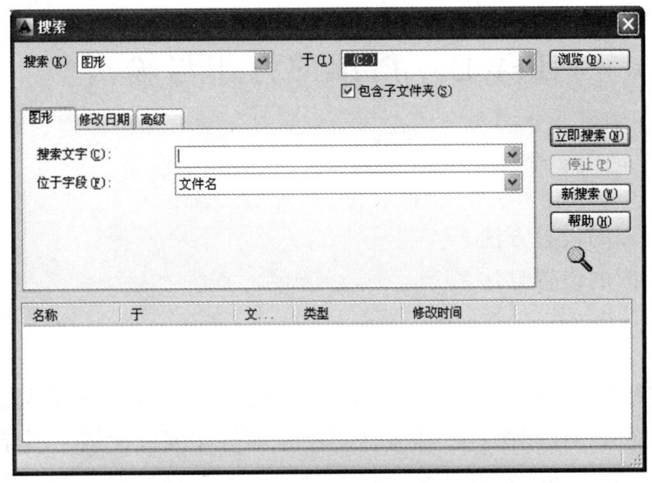

图 3-115 “搜索”对话框

四、用设计中心复制

利用 AutoCAD 设计中心，可以方便地把其他图形文件中的图层、图块、文字样式、标注样式、表格样式等复制到当前图形中，具体有两种方法：

1. 用拖拽方式复制

在 AutoCAD 设计中心的内容显示框中，选择要复制的一个或多个图层或图块、文字样式标注样式等，然后按下鼠标左键拖动所选的内容到当前图形中，即复制完成。

2. 通过剪贴板复制

在 AutoCAD 设计中心的内容显示框中，选择要复制的内容，用鼠标右键单击所选内容，在弹出的右键菜单中选择“复制”选项，然后单击主窗口工具栏中的“粘贴”按钮，所选内容就被复制到当前图形中。

【任务小结】

本任务通过创建和应用表面粗糙度符号图块，主要介绍了创建块、插入块、写块、定义属性、编辑定义属性等命令。在实际工作过程中，习惯上把这种带有文字说明的符号制作为属性块，在使用时，只需要插入属性块，输入属性值即可。

【任务训练】

训练：把基准符号绘制成带属性的写块文件，如图 3-116 所示，文字高度为 15，中间对齐。

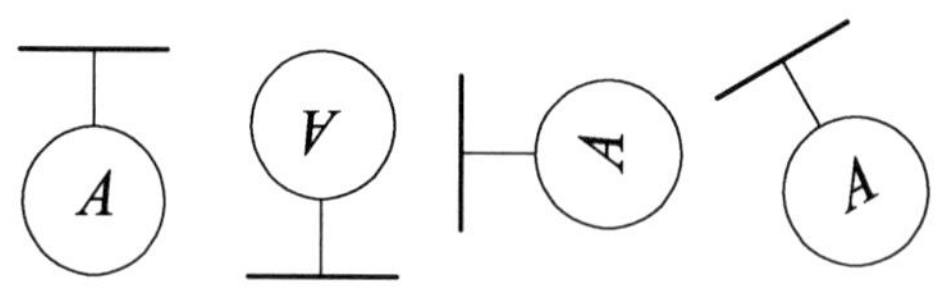

图 3-116　带有属性的基准符号

任务七　图纸的打印与输出

【学习要点】

★ 掌握打印页面的设置方法。

★ 掌握打印出图的设置方法。

【任务内容】

将已绘制好的图样打印到 A3 图纸中，如图 3-117 所示。该任务首先进行打印页面设置，再运用虚拟打印机预览和打印图样。需要注意的是如打印缩放比例的图样，在打印前应将图形或图框进行比例缩放，使之相互匹配，做好打印前的准备工作。

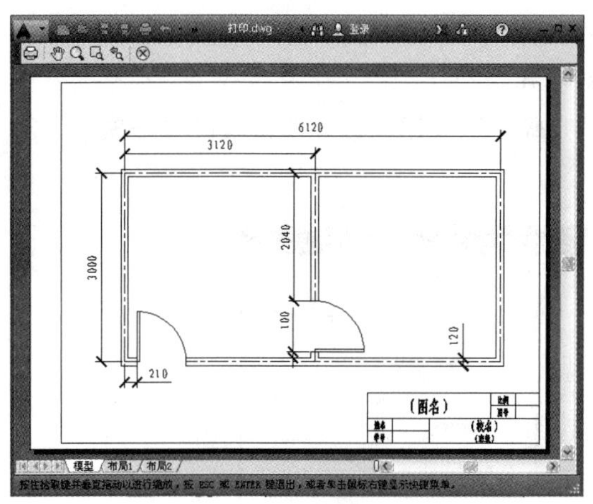

（a）虚拟打印预览

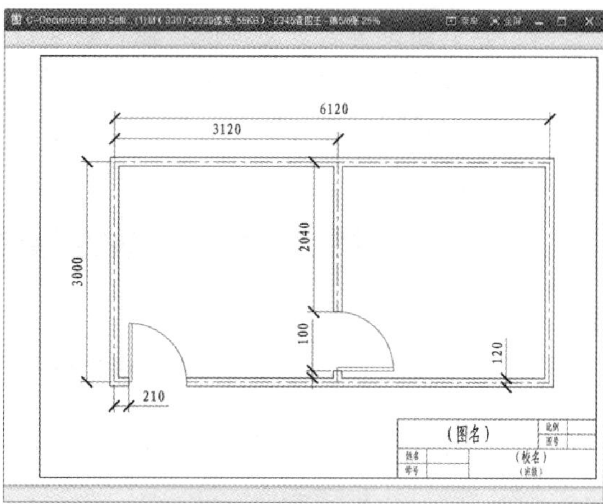

（b）虚拟打印出图

图 3-117　打印图形

【理论基础】

一、页面设置

1. 命令的调用方法

（1）下拉菜单：单击[文件]\[页面设置管理器]命令。

（2）键盘命令：在命令行输入 Pageeetup。

2. 功　能

用来保存打印相关的设置，如选择打印机/绘图仪、图纸尺寸、打印区域、打印比例、图形方向等。对同一文件可创建多个页面设置，并能修改已创建的页面设置。

3. 操作及选项说明

（1）单击[文件]\[页面设置管理器]命令，弹出“页面设置管理器”对话框，如图 3-118 所示。单击“新建”按钮，打开“新建页面设置”对话框，如图 3-119 所示。

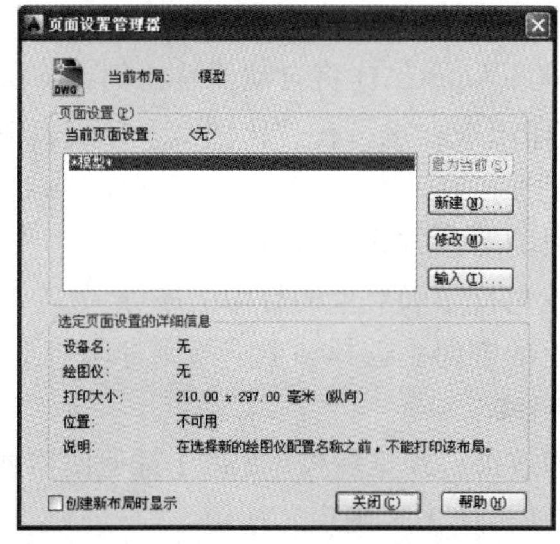

图 3-118　“页面设置管理器”对话框

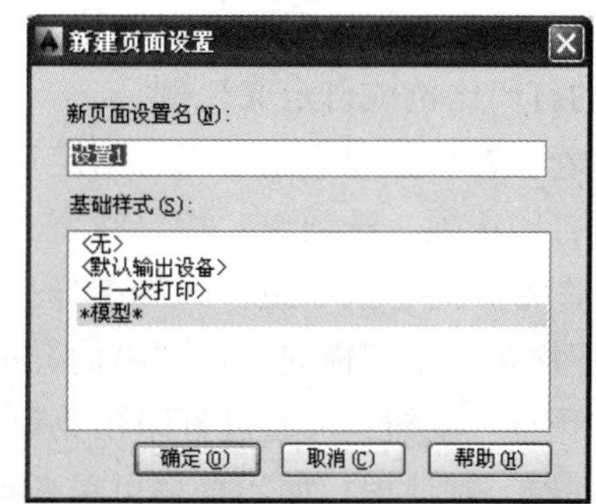

图 3-119　“新建页面设置”对话框

• “新页面设置名”文本框：输入新建设置的名称。

• “基础样式”选项框：选择一个布局为基础样式。

（2）“新建页面设置”对话框设置完成后单击“确定”按钮，打开“页面设置—模型”对话框，如图 3-120 所示。

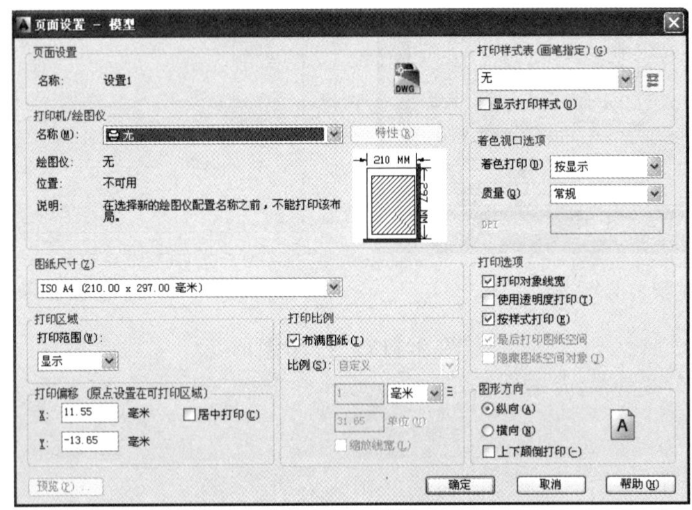

图 3-120 “页面设置—模型”对话框

［页面设置］选项组：显示当前设置的页面样式名称。

［打印机/绘图仪］选项组：在“名称”下拉列表显示默认打印设备或在其下拉列表中重新选择。

［图纸尺寸］选项组：在下拉列表中选择要打印图样的图纸尺寸。

［打印区域］选项组：在“打印范围”下拉列表中选择一个选项确定打印的范围。该列表中有 4 个选项：选择“窗口”选项将打印在图纸区指定窗口内的图形部分；选择“范围”选项将打印当前文件中的所有图形；选择“图形界限”选项将打印图形界限命令所建立图幅内的所有图形；选择“显示”选项将打印当前所显示的图面。

［打印偏移］选项组：选择“居中打印”复选框，将图形打印在图纸的中央；也可在原点偏移量 X 和 Y 的文字编辑框内输入坐标值调整打印图样的原点位置。

［打印比例］选项组：选择“布满图纸”复选框，AutoCAD 将自动调整比例，将所选打印区域的图形在指定图纸上以能达到的最大尺寸打印出来；也可在“比例”下拉列表中选择标准的打印比例或自定义比例。

［着色视口选项］选项组：指定三维图形打印时的着色方式和质量。

［打印选项］选项组：指定线宽、打印样式、着色打印和对象的打印次序等。

［图形方向］选项组：选择图样打印时在图纸上的方向。选择“上下颠倒打印”复选框，将在图样指定了“横向”或“纵向”的基础上旋转 180°。

“预览”按钮：可通过打印预览观察图形的打印效果，预览后按【ESC】键返回“页面设置管理器”对话框，如不合适可重新调整，设置完成后单击“确定”按钮。

二、打印出图

1. 命令的调用方法

（1）下拉菜单：单击[文件]\[打印]命令。

（2）键盘命令：在命令行输入 Plot。

2. 功　能

打印输出 AutoCAD 图样。

3. 操作及选项说明

（1）单击[文件]\[打印]命令，打开“打印—模型”对话框如图 3-121 所示。

[页面设置] 选项组：在“名称”下拉列表中选择已有的页面样式名称。

其他选项设置与“页面设置管理器”对话框中相同，如在“页面设置”下拉列表中选择已设置好参数的页面样式，这里将显示样式设置，如无需要不用重复设定。

单击“预览”按钮，查看当前页面设置的打印效果，如图 3-122 所示，预览无误后单击“确定”按钮，开始打印出图。

> **技巧提示**：如果要打印的第 2 张图样和上一张图样的打印设置完全相同，只需在“打印—模型”对话框中，页面设置“名称”下拉列表中选择“上一次打印”选项，确定后即可打印出与上次打印设置完成相同的图样。

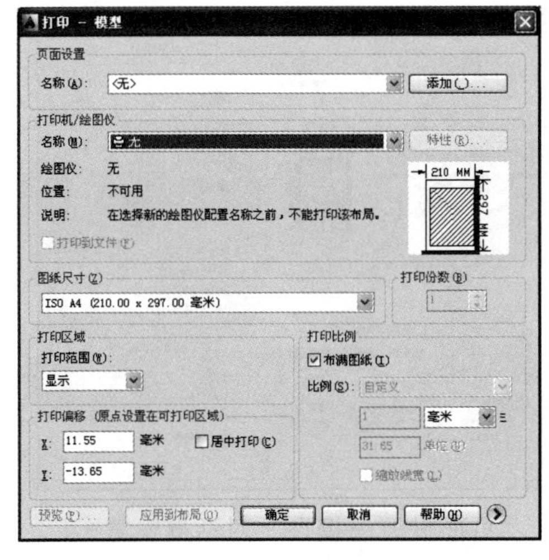

图 3-121　“打印—模型”对话框

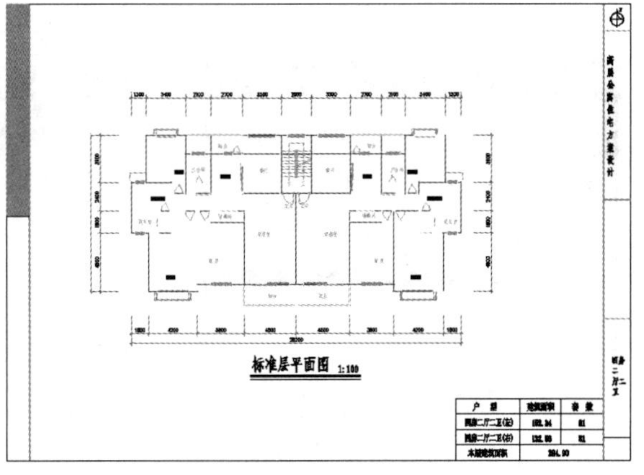

图 3-122　图形打印预览

【操作技能】

步骤一：绘制或打开图形。

绘制如图 3-117 所示的建筑图样或打开已有的图形文件。

步骤二：打印前准备。

打印前应先确定打印图幅，绘制 A3 图幅，图框线距离幅面线左侧为 25，其他三侧为 5，图幅标题栏尺寸，如图 3-123 所示。计算图样与图幅的缩放比例为 1：20，运用“缩放”命令将图幅放大，比例因子为 20。将绘制的图样移动到已放大的图幅中，如图 3-124 所示。

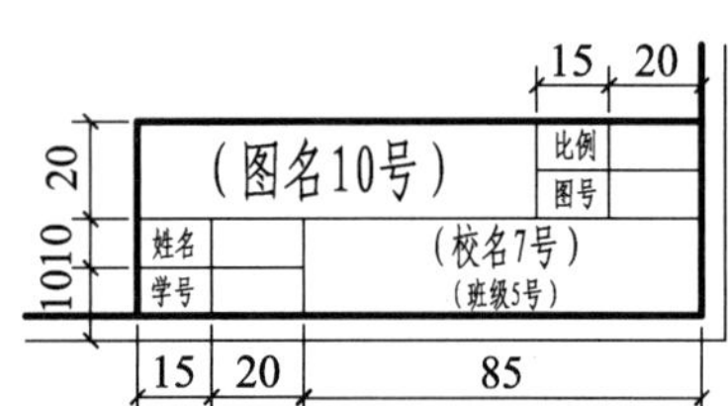

图 3-123　A3 图幅标题栏尺寸

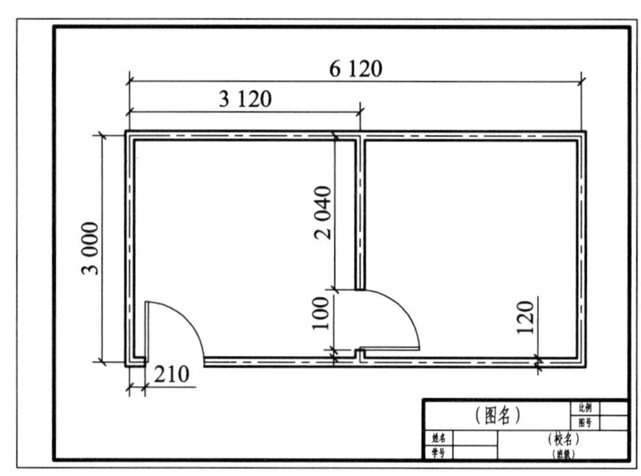

图 3-124　将图样移动至入 A3 图幅

步骤 3：打印页面设置。

单击[文件]\[页面设置管理器]命令，在弹出的“页面设置管理器”对话框中单击“新建”按钮，打开“新建页面设置”对话框，在［新页面设置名］文本框中输入“A3-H”，在［基础样式］选项框中选择“*模型*”为基础样式，如图 3-125 所示。

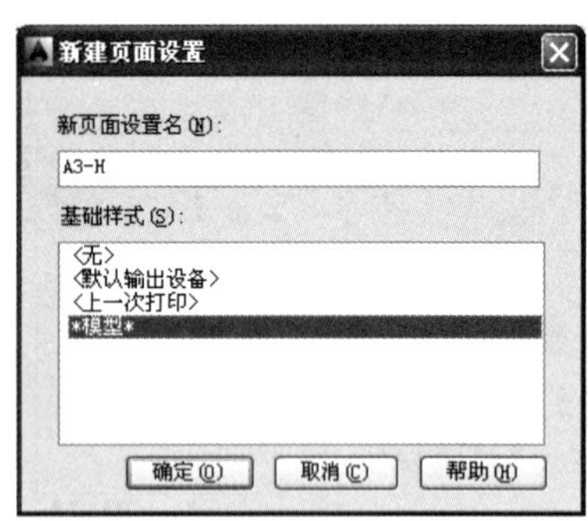

图 3-125　新建页面设置图

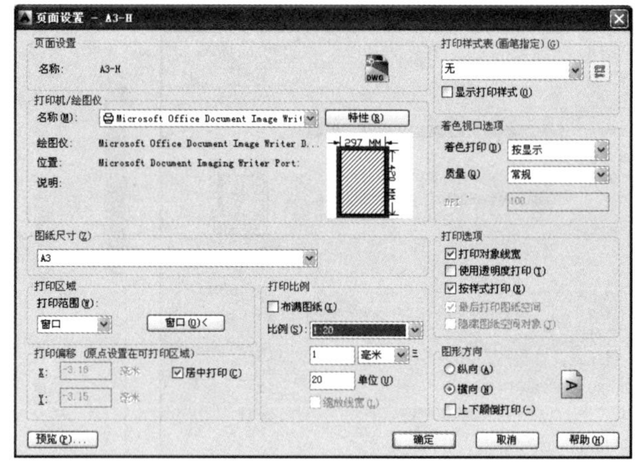

图 3-126　“页面设置—模型”对话框设置

单击“新建页面设置”对话框中的“确定”按钮后，打开“页面设置—模型”对话框，如图 3-126 所示进行各参数的设置。

- ［页面设置］选项组：显示当前设置的页面样式名称为“A3-H”。
- ［打印机/绘图仪］选项组：在“名称”下拉列表选择虚拟打印机“Microsoft Office Document Image Writer”（如果计算机连接打印机/绘图仪，可选择相应设备）。
- ［图纸尺寸］选项组：在下拉列表中选择“A3”。
- ［打印区域］选项组：在“打印范围”下拉列表中选择“窗口”选项，单击 窗口(O)<

按钮，在绘图区内窗口指定 A3 图幅（已放大 20 倍）边框为打印范围。

- ［打印偏移］选项组：选择“居中打印”复选框，将图形打印在图纸的中央。
- ［打印比例］选项组：不选择“布满图纸”复选框，在“比例”下拉列表中选择“1∶20”。
- ［图形方向］选项组：选择“横向”打印选项。

设置完成后单击“预览”按钮，预览打印效果，如图 3-127 所示，预览确定无需重新调整后按【ESC】键返回“页面设置管理器”对话框，单击“确定”按钮。

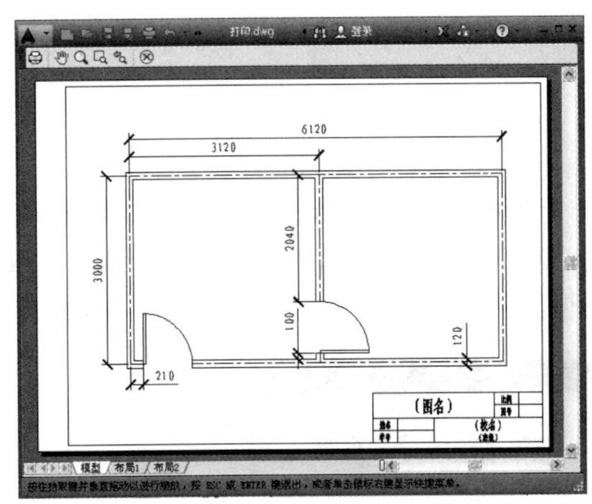

图 3-127　预览打印效果

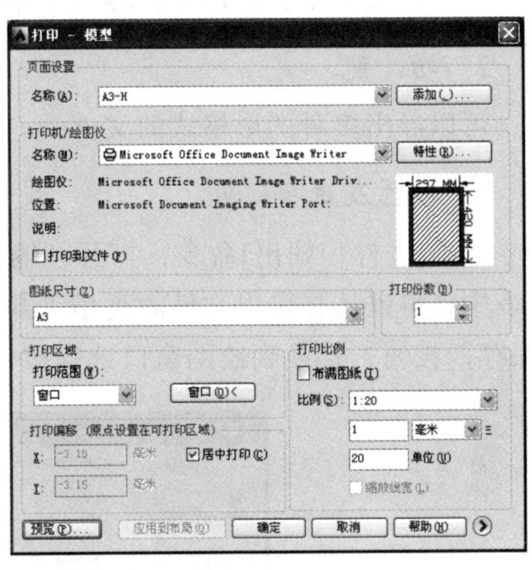

图 3-128　“打印—模型”对话框设置

步骤 4：虚拟打印出图。

单击[文件]\[打印]命令，打开“打印—模型”对话框，在［页面设置］选项组“名称”下拉列表中选择页面样式“A3-H”后，对话框中将显示在“页面设置—模型”对话框中已设置好的参数，如图 3-128 所示，如无更改不用重复设定。

预览无误后单击“确定”按钮，弹出“另存为”对话框，如图 3-129 所示。指定保存路径和文件名后，单击“保存”按钮，将保存该虚拟打印文件，如图 3-130 所示。（如选择打印设备，单击“确定”按钮后将打出印出图）

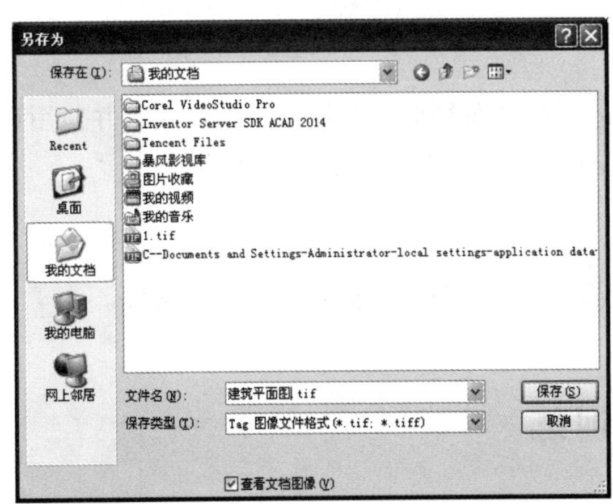

图 3-129　虚拟打印机文件保存

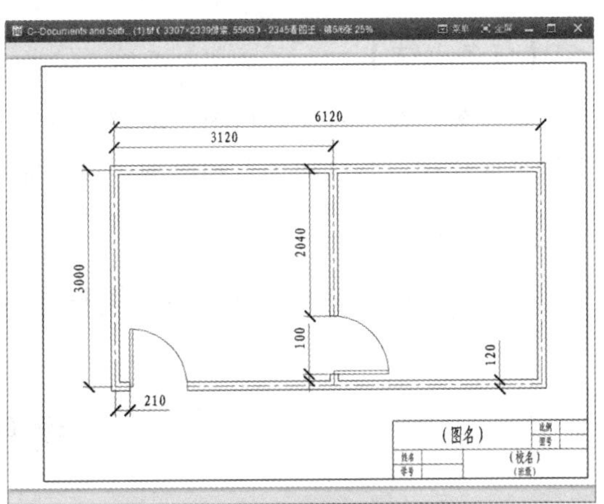

图 3-130　虚拟打印文件

【拓展知识】

图形输出

1. 命令的调用方法

（1）下拉菜单：单击[文件]\[输出]命令。

（2）键盘命令：在命令行输入 Export。

2. 功　能

可以导出多种图形格式的文件。

3. 操作及选项说明

单击[文件]\[输出]命令，打开“输出数据”对话框，如图 3-131 所示。在文件类型下拉列表中，可以选择输出文件的类型（共 14 种），设置了文件的输出路径、名称类型后，单击“保存”按钮，切换到绘图窗口选择被保存的对象。

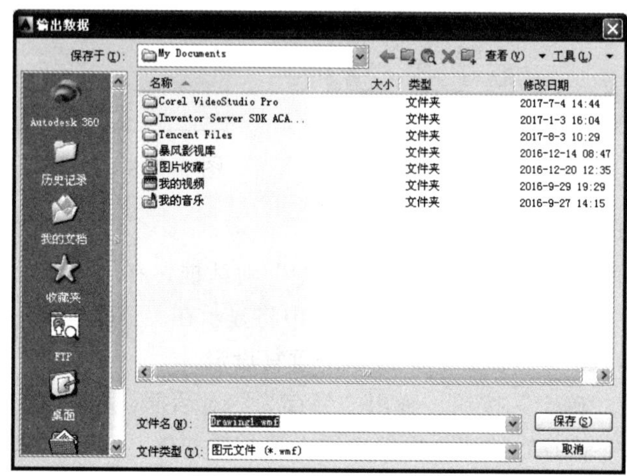

图 3-131　“输出数据”对话框

【任务小结】

本任务介绍了打印输出图形的基本方法，运用模型布局创建和设置页面样式，并使用设定的页面样式进行打印预览和出图，最终完成 AutoCAD 绘图的最后一步工序。

【任务训练】

训练：将图 3-98 所示的图样，进行打印设置后用 A4 图纸虚拟打印并保存文件。

项目训练

训练 1：绘制标题栏，如图 3-132 所示，标注尺寸。

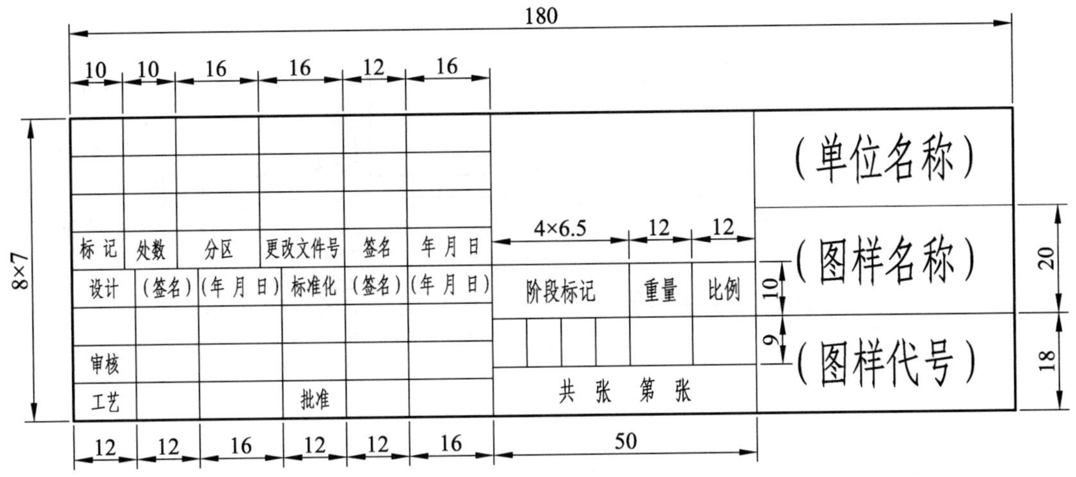

图 3-132 AutoCAD 图纸标题栏

训练 2：创建如图 3-133 所示的表格，并练习行高与列高的调整，编辑表格文字内容，利用表格工具栏编辑器上的工具进行“单元格合并”及“求和”“均值”的编辑。

7×25；12；5×10

姓名	学号	数学	语文	外语	总分	平均分
刘冬	16001	89	87	91		
许多	16002	90	98	95		
张然	16003	92	89	88		
赵一娜	16004	98	94	89		
小计						

图 3-132 表格

训练 3：绘制图 3-134 所示图形并标注尺寸。

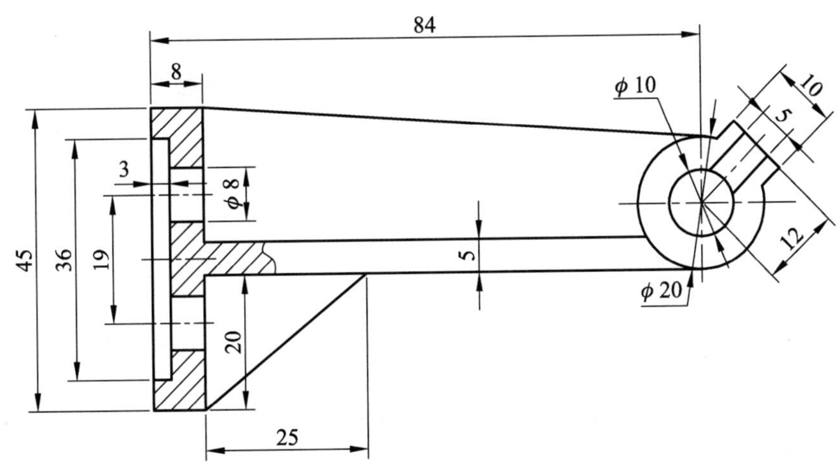

图 3-134 剖面图形

训练 4：绘制图 3-135 所示的土木工程图形，并按国家绘图标准标注尺寸。

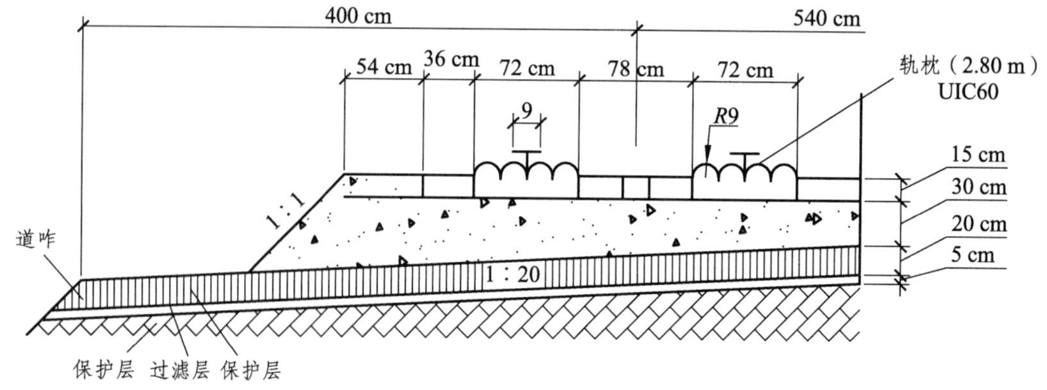

图 3-135　德国高速铁路无咋轨道断面图

训练 5：绘制图 3-136 所示的机械工程图形，并按国家绘图标准标注尺寸。

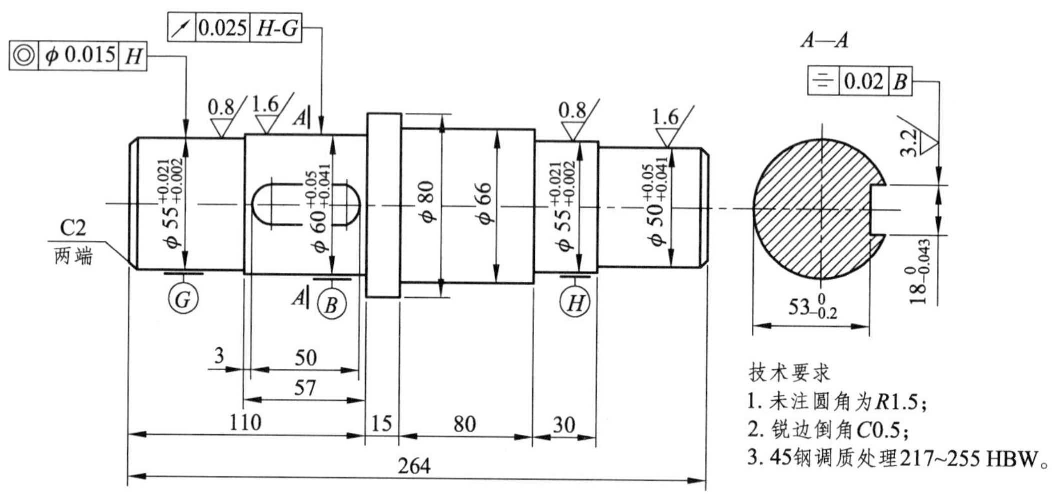

图 3-136　机械平面及剖面图形

训练 6：绘制图 3-137 所示的标高符号并创建外部块文件，用细实线绘制，以等腰直角三角形表示，尺寸如图所示，定义块属性，文字高度为 3，文字居中对齐，并按图示编辑属性，插入图块。

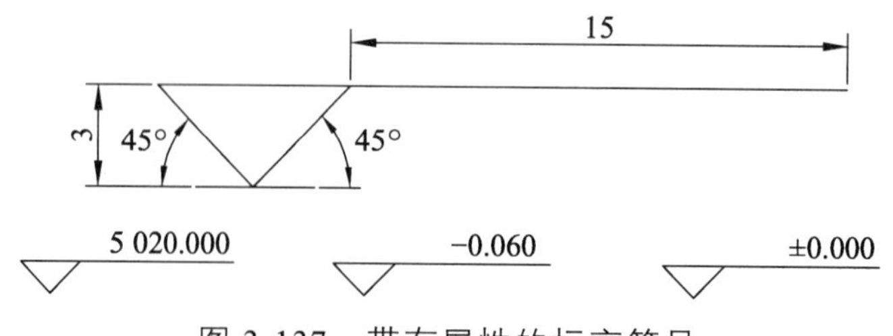

图 3-137　带有属性的标高符号

项目四　综合绘制工程图

【项目导学】

本项目通过绘制各类常用工程图实例，使学生深入了解工程图的组成，熟练识读工程图中常用图例、符号，构件详图等图示特点及工程技术要求，从而进一步提高识图能力。运用AutoCAD绘图、修改、标注和打印等命令综合绘制工程图，进而使学生更加明确工程图的绘图要求、步骤和方法。

【学习目标】

1. 知识目标

（1）了解各类工程图的制图规范和绘图流程。

（2）熟悉工程图的绘制环境设置内容和方法。

（3）学会各类工程图常用图形的绘制要求、方法和步骤。

2. 能力目标

（1）准确识读工程图纸，快速分析并形成绘图思路。

（2）熟练掌握绘图流程和技巧，操作简便快捷。

（3）灵活运用AutoCAD进行图形绘制、修改、标注和打印。

3. 素质目标

（1）培养学生严谨、细致、求实的绘图习惯。

（2）培养学生具有分析问题和解决问题的能力，具有独立作业的工作能力和探索简便操作方法的创新意识。

（3）培养学生良好的职业素养，明确岗位职责，具有从事CAD绘图工作的责任意识、协助设计师工作的合作意识和沟通能力。

任务一　铁路工程图的绘制

【学习要点】

★ 掌握使用直线命令在工程制图中的应用。

★ 掌握使用镜像命令在工程制图中的应用。

★ 学会绘制铁路工程专业图形。

【任务内容】

图 4-1 所示为支承块式无砟轨道整体道床图，是隧道内无砟轨道的典型结构形式。常用于坚硬基岩上直墙式隧道。其立体图轮廓多为直线，且左右轴对称，所以可以通过镜像命令的方法来绘制整体道床的立体图。

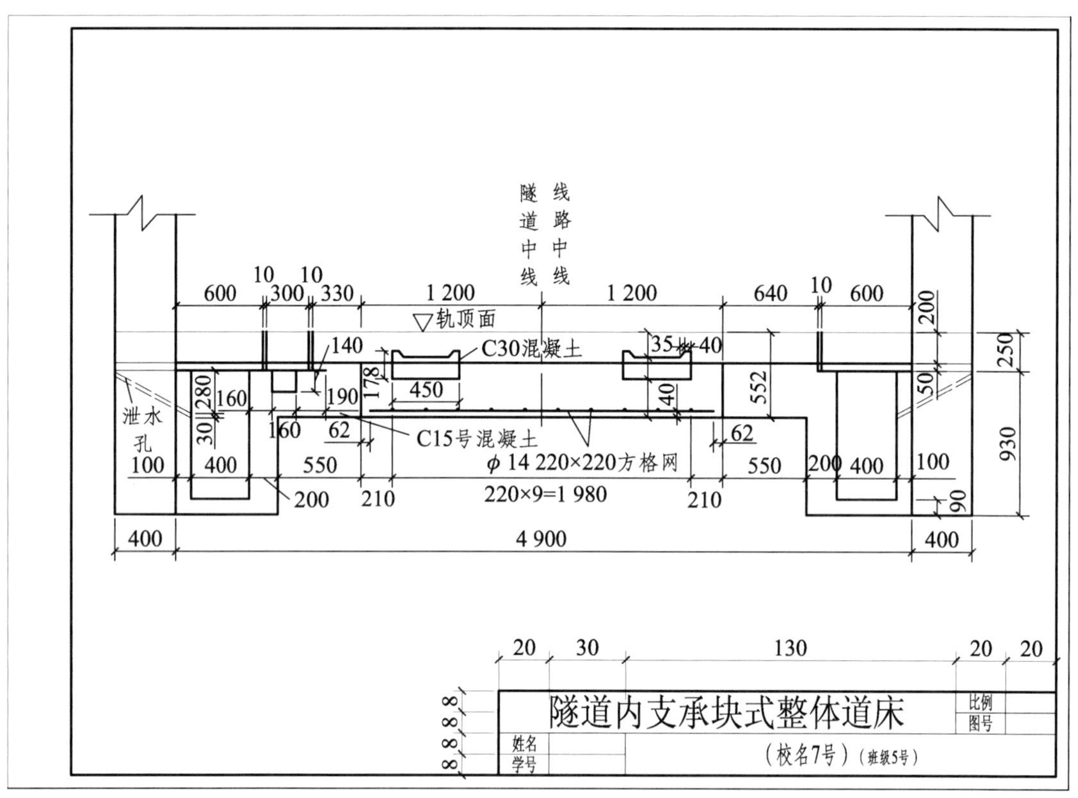

图 4-1　支承块式无砟轨道整体道床图（单位：mm）

【操作技能】

步骤 1：绘制绘图环境。

首先新建一个图形文件，自拟文件名，然后开始设置绘图环境。

（1）设置图形单位。图形单位设置成“mm”。

（2）设置绘图界限。根据界限大于图形最大轮廓尺寸的原则，自拟尺寸设置图形界限，最大化图形界限。

（3）设置图层。打开“图层特性管理器”对话框，根据图纸情况分别设置“粗线”“细线”“虚线”“中心线”“标注”“文字”等图层。

（4）设置辅助绘图按钮。激活并打开极轴、对象捕捉、对象追踪等功能。

步骤 2：绘制道床图。

（1）绘制中心线。将“中心线”图层置为当前，运用“直线”命令绘制线路中心线。

（2）绘制左侧道床轮廓。将“粗线”图层置为当前，运用“直线”等命令绘制中心线左侧图形轮廓。用“圆环”命令绘制钢筋，根据提示，圆环内径为“0”，外径为“14”，钢筋间距为 220 mm。结合图形特点运用修剪等修改命令对需要编辑的图线进行编辑。

（3）绘制左侧排水沟及轨道顶面线。将“虚线”图层置为当前，绘制左侧排水沟等虚线。将“细线”图层置为当前，绘制轨道顶面及折断细。

（4）绘制右侧道床。绘制完以中线左侧道床后使用镜像命令，复制右侧道床，达到快速作图，节省绘图时间。

（5）绘制细部结构。将“粗线”图层置为当前，绘电缆槽等细部轮廓结构。

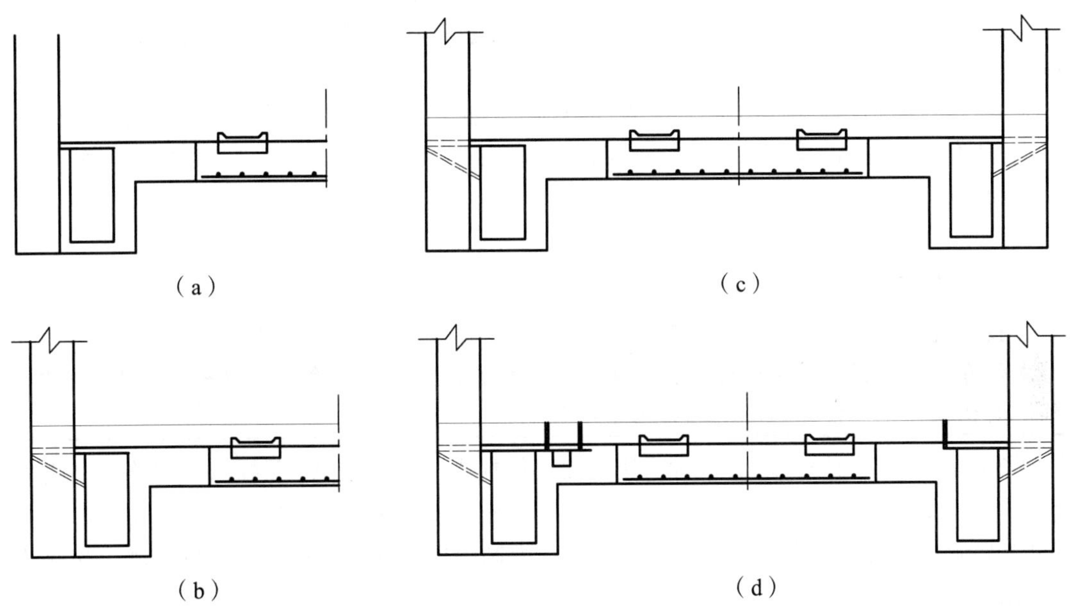

图 4-2　绘制道床图的分解

步骤 3：对全图进行文字标注。

（1）设置文字样式。

按制图标准要求设置两个文字样式。样式一命名为“工程图中的汉字”文字样式，该样式“字体”为仿宋字体，“宽度比例”为 0.7 或 0.8，“高度”可选用默认的高度为 0 或者选用整张图中用到最多的文字高度（建议选用默认），其他默认即可。此样式用于注写技术说明、注释、标题栏等。样式二命名为“工程图中的数字”该样式“字体”为 Gbeitc 字体，“宽度比例”“高度”等可选用默认值。此样式用于尺寸标注数字和字母、符号的注写。（也可只设置一个汉字样式，在设置标注样式时单独更改字体，如任务二、四、五）

（2）注写文字说明。

将“文字”层置为当前层，设置当前样式为“工程图中的汉字”，按规范要求，选用合理字体高度（建议按比例计算）注写所有文字说明。

教学用 A3、A4 图幅标题栏中文字要求为，“图名”为 10 号字，“校名”为 7 号字，“其他”为 5 号字。

步骤 4：对全图进行尺寸标注。

（1）设置标注样式。

新建标注样式，样式名自拟，按制图标注设置该样式的直线（尺寸线、尺寸界线为细实线）、符号和箭头（尺寸起止符号为“建筑标记”）、文字（字体选“工程图中的数字”样式）、调整、主单位等各个选项。

（2）创建尺寸标注。

选择“线性标注”“对齐标注”等适当的标注方法对全图进行尺寸标注。图形标注要符合国家制图标注和规范要求，兼顾图形的美观性及工程施工等方面。

步骤 5：绘制完成图幅。

（1）绘制图框。按照 A3 图幅的大小（420 × 297），左侧留装订线，绘制图框。

（2）绘制标题栏。标题栏要根据各单位实际情况有所不同，教学用标题栏根据教学需要进行绘制。

（3）填写标题栏。将“文字”层置为当前层，选用“工程图中的汉字”样式，按规范要求注写所有文字说明。教学用标题栏“图名”10 号字，“校名”7 号字，其他 5 号字。

步骤 6：运用图块整理图形。

（1）建块。完成绘图后，利用“创建块”命令将所绘图形创建成整体。“创建块”只能在同一个文件中插入图块。

> **技巧提示**：“建块”过程还可以运用“写块”来完成，用“写块”将工程图以块文件形式保存某个路径下，再通过“插入块”可完成在同一个或两个文件中插入图块，具体操作。具体操作见“任务四隧道工程图绘制”。

（2）插入块。用插入块命令将图块并按比例插入已完成的 A3 图幅内，调整位置使布局合理。按原图实际尺寸绘制图形时，需要注意的是插入块时按统一比例插入，输入的“缩放比例”要满足标题栏中所填的图形比例符合国家制图标准要求。注意“缩放比例”和标题栏中“比例”之间的对应关系，比例 $= 1 : \dfrac{1}{\text{缩放比例}}$。

> **技巧提示**：将所绘工程图放置到图幅内部可有多种方法。
>
> 方法 1：先把工程图形变成图块，再按比例插入图幅，此方法保证图幅尺寸比例为 1 : 1，如本任务操作。
>
> 方法 2：也可以无需运用图块，直接按比例放大图框后，移动到工程图中的合理位置和进行打印。此方法保证所存工程图形比例为 1 : 1。具体操作如“任务二桥梁工程图的绘制”。
>
> 方法 3：可以把工程图形先按比例缩小放置在图幅内，此方法保证图幅尺寸比例为 1 : 1，但标注工程图时需设置“标注样式”中的“主单位”下“测量比例单位”的“比例因子”，来标注出原尺寸。具体操作见“任务三涵洞工程图的绘制”。

（3）更改点画线、虚线图形的线型比例因子。

插入图块后，由于图形缩小，图中点画线、虚线就会显示成直线，需要按同比例缩小图线的线型比例因子，达到显示成点画线和虚线的目的。可以运用“格式”—“线型”—“显示细节”—“全局比例因子”，也可以运用“特性”工具栏—“线型比例”更改图线显示比例（线型比例因子=原比例因子×插入图块的缩放比例）。

> **技巧提示**：在同一文件中，若将图幅中图块的“线型比例因子”更改后，原图的点画线、虚线将会变成实线，此时可以通过创建两个文件来避免。具体操作见“任务四隧道工程图绘制”。

步骤 7：打印输出图形。

保存图形，连接打印机，进行打印页面设置，打印输出图形。（整体绘图步骤没有严格顺序规定，可根据个人绘图习惯自行调整）

【任务小结】

工程立面图是一种常见的图形表达方式，绘制工程立面图最重要的是点的输入，为确保工程图的准确，往往采用点的坐标输入或开启正交、极轴等方式作图。分析出图形的特点，运用修改工具栏能帮助绘图员更加快捷地完成图形的绘制。本项目图形为左右对称，所以用镜像命令绘图最为简单。

【任务训练】

训练：运用直线、填充等命令绘制图 4-3。

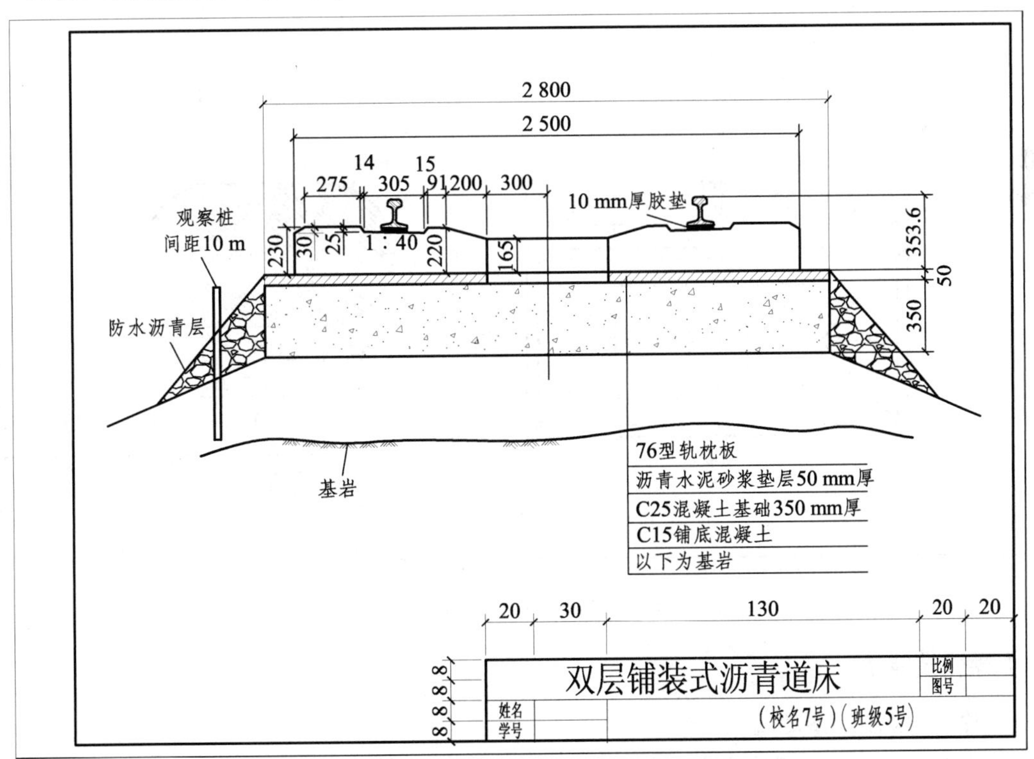

图 4-3　双层铺装式沥青道床图（尺寸单位：mm）

任务二　桥梁工程图的绘制

【学习要点】

★ 掌握构造线、射线等命令在绘制三视图中的用法。

★ 学会使用辅助线法绘制三视图。

★ 学会使用自动追踪法绘制三视图。

【任务内容】

如图 4-4 墩帽图，根据正投影法的基本原理，墩帽平面图、正面图、侧面图三个投影图的投影规律是：长对正、高平齐、宽相等。绘图时可采用构造线作为辅助线或运用极轴、对象追踪等辅助绘图功能来达到对齐方式。绘图时按照原比例绘制，在完成把所绘图形创建成块，利用插入块文件直接将图形缩小比例放置在图幅里，要注意插入块对话框内的比例输入要符合国家制图标准，同时兼顾虚线、点画线等线型的显示效果。

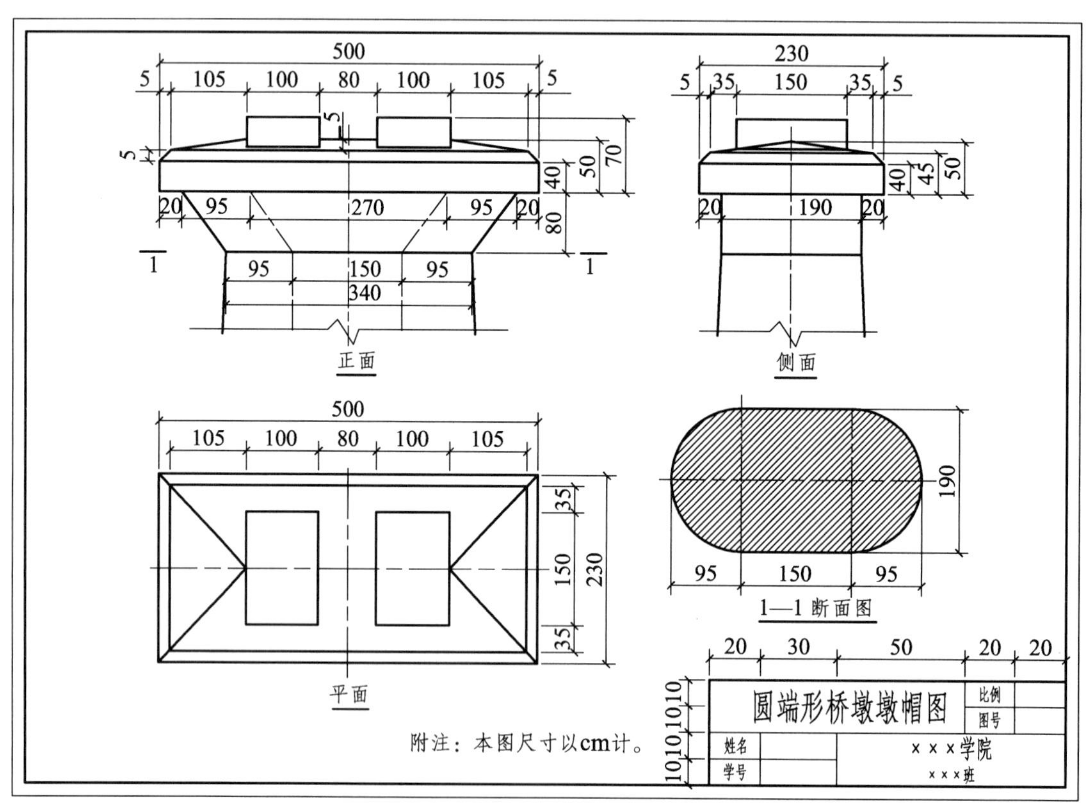

图 4-4　墩帽三视图（单位：cm）

【操作技能】

步骤 1：绘制绘图环境。

首先要新建一个“墩帽图”图形文件，然后开始设置绘图环境。

（1）设置图形单位。图形单位设置成“cm”。

（2）设置绘图界限。按 1：1 比例绘制图形，绘图界限的大小按最大轮廓取整设置。

（3）设置图层。打开“图层特性管理器”对话框，根据图纸情况新建图层，分别设置各图层的线型、线宽等内容。

步骤 2：绘制完成图幅设置。

（1）绘制图框。按照 A3 图幅的大小，按不留装订线的绘图标准绘制图框。

（2）绘制标题栏。按标题栏尺寸绘制标题栏。

步骤 3：绘制墩帽图。

（1）绘制侧面图。

① 绘制图形位置范围。将“细实线”图层设置为当前图层，绘制构造线，将绘制图窗口分为四个区域，在第四象限（右下角区域）用“构造线”绘制角平分线。

② 在第一象限（右上角区域）绘制实体的正面图。

将“点画线”图层设置为当前图层，绘制图层绘制对称线。

将“粗实线”图层置为当前，绘制对称线左侧的顶帽、垫石、托盘、墩身。

③ 运用镜像命令，完成右半部分。在“细实线”图层绘制折断线。

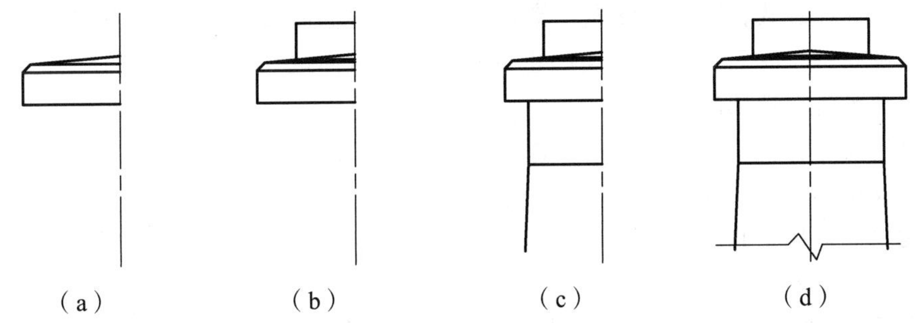

图 4-5　绘制侧面图的分解

（2）绘制正面图。

在第二象限（左上角区域）绘制实体的正面图，正面图与侧面图高平齐。

在“点画线”图层绘制对称线和曲面与直面分界线。在“粗实线”图层绘制对称线左侧的顶帽、托盘、墩身、垫石（高度从侧面图高平齐）。运用镜像命令，完成右半部分。在“细实线”图层绘制折断线，完成图形绘制。

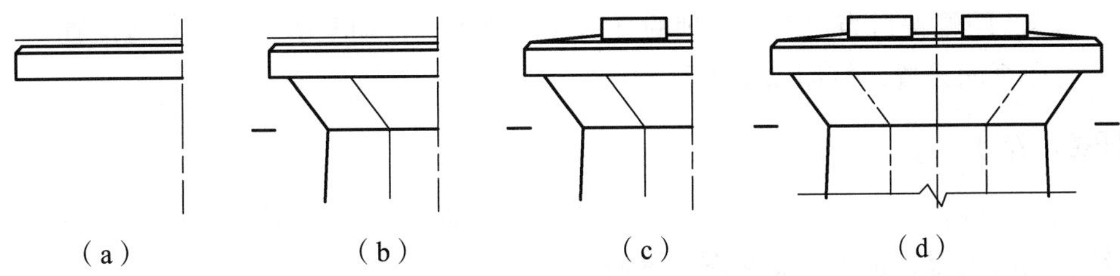

图 4-6　绘制正面图的分解

（3）绘制平面图。

在第三象限（左下角区域）绘制平面图。从正面图上的长度方向（X 轴方向）的端点绘制垂直构造线，保证正面图与平面图“长对正”。

在“点画线”图层绘制两条对称线。在“粗实线”图层绘制对称线左侧图形，各部分构造的宽度与侧面图宽相等。

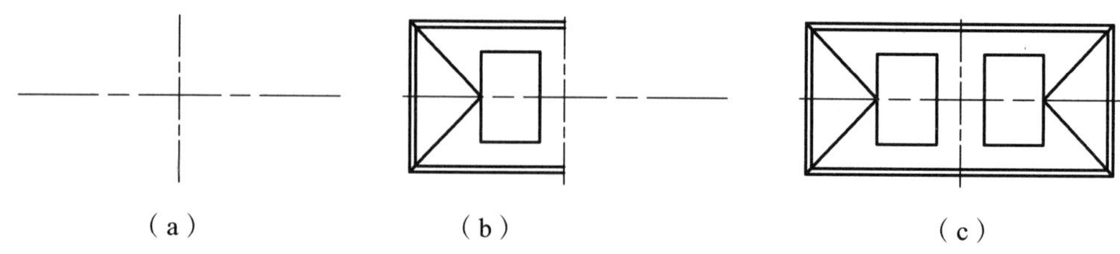

图 4-7　绘制正面图的分解

（4）绘制 1-1 断面图。

将“粗实线”图层设置为当前，在第四象限合适位置绘制剖切轮廓线，在细实线图层进行图案填充，完成断面图。

步骤 4：绘制尺寸标注。

（1）设置标注样式。

新建一个标注样式，样式名设为“墩帽图标注”。根据需要完成样式的直线（尺寸线、尺寸界线为“细实线”）、符号和箭头（起止符号为“建筑标记”）、文字（字体为“Gbeitc”）、调整、主单位等各个选项的设置。

（2）创建尺寸标注。将“标注”层置为当前层，完成尺寸标注。

（3）修改对称尺寸。对称部分的图形标注，常用分数的形式示出，在 CAD 中应对标注进行堆叠编辑，运用“修改”—“对象”—“编辑文字”—“新建”—“堆叠”，完成标注。

步骤 5：绘制文字标注。

（1）设置文字样式。新建一个文字样式，一个样式名为“工程图中的汉字”，样式字体为仿宋，宽度比例为 0.7 或 0.8。

（2）将“文字”层置为当前层后开始书写文字说明。图中文字或标注的内容显示不出来是要注意检查字体、字高是否符合要求。

步骤 6：整理、打印输出图形。

（1）布置图形。利用“移动”等命令将个别图形到合适位置，移动图形时保持图形对齐方式不变。

（2）将 A3 图幅按适当比例及合理的显示大小放大，移动至墩帽图形合适位置。

（3）打印页面设置，打印输出图形。

【任务小结】

构造线、射线在 AutoCAD 中都是绘制图形的辅助线，它们不打印输出，所以不会影响图形在图样上的效果，也不会影响图形界限。

在绘制三视图时，也可以用直线命令来绘制平行（或垂直）于轴的辅助直线，来保证三视图中图形的“长对正、高平齐、宽相等”。但三视图绘制完成后，必须将这些平行（或垂直）于轴的辅助直线删除或修剪。

【任务训练】

训练：运用直线、矩形等命令绘制图 4-8。

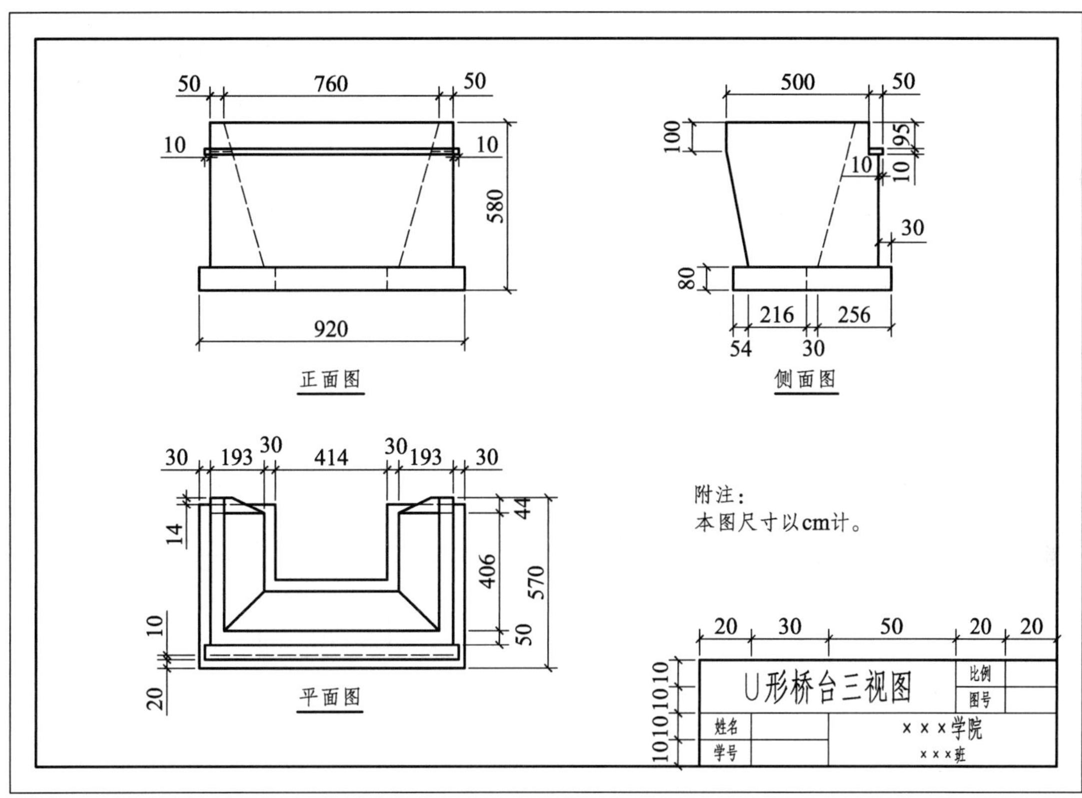

图 4-8　U 形桥台三视图

任务三　涵洞工程图的绘制

【学习要点】

★ 掌握直线、圆、构造线、偏移、镜像、修剪等命令在绘制工程图中的应用。

★ 掌握填充命令在绘制工程图中的应用。

★ 学会绘制涵洞工程图。

【任务内容】

图 4-9 所示为涵洞进口三视图。涵洞洞口图是涵洞工程图的典型案例。其轮廓多为直线和弧线，且成轴对称，所以可以运用直线、圆、圆弧、镜像、修剪等主要命令来完成涵洞进口的绘制。按 1∶50 比例绘图，可通过放大图框按原尺寸绘图，绘制完成图后再按比例缩小，通过调整标注样式的“测量比例因子”精准的标注原图尺寸，完成整个图形的绘制。

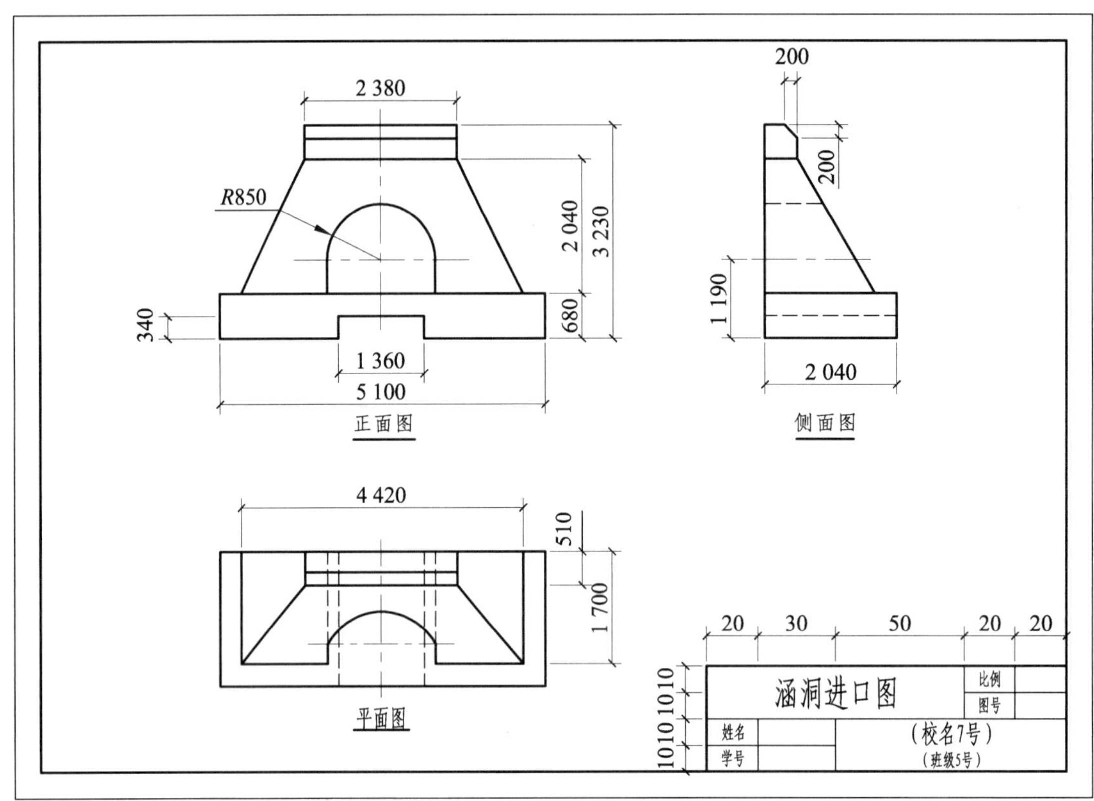

图 4-9　涵洞进口图（尺寸单位：mm）

【操作技能】

步骤 1：绘制绘图环境。

首先要新建一个“涵洞图”图形文件，然后开始设置绘图环境。

（1）设置图形单位。图形单位设置成“mm”。

（2）设置绘图界限。用 1∶50 的比例绘制图形，绘图界限的大小按 A3 图幅设置。

（3）设置图层。打开“图层特性管理器”对话框，根据图纸情况设置图层数，并更改图层的线型、线宽等内容。

步骤 2：设置文字样式和尺寸标注样式。

（1）设置文字样式。

新建两个文字样式，一个用于注写汉字，样式名为“工程图中的汉字”，样式字体为仿宋，宽度比例为 0.7 或 0.8；另一个用于标注，样式名为“工程图中的数字”，字体为“Gbeitc”的字体。

（2）设置标注样式。

新建样式名设“涵洞图标注”的样式，根据需要完成样式的线、符号和箭头、文字（选应“工程图中的数字”文字样式）、调整、主单位（“测量单位比例”的“比例因子”设为 50）等各个选项的设置。

步骤 3：绘制完成 A3 图幅。

（1）按图形界限尺寸绘制图幅。对角点坐标分别为（0，0）和（420，297）。

（2）按比例将所绘图幅放大 50 倍后最大化显示，实现按图形的真实尺寸（标注的尺寸）绘图。

步骤 4：绘制涵洞图形。

（1）画基准线，布置图形位置，搭图架。

① 打开极轴追踪、对象捕捉、等辅助绘图按钮，并进行相应的设置。将“细实线”图层设为当前图层，用“构造线”命令，目测定位画三视图基准线。

② 用“偏移”“修剪”等命令准确布置各个投影图的绘图区域。

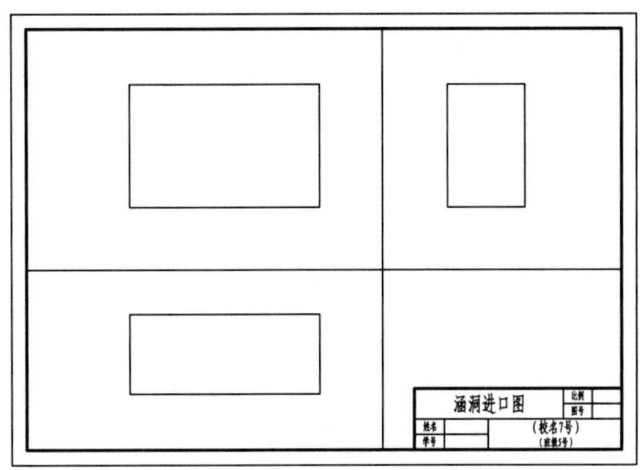

图 4-10　分解图——搭图架

（2）画正面图。

① 将“点画线”图层置为当前图层，绘制中心线。

② 将“粗实线”图层置为当前图层，用“多段线”“直线”“圆”“修剪”“镜像”等命令绘制图形。

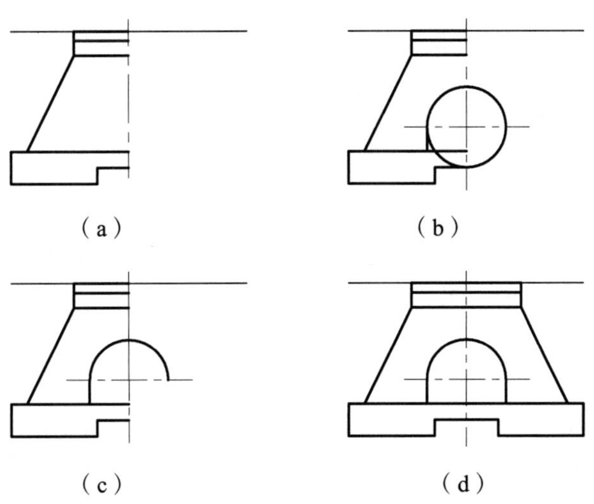

图 4-11　画正面图的分解

（2）画侧面图。

① 将“粗实线”图层置为当前图层，用“直线”“多段线”“修剪”“镜像”等命令绘制图形。

② 将“虚线”图层置为当前图层，使用“对象追踪”，从正面图“高平齐”画出侧面图的两条虚线。

③ 将“点画线”图层置为当前图层，绘制中心线。

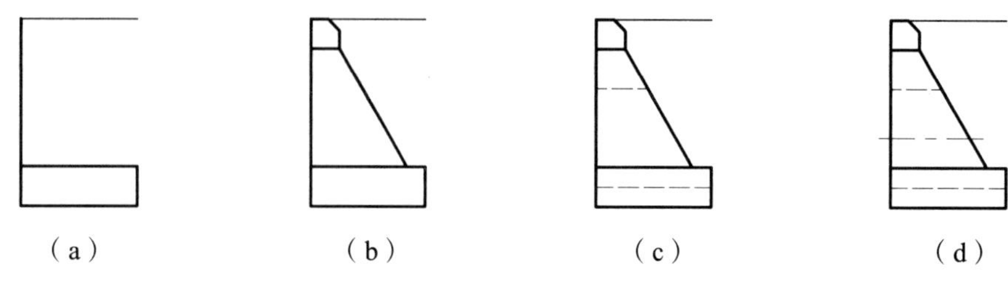

图 4-12　画侧面图的分解

（3）画平面图。

① 将“点画线”图层置为当前图层，从正面图“长对正”绘制中心线。

② 将“粗实线”图层置为当前图层，从侧面图“宽相等”，从正面图“长对正”，用“直线”“多段线”“修剪”“镜像”等命令绘制左半图形。

③ 将“虚线”图层置为当前图层，从正面图“长对正”画出两条不可见的虚线。

④ 用“镜像”命令复制出右半图形，在用三点画弧的方式画出洞口的曲线段，完成平面图。

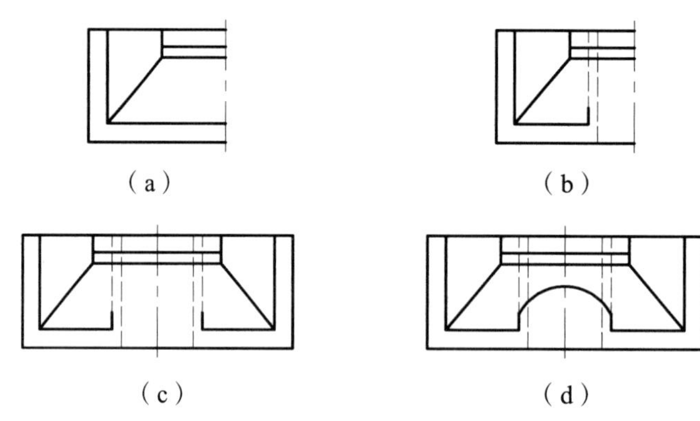

图 4-13　平正面图的分解

（4）布置图形。

利用“移动”命令移动图形，使其分布均匀，但不能破坏“长对正”“高平齐”“宽相等”的投影关系，最后达到合理的效果，完成图形绘制。

（5）还原图幅实际大小。

用“缩放”命令将图形缩小，基点为为坐标原点（0，0）点，运用“参照”的方式，按提示输入参照长度为“50”，新长度为“1”进行缩小（也可直接输入缩放比例 1/50），即返回 A3 图幅。

（6）修改线型比例。

按缩放比例修改图中点画线和虚线的“显示比例”，使图中点画线和虚线正确显示。

步骤 5：注写文字及尺寸标注。

（1）创建尺寸标注。

将“标注”图层置为当前层，选用事先设定好的标注样式进行尺寸标注。

（2）创建文字标注。

将“文字”层置为当前层，将“工程图中的汉字样式”设为当前样式，完成文字内容的注写。图中文字或标注的内容显示不出来是要注意检查“字体”“字高”是否符合要求。

步骤 6：保存、打印输出图形。

将所绘图形保存后，进行打印页面设置，打印输出图形。

【任务小结】

工程图绘制时，当绘图比例不是 1∶1 时，应按照形体的真实大小绘图（即按标注尺寸直接绘图），不必按比例计算尺寸。三视图是一种常见的图形表达方式，绘制三视图最重要的是要注意保证“长对正”“高平齐”“宽相等”的投影规律。某投影图的尺寸要与其他两个投影图中对应，这就要求在绘制图形时应保证图形精确，尽量采用对象追踪、对象捕捉等方式来绘制图形。

【任务训练】

训练：运用直线、圆、镜像等命令绘制图 4-14，图幅大小为 A4（210×297）纵放，不留装订线。

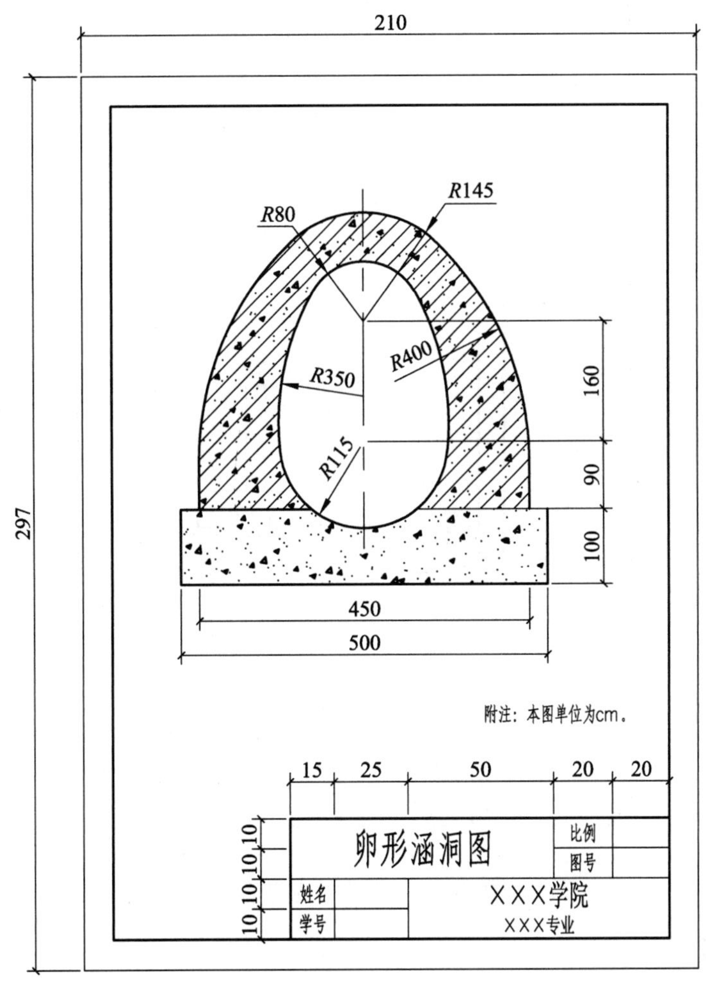

图 4-14　卵形涵洞（尺寸单位：mm）

任务四　隧道工程图的绘制

【学习要点】

★ 掌握直线、圆、构造线、偏移、镜像、修剪等命令在绘制工程图中的应用。

★ 掌握极轴命令在绘制工程图中的应用。

★ 学会绘制隧道衬砌断面工程图。

【任务内容】

图 4-15 所示为隧道衬砌断面图。此图为隧道工程图中一个典型的衬砌断面通用图案例。图中字母所示尺寸为施工中需要尺寸，要根据实际工程而定，其立体图轮廓多为直线和弧线，且成轴对称，所以可以运用直线、圆、偏移等命令来完成隧道衬砌断面图的绘制。通过修剪、镜像命令的编辑更加精准地完成整个图形的绘制。

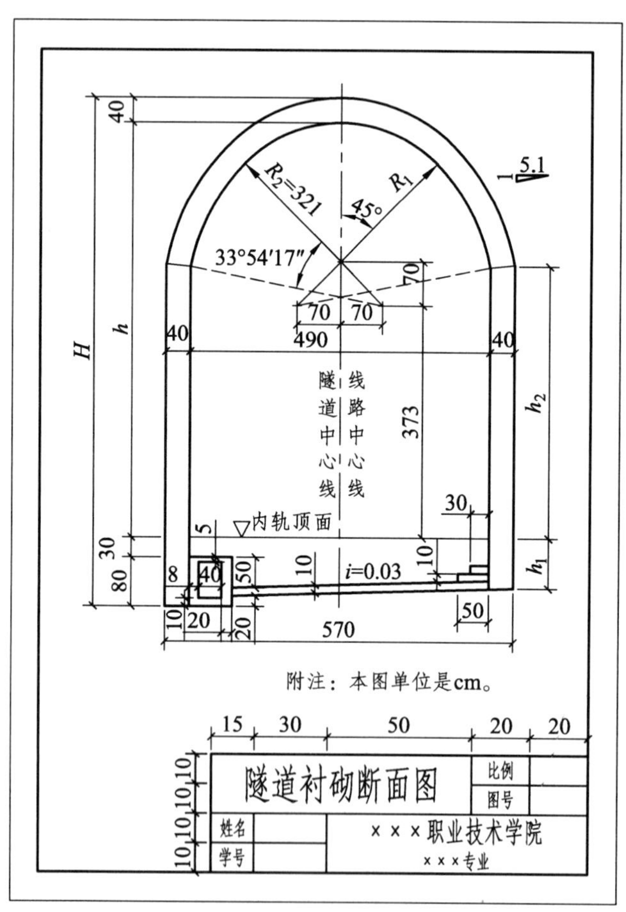

图 4-15　隧道衬砌断面图

【操作技能】

步骤 1：设置绘图环境。

新建两个图形文件，一个为“隧道原图”用于绘制断面图，另一个为“隧道图 A4 图幅”用于绘制 A4 图幅。然后分别设置绘图环境。

（1）设置图形单位。“隧道原图”图形单位设置成“cm”，“隧道图 A4 图幅”图形单位设置成“mm”。

（2）设置绘图界限。

“隧道原图”中按照 1∶1 比例绘制图形，绘图界限的大小按最大轮廓取整设置。

“隧道图 A4 图幅”文件中按照 A4 大小（210×297）设置。

（3）设置图层。在“隧道原图”文件中的“图层特性管理器”中设置“粗实线”“细实线”“虚线”“点画线”“标注”“文字”等图层，更改图层特性。“隧道图 A4 图幅”可只设置“粗实线”“细实线”即可。

步骤 2：在“隧道图 A4 图幅”文件中绘制完成图幅设置。

（1）绘制图框。“隧道图 A4 图幅”文件中，按照 A4 图幅的大小绘制图框。

（2）绘制标题栏。按标题栏尺寸绘制标题栏。

步骤 3：在“隧道原图”文件中绘制隧道结构图。

（1）在“点画线”绘中心线。

（2）在“粗实线”图层绘制对称线左侧部分图形。

① 确定两个圆心位置，绘制半径为 321 的圆。

② 找到距对称线 45° 角，以圆心、半径的方式绘制半径为 R 的圆。

③ 绘制左侧墙，并进行修剪，完善细部结构。

④ 将侧墙和拱圈编辑成多段线后向外偏移 40。

（3）用“镜像”命令，沿对称线复制右半部分，完成整个侧墙及拱圈的绘制。

（4）绘制隧道侧墙两侧底细部构造。根据给出尺寸分析应自左向右绘制。

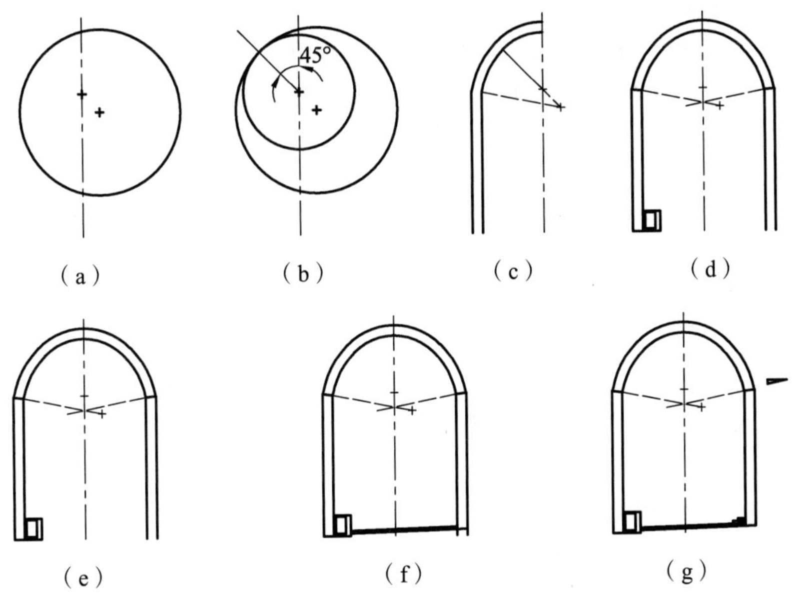

图 4-16　分解图——隧道衬砌断面图的分解

步骤 4：完成尺寸标注。

（1）设置标注样式。新建一个“隧道断面标注”的标注样式，完成样式的直线、符号和箭头、文字（字体可选“Gbeitc”）、调整、主单位等各个选项卡的设置。

以“隧道断面标注”为基础样式新建一个样式，在“创建新标注样式”对话框中选取用于“半径标注”，更改“符号和箭头”选项卡中的起止符号为实心箭头。再以“隧道断面标注”为基础样式新建一个样式，在“创建新标注样式”对话框中选取用于“角度标注”，更改“符号和箭头”选项卡中的“起止符号”为实心箭头，“文字”选项卡中的“对齐方式”为水平。

技巧提示：当工程图中个别剖面图或大样图等图形的缩放比例不同时，可根据实际情况设置多个标注样式。只需更改“主单位”选项中的“测量单位比例”的“比例因子”。可按比例因子等于缩放比例的倒数设置。如图 4-17 所示。

（2）创建尺寸标注。标注图层置为当前，在“隧道断面标注”样式下进行尺寸标注，并对个别标注进行编辑，要做到标注准确，标注位置合理清晰。图中文字或标注的内容显示不出来，应注意检查字体、字高是否符合要求。

步骤 5：完成文字标注。

（1）设置文字样式。按制图标准新建“工程图中的汉字”文字样式，新样式字体可选仿宋，宽度比例可选 0.7 或 0.8。

（2）创建文字标注。将“文字”层置为当前层，在“工程图中的汉字”样式下，按标准要求进行全图及标题栏进行文字标注。

步骤 6：创建外部块，插入图幅。

（1）写块。完成绘图后，用“写块”将断面图以块文件形式保存在桌面（路径可任意指定），块文件名称自拟。

（2）插入块。打开“隧道图 A4 图幅”文件，运用“插入块”命令，将已创建的外部块文件插入图幅。插入块文件时注意插入比例（详见任务一）要符合国家制图标准，调整好插入位置，使布局合理。

（3）更改点画线、虚线图形的线型比例因子（方法同任务一）。

步骤 7：打印输出图形。

保存图形后进行打印设置并打印输出。

【任务小结】

工程断面图是一种常见的图形表达方式，本项目为隧道衬砌断面图，由于左右对称，可用镜像命令来简便操作。图中的倾斜角度线用极轴命令来捕捉。CAD 绘制隧道衬砌断面图时，要做好二维定点方法的操作，就可以绘制出几何关系准确的断面图，图中尺寸标注要做到标注准确，标注位置合理清晰。

【任务训练】

训练：运用直线、圆、修剪、镜像等命令绘制，如图 4-17 所示。

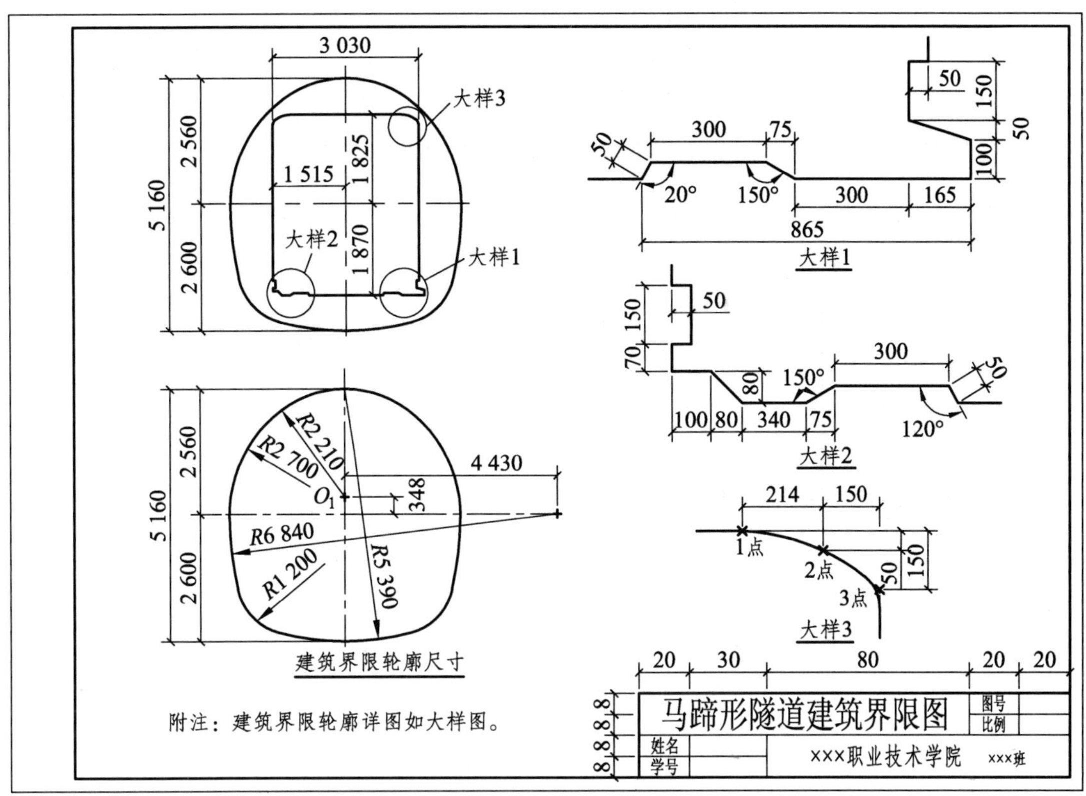

图 4-17　马蹄形隧道建筑界限图

任务五　建筑平面图的绘制

【学习要点】

★ 掌握多线命令绘制建筑平面图的方法与技巧。

★ 掌握运用图块命令插入门窗块的方法。

★ 掌握图案填充和尺寸标注建筑平面图。

★ 学会绘制建筑平面图的流程。

【任务内容】

图 4-18 所示为建筑平面图。建筑平面图是建筑工程图的典型案例。其平面图轮廓多为多线，且带有中心轴线。所以绘制时应设置多样式，并选择相应的比例和对齐方式绘制墙体。通过修改多线命令编辑墙体衔接处，再插入门窗图块，进行图案填充和尺寸标注。

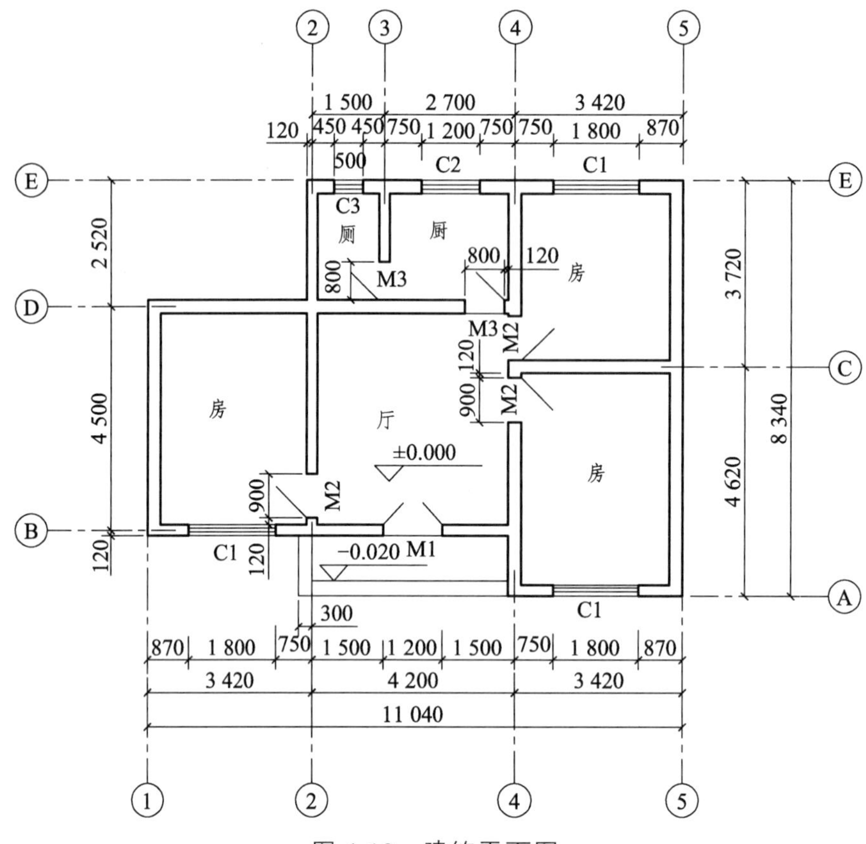

图 4-18　建筑平面图

【操作技能】

步骤 1：绘制绘图环境。

首先要新建一个“房建图”图形文件，然后开始设置绘图环境。

（1）设置图形单位。图形单位设置成“mm”。

（2）设置绘图界限。绘图界限的大小按最大轮廓取整设置。

（3）设置图层。打开“图层特性管理器”对话框，根据图纸情况新建图层，分别设置各图层的线型、线宽等内容。

步骤 2：绘制建筑施工图。

（1）设置多线样式。

设置带有中心轴线的多线样式，中心轴线型为一点画线。

（2）设置多线比例和对齐方法，绘制墙体轮廓线。

运用已设置好的多线样式根据图中所给的尺寸绘制相应的墙体轮廓。绘制外墙时，设置多线的比例为 370；绘制内部间隔墙时，设置多线的比例为 240。多线的对正方式均为“无”选项。

（3）运用修改多线命令编辑墙体衔接处。

选择相应的修改多线方式，对多线 T 形衔接和十字相交衔接处进行编辑。并对门窗处的多线进行打断。

（4）插入门窗图块。

按实际绘制门窗，建成图块后进行插入图形。（也可在“设计中心”中找到门窗图块后插入块，插入时按图中所示的门窗尺寸缩放图块比例。）

步骤 3：绘制尺寸标注。

（1）设置标注样式。

新建一个“房建图”标注样式。根据需要完成样式的直线、符号和箭头、文字、调整、主单位等各个选项的设置。

（2）创建尺寸标注。

当前层为“标注”图层，在“房建图”样式下完成尺寸标注。注意标高和剖切符号标注的标注，标注尺寸必须是原尺寸。

步骤 4：绘制文字标注。

（1）设置文字样式。新建“汉字”文字样式，完成字体、宽度比例等相关设置。

（2）将“文字”层置为当前层，注写文字说明。

步骤 5：打印输出图形。

保存所绘图形，进行打印页面设置，打印输出图形。

【任务小结】

房屋建筑平面图是房屋建筑工程图中最常见的一种图形表达方式。本项目中用多线来绘制墙体，应设置一个带有中心轴线的多线样式，设置对齐方式为“无”，根据不同的墙厚来设置多线的比例。通过修改多线命令编辑墙体衔接处，调整门窗图块尺寸进行插入，最后进行图案填充和尺寸标注。

【任务训练】

训练：运用多线、修改多线、图块等命令绘制图 4-19。

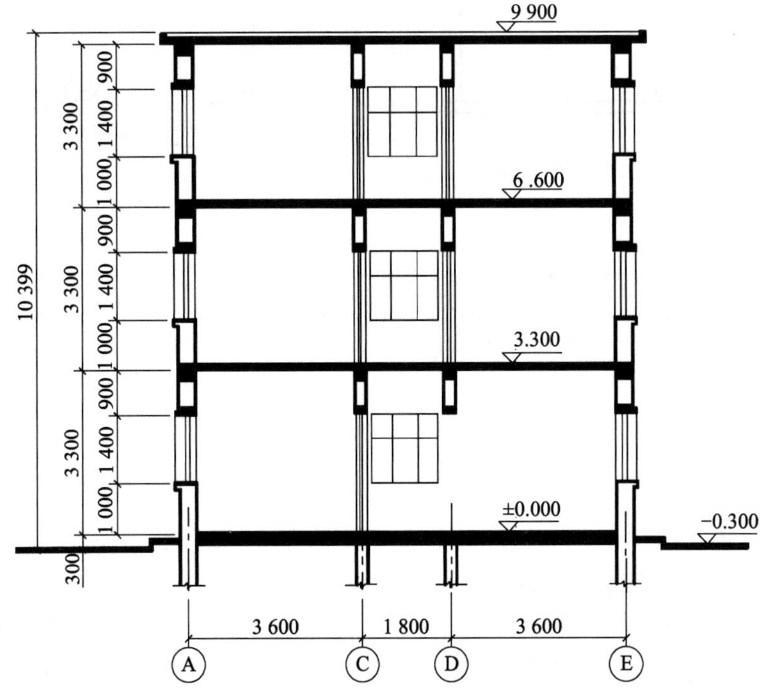

图 4-19　房屋剖面图（1∶100）

任务六　连接板与座板的绘制

【学习要点】

★ 利用所学的命令进行缸体加工工序的绘制，并且熟悉命令的操作。

★ 掌握连接板与座板的制图技巧。

【任务内容】

如图 4-20 所示是缸座的分装工序中连接板和座板组焊的示意图，绘图中主要包括了直线的命令和倒角、倒圆以及正多边形等基本命令，视图可以用镜像的原来绘制，可以减少很多绘图工序。

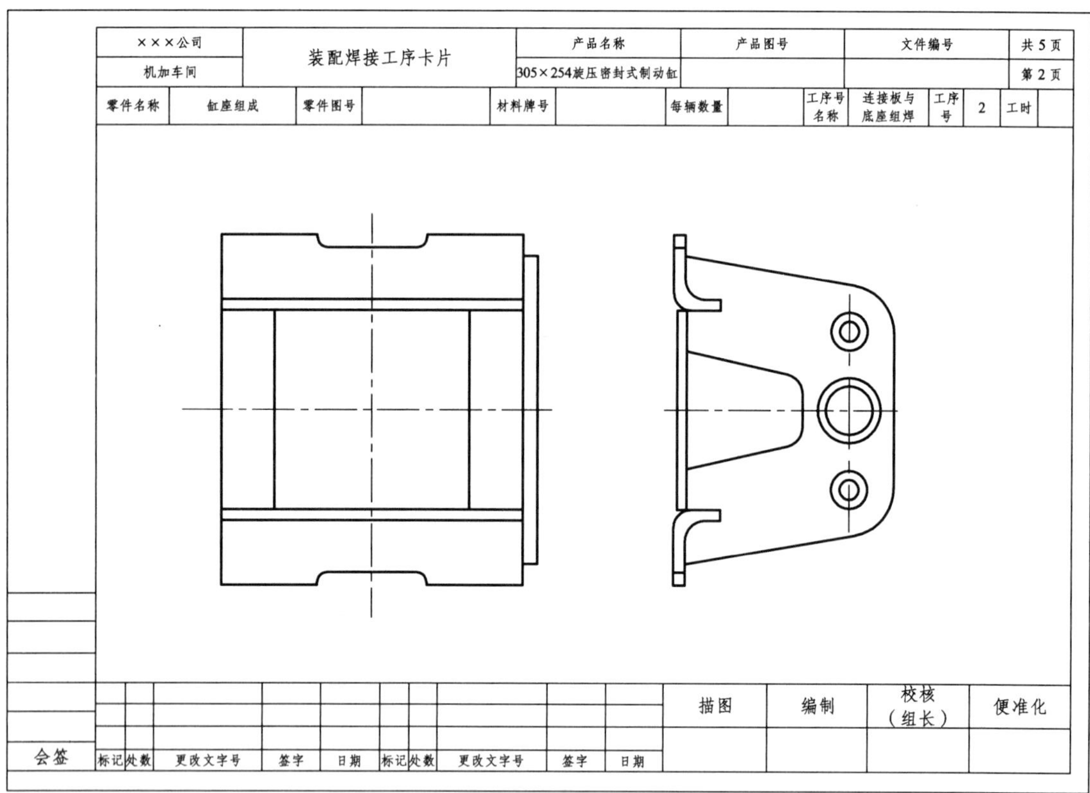

图 4-20　连接板

【操作技能】

步骤 1：启动 AUTOCAD，打开 A3 样板文件，另存为连接板与座板.Dwg，修改样板标题文件标题栏的零件名称等相关参数。

步骤 2：选择“点画线”图层，利用“直线”命令，绘制中心线要保证布局的合理，图层和线宽的设置要合适，如图 4-21 所示。

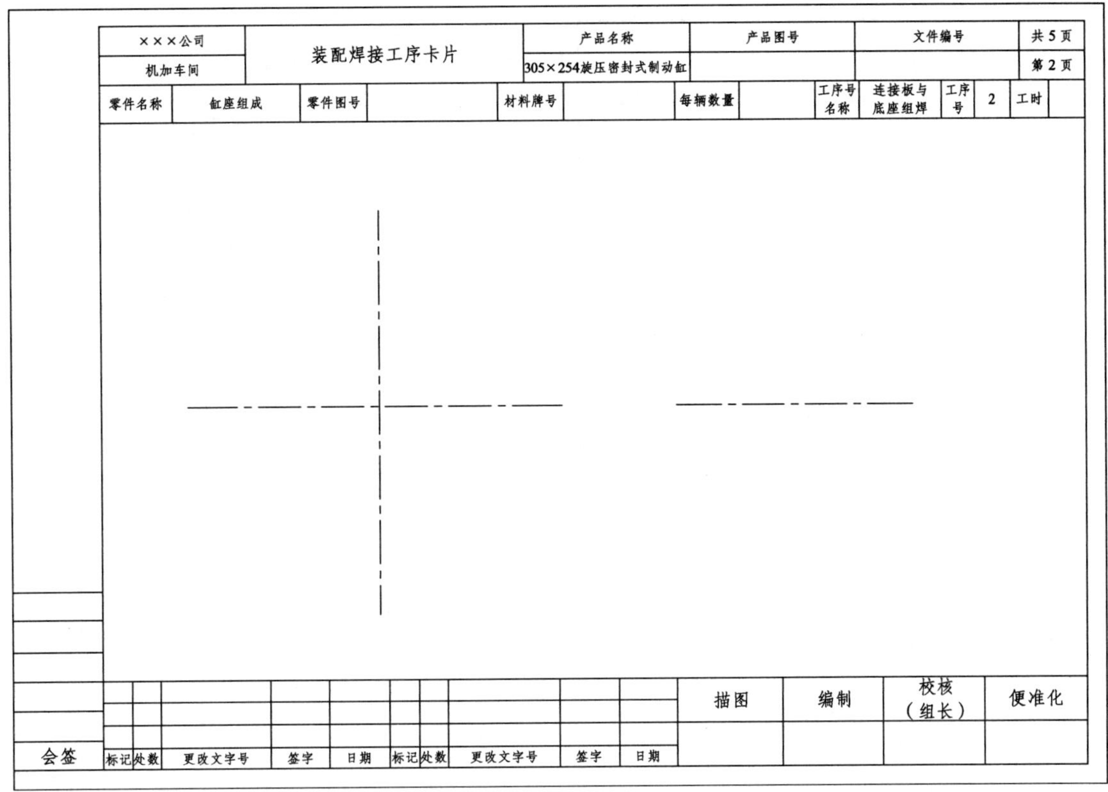

图 4-21　绘制中心线

步骤 3：根据图中尺寸绘制连接板与座板的基本外轮廓形状，绘制图形时结合运用“直线”“修剪”“倒角”“倒圆”“镜像”等命令来完成，如图 4-22 所示。

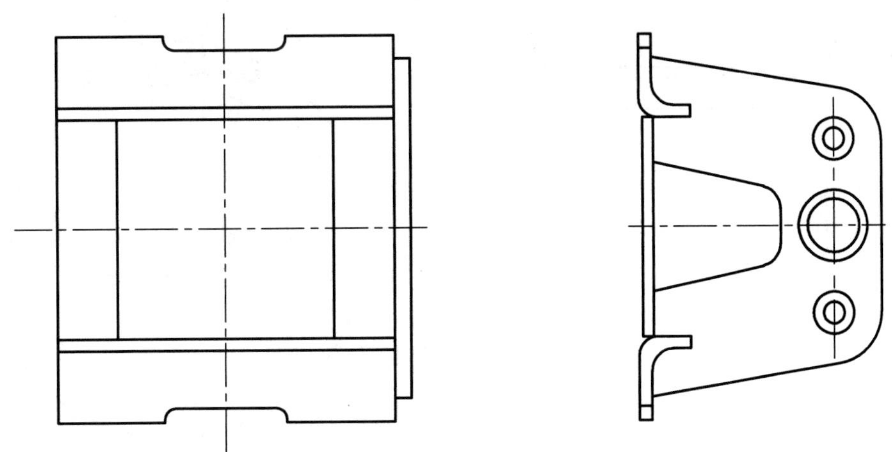

图 4-22　绘制连接板

步骤 4：切换到“尺寸标注”图层，进行尺寸标注前，合理地设置好“尺寸标注样式”，以供选择。标注的结果如图 4-23 所示。

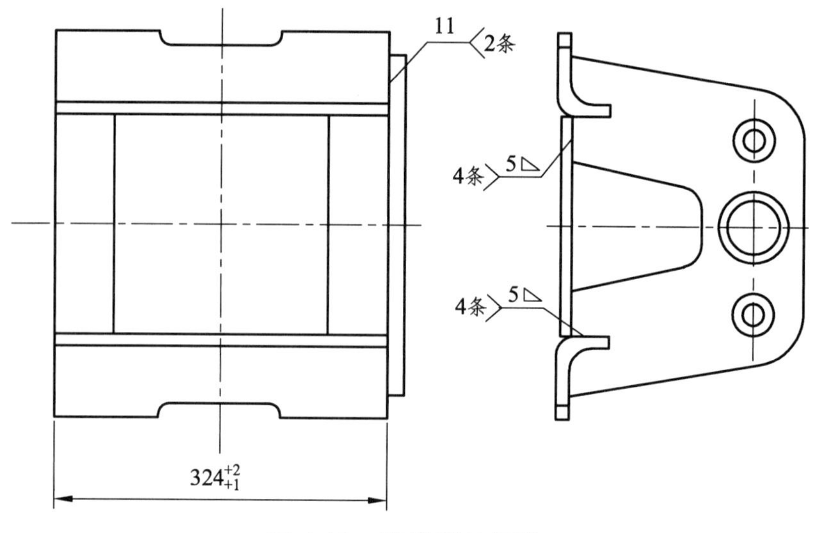

图 4-23　连接板的标注

步骤 5：检查图形，检查无误后，保存图形，退出编辑区，完成此项目。

【任务训练】

训练：绘制图形，如图 4-24 所示，利用镜像命令进行和圆的命令进行制动缸的绘制。

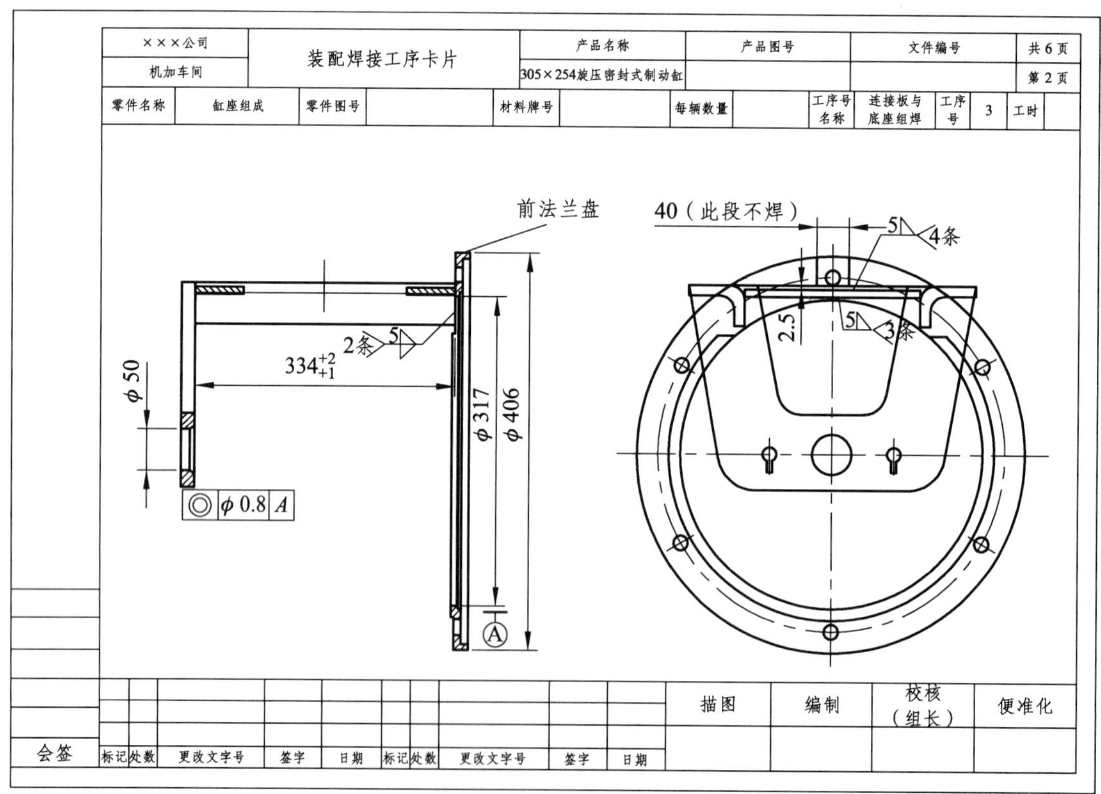

图 4-24　制动缸

任务七　阀体的绘制

【学习要点】

★ 利用所学的命令进行端盖的绘制，并且熟悉命令的操作。

★ 掌握阀体的绘图技巧和基本的视图概念，并且在绘制中主要掌握圆和修剪的命令。

【任务内容】

如图 4-25 所示，阀体主要用于机器的外部，起密封、阻挡灰尘的作用。在机器中只是起辅助作用，精度要求不是很高，加工起来也十分容易。阀体的绘制是一个直线、倒角、圆及圆弧、镜像等命令的综合应用的零件图，并且还包含了各种公差与配合技术要求的简单画法。通过本项目的学习，同学应该掌握绘制端盖的一般方法和技巧，并加强绘图的熟练程度。

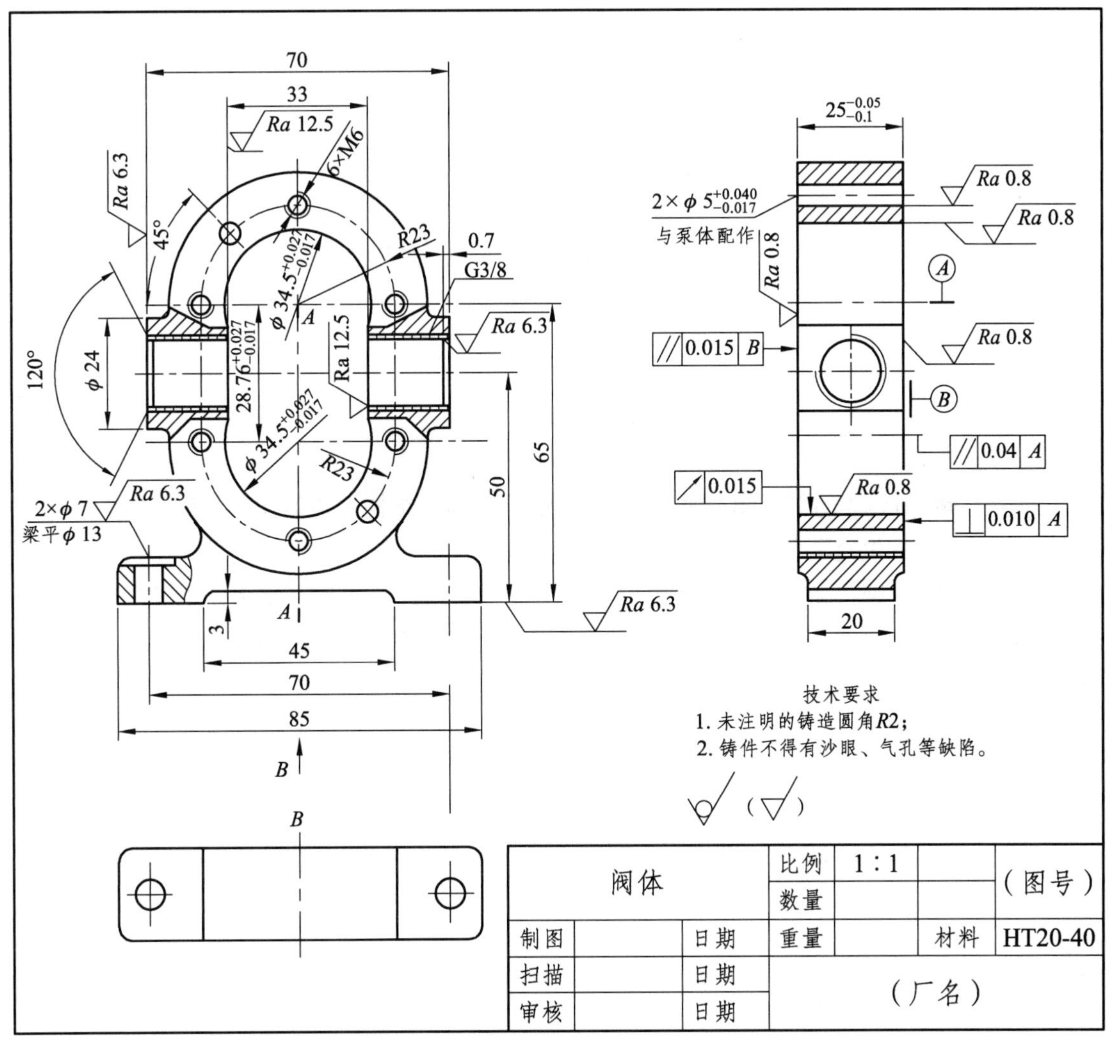

图 4-25　阀体

【操作技能】

步骤 1：启动 AutoCAD，打开 A3 样板文件，另存为端盖.Dwg，修改样板标题文件标题栏的零件名称等相关参数，要保证文字落在对应的“文本”图层上。

步骤 2：绘制中心线，要保证布局的合理，图层和线宽的设置要合适。

步骤 3：根据图中尺寸绘制阀体的俯视图的基本外轮廓形状，绘制图形时结合运用“直线”“圆”“镜像”等命令。尤其是对称图形使用“镜像”命令可以大大提高绘图效率。

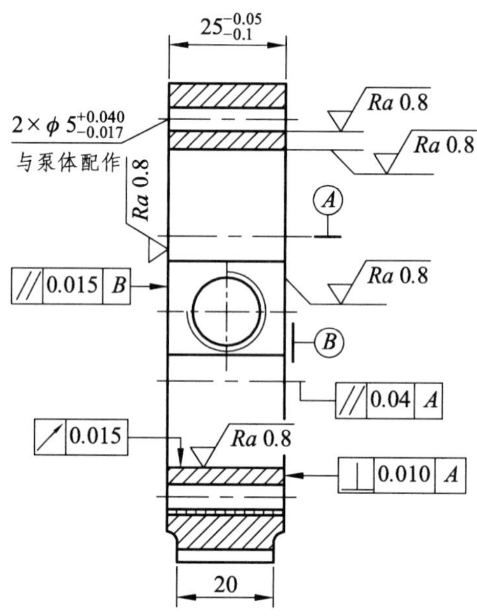

图 4-26　阀体的剖面图

步骤 4：绘制阀体的剖视图，如图 4-26 所示。该部分结构主要运用“直线”“修剪”“倒角”“倒圆”“图案填充”等命令来实现。

步骤 5：切换到“文本图层”在图形中填写技术要求，要根据文字大小的相关要求，合理地选择设置好的“文字样式”。同样，切换到“尺寸标注”图层，进行图形尺寸标注前，要合理地设置好“尺寸标注样式”，以供选择。

步骤 6：检查图形，检查无误后，保存图形，退出编辑区，完成此项目。

【任务训练】

训练：绘制如图 4-27 所示的图形，用镜像命令进行和圆的命令进行制动缸的绘制。

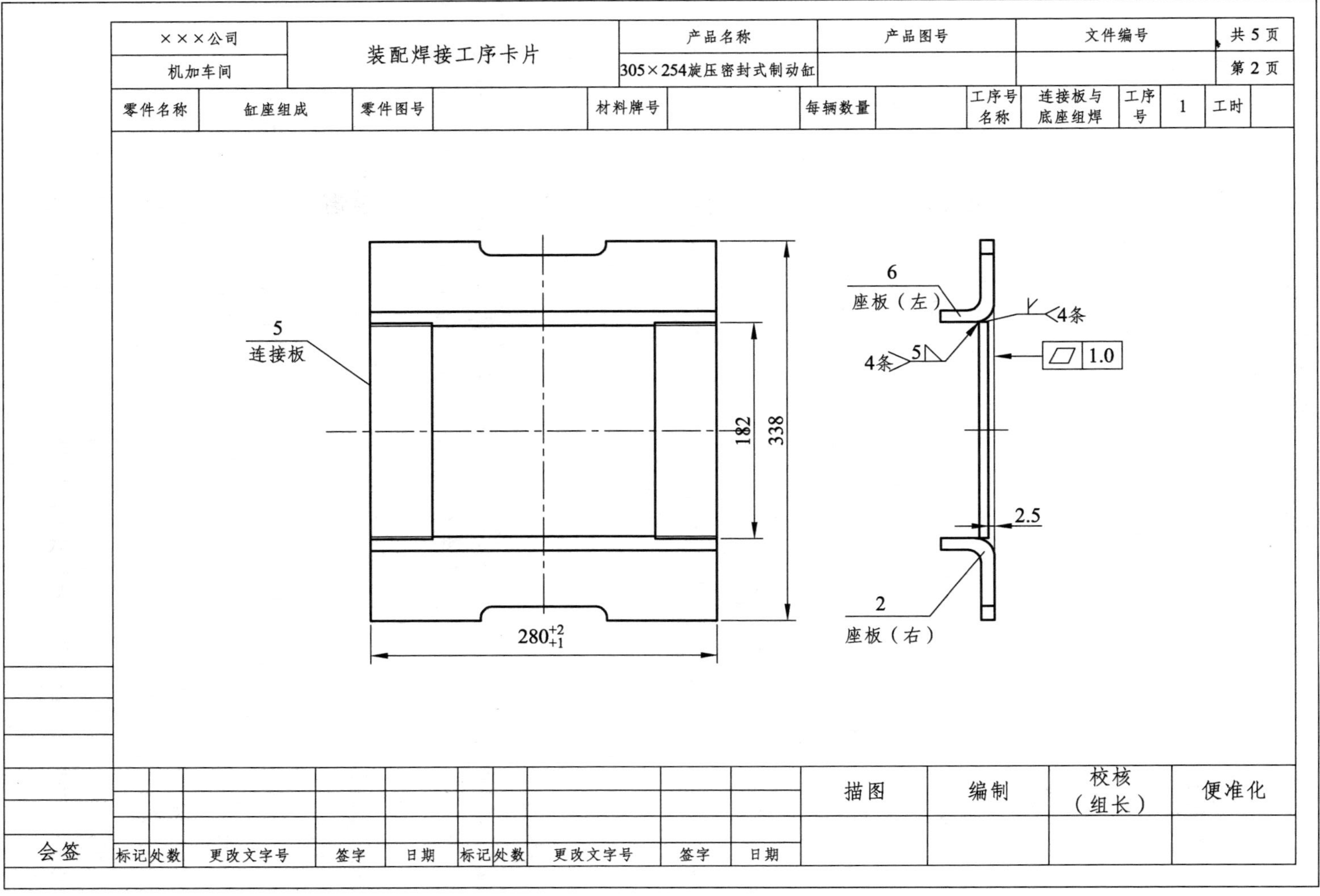

图 4-27　制动缸焊接工序

任务八　轴承支座的绘制

【学习要点】

★ 利用所学的命令进行轴承挂架的绘制，并且熟悉命令的操作。

★ 掌握轴承挂架的基本加工方法。

【任务内容】

如图 4-28 所示的图形。支座主要作用是支承轴及轴上零件，并保证旋转精度，减少轴与支承间的摩擦与磨损。绘图过程中应用直线、倒角、圆以及镜像等命令，其主要组成包括立板、横板、肋板以及圆管。通过本任务的学习同学不仅要掌握挂架的基本简单的表达方法和绘图技巧，还用特别留意其他的技术性能要求。对于其他挂架零件也有了一个初步的认识。

【操作技能】

步骤 1：在 AutoCAD 中，打开 A3 样板文件，另存为轴承挂架.dwg,修改样板文件标题栏中的零件名称等相关参数，主要保证文字落在对应的文本图层上。

步骤 2：设置当前图层为“点划线”， 利用直线命令绘制零件的中心对称线，此时，三个视图的中心线一起表达，便于保证视图的对应关系，确定中心对称线的位置时，要同时考虑到图形的整体布局是否得当。

步骤 3：绘制轴承挂架主视图和俯视图，结果如图 4-29 所示。该过程中，主要运用“直线”“圆”“倒角”“镜像”“图案填充”等命令。在该图的绘制过程中，合理使用“镜像”命令将大大减少绘图工作量。填充时要注意图案比例的设置，和下一步骤提到的局部剖视图中剖面图案比例尽量有点差别，并要求剖面线放置在“剖面线”图层上、采用局部剖视图和局部视图来表达。

步骤 4：绘制支座的俯视图视图。如图 4-30 所示。在绘制该部分结构时，可以运用“直线”“样条曲线”“修剪”“图案填充”等命令。在绘制对象时要注意图层的对应关系。

步骤 5：切换到“尺寸标注”图层，进行图形尺寸标注前，要合理地设置好“尺寸标注样式”，以供选择。切换到“文本”图层，在图形中填写技术要求，要根据文字大小的有关要求，合理地设置好的“文字样式”。标注和尺寸标注的结果如图 4-28 所示。

步骤 6：检查图形，保存图形，退出当前的图形。完成此项目。

5
4
3
2
1
φ47 67/16
M56×2
φ32H12
N30×2
139~203
69
48
80
98
R21
φ22
R15
5 支承杆 1 45钢
4 调节螺母 1 45钢
3 套管 1 45钢
2 螺钉M8×30 1 GB/775—2000
1 底座 1 ZG230-450
序号 名称 数量 材料 备注
微型调节支承
比例 重量 第 张 (图号)
1:1 共 张
制图 (校名) (日期)
审核 (签名) (日期)
(校名)

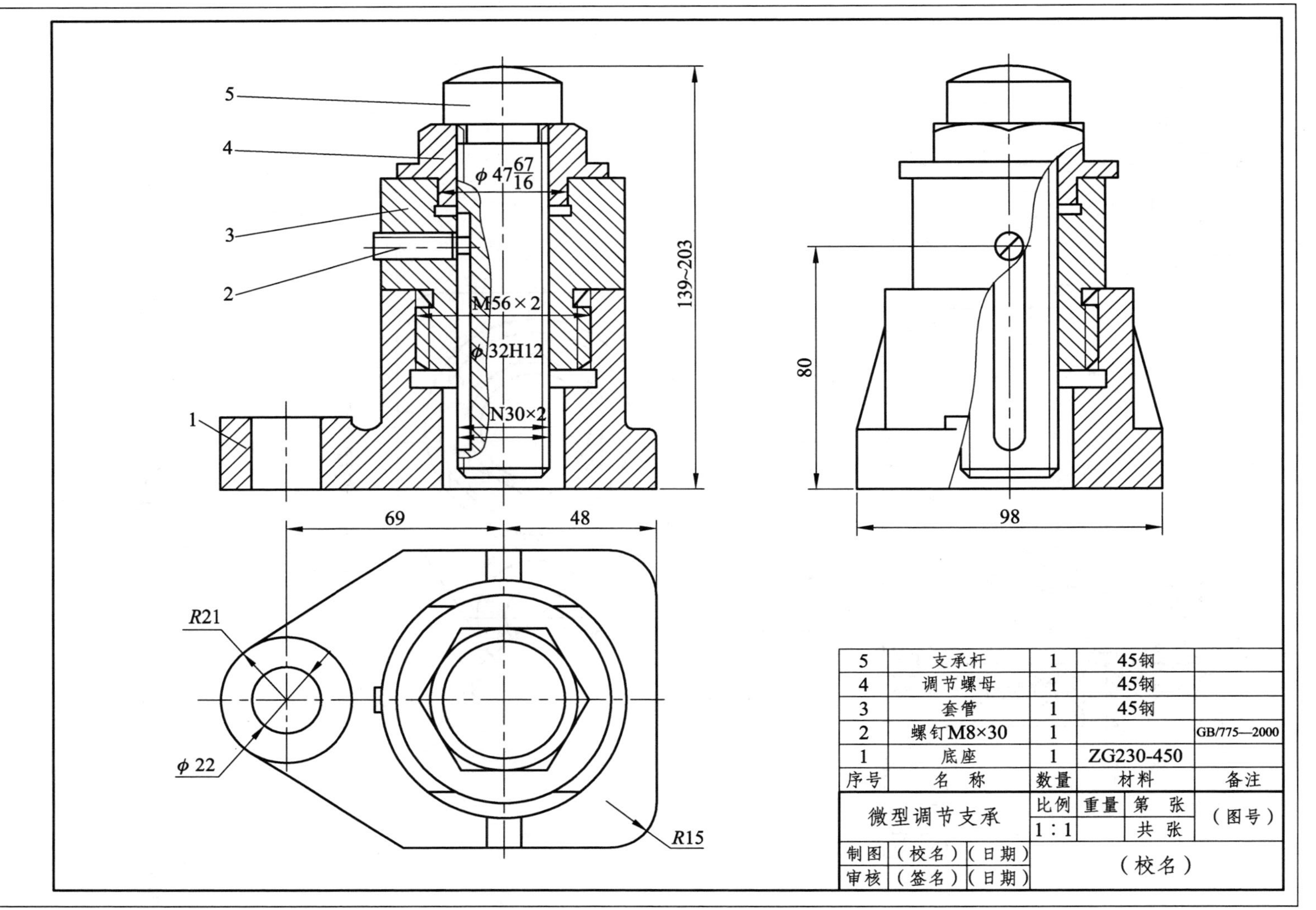

图 4-28　轴承支座

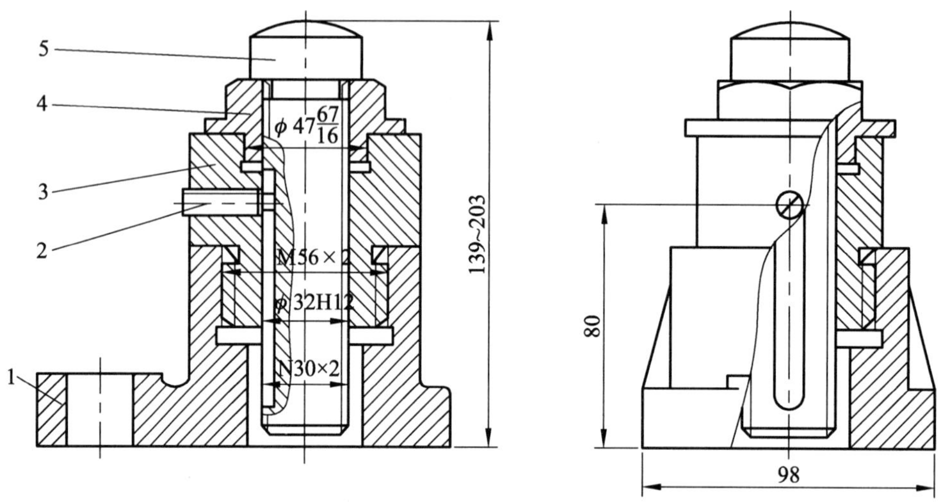

图 4-29　支座的主视图和剖面图

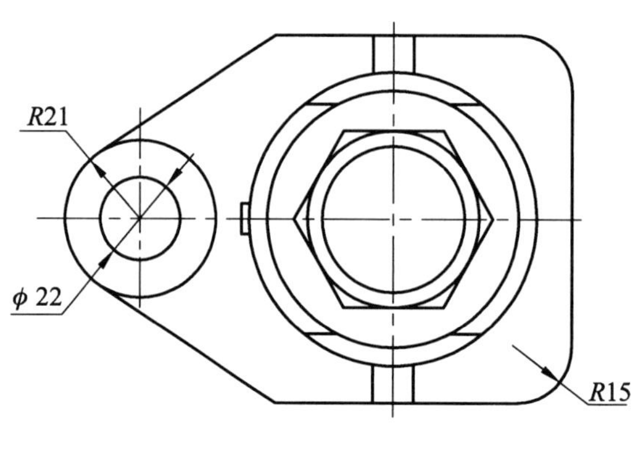

图 4-30　俯视图标注

【任务训练】

训练：绘制如图 4-31 所示的图形，利用镜像命令进行和圆的命令进行齿轮的绘制。

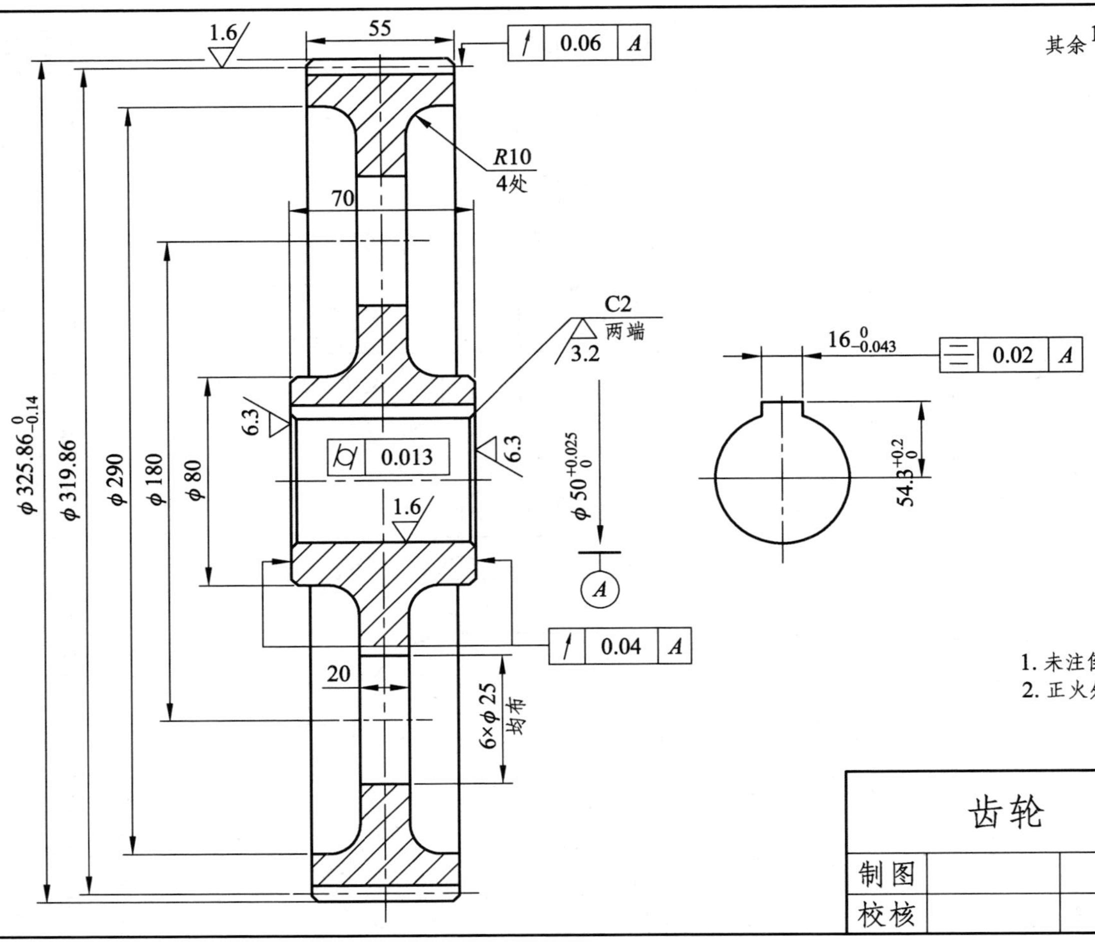

其余 12.5

齿轮参数		
齿数Z_2		105
模数m_n		3
压力角α		20°
全齿高h		6.75
螺旋角β		10°
旋向		右旋
齿轮副中心距a		198±0.036
精度等级：8 km GB10095—1988		
齿厚	公法线长度W	$106.26_{-0.054}^{0}$
	跨齿数k	12
配对齿轮	图号	
	齿数Z_1	25

技术要求

1. 未注倒角；
2. 正火处理，齿面硬度170~210 HBS。

齿轮	数量		比例	1：4
	材料	45	图号	
制图				
校核				

图 4-31 斜齿轮

任务九　端盖的绘制

【学习要点】

★ 利用所学的命令进行端盖的绘制，并且熟悉命令的操作。

★ 正确使用各种命令进行实际的零件绘制。

【任务内容】

完成如图 4-32 所示的图形，端盖是机械零件中重要的制动部件，其设计的合理与否关系着整个产品的好坏，各种性能的要求必须具有一定的理论基础，通过本项目的学习同学不仅要掌握前制动盘的基本简单的表达方法和绘图技巧，还要特别留意其他的技术性能要求。端盖是一个直线和正多边形命令以及镜像等命令的综合应用的零件图，并且还包含了各种公差与配合技术要求的简单画法，同学们可以从中学到很多的绘图技巧。

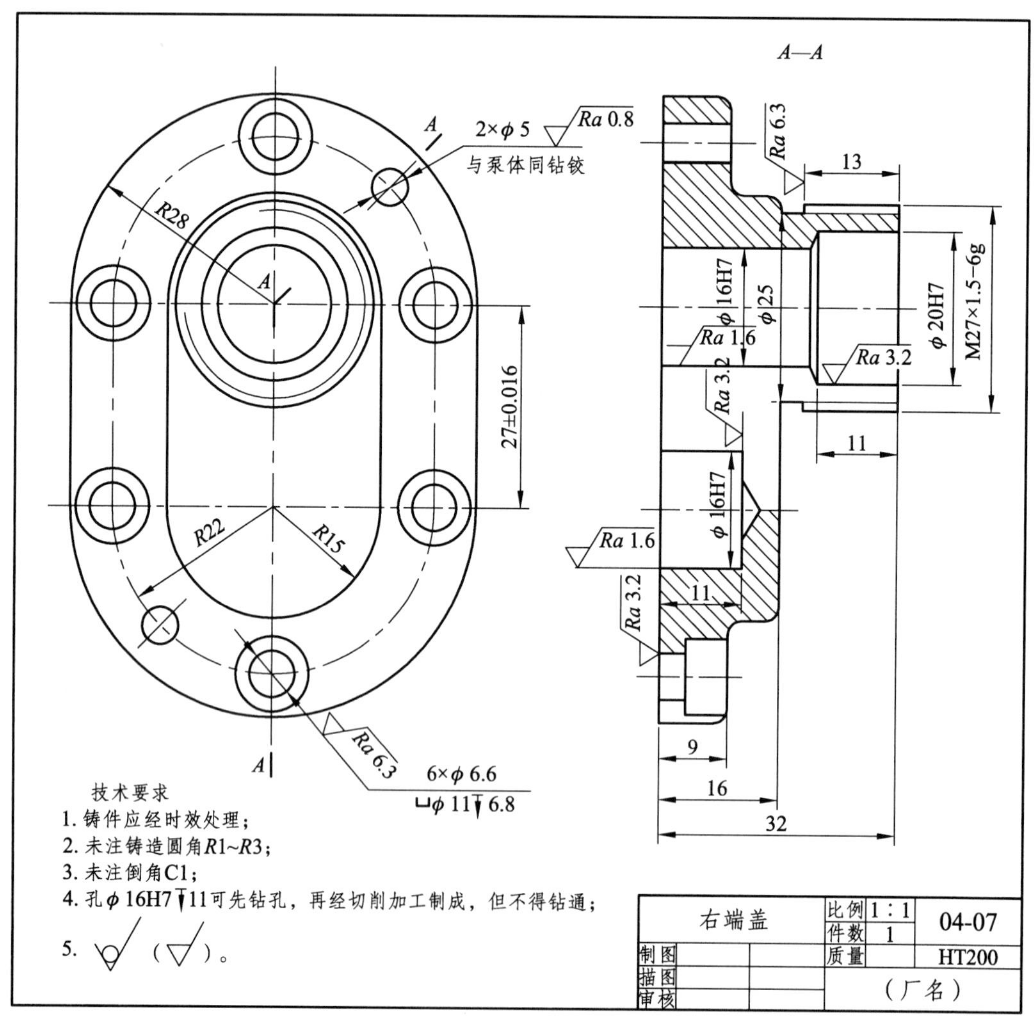

图 4-32　端盖图

【操作技能】

步骤 1：启动 AutoCAD，打开 A3 样板文件，另存为前制动盘.Dwg，修改样板标题文件标题栏的零件名称等相关参数。

步骤 2：绘制中心线，选择“中心线”图层，利用“直线”命令绘制对称线要保证布局的合理，图层和线宽的设置要合适。

步骤 3：根据图中尺寸绘制前制动盘的基本外轮廓形状，绘制图形时结合运用“直线”“修剪”“圆角”“正多边形”等命令，如图 4-33 所示。

步骤 4：创建基本轮廓形状以后，切换到“剖面线”图层，利用“图案填充”命令完成剖面线的绘制，如图 4-34 所示。在此要注意图案填充时的比例设置，比例大小没有统一的规则，若经验不足，也可以尝试几次设置比例值，查看填充结果，直至满意为止，千万不可马虎，影响绘图的质量。

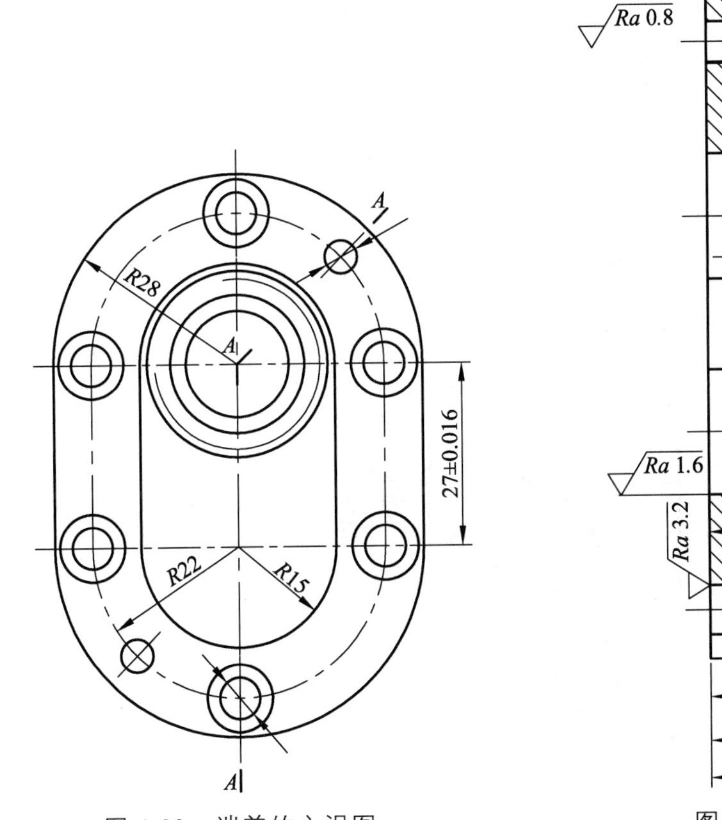

图 4-33　端盖的主视图

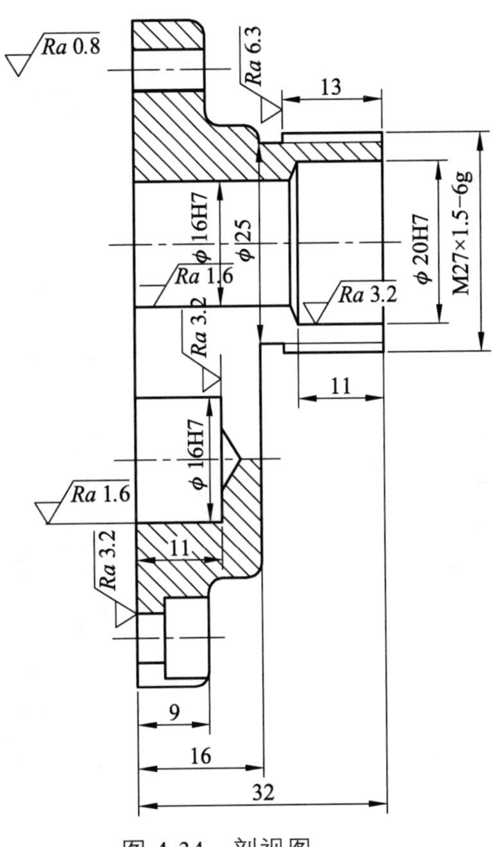

图 4-34　剖视图

步骤 5：在“尺寸标注”图层标注图中尺寸与公差。进行图形尺寸标注前，要合理地设置好“尺寸标注样式”，以供选择。标注的结果如图 4-35 所示。

步骤 6：检查图形，保存图形，退出当前的图形，完成此项目。

【任务训练】

训练：绘制图形，如图 4-36 所示，利用圆和基本的直线命令完成如下任务。

A
2×φ 5
Ra 0.8
与泵体同钻铰
R28
A
27±0.016
R22
R15
Ra 6.3
6×φ 6.6
⊔φ 11↧6.8
A

A—A

Ra 6.3
13
φ 16H7
φ 25
Ra 1.6
Ra 3.2
φ 20H7
M27×1.5−6g
Ra 3.2
11
φ 16H7
Ra 1.6
Ra 3.2
11
9
16
32

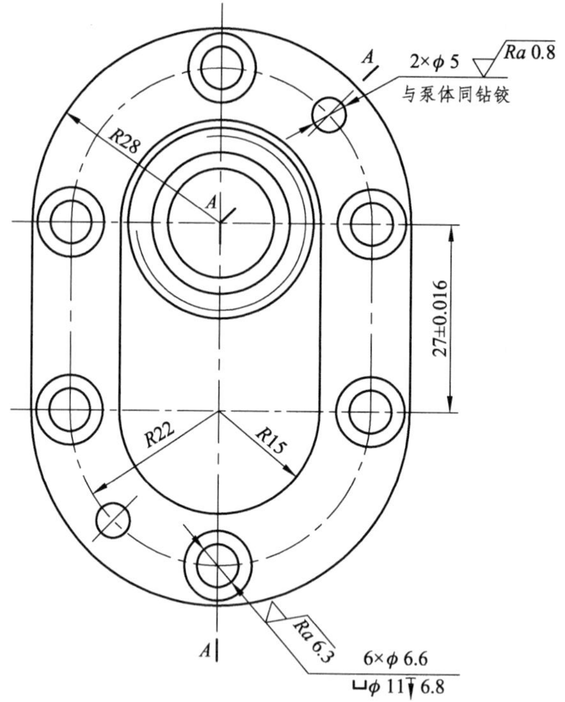

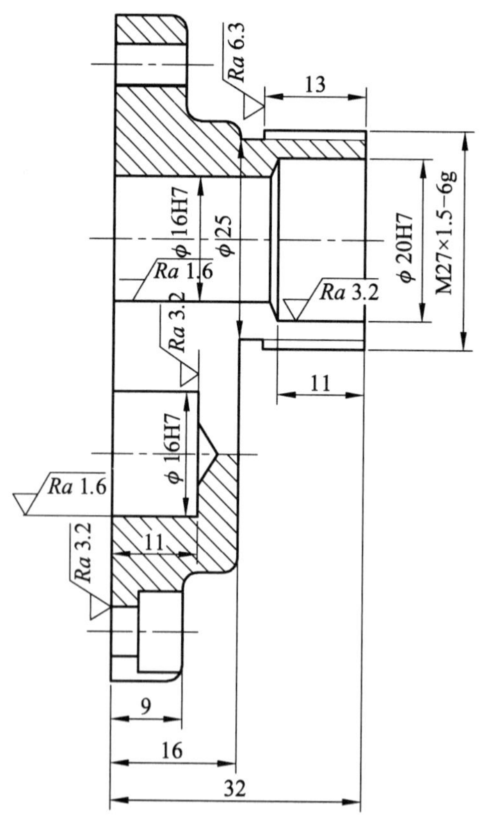

图 4-35　尺寸标注

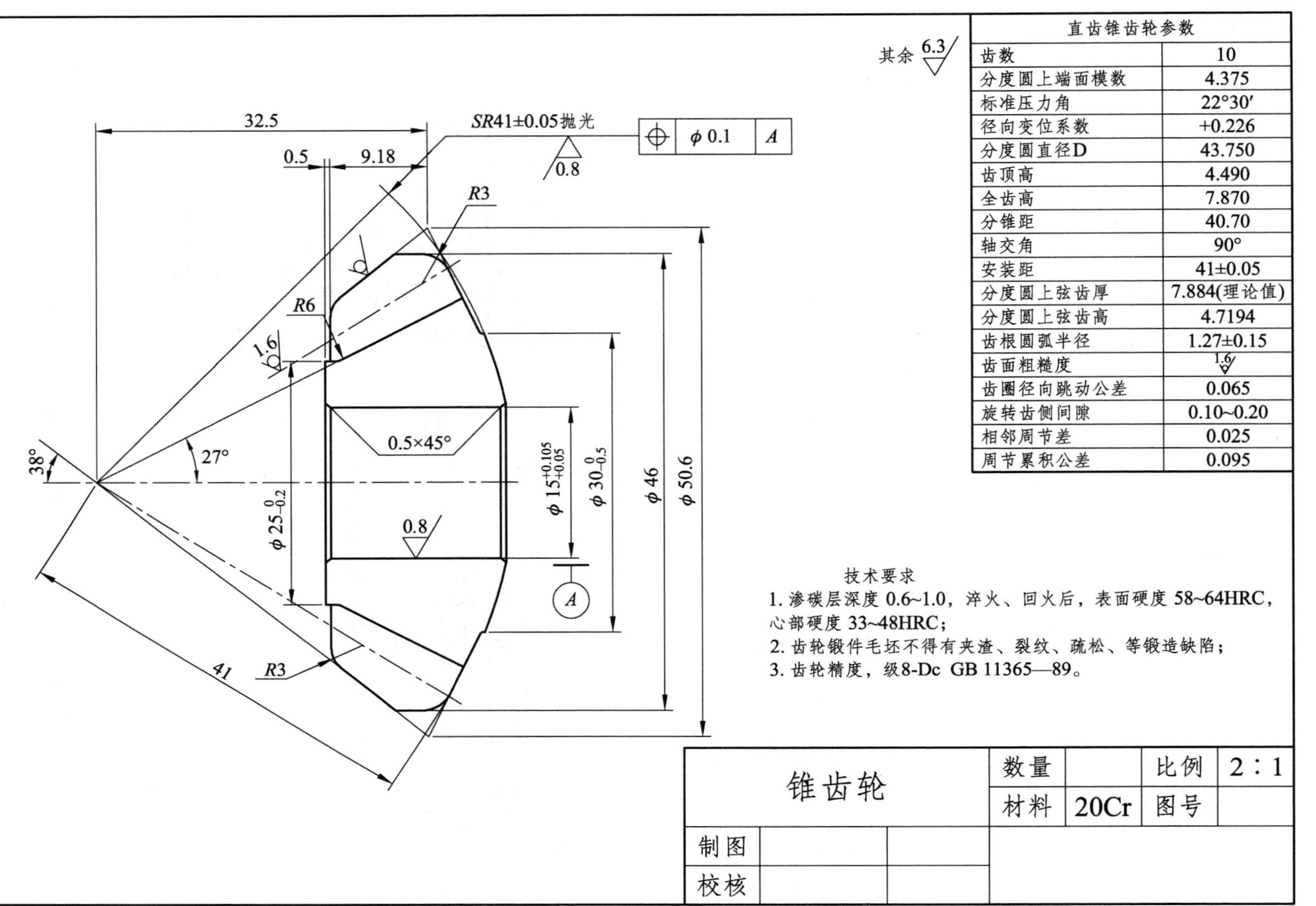

直齿锥齿轮参数	
齿数	10
分度圆上端面模数	4.375
标准压力角	22°30′
径向变位系数	+0.226
分度圆直径D	43.750
齿顶高	4.490
全齿高	7.870
分锥距	40.70
轴交角	90°
安装距	41±0.05
分度圆上弦齿厚	7.884(理论值)
分度圆上弦齿高	4.7194
齿根圆弧半径	1.27±0.15
齿面粗糙度	1.6
齿圈径向跳动公差	0.065
旋转齿侧间隙	0.10~0.20
相邻周节差	0.025
周节累积公差	0.095

技术要求

1. 渗碳层深度 0.6~1.0，淬火、回火后，表面硬度 58~64HRC，心部硬度 33~48HRC；
2. 齿轮锻件毛坯不得有夹渣、裂纹、疏松、等锻造缺陷；
3. 齿轮精度，级8-Dc GB 11365—89。

锥齿轮		数量		比例	2∶1
		材料	20Cr	图号	
制图					
校核					

图 4-36 锥齿轮图

项目训练

训练 1：运用直线、多段线、圆、镜像、偏移、阵列等命令绘制图 4-37。

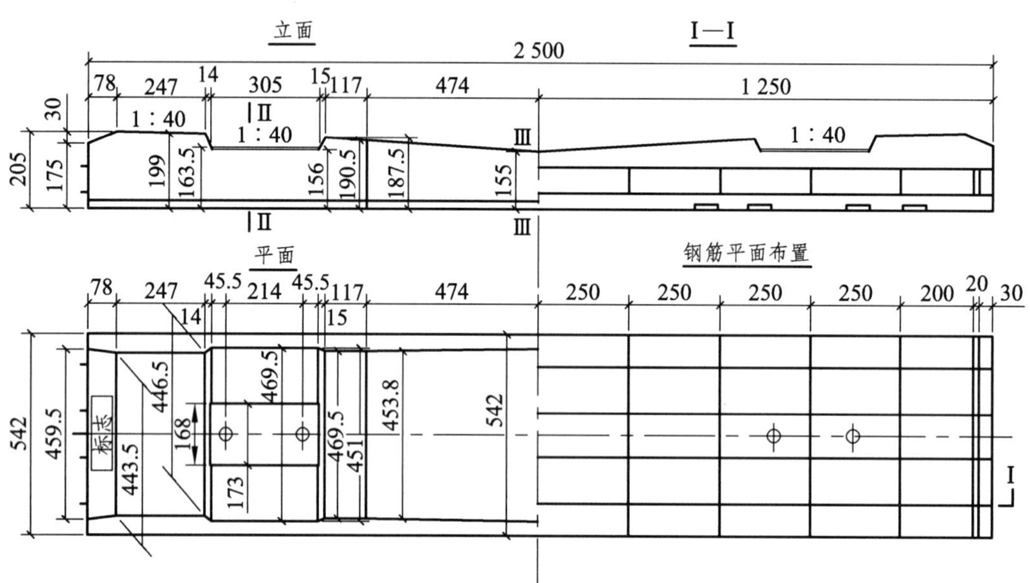

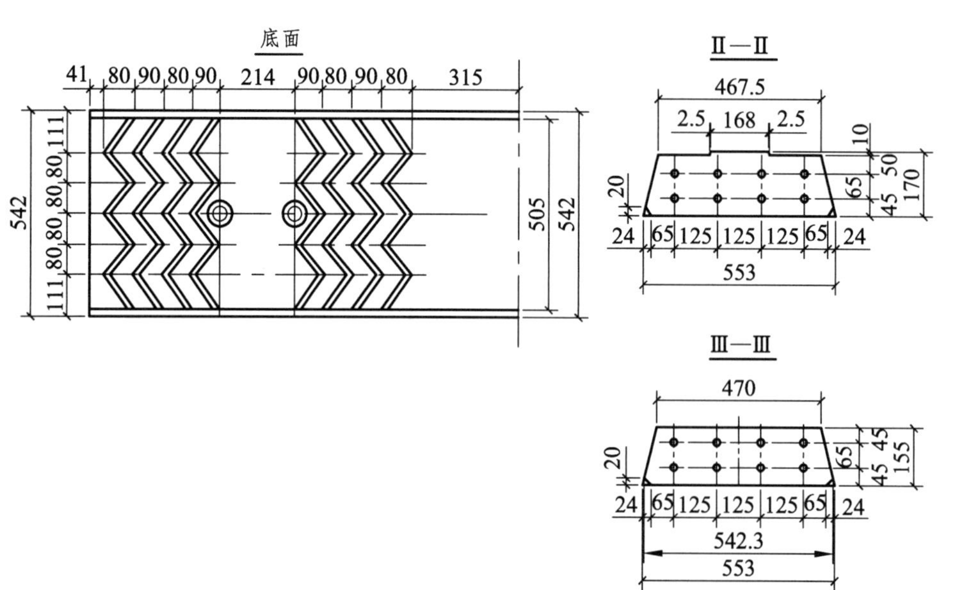

图 4-37　混凝土宽枕（尺寸单位：mm）

训练 2：运用绘图和编辑工具栏的相关命令绘制图 4-38。

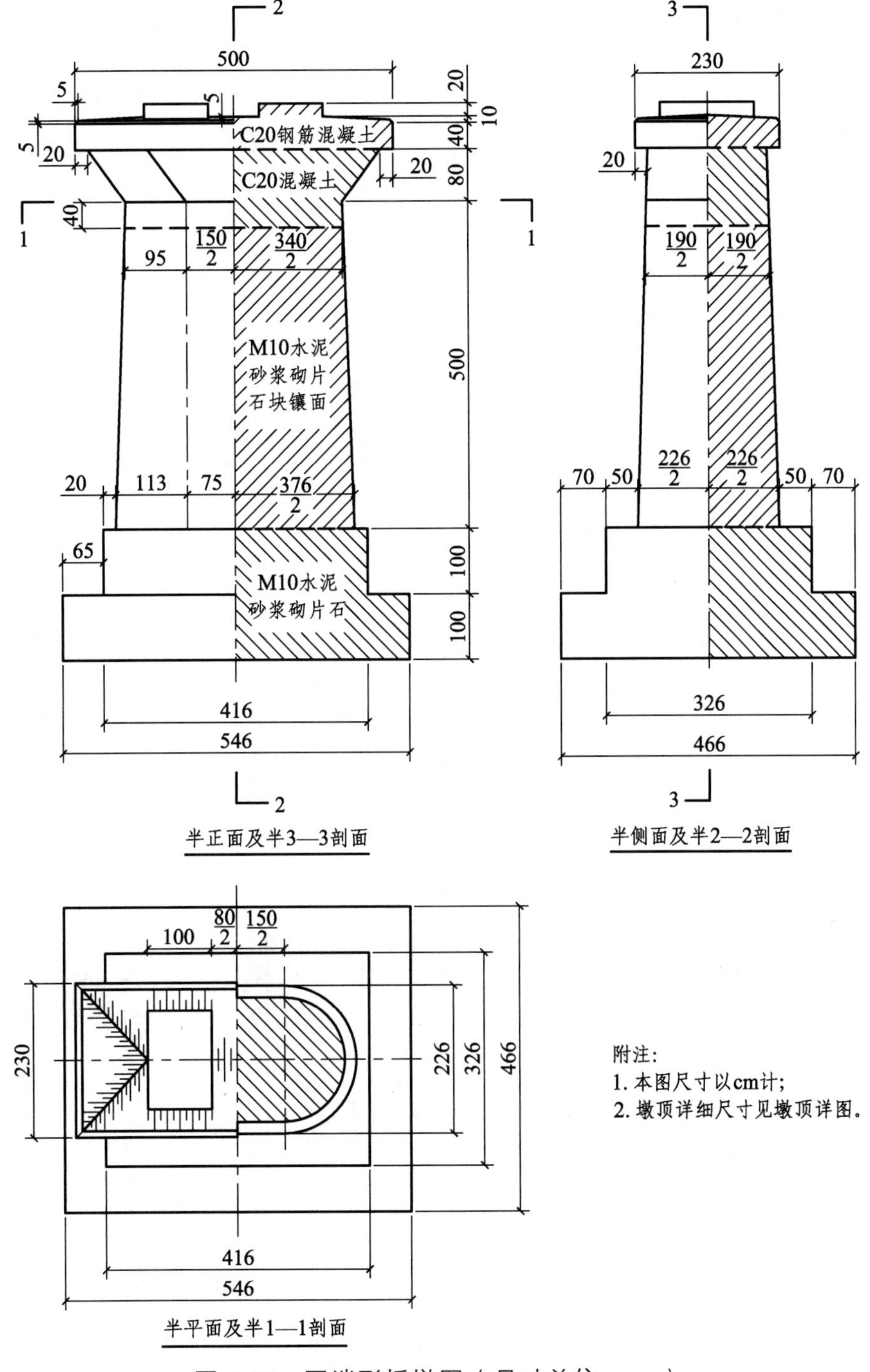

图 4-38　圆端形桥墩图（尺寸单位：cm）

训练 3：运用多线、编辑多线和图块等命令绘制图 4-39。

训练 4：绘制 4-40 所示的图形，并标注尺寸。

训练 5：绘制 4-41 所示的图形，并标注尺寸。

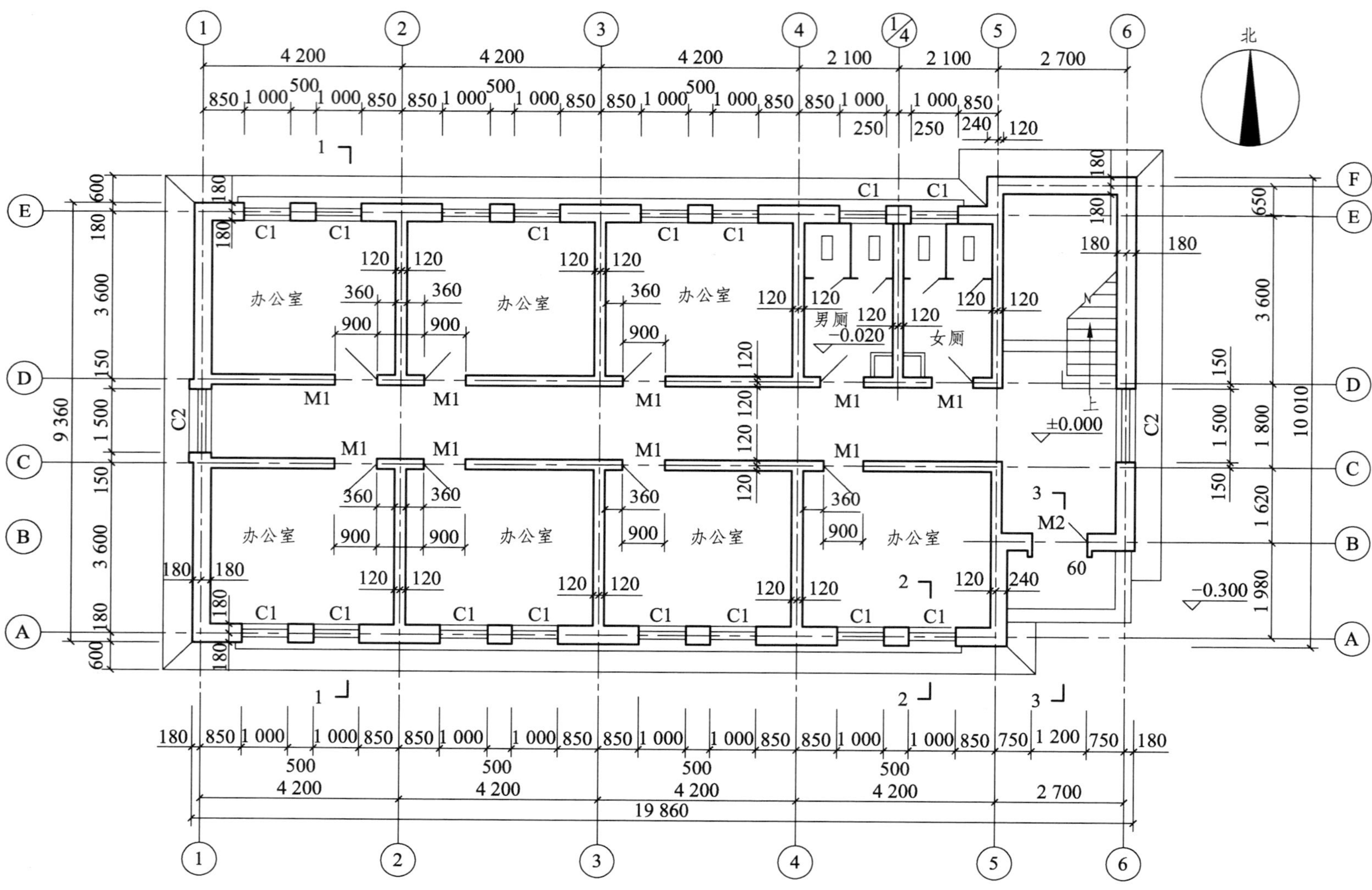

图 4-39　房屋平面图（1：100）

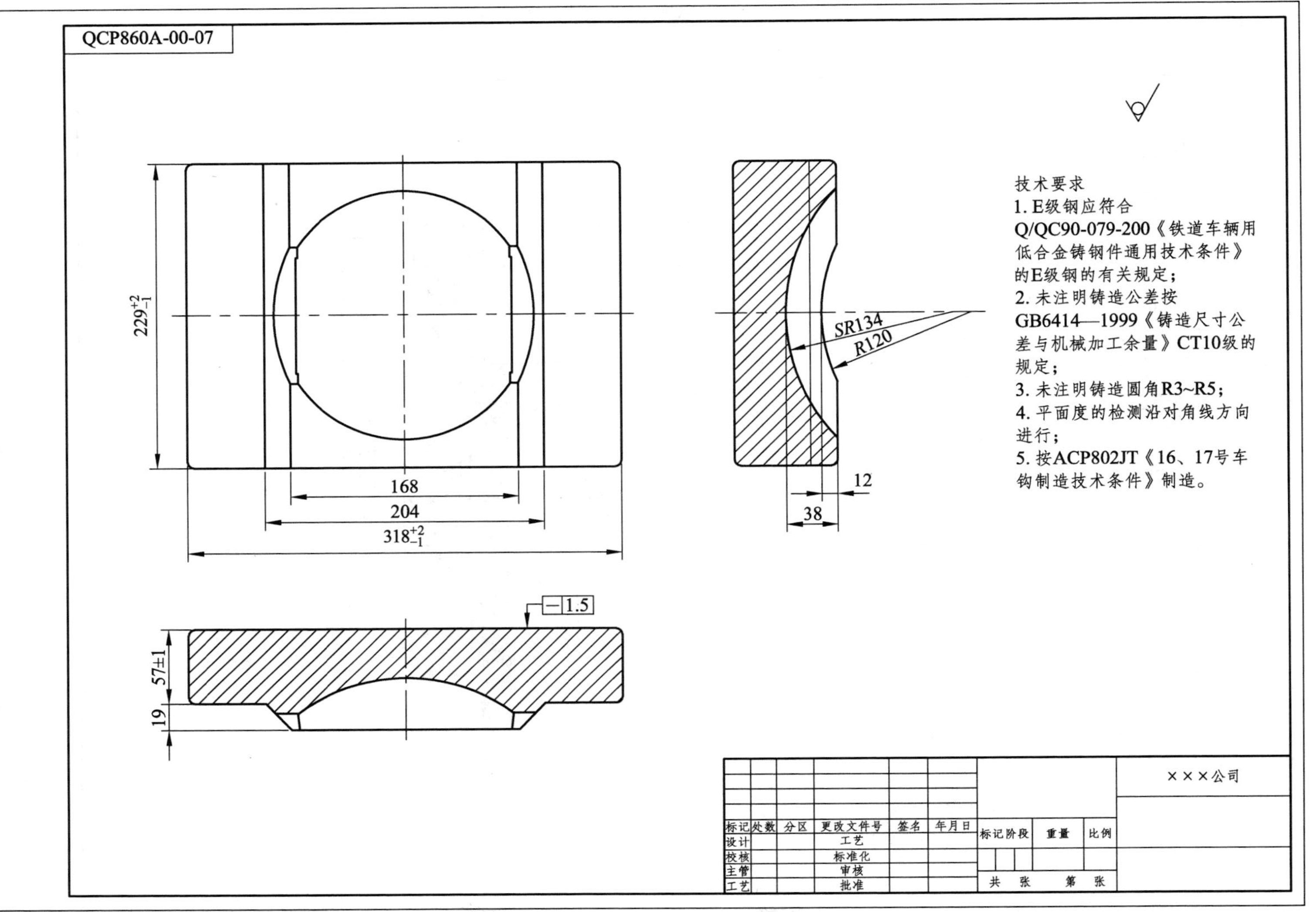

图 4-40　主动板焊接工装图

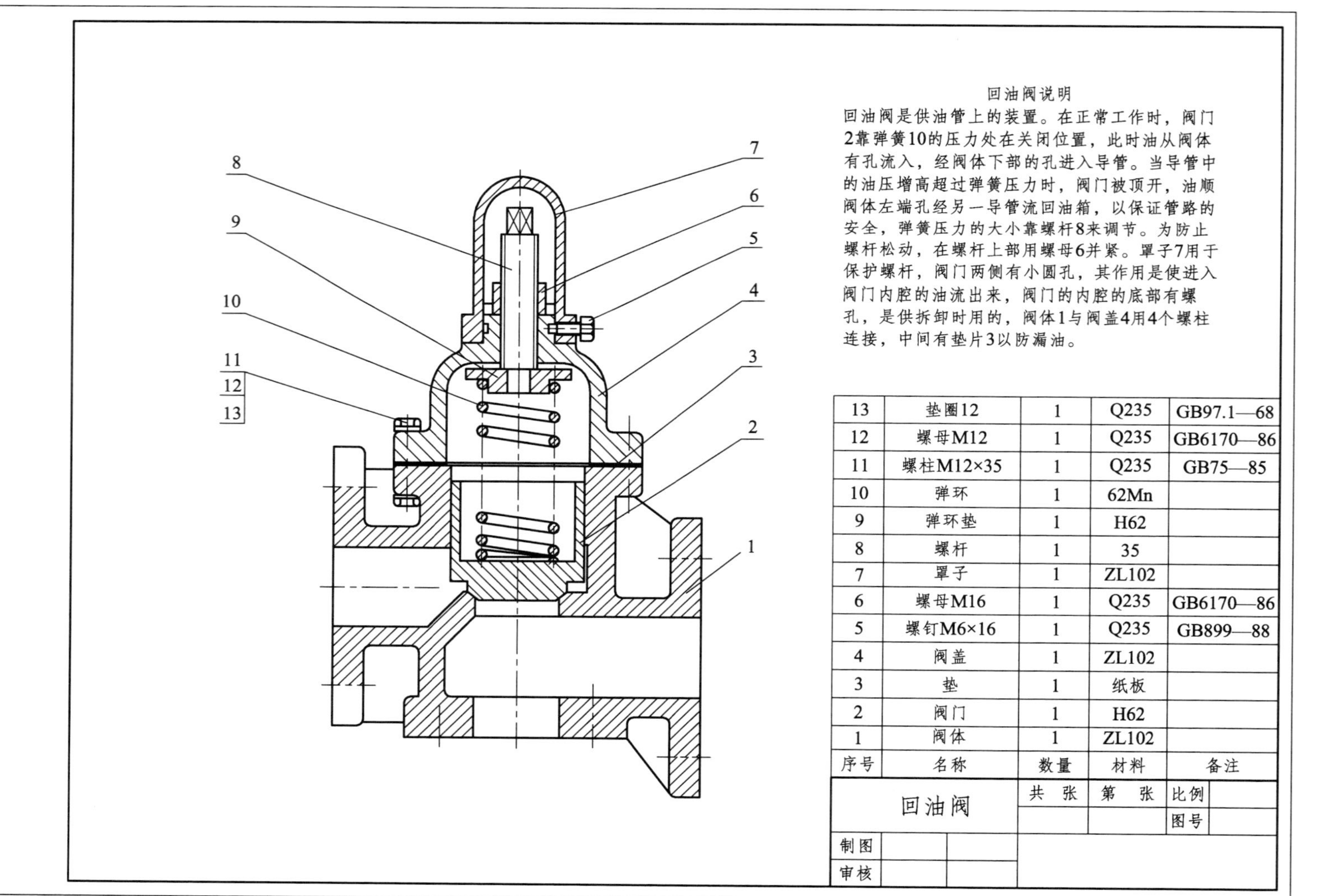

回油阀说明

回油阀是供油管上的装置。在正常工作时，阀门2靠弹簧10的压力处在关闭位置，此时油从阀体有孔流入，经阀体下部的孔进入导管。当导管中的油压增高超过弹簧压力时，阀门被顶开，油顺阀体左端孔经另一导管流回油箱，以保证管路的安全，弹簧压力的大小靠螺杆8来调节。为防止螺杆松动，在螺杆上部用螺母6并紧。罩子7用于保护螺杆，阀门两侧有小圆孔，其作用是使进入阀门内腔的油流出来，阀门的内腔的底部有螺孔，是供拆卸时用的，阀体1与阀盖4用4个螺柱连接，中间有垫片3以防漏油。

序号	名称	数量	材料	备注
13	垫圈12	1	Q235	GB97.1—68
12	螺母M12	1	Q235	GB6170—86
11	螺柱M12×35	1	Q235	GB75—85
10	弹环	1	62Mn	
9	弹环垫	1	H62	
8	螺杆	1	35	
7	罩子	1	ZL102	
6	螺母M16	1	Q235	GB6170—86
5	螺钉M6×16	1	Q235	GB899—88
4	阀盖	1	ZL102	
3	垫	1	纸板	
2	阀门	1	H62	
1	阀体	1	ZL102	

回油阀		共 张	第 张	比例	
				图号	
制图					
审核					

图 4-41　回油阀装配图

项目五　绘制三维实体模型

【项目导学】

三维绘图具有很多的优点，尤其是在制作各类工程效果图时，具有很大的优越性，图形表现得更加丰富、直观和生动。在 AutoCAD 中可以运用各种三维建模命令精确绘制三维实体、编辑三维实体、进行动态观察，还可以对图形进行标注尺寸和渲染。本项目按照工程形体绘制的思路，循序渐进地介绍了工程三维实体的绘制方法和技巧。

【学习目标】

1. 知识目标

（1）了解三维建模的基本知识。

（2）熟悉绘制三维实体的基本方法。

（3）学会运用布尔运算创建复杂三维实体对象。

（4）熟悉三维实体的编辑和修改方法。

（5）了解三维渲染的基本知识和方法。

2. 能力目标

（1）熟练创建三维实体。

（2）熟练编辑三维实体。

（3）灵活运用布尔运算绘制复杂三维实体。

（4）熟练渲染三维实体。

3. 素质目标

（1）培养学生严谨、细致、求实的绘图习惯。

（2）培养学生具有热爱并专注 AutoCAD 绘图工作岗位的职责意识。

（3）培养学生良好的职业素养，具有从业必备的沟通能力和团队协作精神，以及勇于创新的主动意识和敬业乐业的工作作风。

任务一　创建四视窗屏幕

【学习要点】

★ 了解三维绘图的基础知识。

★ 明确三维坐标系统，能够自如建立 UCS 坐标系。

★ 掌握三维视图观察的方法。

【任务内容】

前面各章中介绍创建的都是二维图形的绘制，但当绘制对象在空间结构上相当复杂，或者用户要求对产品的设计效果进行全局考察时，就需要创建相应的三维图形，以便对设计进行观察和修改。本任务是对三维视图观察的训练，绘制一个矩形，再创建 4 个相等的视口观察图形，如图 5-1 所示。

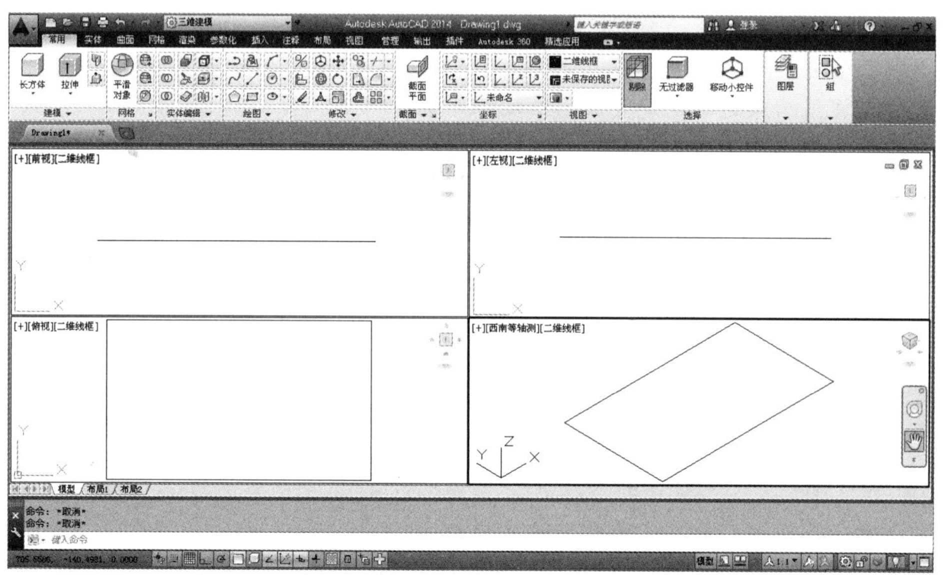

图 5-1　创建四个相等的视口

【理论基础】

一、三维模型概述

AutoCAD 2014 创建三维模型分为 3 种类型：

（1）线性模型：线性模式是对三维对象的轮廓描述，没有表面，由描述轮廓的点、线、面组成，如图 5-2 所示。由于线性模型没有面和体的特征，因而不能进行消隐和渲染等处理。

（2）表面模型：表面模型是用面来描述三维对象。由于表面模型具有面的特征，因此可以对它进行物理计算以及进行渲染和着色的操作。

（3）实体模型：实体模型不仅具有线和面的特征，而且还具有实体的特征，如体积、重心和惯性矩等，如图 5-3 所示。

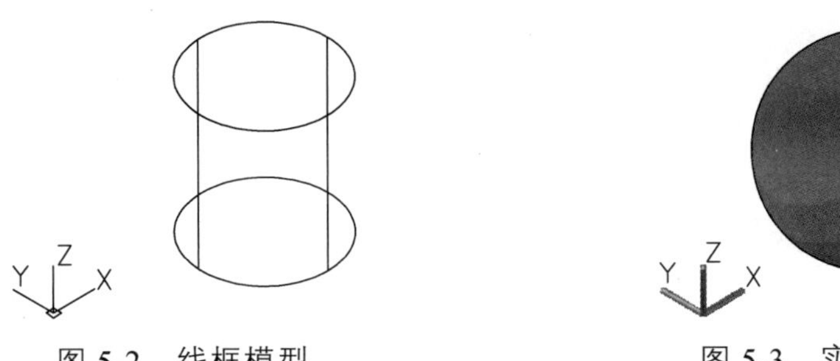

图 5-2　线框模型　　　　图 5-3　实体模型

在 AutoCAD 中，不仅可以建立基本的三维实体，进行剖切、装配、干涉、检查等操作，而且还可以对实体进行布尔运算，以构造并绘制复杂的三维实体。此外，运用消隐和渲染技术，还可以使实体具有很好的可视性，因而实体模型广泛应用于广告设计和三维动画等领域。本书仅对实体模型进行介绍。

二、三维坐标系统

在 AutoCAD 中，掌握绘制三维图形的方法、灵活建立和使用三维坐标系、准确地在三维空间拾取点是绘制三维视图的关键。三维坐标系统分为世界坐标系（WCS）和用户坐标系（UCS）两种。

1. 世界坐标系

每种三维图形系统都有一个基准坐标系，称为“世界坐标系”简称 WCS。WCS 是一个固定不变的笛卡儿坐标系即直角坐标系。对于二维绘图来说，世界坐标系足以满足要求。

2. 用户坐标系

在进行三维空间图形的绘制时，为了方便创建三维模型，系统允许根据自己的需要设定坐标系，即用户坐标系，简称 UCS。值得注意的是在任何时候当前坐标系只有一个，输入与显示的所有坐标都是相对于当前坐标系的。

3. 在三维空间中精确定位

在实际的绘图工作中，AutoCAD 2014 提供了多种对点进行选择和定位的方法。

（1）直接输入点的坐标。

在三维空间中，对点进行选择和定位的方法之一就是在命令中直接输入点的坐标，输入点坐标时可采用相对坐标和绝对坐标两种方式。用这种方法可绘制准确的图形。

（2）使用对象捕捉。

在绘图过程中，许多对象上点的位置比较特殊，比如圆的圆心、直线的始点和终点等。

用户在制图时，常需要捕捉这样的点来提高绘图的效率。

三、建立 UCS 坐标系

1. 命令的调用方法

（1）下拉菜单：单击[工具]\[新建 UCS]命令。

（2）工具栏：单击坐标工具栏中的按钮。

（3）键盘命令：在命令行输入 UCS。

2. 功　能

在三维制图的过程中，通过改变原点 O（0, 0, 0）的位置，正确地建立用户坐标系是建立 3D 模型的关键。

3. 操作及选项说明

命令: _ucs

当前 UCS 名称: *世界*

指定 UCS 的原点或 [面(F)/命名(NA)/对象(OB)/上一个(P)/视图(V)/世界(W)/X/Y/Z/Z 轴(ZA)] <世界>: _3

（1）指定 UCS 的原点创建坐标系。

"原点"选择该菜单项，可以设置坐标原点。新坐标系将平行于原 UCS，坐标轴的方向不变，接受原 XY 平面，坐标原点如图 5-4（a）所示。

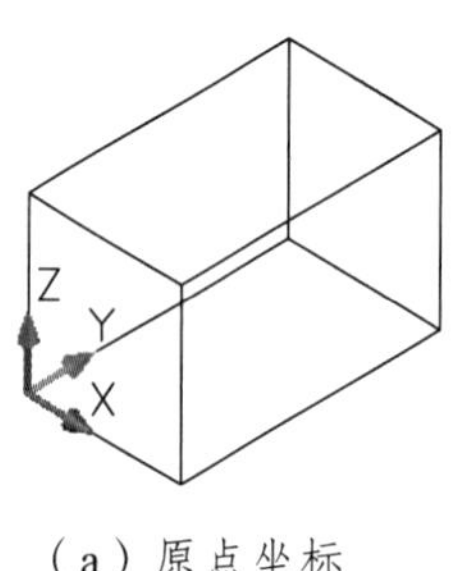

（a）原点坐标

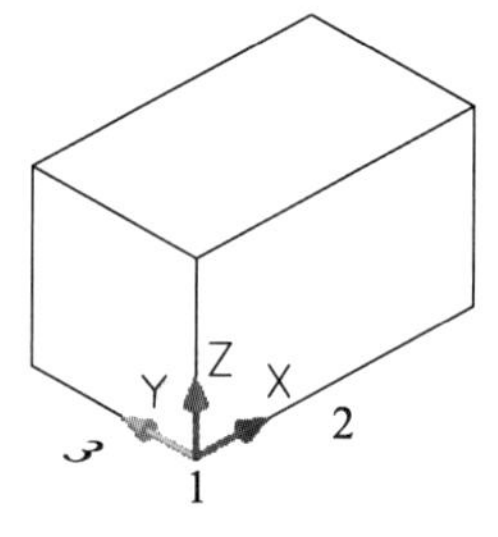

（b）三点坐标

图 5-4　原点坐标和三点坐标

（2）创建三点坐标系。

"三点"选择该菜单项，可以通过在三维空间的任意位置指定三点来定义坐标系，其中，第一点定以坐标系原点，第二点定义 X 轴正向，第三点定义 Y 轴正向，三点坐标如图 5-4（b）所示。

（3）"Z 轴矢量"创建坐标系。

选择该菜单项，可以通过定义 Z 轴的正向来设置当前 XY 平面。这时需要选择两点，第一点被作为新的坐标系原点，第二点决定 Z 轴的正向，XY 平面垂直于新的 Z 轴，如图 5-5（a）所示。

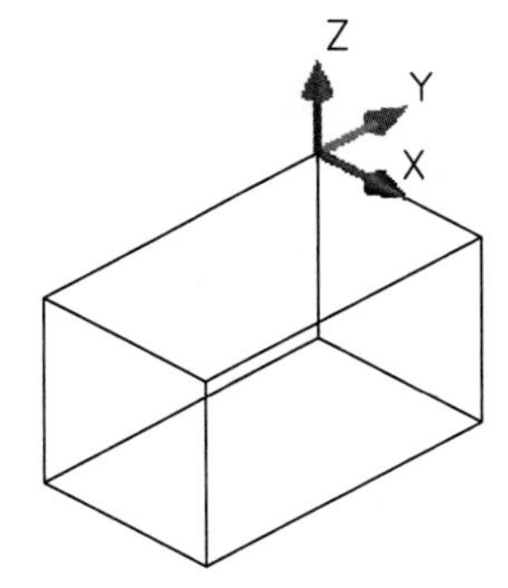

（a）“Z 轴矢量”创建坐标系

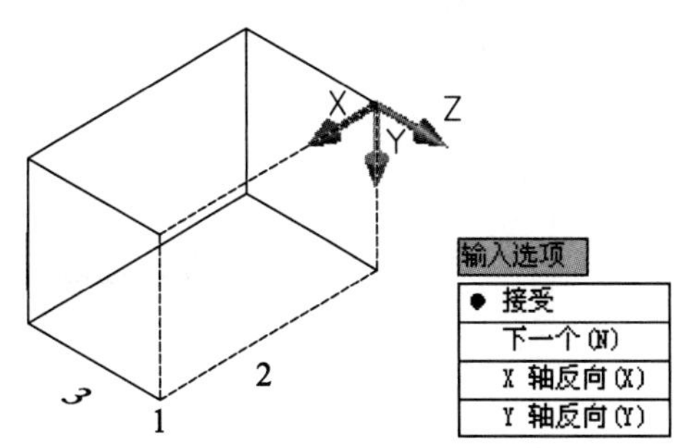

（b）指定面创建坐标系

图 5-5　Z 轴矢量和面坐标系

（4）“面” ：根据实体面调整 UCS。

指定三维实体的一个面，使 UCS 与之对齐。可通过在面的边界内或面所在的边上单击以选择三维实体的一个面，亮显被选中的面。UCS 的 X 轴将与选择的第一个面上的选择点最近的边对齐，如图 5-5（b）所示。

（5）使用旋转 X/Y/Z 轴创建坐标系。

选择这个菜单项，可以将当前 UCS 坐标系按指定的角度绕 X、Y、Z 轴旋转，以便建立新的 UCS 坐标系，如图 5-6（a）所示。

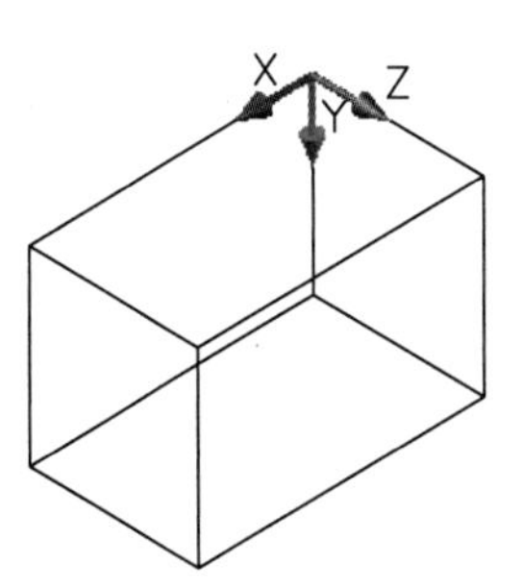

（a）X/Y/Z 轴创建坐标

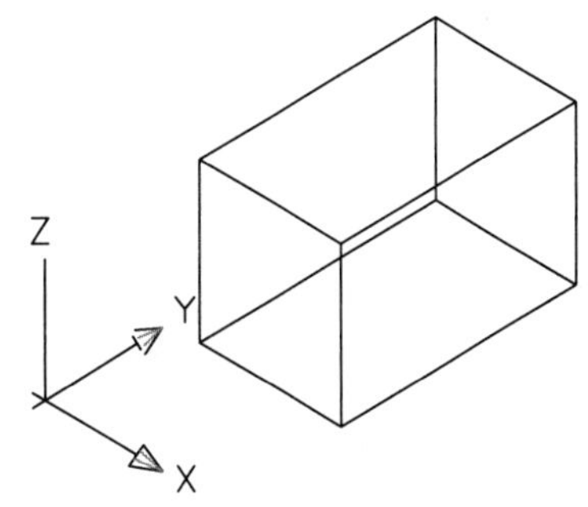

（b）“世界”坐标系

图 5-6　坐标系的旋转和“世界”坐标

（6）“世界”选择该菜单项，可以从当前的用户坐标系恢复到世界坐标系，如图 5-6（b）所示。

（7）“上一个“返回到上一个坐标系。

（8）使用“视图” 创建坐标系。

“视图”：选择该菜单项，可以设置当前的 UCS 平行于当前视图，原点不变，如图 5-7 所示。

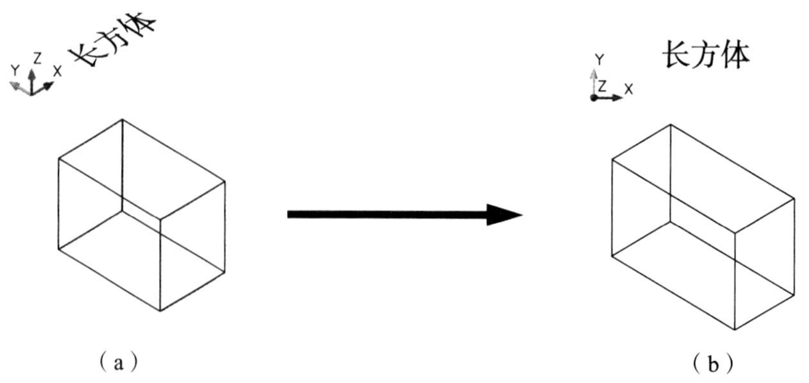

图 5-7 视图创建坐标系

（9）动态 UCS。

具体操作方法：按下状态栏上的 DUCS 按钮。在执行命令的过程中，当光标移动到斜面上时，斜面呈现出虚线，表示选中此面。选中斜面的中心后，作一圆柱体放在斜面上，动态 UCS 会临时将 UCS 的 XY 平面与三维实体的平整面对齐，如图 5-8 所示。

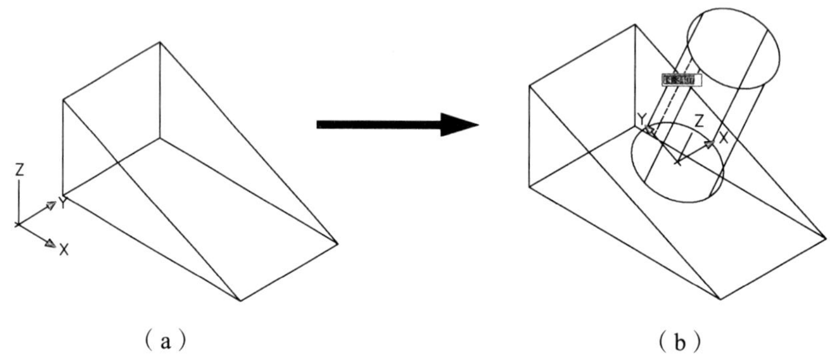

图 5-8 动态 UCS 视图

四、三维视图观察

在 AutoCAD 中，掌握观察三维图形的方法、灵活建立和使用三维坐标系、准确地在三维空间拾取点是绘制三维绘图的关键。

（一）平面视图与三维视图

1. 命令的调用方法

（1）下拉菜单：单击[视图]\[三维视图]\[西南等轴测]命令。

（2）工具栏：单击视图工具栏中的按钮。

2. 功 能

在 AutoCAD 中，用十个视点去观察即得到十个标准的视图，这十个视图分两大类，即平面视图和三维视图，如图 5-9 和图 5-10 所示。在 AutoCAD 中，从不同角度观察三维对象时，都可以得到不同的观察效果，因此，要想绘制好三维图形，必须首先学会观察三维视图。

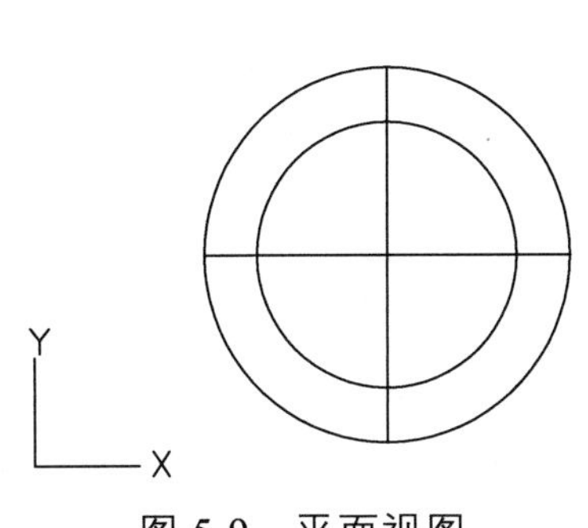

图 5-9　平面视图

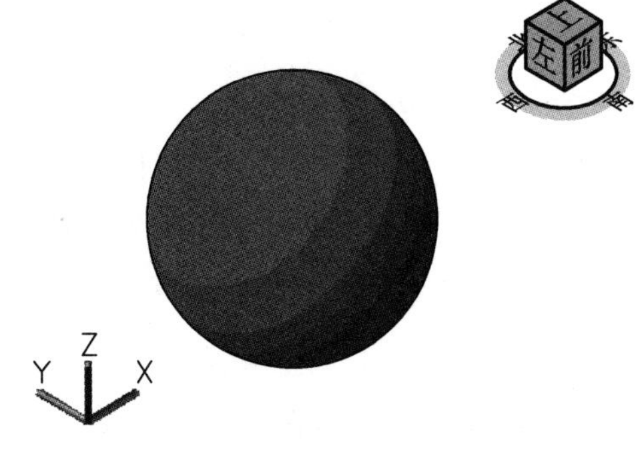

图 5-10　三维视图

3. 操作及选项说明

选择[视图]\[三维视图]菜单，弹出快捷菜单，如图 5-11 所示。

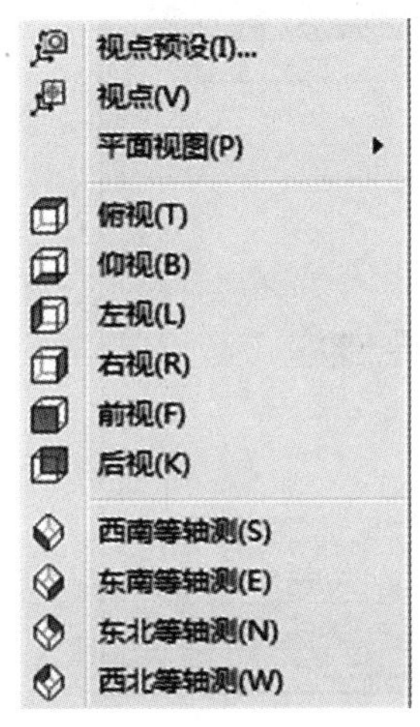

正投影视图的 6 种平面视图：

俯视：从正上方观察对象。
仰视：从正下方观察对象。
左视：从正左方观察对象。
右视：从正右方观察对象。
主视：从正前方观察对象。
后视：从正后方观察对象。

三维视图的 4 种等轴测图：

西南等轴测：从西南方观察对象。
东南等轴测：从东南方观察对象。
东北等轴测：从东北方观察对象。
西北等轴测：从西北方观察对象。

图 5-11　三维视图菜单

三维视图的 4 种等轴测观察图：它相当于人们从空中俯瞰一个视图，如图 5-12 所示，然后在旋转到用户需要的方向进行视图观察应用，如图 5-13 所示。

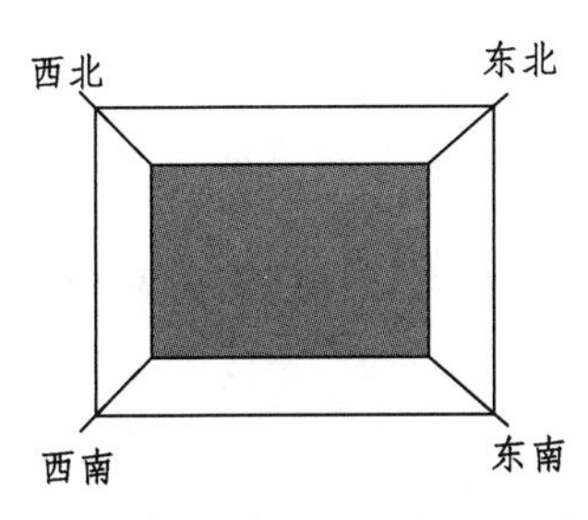

图 5-12　三维视图上方观察

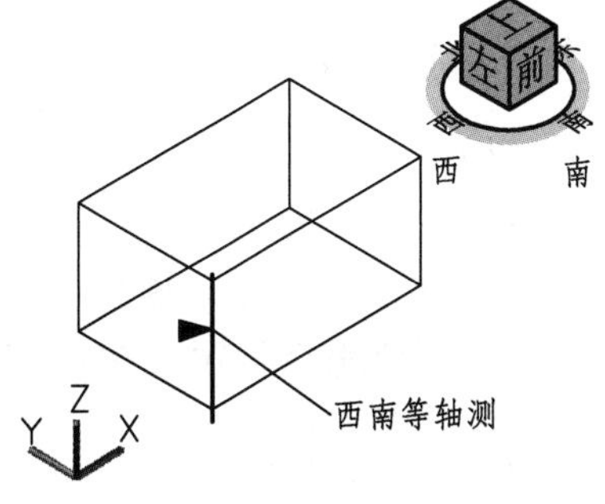

图 5-13　三维视图观察

（二）创建多个视口

1. 命令的调用方法

（1）下拉菜单：单击[视图]\[视口]\[新建视口]命令。

（2）工具栏：单击视口工具栏中的按钮。

（3）键盘命令：在命令行输入 Vports。

2. 功　能

模型空间绘图一般都是在一个充满整个屏幕的单视口中进行操作，但在某些情况下需要观看图形的多个面效果，以方便对其进行编辑。此时可以新建多个视口，创建后单击任一视口即可将其切换为当前视口，只有切换为当前视口之后才能在该视口中进行绘制和编辑。

3. 操作及选项说明

单击[视图]\[视口]\[新建视口]命令，弹出“视口”对话框，如图 5-14 所示。

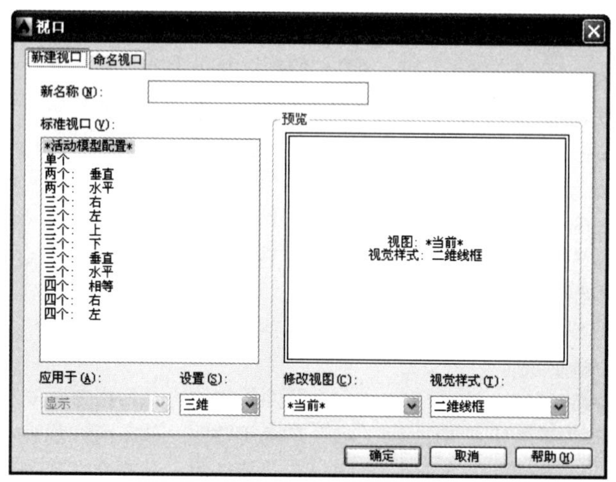

图 5-14 “视口”对话框

- “新名称”文本框：输入新建视口的名称。
- “标准视口”列表：选择视口的布置形式。
- “设置”下拉列表：选择用二维或三维。
- “修改视图”下拉列表：选择预览框中每个视口相应的视口名称。

（三）自由动态观察器查看三维视图

1. 命令的调用方法

（1）下拉菜单：单击[视图]\[动态观察] \[自由动态观察]命令。

（2）工具栏：单击动态观察器工具栏中的按钮。

（3）键盘命令：在命令行输入 3Dordit。

2. 功　能

AutoCAD 提供了具有交互控制功能的三维动态观察器，可使用户同时从 X、Y、Z 三个方向动态观察对象。

3. 操作及选项说明

单击[视图]\[动态观察]\[自由动态观察]命令，进入三维动态观察模式，可在三维空间交互查看对象。自由动态观察可以不参照平面，在任意方向上进行动态观察，视图中出现一个绿色转盘（被 4 个小圆平分的一个大圆），如图 5-15 所示。

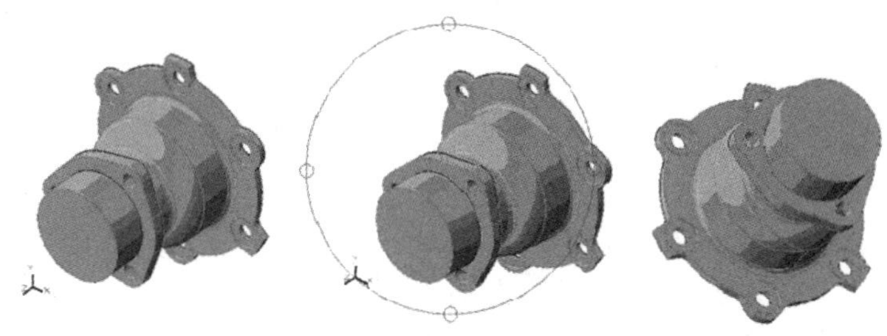

图 5-15 自由动态观察器

（四）改变视觉样式显示三维实体

1. 命令的调用方法

（1）下拉菜单：单击[视图]\[视觉样式]命令。

（2）工具栏：单击视图工具栏中的二维线框按钮。

2. 功 能

为了能够看到三维模型的边和着色的显示效果，系统提供了“视觉样式”的多种设置，用户可根据需要自己选择，如图 5-16 所示。

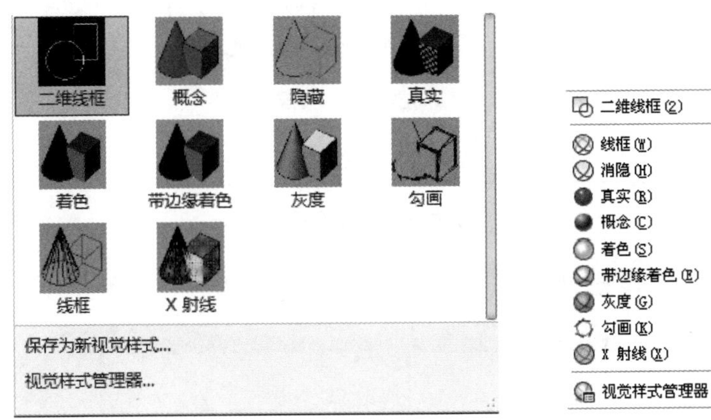

图 5-16 三维着色视觉样式

3. 操作及选项说明

单击[视图]\[视觉样式]命令，在“视觉样式”菜单中选择任意一种视觉样式名称，即可改变当前视图的模型显示效果。三维概念、三维线框、三维隐藏、真实的显示效果分别如图 5-17 所示。

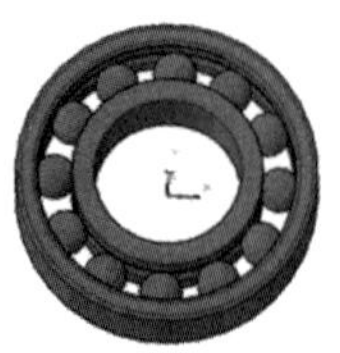

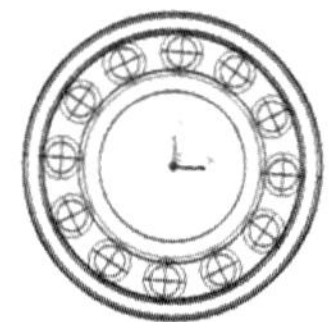

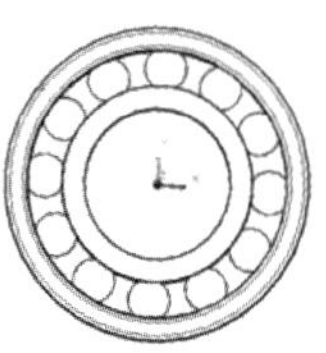

（a）三维概念　（b）三维线框　（c）三维真实　（d）三维隐藏

图 5-17　轴承三维视觉样式效果

【操作技能】

步骤 1：在模型空间绘制一个矩形，并进行“范围”缩放显示。

步骤 2：创建四个相等的视口观察图形。

（1）单击[视图]\[视口]\[新建视口]命令，弹出“视口”对话框。

（2）在“新名称”文本框中输入新建视口的名称“视口 1”；

（3）在“标准视口”列表中选择“四个：相等”选项；

（4）在“设置”下拉列表中选择“三维”选项；

（5）单击“预览”框中的左上角视口，然后在“修改视图”下拉列表中选择“主视”选项。

（6）用同样的方法将左下角视口设为“俯视”，右上角视口设为“左视”，右下角视口设为“西南等轴测”，如图 5-18 所示。

单击“确定”按钮关闭对话框，即可 4 个视口观察图形，如图 5-19 所示。

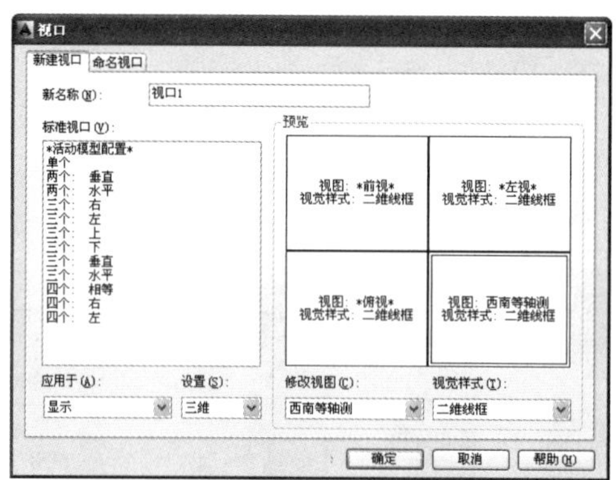

图 5-18　设置四个相等的视口

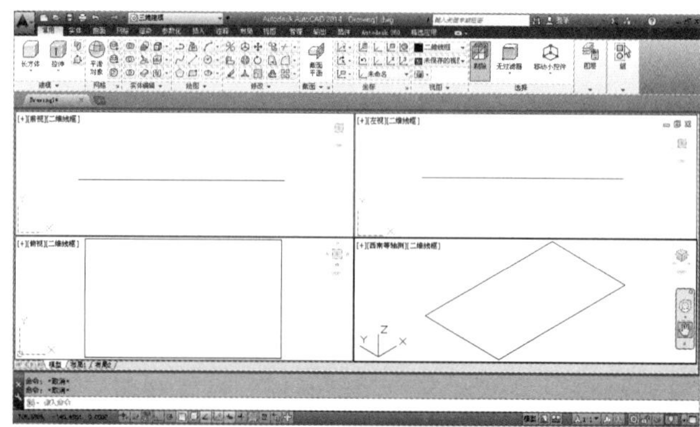

图 5-19　四视口观察图形

步骤 3：多视口与单视口切换观察图形。

单击[视图]\[三维视图]\[西南等轴测(S)]命令，即进入西南等轴测视图观察状态，如图 5-20 所示。

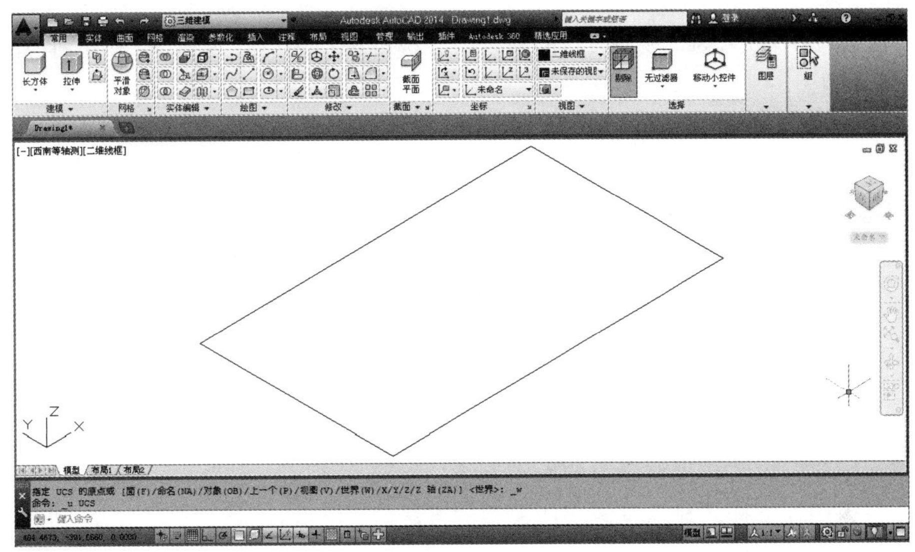

图 5-20　西南轴测视口观察图形

步骤 4：三维动态观察物体。

单击[视图]\[动态观察]子菜单下各命令，选择某一视口对图形进行动态观察。如想回到视图默认状态，则需单击[视图]\[三维视图]，在子菜单中选择相应视图，如图 5-21 所示。

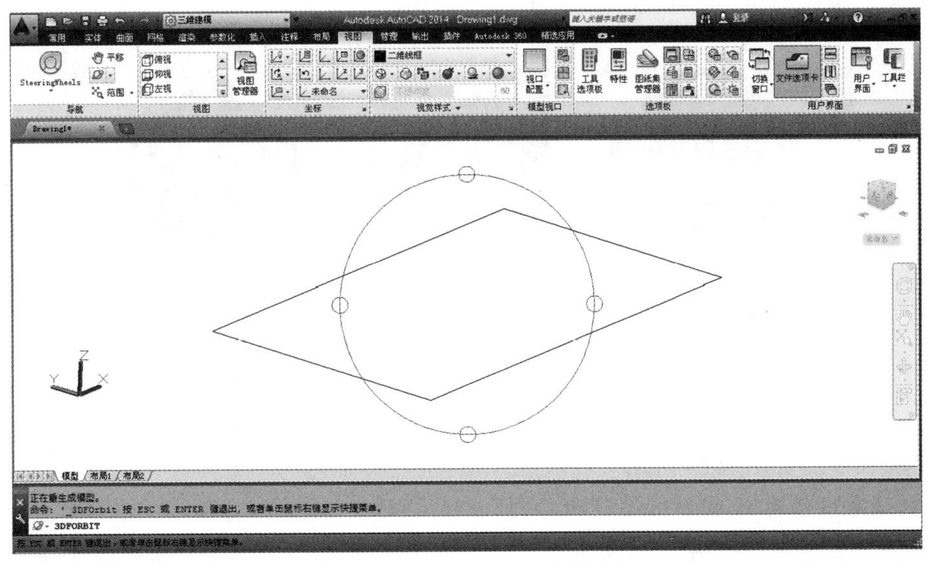

图 5-21　三维动态观察图形

【任务小结】

本任务是在绘图区同时显示“主视”“左视”“俯视”“西南等轴测”4 个相等的视口，多个视口有助于在绘制三维物体时进行多方位的观察。还应掌握一个视口和多个视口的切换显示方法和动态观察三维图形的方法。

【任务训练】

训练 1：创建一个名为“视口 2”的新视口，标准视口为“三个：下”，分别为俯视、主视和西南等轴测。

训练 2：将整个绘图区显示一个视口为西南等轴测，再由一个视口切换成任务一中的 3 个视口并进行自由动态观察。

任务二　创建三维实体模型

【学习要点】

★ 掌握创建三维实体模型命令的操作方法。

★ 掌握运用视觉样式显示三维实体模型的方法。

【任务内容】

创建如图 5-22 所示的三维实体模型需要掌握的三维实体命令有“长方体”“球体”“圆柱体”“圆锥体”“楔体”和“圆环体”等，并能对各命令中的选项参数进行合理的设置。图中没有给出具体的尺寸，用户可以参考【操作技能】提示或自行指定，并要确保图形之间的摆放关系准确。最后请用“概念”的视觉样式显示图形。

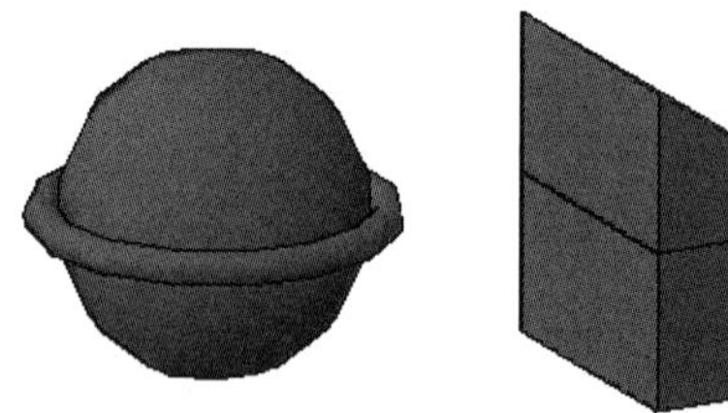
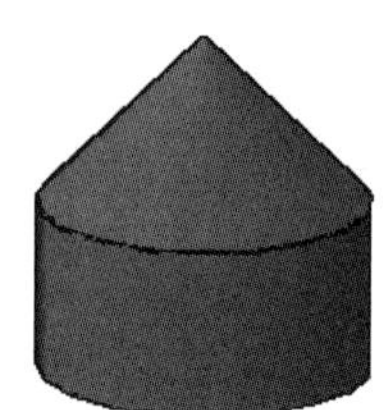

图 5-22　创建三维实体模型

【理论基础】

众所周知，任何一个实体都是由多个基本体组成的，AutoCAD 工具栏提供了几种常见几何体的创建命令，如图 5-23 所示。

选择[绘图]\[建模]在弹出的子菜单中包含“长方体”“球体”“圆柱体”“圆锥体”“楔体”和“圆环体”等命令，如图 5-24 所示。

选择菜单命令[工具]\[工具栏]，弹出的子菜单中提供了所有工具栏。建模基本实体工具栏如图 5-25 所示。

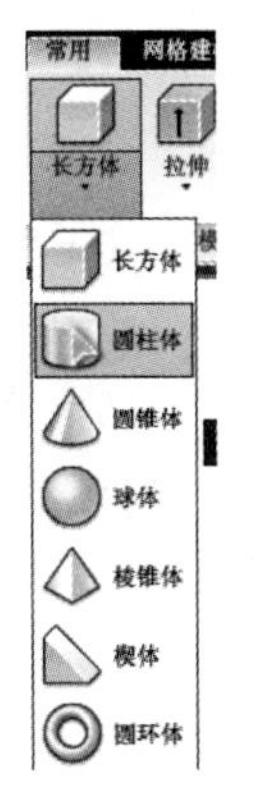

图 5-23　常用实体工具栏

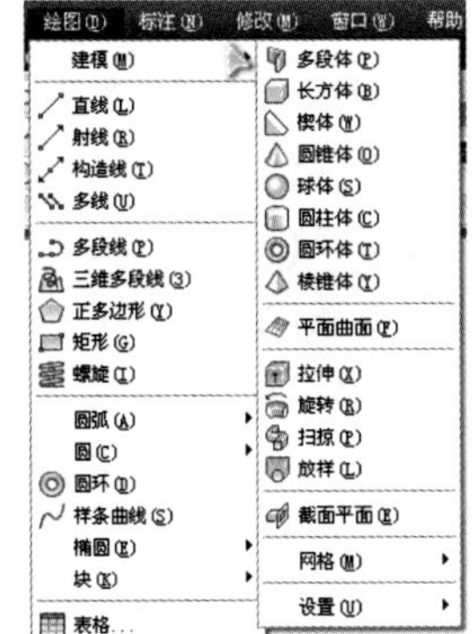

图 5-24　基本实体菜单命令栏

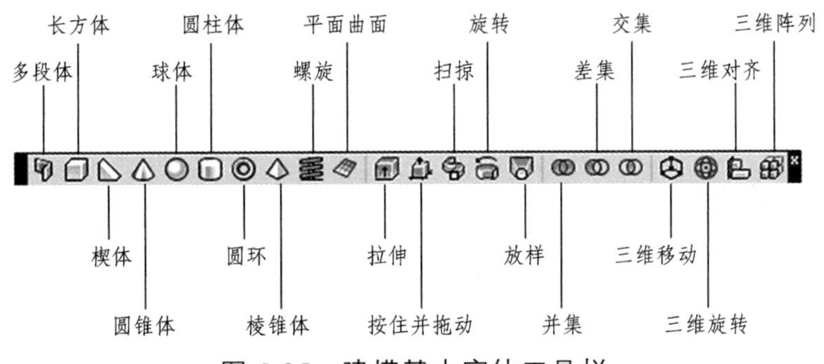

图 5-25　建模基本实体工具栏

一、绘制多段体

1. 命令的调用方法

（1）下拉菜单：单击[绘图\[建模]\[多段体]命令。

（2）工具栏：单击建模工具栏中的按钮。

（3）键盘命令：在命令行输入 Polysolid。

2. 功　能

绘制多段体实体对象。

3. 操作及选项说明

使用多段体绘制直角和曲线墙壁，如图 5-26 所示。

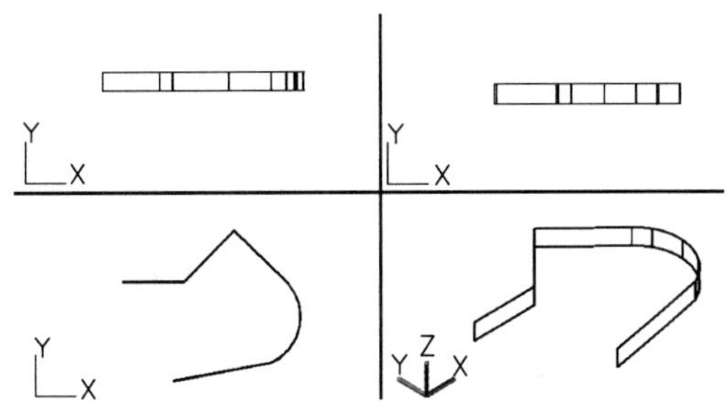

图 5-26　多段体命令效果图

命令: _Polysolid 高度 = 80.0000, 宽度 = 5.0000, 对正 = 居中

指定起点或 [对象(O)/高度(H)/宽度(W)/对正(J)] <对象>: //点取一点

指定下一个点或 [圆弧(A)/闭合(C)/放弃(U)]: //点取一点

指定下一个点或 [圆弧(A)/闭合(C)/放弃(U)]: //点取一点

指定下一个点或 [圆弧(A)/闭合(C)/放弃(U)]: //点取一点

指定下一个点[圆弧(A)/闭合(C)/放弃(U)]: //输入"a",按空格键,绘制圆弧型线段

指定下一个点或 [圆弧(A)/闭合(C)/放弃(U)]: //指定圆弧的端点或 [闭合(C)/方向(D)/直线(L)/第二个点(S)/放弃(U)]: 指定圆弧的端点绘制圆弧型线段

指定圆弧的端点或 [闭合(C)/方向(D)/直线(L)/第二个点(S)/放弃(U)]: //L 绘制直线段

指定下一个点或 [圆弧(A)/闭合(C)/放弃(U)]: //指定下一点后【Entet】键结束命令

以上各选项含义和功能说明如下:

- 圆弧(A):绘制圆弧型线段。
- 直线(L):绘制直线段。

二、绘制长方体

1. 命令的调用方法

(1)下拉菜单:单击[绘图\[建模]\[长方体]命令。

(2)工具栏:单击建模工具栏中的按钮。

(3)键盘命令:在命令行输入 Box。

2. 功 能

绘制长方体实体对象。

3. 操作及选项说明

使用角点命令绘制边长为 10 的立方体,如图 5-27 所示。

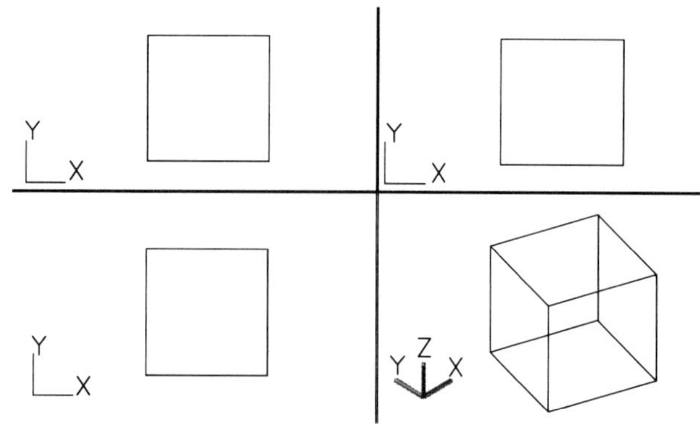

图 5-27 长方体命令效果图

命令: _box

指定第一个角点或 [中心(C)]: //指定图形的一个角点

指定其他角点或 [立方体(C)/长度(L)]: 10,10　　　//指定 XY 平面上矩形大小
指定高度或 [两点(2P)] <10.0000>: 10　　　//指定高度，按【Entet】键结束命令

以上各选项含义和功能说明如下：

- 长方体的角点：指定长方体的第一个角点。
- 指定其他角点：指定长方体在 XY 平面上矩形大小的第二个点。
- 中心（C）：通过指定长方体的中心点绘制长方体。
- 立方体（C）：指定长方体的长、宽、高都为相同长度。
- 长度（L）：通过指定长方体的长、宽、高来创建三维长方体。

三、绘制楔体

1. 命令的调用方法

（1）下拉菜单：单击[绘图\[建模]\[楔体]命令。

（2）工具栏：单击建模工具栏中的按钮。

（3）键盘命令：在命令行输入 Wedge。

2. 功　能

绘制楔体实体对象。

3. 操作及选项说明

任意建立一个楔体，如图 5-28 所示。

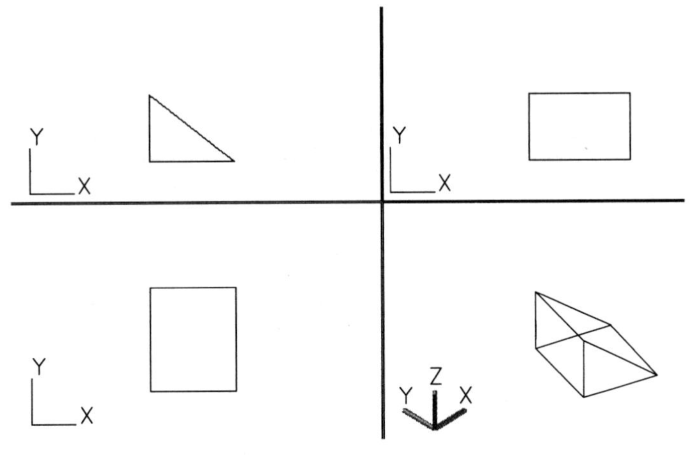

图 5-28　楔体命令效果图

命令: _wedge
指定第一个角点或 [中心(C)]:　　　//点击一点，指定楔体位置
指定其他角点或 [立方体(C)/长度(L)]:　　　//指点楔体底面矩形
指定高度或 [两点(2P)] <8.3727>:　　　//点击一点，指定楔体高度，按【Entet】键结束命令

以上各选项含义和功能说明如下：

- 第一个角点：指定楔体的第一个角点。
- 指定其他角点：点击一点，指定 XY 平面上底面矩形大小。
- 立方体：创建各条边都相等的楔体对象。
- 长度：分别指定楔体的长、宽、高。其中长度与 X 轴对应，宽度与 Y 轴对应，高度与 Z 轴对应。
- 中心：指定楔体的中心点。

四、绘制圆锥体、椭圆锥体、圆台

1. 命令的调用方法

（1）下拉菜单：单击[绘图\[建模]\[圆锥体]命令。

（2）工具栏：单击建模工具栏中按钮。

（3）键盘命令：在命令行输入 Cone。

2. 功 能

绘制圆锥体、椭圆锥体、圆台实体对象。

3. 操作及选项说明

（1）绘制圆锥体

创建底面半径为 10，高度为 20 的圆锥体，如图 5-29 所示。

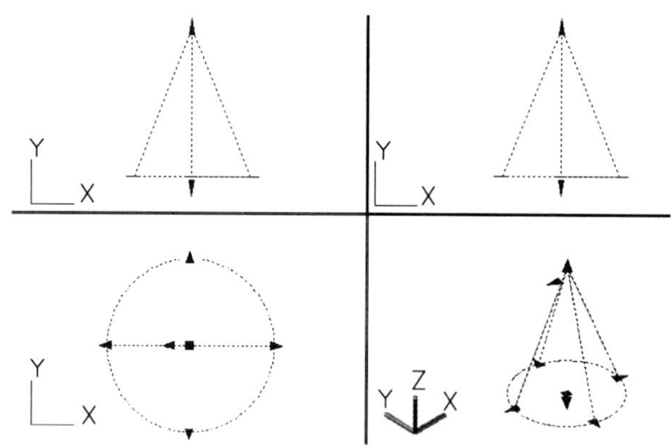

图 5-29 圆锥体命令效果图

命令: Cone

指定圆锥体底面的中心点或 [椭圆(E)] <0,0,0>: //点取一点，指定底面圆心位置

指定圆锥体底面半径或 [直径(D)]: 10 //指定底面圆半径

指定圆锥体高度或 [顶点(A)]: 20 //指定高度，按【Entet】键结束命令

以上各选项含义和功能说明如下：

- 圆锥体底面的中心点：指定圆锥体底面的中心点来创建三维圆锥体。
- 椭圆（E）：创建一个底面为椭圆的三维圆锥体对象。

• 圆锥体高度：指定圆锥体高度。输入正值，则以当前用户坐标系统 UCS 的 Z 轴正方向绘制圆锥体；输入负值，则以 UCS 的 Z 轴负方向绘制圆锥体。

（2）绘制椭圆锥体

创建一个长轴为 60，短轴为 20，高度为 90 的椭圆锥体，如图 5-30 所示。

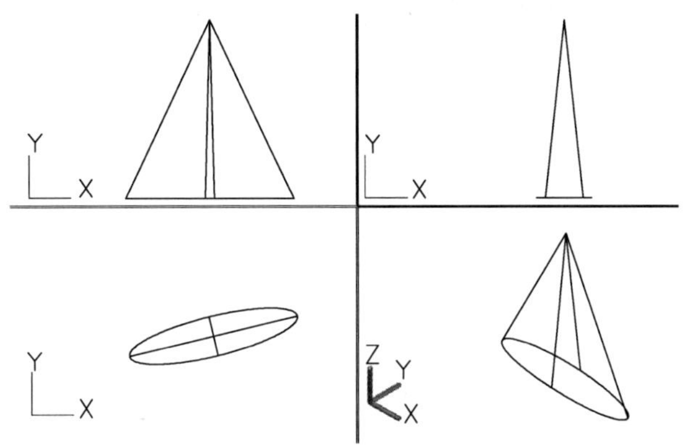

图 5-30　椭圆锥体命令效果图

命令: _cone
指定底面的中心点或 [三点(3P)/两点(2P)/切点、切点、半径(T)/椭圆(E)] : // E　回车
指定第一个轴的端点或 [中心(C)]:　　　　　　　　　　//在工作区任意点击一点
指定第一个轴的其他端点: 60　　　　　　　　　　　　//两点确定椭圆最大直径为 60
指定第二个轴的端点: 10　　　　　　　　　　　　　　//指定椭圆最小半径为 10
指定高度或 [两点(2P)/轴端点(A)/顶面半径(T)] : 90　　//指定椭圆高度

（3）绘制圆台

创建一个底面半径为 200，顶面半径为 100，高度为 100 的圆台体，如图 5-31 所示。

命令: _cone
指定底面的中心点或 [三点(3P)/两点(2P)/切点、切点、半径(T)/椭圆(E)]:
　　　　　　　　　　　　　　　　　　　　　　　　　　//在工作区任意点击一点
指定底面半径或 [直径(D)] <67.7106>: 200　　　　　　//指定底面圆半径为 200
指定顶面半径 <0.0000>: 100　　　　　　　　　　　　//指定顶面圆半径为 100
指定高度或 [两点(2P)/轴端点(A)] 100　　　　　　　　//指定圆台高度为 100

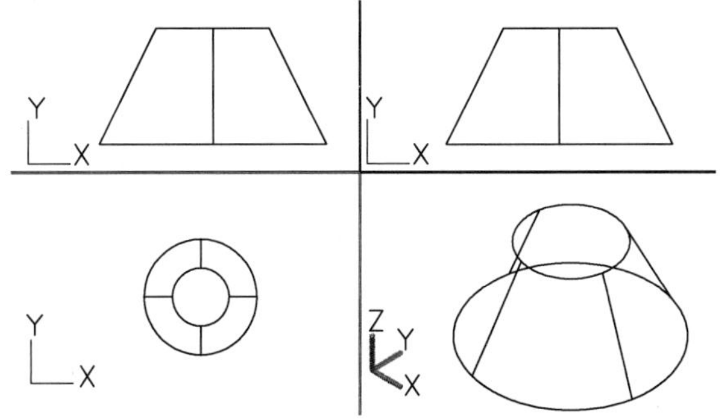

图 5-31　圆台体命令效果图

五、绘制球体

1. 命令的调用方法

（1）下拉菜单：单击[绘图\[建模]\[球体]命令。
（2）工具栏：单击建模工具栏中的按钮。
（3）键盘命令：在命令行输入 Sphere。

2. 功　能

绘制三维球体对象。

3. 操作及选项说明

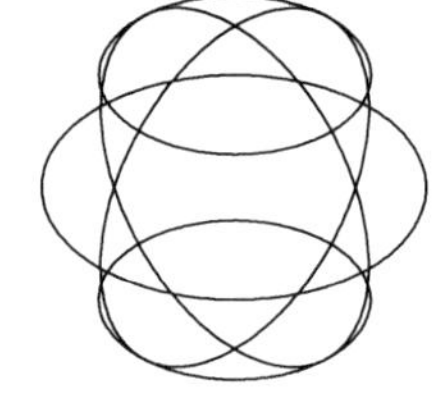

图 5-32　圆球命令效果图

创建半径为 10 的球体，如图 5-32 所示。

命令: _sphere
指定中心点或 [三点(3P)/两点(2P)/切点、切点、半径(T)]:　　//任意点击一点为球心
指定半径或 [直径(D)] <100.0000>: 100　　//指定球半径为 100

六、绘制圆柱体、椭圆柱体

1. 命令的调用方法

（1）下拉菜单：单击[绘图\[建模]\[圆柱体]命令。
（2）工具栏：单击建模工具栏中的按钮。
（3）键盘命令：在命令行输入 Cylinder。

2. 功　能

绘制圆柱、椭圆柱体实体对象。

3. 操作及选项说明

（1）绘制圆柱体

创建半径为 10 的，高度为 10 的圆柱体，如图 5-33 所示。

命令: _cylinder
指定底面的中心点或 [三点(3P)/两点(2P)/切点、切点、半径(T)/椭圆(E)]:　//点击中心
指定底面半径或 [直径(D)] <128.9151>:100　　// 指定底面半径为 100
指定高度或 [两点(2P)/轴端点(A)]:100　　// 指定柱体高度为 100

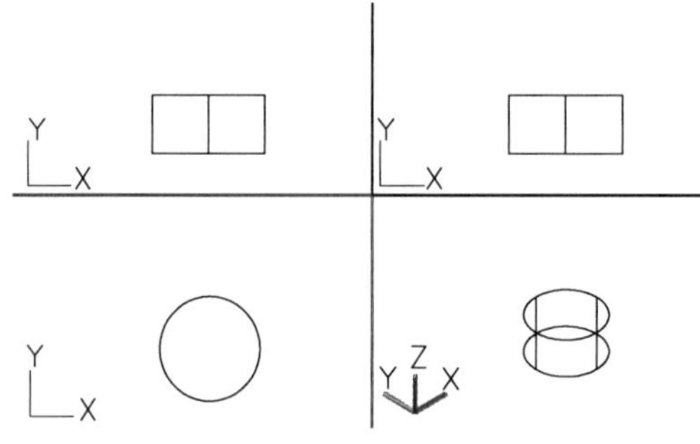

图 5-33　圆柱体命令效果图

（2）绘制椭圆柱体

创建长轴为 300、短轴为 100、高度为 50 的椭圆柱体，如图 5-34 所示。

命令: _cylinder

指定底面的中心点或 [三点(3P)/两点(2P)/切点、切点、半径(T)/椭圆(E)]: //E　回车

指定第一个轴的端点或 [中心(C)]:　　//点击一点为短轴第一个端点

指定第一个轴的其他端点: 100　　//输入 100 回车,确定短轴直径 100

指定第二个轴的端点: 150　　//输入 150 回车,确定长轴直径 300

指定高度或 [两点(2P)/轴端点(A)] <100.0000>: 100　　//指定柱体高度

创建椭圆柱体，确定第一个轴数值为直径，第二个轴的数值为半径。

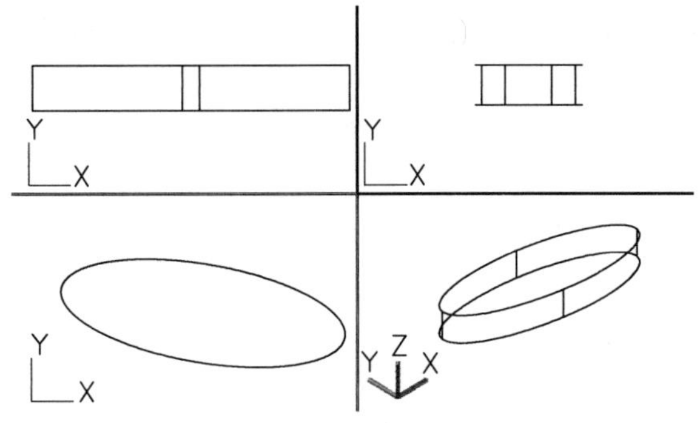

图 5-34　椭圆柱体命令效果图

七、绘制圆环体

1. 命令的调用方法

（1）下拉菜单：单击[绘图\[建模]\[圆环体]命令。

（2）工具栏：单击建模工具栏中的按钮。

（3）键盘命令：在命令行输入 Torus。

2. 功　能

绘制圆环体实体对象。

3. 操作及选项说明

建立一个半径为 10，圆环半径为 20 的圆环管状物，如图 5-35 所示。

命令: _torus

指定中心点或 [三点(3P)/两点(2P)/切点、切点、半径(T)]:　　//点击一点为圆环中心

指定半径或 [直径(D)] <100.0000>: 50　　//指定圆环半径 50

指定圆管半径或 [两点(2P)/直径(D)]: 10　　//指定圆管半径 10

圆环由两半径定义，一个是管状物的半径，另一个是圆管的半径或直径。

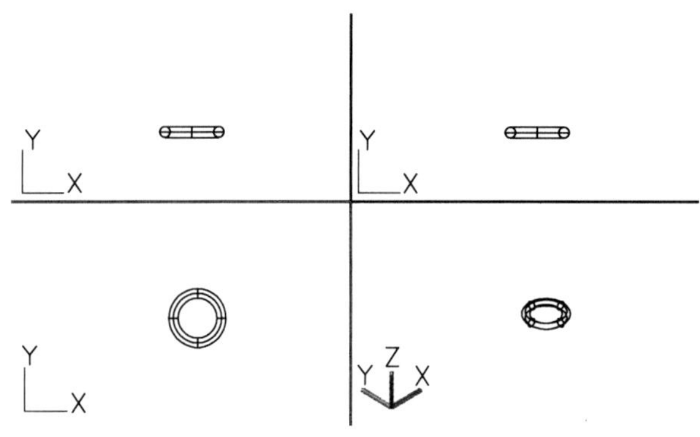

图 5-35　圆环体命令效果图

技巧提示：若指定的管状物的半径大于圆环的半径，即可绘制无中心的圆环，即自身相交的圆环。自交圆环体没有中心孔。

八、绘制棱锥体、多面棱锥台

1. 命令的调用方法

（1）下拉菜单：单击[绘图\[建模]\[棱锥体]命令。

（2）工具栏：单击建模工具栏中按钮。

（3）键盘命令：在命令行输入 Pyramid。

2. 功　能

绘制棱锥体、多面棱锥台实体对象。

3. 操作及选项说明

（1）棱锥体。

创建一个虚拟底面半径为 30，高为 100 的棱锥体，如图 5-36 所示。

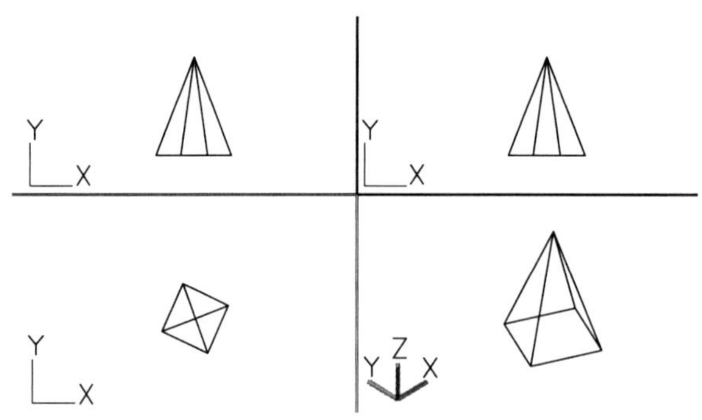

图 5-36　棱锥体命令效果图

命令: _pyramid

4 个侧面外切

指定底面的中心点或 [边(E)/侧面(S)]:　　　　//指定一点，确定虚拟底面中心点

指定底面半径或 [内接(I)]: 30　　　　　　　//底面矩形内接于一个半径为 30 的虚拟圆
指定高度或 [两点(2P)/轴端点(A)/顶面半径(T)]: 10　　　//棱锥高度为 10

以上各选项含义和功能说明如下：

- 边（E）：棱锥一个边的长度。
- 侧面（S）：根据所要求的棱锥的侧面数制作棱锥，可以输入 3 ~ 32 的数。

（2）多面棱锥台。

创建一个有 12 个面，虚拟底面半径为 30，顶面半径为 150，高度为 150 的多面棱锥台，如图 5-37 所示。

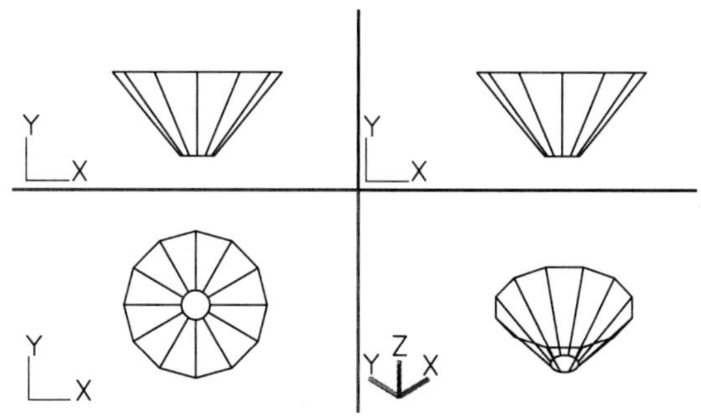

图 5-37　多面棱锥台命令效果图

命令: _pyramid
4 个侧面外切
指定底面的中心点或 [边(E)/侧面(S)]: s　　　　　　//选择“多边形棱锥”选项
输入侧面数 <4>: 12　　　　　　//指定 12 个侧面
指定底面的中心点或 [边(E)/侧面(S)]:　　　　　　//指定一点为底面中心
指定底面半径或 [内接(I)]: 30　　　　　　//底面半径为 30
指定高度或 [两点(2P)/轴端点(A)/顶面半径(T)]: T　　　　　　//选择“顶面半径”选项
指定顶面半径 <0.0000>: 150　　　　　　//指定顶面半径为 150
指定高度或 [两点(2P)/轴端点(A)]: 150　　　　　　//指定棱锥台高度为 150

九、绘制螺旋线

1. 命令的调用方法

（1）下拉菜单：单击[绘图\[建模]\[螺旋]命令。

（2）工具栏：单击建模工具栏中的按钮。

（3）键盘命令：在命令行输入 Helix。

2. 功　能

创建二维螺旋或三维螺旋线。

3. 操作及选项说明

创建底面半径为 100，顶面半径为 200、高为 300 的螺旋线，如图 5-38 所示。

命令: _Helix
圈数 = 3.0000　　扭曲=CCW
指定底面的中心点:　　//指定一点为底面的中心点
指定底面半径或 [直径(D)] <74.2021>: 100　　//底面半径为 100
指定顶面半径或 [直径(D)] <100.0000>: 200　　//顶面半径为 200
指定螺旋高度或 [轴端点(A)/圈数(T)/圈高(H)/扭曲(W)]: 300　　//指定螺旋高度为 300

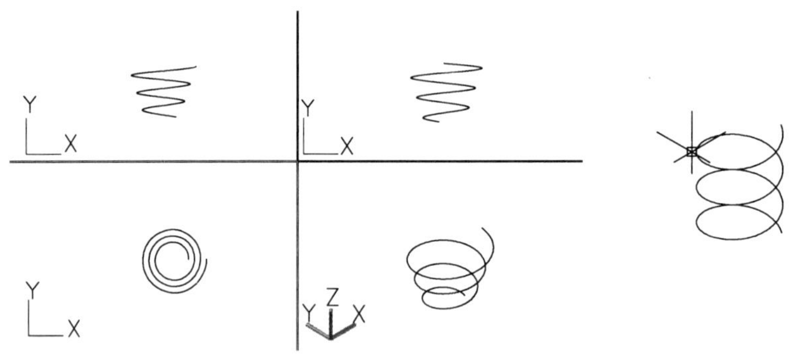

图 5-38　螺旋命令效果图

> **技巧提示**：如果高度为 0，螺旋线不会有高度，创建的就是二维螺旋线；如果底面半径和顶面半径相等，则螺旋线变为圆柱形。

以上各选项含义和功能说明如下：

• 圈数：指定螺旋的圈数。螺旋的圈数不能超过 500。以圈数的默认值绘制图形时，其值始终是先前输入的圈数值。

• 圈高：指定螺旋内一个完整圈的高度。当指定圈高时，螺旋中的圈数将相应在地自动更新；如果已知定螺旋的圈数，则不能输入圈高的值。

• 扭曲：指定以顺时针（CW）方向还是逆时针方向（CCW）绘制螺旋。螺旋旋转方向的默认值是逆时针。

【操作技能】

步骤 1：设置观察视口和三维视觉样式。

（1）单击[视图]\[三维视图]\[西南等轴测]命令，选择西南等轴测视图，准备绘制图形。

（2）单击[视图]\[视觉样式]命令，在下拉菜单中选择“概念”视觉样式。

步骤 2：绘制球体和圆环体，如图 5-39（a）所示。

（1）单击建模工具栏上的“球体”按钮，绘制一个半径为 100 的圆球体。

命令: _sphere　　//执行球体命令
指定中心点或 [三点(3P)/两点(2P)/切点、切点、半径(T)]:　　//点工作区任一点为球心
指定半径或 [直径(D)]: 100　　//输入球体半径

（2）单击建模工具栏上的“圆环体”按钮，绘制一个半径为 10 的圆环体。

命令: _torus　　//执行圆环体命令
指定中心点或 [三点(3P)/两点(2P)/切点、切点、半径(T)]:　　//捕捉已有球体的球心

指定半径或 [直径(D)] <120.0000>: 110　　//指定圆环中心点到圆管中心点的距离

指定圆管半径或 [两点(2P)/直径(D)] <20.0000>: 10　　//指定圆管的半径

步骤 3：绘制长方体和楔体，如图 5-39（b）所示。

（1）单击建模工具栏上的“长方体”按钮，绘制一个长 150、宽 120、高 100 的长方体。

命令: _box　　//执行长方体命令

指定第一个角点或 [中心(C)]:　　//任意指定一点

指定其他角点或 [立方体(C)/长度(L)]: l　　//选择“长度”选项

指定长度 <120.0000>: 150　　//指定长方体长度

指定宽度 <150.0000>: 120　　//指定长方体宽度

指定高度或 [两点(2P)] <100.0000>: 100　　//指定长方体高度

（2）单击建模工具栏上的“楔体”按钮，绘制一个长 150、宽 120、高 100 的楔体。

命令: _wedge　　//执行楔体命令

指定第一个角点或 [中心(C)]:　　//捕捉已有长方体的左上角点

指定其他角点或 [立方体(C)/长度(L)]: l　　//选择“长度”选项

指定长度 <150.0000>:150　　//指定楔体长度

指定宽度 <120.0000>:120　　//指定楔体宽度

指定高度或 [两点(2P)] <-100.0000>: 100　　//指定楔体高度

步骤 4：绘制圆柱体和圆锥体，如图 5-39（c）所示。

（1）单击建模工具栏上的“圆柱体”按钮，绘制半径 80、高 100 的圆柱体。

命令: _cylinder　　//执行圆柱体命令

指定底面的中心点或 [三点(3P)/两点(2P)/切点、切点、半径(T)/椭圆(E)]:　　//任意指定一点

指定底面半径或 [直径(D)] <100.0000>: 80　　//指定圆柱的半径

指定高度或 [两点(2P)/轴端点(A)] <-100.0000>: 100　　//指定圆柱的高度

（a）绘制球体和圆环体

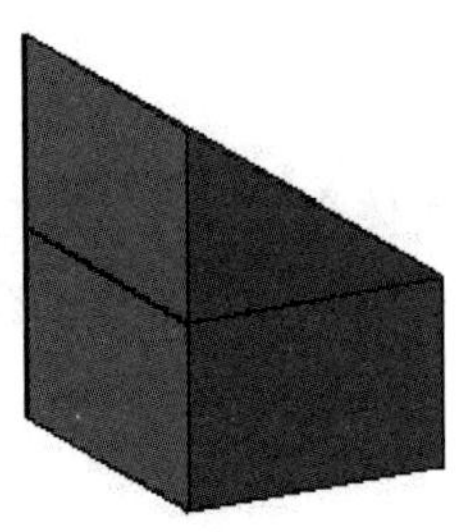

（b）绘制长方体和楔体

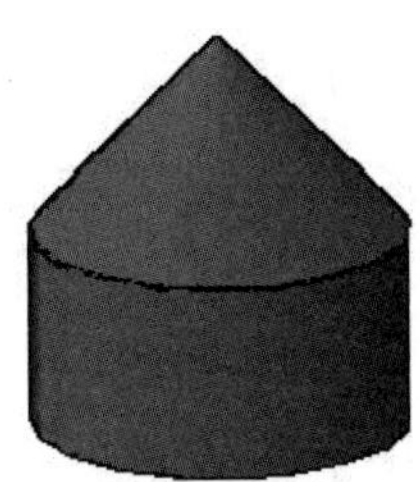

（c）绘制圆柱体和圆锥体

图 5-39　创建三维实体模型

（2）单击建模工具栏上的“圆锥体”按钮，绘制底面半径 80、高 100 的圆锥体。

命令: _cone　　//执行圆柱体命

指定底面的中心点或 [三点(3P)/两点(2P)/切点、切点、半径(T)/椭圆(E)]:

//捕捉已有圆柱体顶面中心点

指定底面半径或 [直径(D)] <80.0000>:80 //指定圆锥体底面半径

指定高度或 [两点(2P)/轴端点(A)/顶面半径(T)] <-100.0000>: 100 //指定圆锥体高度

【任务小结】

本任务运用创建三维实体模型命令进行绘制，在绘制三维实体模型的过程中，创建不同的效果需选择不同的参数进行设置，还要运用辅助绘图工具辅助绘图，确保位置的准确度，并对实体进行“概念”视觉显示。

【任务训练】

训练：创建如图 5-40 所示的三维实体，尺寸自拟。

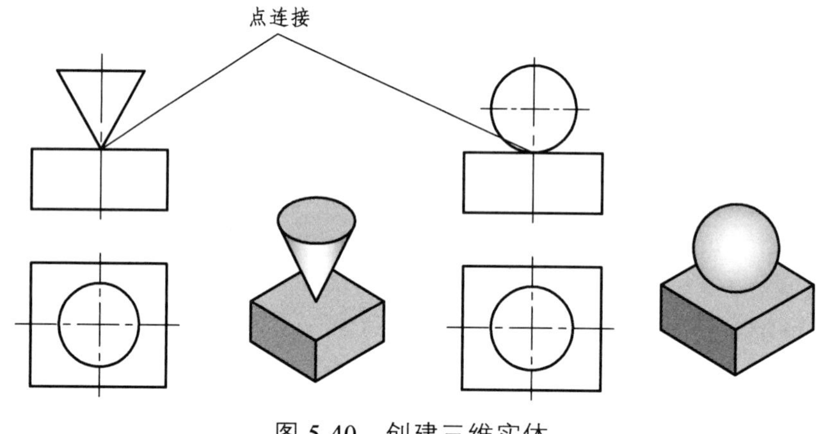

图 5-40 创建三维实体

任务三 创建花瓶和六棱台三维模型

【学习要点】

★ 掌握将二维图形创建为三维实体命令的操作方法。

★ 掌握分析二维截面图形和多段线编辑截面图形的方法。

【任务内容】

创建如图 5-41 所示的三维实体需要运用三维“拉伸”和“旋转”命令将二维的平面图创建成三维的实体模型。首先准确地分析出截面，运用二维绘图命令绘制出截面；再用“拉伸”和“旋转”进行三维的转换。注意：二维的截面必须是多段线图形。

图 5-41 花瓶和六棱台三维模型图

【理论基础】

在视图中创建的二维实体如画弧、圆、直线、多段线、单行文字、宽线和点等二维图形，都可以创建为有厚度的三维外观的模型。

一、拉伸对象

1. 命令的调用方法

（1）下拉菜单：单击[绘图\[建模]\[拉伸]命令。

（2）工具栏：单击建模工具栏中的按钮。

（3）键盘命令：在命令行输入 Extrude。

2. 功　能

通过拉伸命令将二维图形创建为有厚度的三维模型。

3. 操作及选项说明

对图 5-42（a）所示的图形进行拉伸，拉伸高度为 50，倾斜角为 20°，拉伸结果如图 5-42（b）所示。

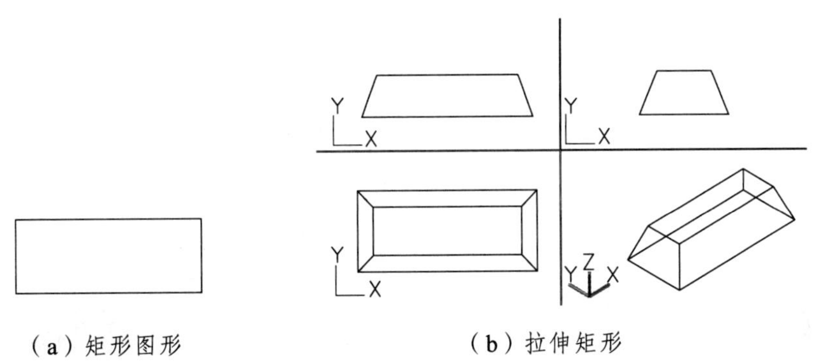

（a）矩形图形　　　　（b）拉伸矩形

图 5-42　拉伸矩形命令效果图

命令: _extrude

当前线框密度:　ISOLINES=4

选择要拉伸的对象: 找到 1 个　　//在西南等轴测中选定二维矩形

选择要拉伸的对象　　//选定对象呈虚线后回车

指定拉伸的高度或 [方向(D)/路径(P)/倾斜角(T)]: T　　//选择“倾斜角”选项 T

指定拉伸的倾斜角度 <20>: 20　　//指定倾斜角为 20°

指定拉伸的高度或 [方向(D)/路径(P)/倾斜角(T)]: 50　　//指定拉伸高度 50，回车

二、旋转对象

1. 命令的调用方法

（1）下拉命令：单击[绘图\[建模]\[旋转]命令。

（2）工具栏：单击建模工具栏中的按钮。

（3）键盘命令：在命令行输入 Revolve。

2. 功　能

将选取的二维对象按指定的旋转轴旋转，最后形成实体。

3. 操作及选项说明

对图 5-43（a）中的图形进行旋转 360°，结果如图 5-43（b）所示。

定下一个点或 [圆弧(A)/闭合(C)/放弃(U)]:　　//点取一点
指定下一个点或 [圆弧(A)/闭合(C)/放弃(U)]: //点取一点
指定下一个点或 [圆弧(A)/闭合(C)/放弃(U)]: //点取一点
指定下一个点[圆弧(A)/闭合(C)/放弃(U)]:　　//输入"A"，按空格键，绘制圆弧型线段
指定下一个点或 [圆弧(A)/闭合(C)/放弃(U)]: //按【Entet】键结束命令
在二维空间画出要旋转的对象和旋转轴
命令: _revolv
当前线框密度: ISOLINES=4
选择要旋转的对象: 找到 1 个　　//点击曲线为旋转对象后回车
指定轴起点或根据以下选项之一定义轴 [对象(O)/X/Y/Z] <对象>:　　//选直线的一个端点
指定轴端点:　　//选直线的另一个端点
角度数或 [起点角度(ST)] <360>:　　//若旋转 360°，直接回车

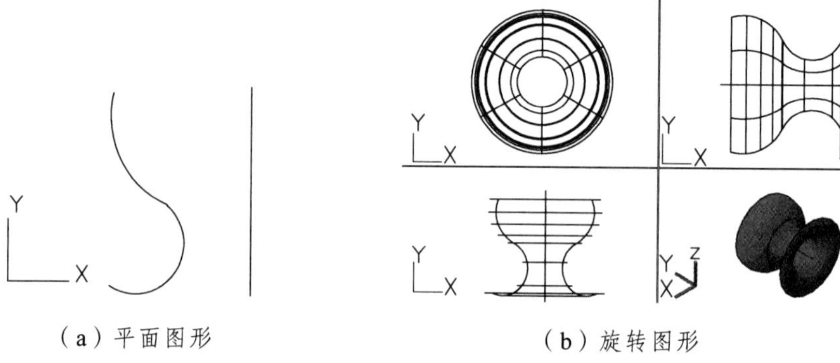

（a）平面图形　　（b）旋转图形

图 5-43　旋转图形命令效果图

【操作技能】

步骤 1：设置观察视口和三维视觉样式。

（1）单击[视图]\[三维视图]\[西南等轴测]命令，打开西南等轴测视图，准备绘制图形。

（2）单击[视图]\[视觉样式]命令，在下拉菜单中选择"概念"视觉样式。

步骤 2：利用拉伸命令绘制六棱台。

（1）单击绘图工具栏中的"多边形"工具按钮，绘制半径为 50 的正六边形。

命令: _polygon 输入边的数目 <4>: 6　　//输入正多边形的边数
指定正多边形的中心点或 [边(E)]:　　//指定任一点为正多边形的中心点
输入选项 [内接于圆(I)/外切于圆(C)] <I>:　　//直接回车，确认为内接于圆

指定圆的半径: 50　　//指定内接圆的半径

（2）单击建模工具栏中“拉伸”按钮，将已绘制好的正六边形拉伸成高度为 60 的正六棱台，如图 5-44 所示。

命令: _extrude　当前线框密度: ISOLINES=4　　//执行“拉伸”命令
选择要拉伸的对象: 找到 1 个　　//选择已绘制好的正六边形
选择要拉伸的对象:　　//回车
指定拉伸的高度或 [方向(D)/路径(P)/倾斜角(T)] <50.0000>: t　　//选择“倾斜角”选项
指定拉伸的倾斜角度 <30>: 15　　//指定倾斜角度
指定拉伸的高度或 [方向(D)/路径(P)/倾斜角(T)] <50.0000>: 50　//指定拉伸高度

步骤 3：利用旋转命令绘制花瓶。

（1）单击绘图工具栏中“多段线”工具按钮，绘制如图 5-45 所示的截面图形和旋转轴。

（2）单击建模工具栏中“旋转”按钮，将截面旋转成立体的花瓶，如图 5-46 所示。

命令: _revolve　　//执行“旋转”命令
当前线框密度: ISOLINES=4
选择要旋转的对象: 找到 1 个　　//选择截面图形
选择要旋转的对象:　　//回车
指定轴起点或根据以下选项之一定义轴 [对象(O)/X/Y/Z] <对象>:
　　//选择旋转轴的一个端点
指定轴端点:　　//选择旋转轴的另一个端点
指定旋转角度或 [起点角度(ST)] <360>:　　//直接回车，默认旋转 360°

图 5-44　拉伸绘制六棱台

图 5-45　花瓶截面和旋转轴

图 5-46　旋转绘制花瓶

步骤 4：利用移动命令将花瓶放在六棱台上。

单击修改工具栏中“移动”按钮，捕捉花瓶瓶底的圆心为基点，位移第二点捕捉六棱台顶面的中心，如图 5-47 所示。

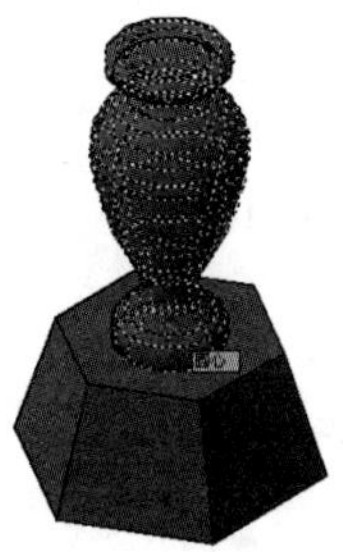

图 5-47　移动花瓶放置在六棱台上

【知识拓展】

一、通过扫掠创建对象

1. 命令的调用方法

（1）下拉菜单：单击[绘图\[建模]\[扫掠]命令。

（2）工具栏：单击建模工具栏中的按钮。

（3）键盘命令：在命令行输入 Sweep。

2. 功　能

将选取的二维对象沿开放或闭合的二维或三维路径扫掠成实体。

3. 操作及选项说明

对图 5-48（a）中的图形进行扫掠，结果如图 5-48（b）所示。

命令: _sweep

当前线框密度:　ISOLINES=4

选择要扫掠的对象: 找到 1 个　　　　　　　　　　　　//选择圆形图形，回车

选择扫掠路径或 [对齐(A)/基点(B)/比例(S)/扭曲(T)]:　　　//选择螺旋线作为路径，回车

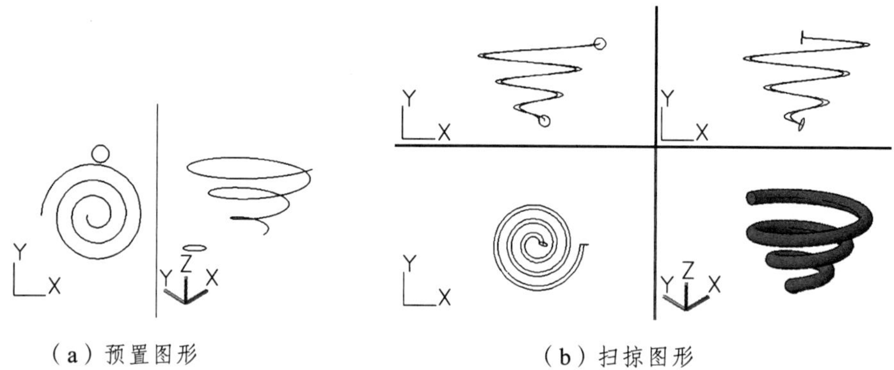

（a）预置图形　　　　　　（b）扫掠图形

图 5-48　扫掠图形命令效果图

二、按住并拖动创建实体

1. 命令的调用方法

（1）工具栏：单击建模工具栏中的按钮。

（2）键盘命令：在命令行输入 Presspull。

2. 功　能

通过拾取封闭区域，然后单击并拖动鼠标来创建实体。

3. 操作及选项说明

将图 5-49（a）中的圆形按住并拖动，结果如图 5-49（b）、（c）所示。

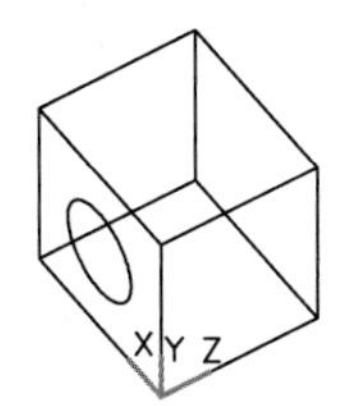

（a）绘制圆形

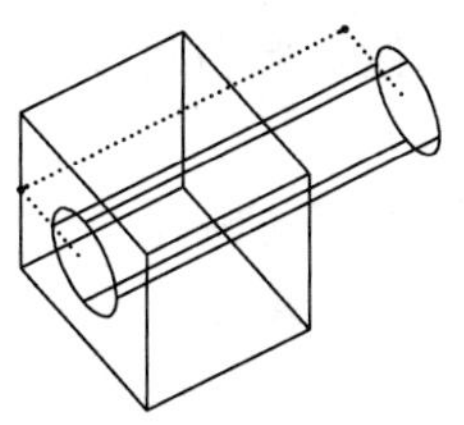

（b）按住并拖动圆形

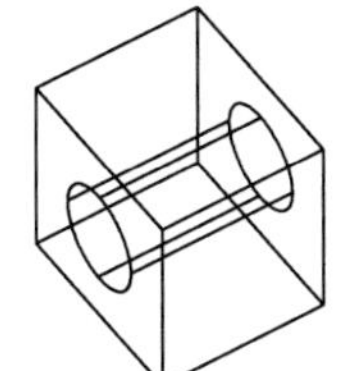

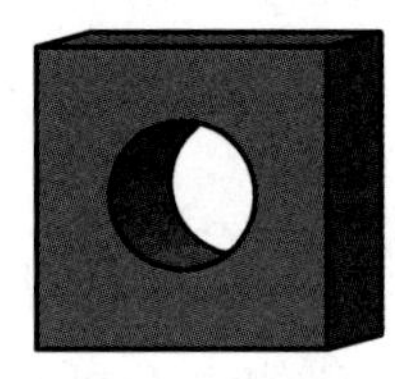

（c）圆柱孔自动被挖去

图 5-49　按住并拖动命令创建实体

在西南等轴测视图建一立方体，并在侧面做一平面圆形。

命令: _presspull

选择对象或边界区域：　　　　//点击圆形

指定拉伸高度或[多个(M)]:　　//将圆形沿 Z 轴拖动到立方体外，松开鼠标后，自动从立方体中减去圆柱孔，挖出一个洞

三、通过放样创建实体

1. 命令的调用方法

（1）下拉菜单：单击[绘图]\[建模]\[放样]命令。

（2）工具栏：单击建模工具栏中的按钮。

（3）键盘命令：在命令行输入 Loft。

2. 功　能

通过拾取封闭区域，然后单击并拖动鼠标来创建实体。

3. 操作及选项说明

对图 5-50（a）所示的图形选择放样，结果如图 5-50（b）、（c）所示。

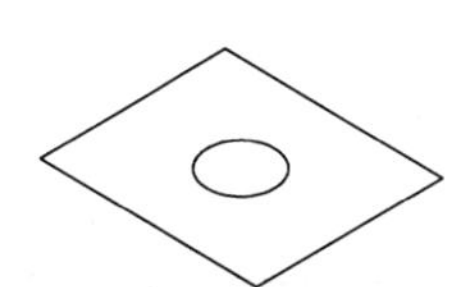

（a）做两个平面截面

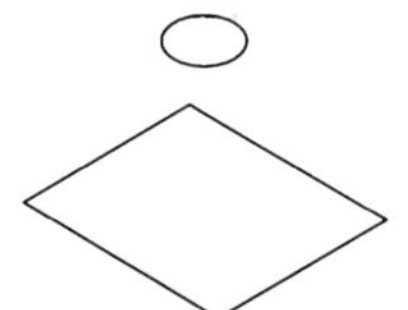

（b）圆形面移至 Z 轴正上方

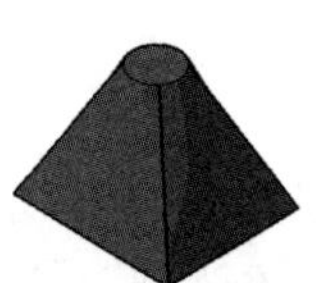

（c）放样成三维实体

图 5-50　通过放样命令将二维图形绘制成实体效果图

在西南轴测图中分别做矩形和圆形二维图形，并将圆形图形沿 Z 轴正方向上移。

命令: loft

按放样次序选择横截面: 找到 1 个　　　　　　　　　　//先选择圆形横截面

按放样次序选择横截面:`找到 1 个，总计 2 个　　　　　//后选择矩形横截面

按放样次序选择横截面:　　　　　　　　　　　　　　　//回车

输入选项 [导向(G)/路径(P)/仅横截面(C)] <仅横截面>:　　//仅横截面回车

系统自动打开“放样设置”对话框，选择“平滑拟合”单选项，单击“确定”按钮后，则放样效果如图 5-50（c）所示。

【任务小结】

本任务运用三维“拉伸”和“旋转”命令将二维的平面图创建成了三维的实体模型。在绘图过程中，对二维截面形状的分析非常重要，是能否创建成功的基础。如果二维的截面不是多段线图形，则必须用编辑多段线命令，合并成多段线。

【任务训练】

训练：创建如图 5-51 所示的三维实体，尺寸自拟。

图 5-51　三维实体效果图

任务四　创建办公室隔断

【学习要点】

★ 掌握运用三维布尔运算命令编辑实体的方法。

★ 掌握各种实体三维操作命令的应用方法。

★ 掌握对实体表面进行编辑的方法。

★ 学会创建办公室隔断实体模型的流程及方法。

【任务内容】

用户在创建如图 5-52 所示的办公室隔断实体模型时，需要掌握“多线命令”“三维拉伸”“布尔运算”“三维陈列”等命令的应用，并能对各命令中的选项参数进行合理的设置。然后运用“面着色”命令进行表面颜色编辑。

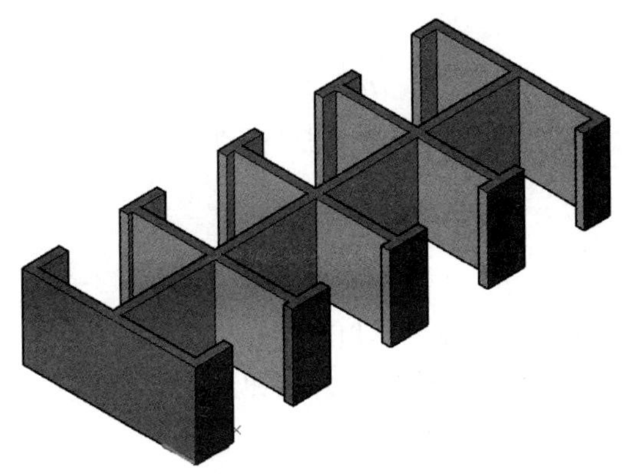

图 5-52　创建办公室隔断实体模型图

【理论基础】

实体建模是由 AutoCAD 提供的基本模型和用户绘制的模型组合而成。要想创建复杂实体，形体分析是关键。利用系统提供的交、并、差集组合布尔运算，阵列、移动、对齐等实体操作最终组合成复杂实体。

一、实体布尔运算

（一）对象并集

1. 命令的调用方法

（1）下拉菜单：单击[修改]\[实体编辑]\[并集]命令。

（2）工具栏：单击实体编辑工具栏中的按钮。

（3）键盘命令：在命令行输入 Union。

2. 功　能

将两个实体组合为一体。

3. 操作及选项说明

对图 5-53（a）中的两个圆柱体组合求并集，结果如图 5-53（b）所示。

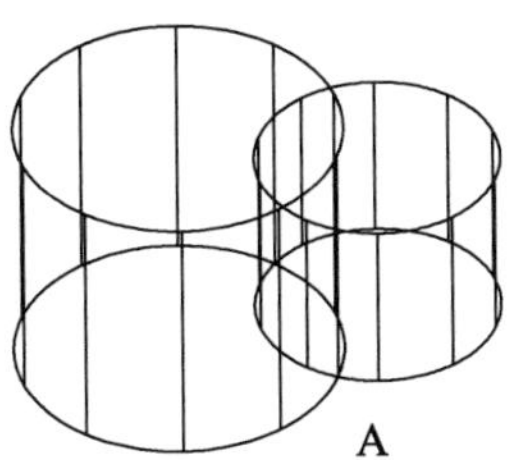

（a）两个圆柱体组合

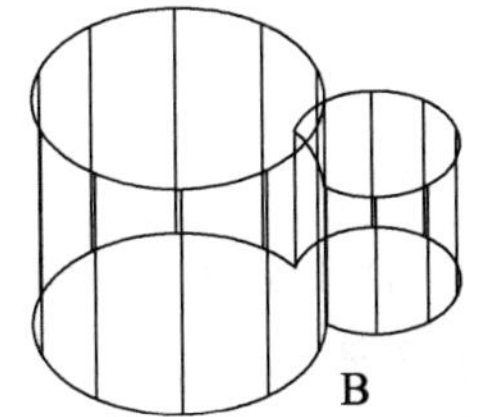

（b）除去两个圆柱体公共部分

图 5-53　对两个圆柱体执行并集命令效果图

命令：union
选择对象：找到 1 个　　　　　　　　//点击大圆柱
选择对象：　总计 2 个　　　　　　　//点击小圆柱回车，命令将两个物体生成一体

（二）对象差集

1. 命令的调用方法

（1）下拉菜单：单击[修改]\[实体编辑]\[差集]命令。
（2）工具栏：单击实体编辑工具栏中的按钮。
（3）键盘命令：在命令行输入 Subtract。

2. 功　能

从一个实体中减去另一个实体。

3. 操作及选项说明

对图 5-54（a）中相交的大的圆柱体和小的圆柱体，利用差集命令，将大圆柱体减去小圆柱体，达到在大圆柱体上打孔的效果，结果如图 5-54（b）所示。

命令: _subtract
选择要从中减去的实体或面域...　　　　//选择要从中减去的实体即大圆柱，回车
选择对象：找到 1 个
选择对象：　选择要减去的实体或面域..　　//选择要减去的实体即小圆柱，回车
找到 1 个

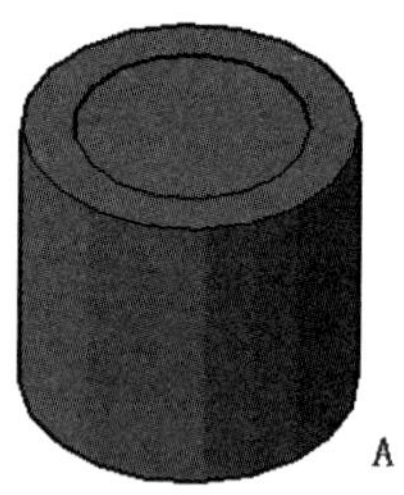

（a）两个圆柱体组合

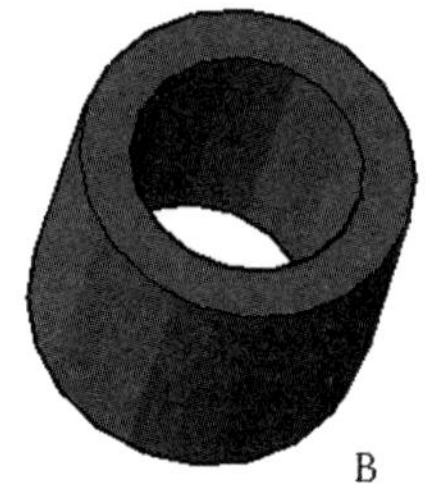

（b）对两个圆柱体相减

图 5-54　对两个圆柱体求差集命令效果图

（三）对象交集

1. 命令的调用方法

（1）下拉菜单：单击[修改]\[实体编辑]\[交集]命令。
（2）工具栏：单击实体编辑工具栏中的按钮。
（3）键盘命令：在命令行输入 Intersect。

2. 功　能

对两个实体求公共部分。

3. 操作及选项说明

将图 5-55（a）中两实体相交部分合并成新的实体同时删除多余部分，结果如图 5-55（b）所示。

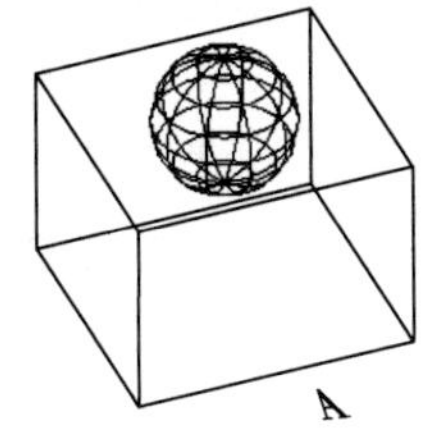

（a）立方体和球体图形　　　　（b）实体的公共部分

图 5-55　对两个实体求交集命令效果图

命令: _intersect

选择对象: 指定对角点: 找到 1 个　　　　//选择要编辑的球体

选择对象: 指定对角点: 找到 1 个，总计 2 个　　　　//选择另一个要编辑长方体，回车

二、实体三维操作

在三维实体操作中也可以使用“阵列”，在一个平面上创建矩形阵列和环形阵列，同样也可以使用移动、旋转、对齐等进行实体三维操作。

（一）三维阵列

1. 命令的调用方法

（1）下拉菜单：单击[修改]\[三维操作]\[三维阵列]命令。

（2）工具栏：单击实体修改工具栏中的按钮。

（3）键盘命令：在命令行输入 3Darray。

2. 功　能

快速复制实体对象。

3. 操作及选项说明

（1）矩形阵列。

将图 5-56 中的实体 a 按 3 行 3 列 3 层进行矩形阵列，结果如图 5-56 所示实体 b 所示。

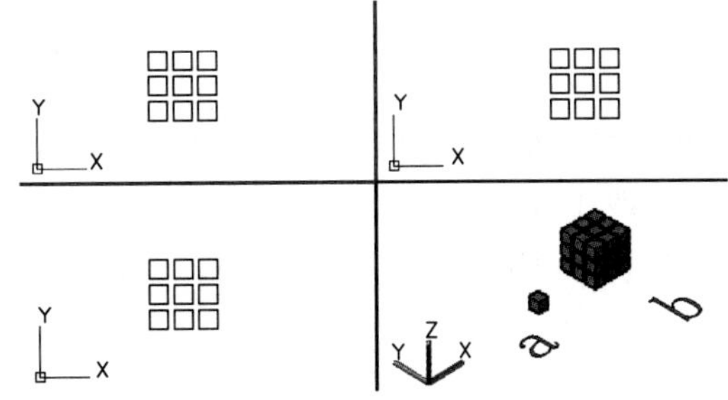

图 5-56　三维矩形阵列命令效果图

命令: 3darray

选择对象: 找到 1 个　　//选择要阵列的对象 a

选择对象:　　//回车

输入阵列类型 [矩形(R)/环形(P)] <矩形>:R　　//选择矩形(R)阵列

输入行数 (---) <1>: 3　　//指定阵列行数，Y 轴方向行数三行

输入列数 (|||) <1>: 3　　//指定阵列列数，X 轴方向列数三列

输入层数 (...) <1>: 3　　//指定阵列层数

指定行间距 (---): 20　　//行间距 20

指定列间距 (|||): 20　　//列间距 20

指定层间距 (...): 20　　//层间距 20，按【Enter】键结束命令

（2）环形阵列。

将图 5-57 中的实体 a 按阵列数 8 个进行环形阵列，结果如图 5-56 所示实体 b。

命令: darray

选择对象: 找到 1 个　　//选择长方体 a

选择对象:　　//回车

输入阵列类型 [矩形(R)/环形(P)] <矩形>:P　　//选择环形(P) 阵列

输入阵列中的项目数目: 8　　//指定阵列数

指定要填充的角度 (+=逆时针, -=顺时针) <360>:　　//360° 填充，回车

旋转阵列对象？ [是(Y)/否(N)] <Y>:　　//实体 a 自身旋转，回车

指定阵列的中心点:　　//在圆盘底面上面中心点击一点

指定旋转轴上的第二点:　　//沿 Z 轴正方向点击一点，回车

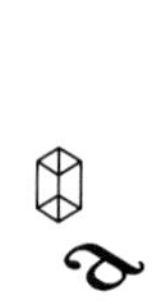

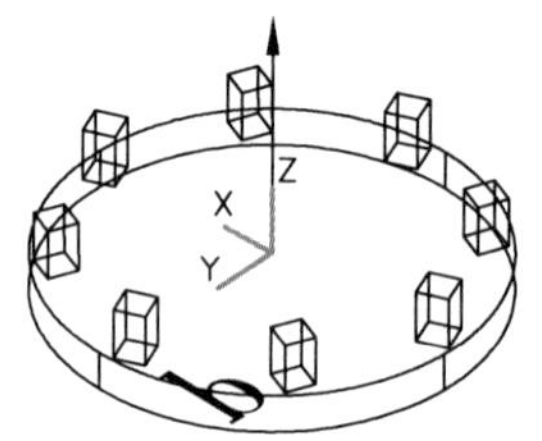

图 5-57　三维环形阵列命令效果图

（二）三维镜像

三维镜像命令是指定一个平面，在这个平面的另一侧创建镜像对象，通常要指定 3 个点来确定平面的位置。

1. 命令的调用方法

（1）下拉菜单：单击[修改]\[三维操作]\[三维镜像]命令。

（2）工具栏：单击实体修改工具栏中的按钮。

（3）键盘命令：在命令行输入 Mirror3D。

2. 功　能

对称复制实体对象。

3. 操作及选项说明

将图 5-58（a）中的实体按端面部分进行镜像，使之成为一个对称的实体，结果如图 5-58（b）所示。

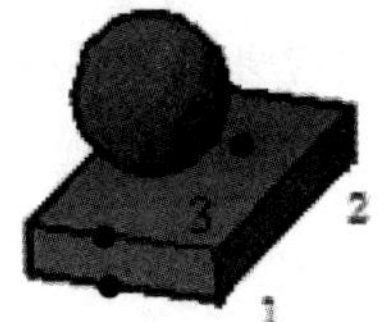

（a）镜像物体　　（b）镜像后得到轴对称物体

图 5-58　三维镜像命令效果图

命令: _mirror3d

选择对象:　　//选择球体和长方体，回车

指定镜像平面（三点）的第一个点或[对象(O)/最近的(L)/Z 轴(Z)/视图(V)/XY 平面(XY)/YZ 平面(YZ)/ZX 平面(ZX)/三点(3)] <三点>: 3　　//选择“三点（3）”方式

在镜像平面上指定第一点:　　//点击第 1 点

在镜像平面上指定第二点:　　//点击第 2 点

在镜像平面上指定第三点:　　//点击第 3 点

是否删除源对象？[是(Y)/否(N)] <否>: N　　//不删除，回车

以上各选项含义和功能说明如下：

- 3 点面：通过指定三个点来确定镜像平面。
- XY 面、YZ 面、ZX 面：以 XY、YZ 或 ZX 平面来定义镜像平面。

（三）三维对齐

1. 命令的调用方法

（1）下拉菜单：单击[修改]\[三维操作]\[三维对齐]命令。

（2）工具栏：单击实体修改工具栏中的按钮。

（3）键盘命令：在命令行输入 3Dalign。

2. 功　能

在三维空间通过移动、旋转或倾斜对象与另一对象对齐。

3. 操作及选项说明

将图 5-59（a）中的实体以楔体 *a*、*b*、*c* 三点为源对象点，对齐实体 1，2，3 各点，结果如图 5-59（b）所示。

命令: _3dalign

选择对象: 找到 1 个　　//选择楔体

选择对象:　　//回车

指定源平面和方向...

指定基点或 [复制(C)]: //指定 *a* 点为源对象第 1 点

指定第二个点或 [继续(C)] <C>: //指定 *b* 点为源对象第 2 点

指定第三个点或 [继续(C)] <C> //指定 *c* 点为源对象第 3 点

指定目标平面和方向...

指定第一个目标点: //指定 1 点为目标点第 1 点

指定第二个目标点或 [退出(X)] <X> //指定 2 点为目标点第 2 点

指定第三个目标点或 [退出(X)] <X>: //指定 3 点为目标点第 3 点对齐，回车

（a）A 实体 *a*，*b*，*c* 点和 B 实体 1，2，3 点

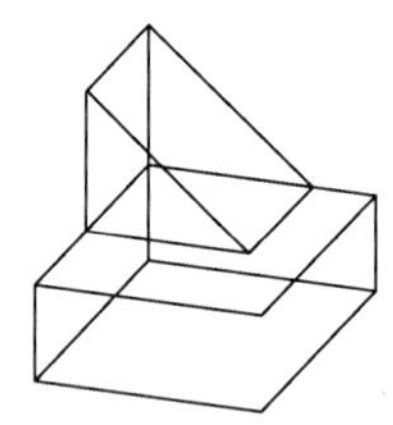

（b）两个三维实体对齐

图 5-59 三维对齐命令效果图

（四）三维旋转

1. 命令的调用方法

（1）下拉菜单：单击[修改]\[三维操作]\[三维旋转]命令。

（2）工具栏：单击实体修改工具栏中的按钮。

（3）键盘命令：在命令行输入 3Drotate。

2. 功 能

绕着一轴旋转三维对象。

3. 操作及选项说明

将图 5-60（a）的实体以图 5-60（b）所示的点划线为轴，旋转 90°，结果如图 5-60（c）所示。

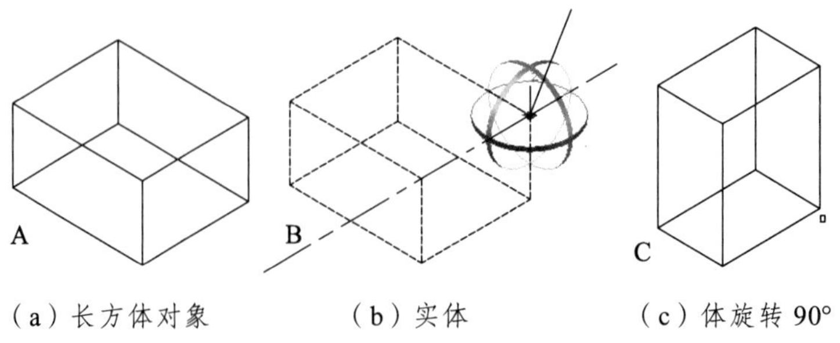

（a）长方体对象 （b）实体 （c）体旋转 90°

图 5-60 三维旋转命令效果图

命令: _3drotate

UCS 当前的正角方向:　ANGDIR=逆时针　ANGBASE=0

选择对象: 找到 1 个　　　　　　　　//选择实体

选择对象:　　　　　　　　　　　　　//回车出现旋转夹点工具

指定基点:　　　　　　　　　　　　　//选定位置单击指定点为基点

拾取旋转轴:　　　　　　　　　　　　//拾取 X 轴为旋转轴（红色），点击后变黄色

指定角的起点或键入角度: 90　　　　//输入旋转角度为 90°，回车

在视图中创建的二维实体如画弧、圆、直线、多段线、单行文字、宽线和点等二维图形，都可以创建为有厚度的三维外观的模型。

三、着色实体对象上的面

1. 命令的调用方法

（1）下拉菜单：单击[修改]\[实体编辑]\[着色面]命令。

（2）工具栏：单击实体编辑工具栏中的按钮。

（3）键盘命令：在命令行输入 Color。

2. 功　能

为选取的面指定线框的颜色。

3. 操作及选项说明

对图 5-61（a）的实体表面进行着色，结果如图 5-61（b）所示。

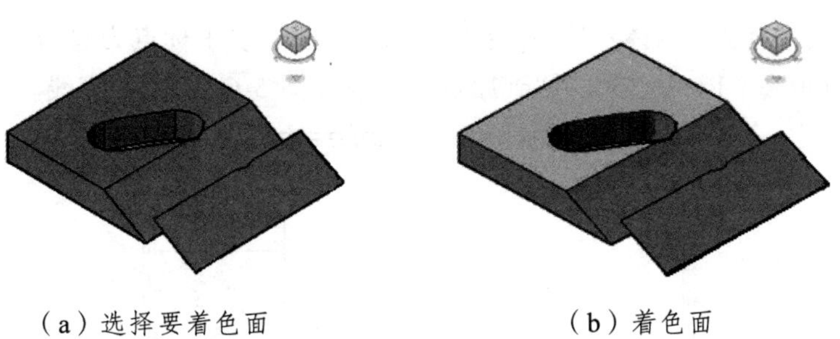

（a）选择要着色面　　　　（b）着色面

图 5-61　着色面命令效果图

命令行: _color

选择面或 [放弃(U)/删除(R)]: 找到一个面。　　　　//选中面为虚线

择面或 [放弃(U)/删除(R)/全部(ALL)]: 找到 2 个面。　　//选中面为虚线

选择面或 [放弃(U)/删除(R)/全部(ALL)]: 找到 3 个面。

//选中面为虚线，回车出颜色对话框，选择颜色后确定，回车 2 次

【操作技能】

步骤 1：设置图层，做好绘图准备。

设置图层：调用菜单栏中的[格式]\[图层]命令，打开“图层特征管理器”对话框，单击“新建”按钮，新建“实体”“标注”“文本层”“标注层”等图层。

步骤 2：绘制墙体线。

（1）绘制基线：单击绘图工具栏中按钮，在视图上任意点击一点，绘制两条互相垂直的直线，长 1 000，高 400，如图 5-62 所示。

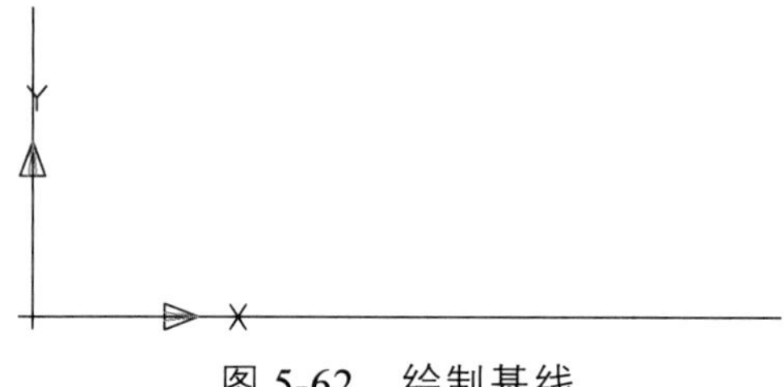

图 5-62　绘制基线

（2）绘制隔断中心线：单击修改工具栏中按钮，将图 5-62 中的水平线向上偏移 2 次，偏移距离为 200，400；将图 5-62 绘制的垂直线向右偏移 4 次，偏移距离为 250，500，750，1 000，如图 5-63 所示。

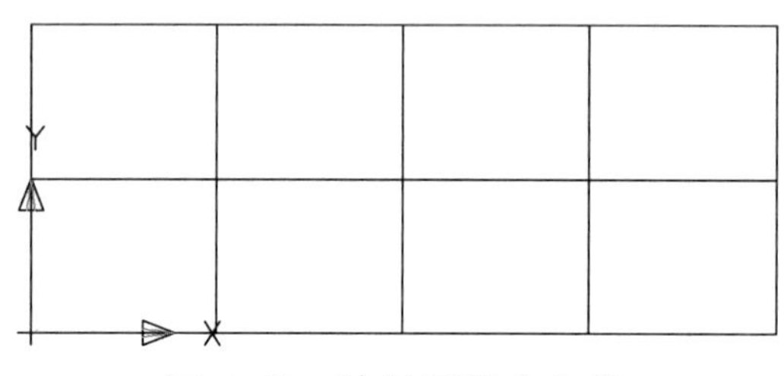

图 5-63　绘制隔断中心线

（3）用“多线”绘制外墙体：选择[绘图]/[多线]菜单，以坐标点为起始点，依次捕捉（0，400）、（1 000，400）、（1 000，0）、回到原点，形成如图 5-64 所示的多线。

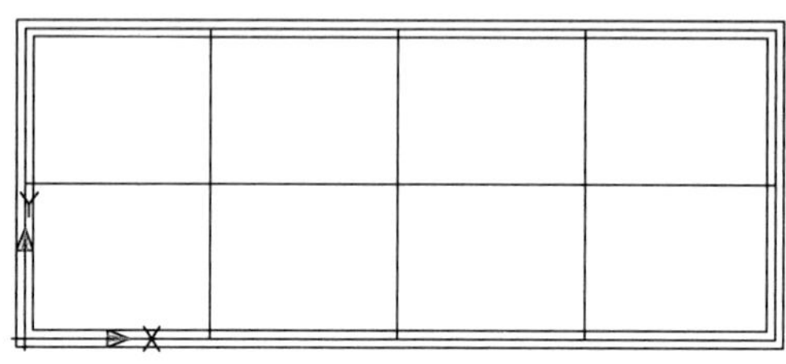

图 5-64　多线绘制外墙体

（4）用“多线”绘制内墙体：重复多线命令，绘制内墙体，如图 5-65 所示。

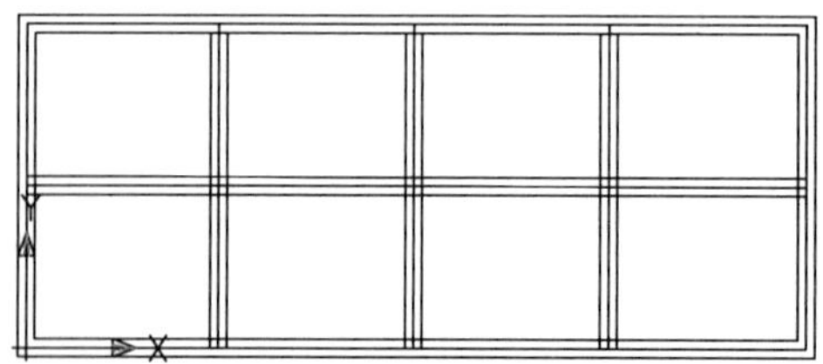

图 5-65　多线绘制内墙体

（5）修改多线样式：选择[修改]/[对象]/[多线]菜单，在弹出的“多线编辑工具”对话框，选定合适的多线样式，对绘制的多线进行修改，如图 5-66 所示。

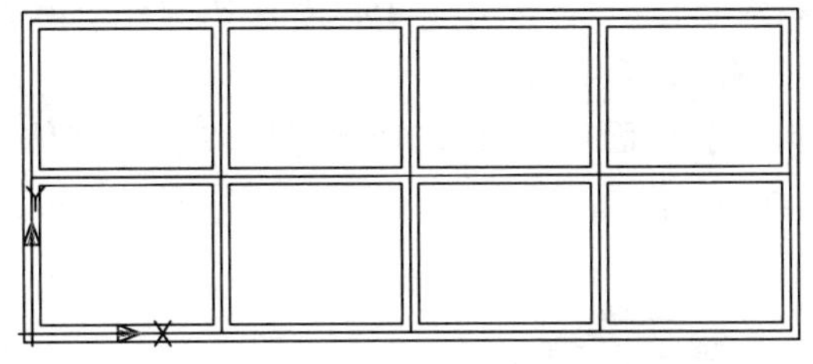

图 5-66　多线编辑内外墙体

（6）删除中心线：将中心线删除，如图 5-67 所示。

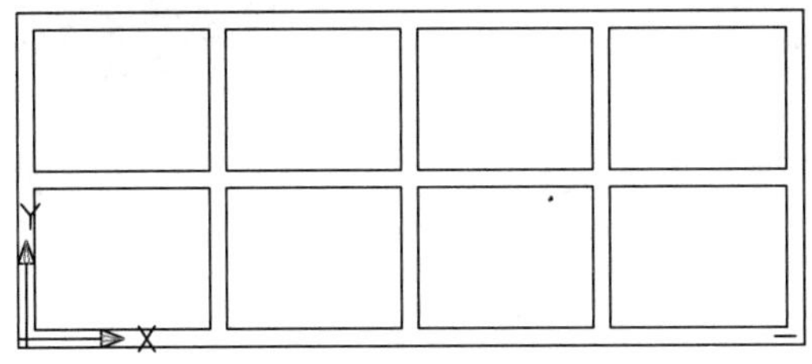

图 5-67　删除中心线

（7）分解墙体及面域处理：单击修改工具栏中按钮，将绘制的多线进行分解；然后单击按钮，将分解后的多线进行面域处理。

步骤 3：绘制实体。

（1）移动坐标原点并转换视图：将坐标原点移动到外墙体左下角最外边点，转换视图为西南等轴测图。

（2）差集处理办公室空间：单击实体编辑工具栏中按钮，将面域处理后的大长方形减去 8 个小长方形，如图 5-68 所示。

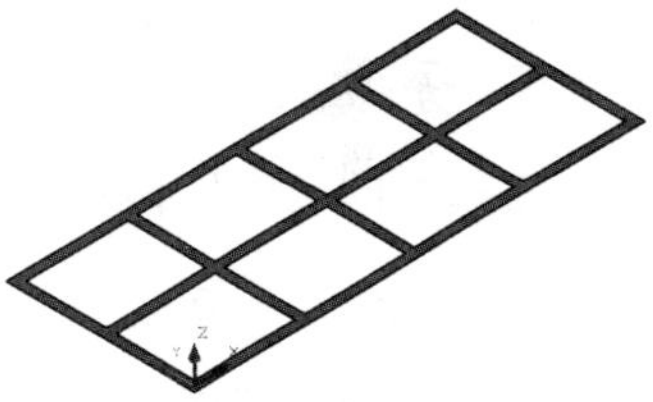

图 5-68　转换并差集

（3）拉伸墙体：单击建模工具栏中按钮，设置拉伸高度为 200，如图 5-69 所示。

（4）设置门洞实体：单击建模工具栏中按钮，指定底面中心点坐标为（90，－10，0），绘制一个长为 150、宽为 40、高为 220 的长方体，结果如图 5-70 所示。

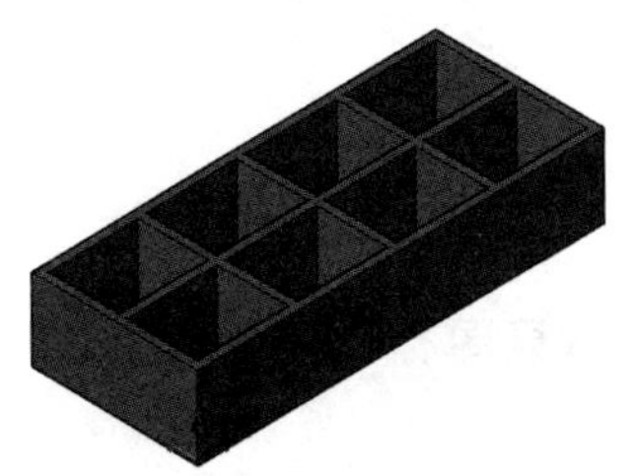

图 5-69　拉伸差集长方体

图 5-70　门洞长方体

（5）单击三维修改工具栏中的▦按钮，选择对象为小长方体，设置各项参数：2 行 4 列，行偏移 400，列偏移 240。回车确认后，结果如图 5-71 所示。

（6）差集门洞：重复[差集]命令，将 8 个小长方体从墙体中减去，结果如图 5-72 所示。

步骤 4：对墙体进行面着色。

单击[修改]\[实体编辑]\[着色面]命令，选择要进行着色的墙体，选择颜色，对各表面进行着色处理，结果如图 5-72 所示。

图 5-71　阵列门洞长方体

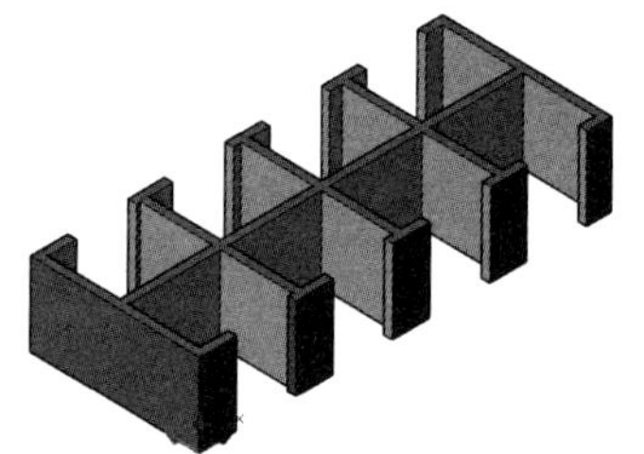

图 5-72　办公室隔断

【知识拓展】

一、拉伸实体对象上的面

1. 命令的调用方法

（1）下拉菜单：单击[修改]\[实体编辑]\[拉伸面]命令。

（2）工具栏：单击实体编辑工具栏中的▣按钮。

（3）键盘命令：在命令行输入 Extrude。

2. 功　能

将选取的三维实体对象上的面拉伸指定的高度、倾斜角或路径拉伸。

3. 操作及选项说明

（1）拉伸倾斜面。

将图 5-73 所示实体的 A 面进行拉伸并倾斜 20°，结果如图 5-73 所示实体的 B 面所示。

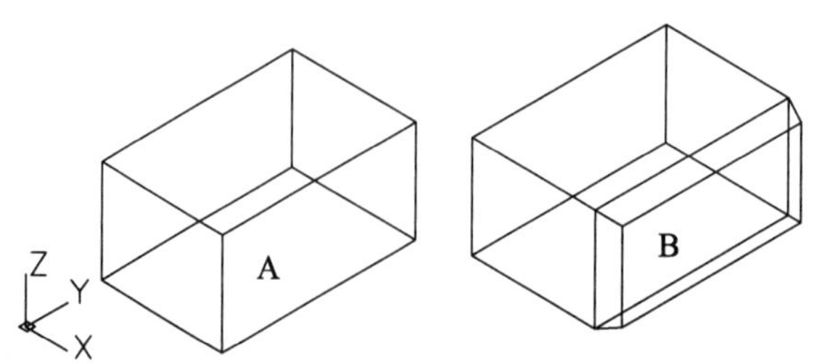

图 5-73　拉伸面命令效果图

命令: _extrude

选择面或[放弃(U)/删除(R)]: 找到 1 个面　//在实体 A 中选择面，选中的面呈虚线显示，回车

指定拉伸高度或 [路径(P)]: 50　　　　　　//指定拉伸长度 50

指定拉伸的倾斜角度 <0>: 20　　　　　　//拉伸倾斜角 20°

以上各选项含义和功能说明如下：

- 输入正角度值，则选定的面将向内产生倾斜的面。
- 输入负角度值，则选定的面将向外产生倾斜的面。

（2）沿路径拉伸倾斜面。

对图 5-74 所示实体的 A 面进行沿路径拉伸并倾斜－68°，结果如图 5-74 的 B 面所示。

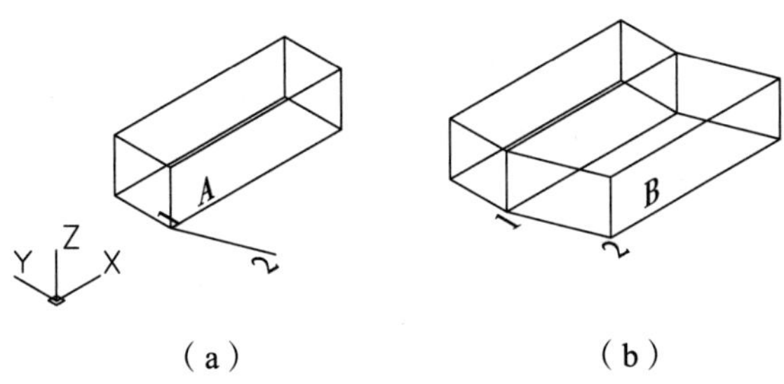

图 5-74　沿路径拉伸面命令效果图

在图 5-74（a）中绘制一条直线 1-2 为路径，1 为起点，2 为终点。

命令: _extrude

选择面或 [放弃(U)/删除(R)]: 找到一个面。　　　　//选择面 A，A 面轮廓为虚线

选择面或 [放弃(U)/删除(R)/全部(ALL)]:　　　　//回车

指定拉伸高度或 [路径(P)]:P　　　　//指定路径 P

选择拉伸路径:　　　　//选择路径 12，回车

实体工具栏的拉伸按钮与实体编辑工具栏中的拉伸面按钮图标相同，但功能是不同的。实体工具栏中的拉伸按钮是针对二维图形和面域进行拉伸，产生三维厚度；实体编辑工具栏中的拉伸面按钮是针对三维实体对象表面上的一个面进行拉伸的。

二、移动实体对象上的面

1. 命令的调用方法

（1）下拉菜单：单击[修改]\[实体编辑]\[移动面]命令。

（2）工具栏：单击实体编辑工具栏中的按钮。

（3）键盘命令：在命令行输入 Move。

2. 功　能

以指定距离移动选定的三维实体对象的面。

3. 操作及选项说明

对图 5-75（a）的实体面进行移动，结果如图 5-75（b）所示。

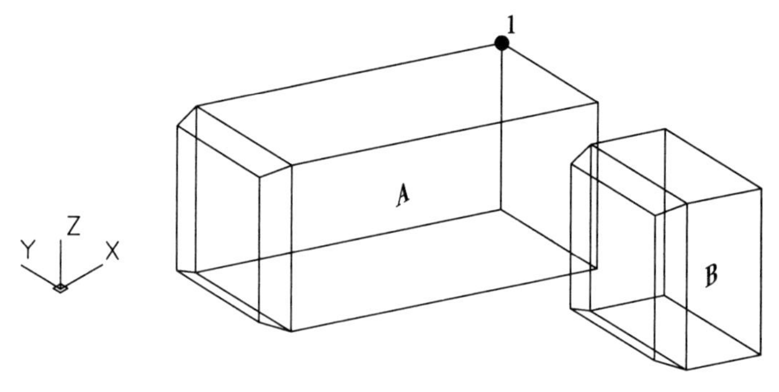

（a）实体对象 A　　　（b）将实体对象 A 缩短长度

图 5-75　移动实体对象上的面命令效果图

实体编辑自动检查: solidcheck=1

[拉伸(E)/移动(M)/旋转(R)/偏移(O)/倾斜(T)/删除(D)/复制(C)/颜色(L)/材质(A)/放弃(U)/退出(X)] <退出>: _move

选择面或 [放弃(U)/删除(R)]: 找到一个面。　　　//点击要选择面，呈虚线

选择面或 [放弃(U)/删除(R)/全部(ALL)]: 找到 2 个面

//又点击要选择面，呈虚线

选择面或 [放弃(U)/删除(R)/全部(ALL)]: R　　　//删除是虚线但不是要选择的面

删除面或 [放弃(U)/添加(A)/全部(ALL)]: 找到 2 个面，已删除 1 个。

//点击不需要的面删去

删除面或 [放弃(U)/添加(A)/全部(ALL)]: 找到 2 个面，已删除 0 个。

//回车，留下需要面

指定基点或位移:　　　//指定 1 点为基点

指定位移的第二点: -50，0，0　　　//指定 X 轴负方向从 1 点到删除面的距离坐标

三、偏移实体对象上的面

1. 命令的调用方法

（1）下拉菜单：单击[修改]\[实体编辑]\[偏移面]命令。

（2）工具栏：单击实体编辑工具栏中的按钮。

（3）键盘命令：在命令行输入 Offset。

2. 功　能

将选取的面以指定的距离从原始位置向内或向外均匀地偏移实体面。

3. 操作及选项说明

对图 5-76（a）实体中的孔进行偏移，指定偏移距离为 – 20，结果如图 5-76（b）所示。

点击偏移按钮，选择实体中的孔，该孔呈现出虚线状态，指定偏移距离，输入 – 20，回车两次即可。

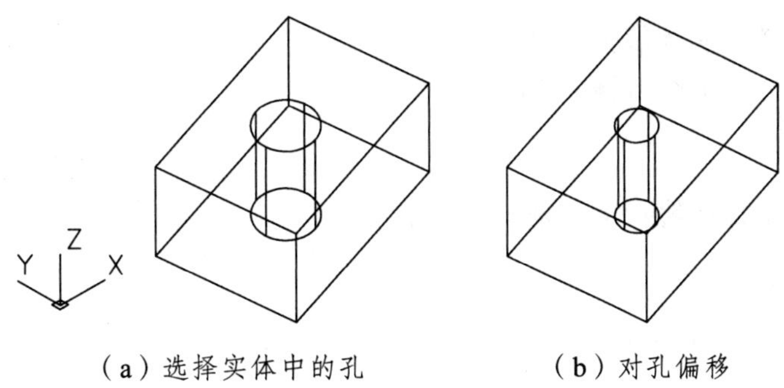

（a）选择实体中的孔　　　　（b）对孔偏移

图 5-76　偏移面命令效果图

四、删除实体对象上的面

1. 命令的调用方法

（1）下拉菜单：单击[修改]\[实体编辑]\[删除面]命令。

（2）工具栏：单击实体编辑工具栏中的按钮。

（3）键盘命令：在命令行输入 Delete。

2. 功　能

删除三维实体对象上已选择的面、圆角和倒角。

3. 操作及选项说明

对图 5-77（a）的实体的孔进行删除，结果如图 5-77（b）所示。

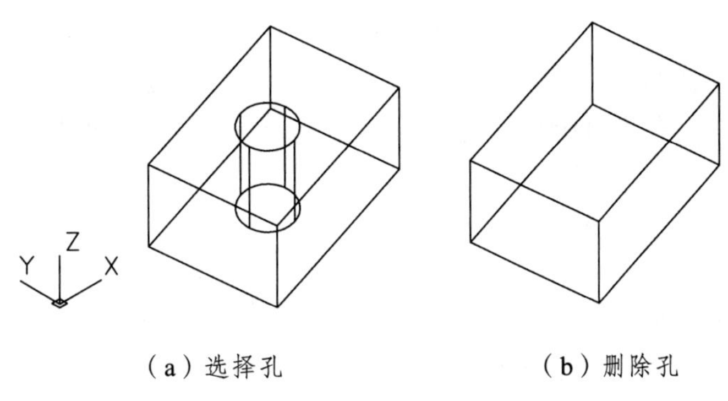

（a）选择孔　　　　（b）删除孔

图 5-77　删除面命令效果图

点击删除按钮，选择实体中的孔，该孔呈现出虚线，回车三次即可。

五、旋转实体对象上的面

1. 命令的调用方法

（1）下拉菜单：单击[修改]\[实体编辑]\[旋转面]命令。

（2）工具栏：单击实体编辑工具栏中的按钮。
（3）键盘命令：在命令行输入 Rotate。

2. 功　能

将实体上选取的面围绕指定的轴旋转一定角度。

3. 操作及选项说明

对图 5-78（a）的实体中槽进行 60° 旋转，结果如图 5-78（b）所示。

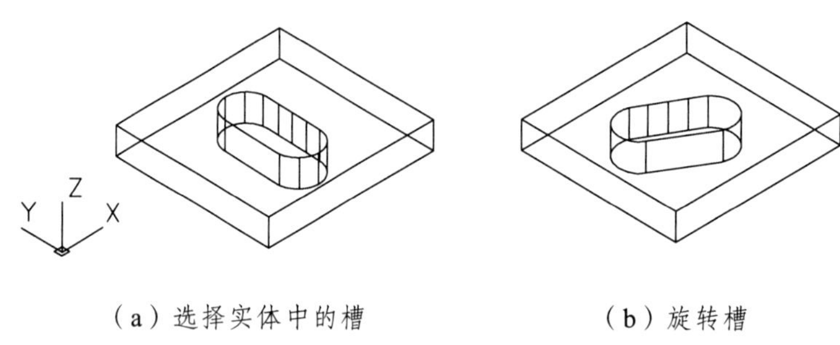

（a）选择实体中的槽　　　　（b）旋转槽

图 5-78　旋转面命令效果图

命令：_Rotate

选择面或 [放弃(U)/删除(R)]: 找到 2 个面。　　//在西南等轴测视口中点击要旋转的内孔面，选中的面呈虚线显示，所有的内孔面一定要全部选中，即内孔面全部呈虚线。

选择面或 [放弃(U)/删除(R)/全部(ALL)]:　　//回车

指定轴点或 [经过对象的轴(A)/视图(V)/X 轴(X)/Y 轴(Y)/Z 轴(Z)] <两点>:Z　　//指定旋转轴为 Z 轴

指定旋转原点 <0,0,0>:　　//选择孔的中心点

指定旋转角度或 [参照(R)]: 60　　//旋转角度为 60°，回车

六、倾斜实体对象上的面

1. 命令的调用方法

（1）下拉菜单：单击[修改]\[实体编辑]\[倾斜面]命令。
（2）工具栏：单击实体编辑工具栏中的按钮。
（3）键盘命令：在命令行输入 Taper。

2. 功　能

将实体上选取的表面按指定的方向和角度进行倾斜。

3. 操作及选项说明

对图 5-79（a）中的实体表面进行 60° 倾斜，结果如图 5-79（b）所示。

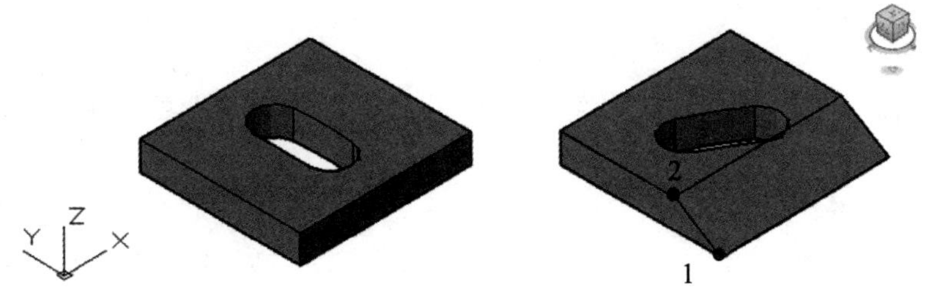

（a）选择要倾斜面　　（b）倾角为 60° 斜面

图 5-79　倾斜面命令效果图

命令: _Taper

选择面或 [放弃(U)/删除(R)]: 找到一个面。　　//点击要倾斜面呈虚线显示

选择面或 [放弃(U)/删除(R)/全部(ALL)]:　　//回车

指定基点:　　//指定第 1 点为基点

指定沿倾斜轴的另一个点:　　//指定第 2 点

指定倾斜角度: 60　　//指定倾斜角 60°，回车

七、复制实体对象上的面

1. 命令的调用方法

（1）下拉菜单：单击[修改]\[实体编辑]\[复制面]命令。

（2）工具栏：单击实体编辑工具栏中的按钮。

（3）键盘命令：在命令行输入 Copy。

2. 功　能

将实体上选取的表面复制到指定的位置。

3. 操作及选项说明

对图 5-80（a）的实体表面进行复制，结果如图 5-80（b）所示。

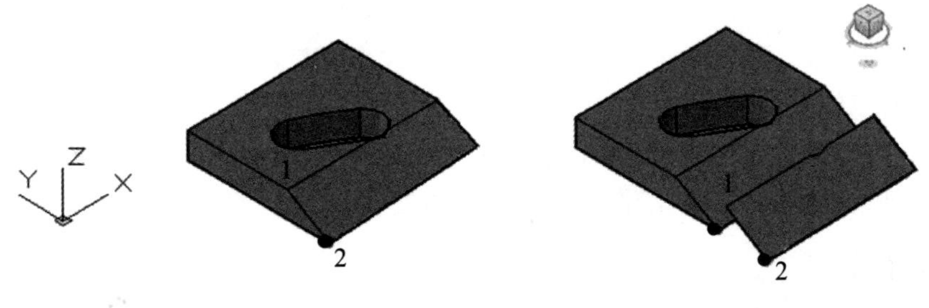

（a）选择面　　（b）沿路径复制面

图 5-80　复制面命令效果图

```
命令: _copy
输入面编辑选项
选择面或 [放弃(U)/删除(R)]: 找到一个面。          //点击要复制的面呈虚线显示
选择面或 [放弃(U)/删除(R)/全部(ALL)]:              //回车
指定基点或位移:                                    //指定基点为第 1 点
指定位移的第二点:                                  //指定位移点为第 2 点,回车
```

【任务小结】

本任务需要运用多线、三维拉伸、布尔运算、三维陈列等命令创建办公室隔断实体模型，运用“面着色”命令进行表面颜色编辑。在绘制三维实体时，三维操作命令和布尔运算应用率较高，学生应灵活掌握并熟练运用。

【任务训练】

训练：创建并编辑如图 5-81 所示的三维实体，尺寸自拟。

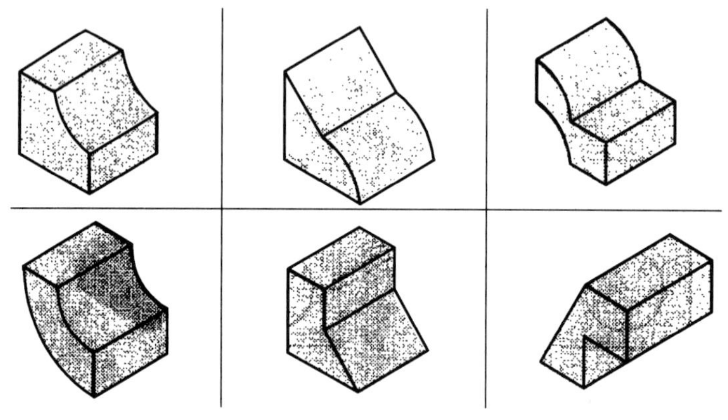

图 5-81　三维实体

任务五　创建支座立体图

【学习要点】

★ 掌握对三维实体进行编辑的方法。
★ 掌握对三维实体模型进行标注的方法。
★ 学会创建支座立体图的绘图流程和操作方法。

【任务内容】

创建如图 5-82 和图 5-83 所示的支座三维实体模型需要运用到三维实体命令、建立 UCS 坐标系、三维阵列、三维镜像、三维拉伸、布尔运算、抽壳、尺寸标注等命令。本任务是机械工程立体图中很典型的案例，综合运用了大量的三维绘图命令。

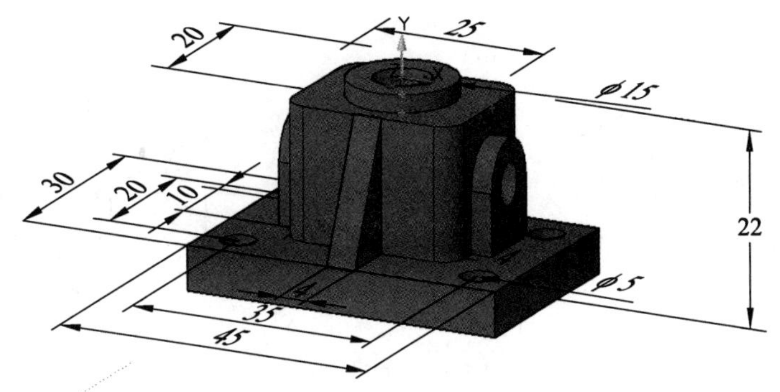

图 5-82　创建支座立体图

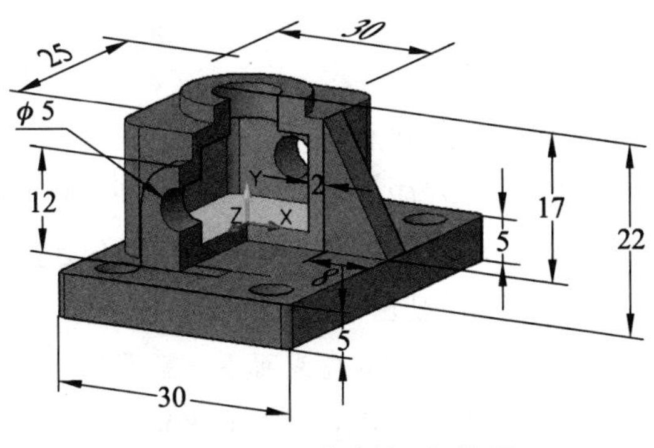

图 5-83　支座剖切立体图

【理论基础】

一、编辑三维实体的体

三维实体是由面、边、体组成的。对实体进行倒角、圆角、抽壳、分解等操作，可以改变实体的造型。

（一）修改实体为倒角

1. 命令的调用方法

（1）下拉菜单：单击[修改]\[倒角]命令。

（2）工具栏：单击修改工具栏中的按钮。

（3）键盘命令：在命令行输入 Chamfer。

2. 功　能

将实体的棱边修改为倒角。

3. 操作及选项说明

将图 5-84（a）所示 200 × 200 × 160 的立方体，一条边倒角为 50 × 20 的立方体，结果如图 5-84（b）所示，倒环角如图 5-84（c）所示。

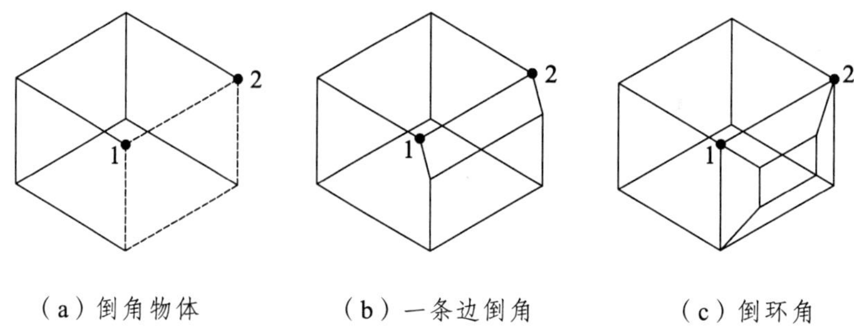

图 5-84　实体倒角命令效果图

命令: _chamfer

当前倒角距离 1 = 0.0000，距离 2 = 0.0000

选择第一条直线或 [放弃(U)/多段线(P)/距离(D)/角度(A)/修剪(T)/方式(E)/多个(M)]:

//点击立方体的 1-2 边，这时，与之相交的两个面中的一个面呈虚线，显示被选中。只要选中某一条直线，就会有一个面产生，见图（a）

基面选择...　　　//此面可作为基面，如虚线面不是需要面，则输入 N，回车，还可再选

输入曲面选择选项 [下一个(N)/当前(OK)] <当前(OK)>:　　//是需要面，回车

指定基面倒角距离或 [表达式(E)] <1.0000>: 50　　　//角的一边长 50，回车，见图（b）

指定其他曲面倒角距离或 [表达式(E)] <1.0000>: 20　　//角的另一边长 20,回车,见图（b）

选择边或 [环(L)]:　　　　　　　　　　//点击 1-2 点的边。若只是想在虚线面倒一个角，则点击 1-2 边，回车，见图（b）；点击其他面的边无效

选择边或 [环(L)]: L　//若想在整个虚线面的四条边都倒角，则输入 L，回车，见图（c）

（二）修改实体为圆角

1. 命令的调用方法

（1）下拉菜单：单击[修改]\[圆角]命令。

（2）工具栏：单击修改工具栏中的按钮。

（3）键盘命令：在命令行输入 Fillet。

2. 功　能

将实体的棱边修改为圆弧角。

3. 操作及选项说明

将图 5-85（a）所示 200 × 200 × 160 的立方体，四条边倒圆角半径为 20 的圆角，结果如图 5-85（b）所示。

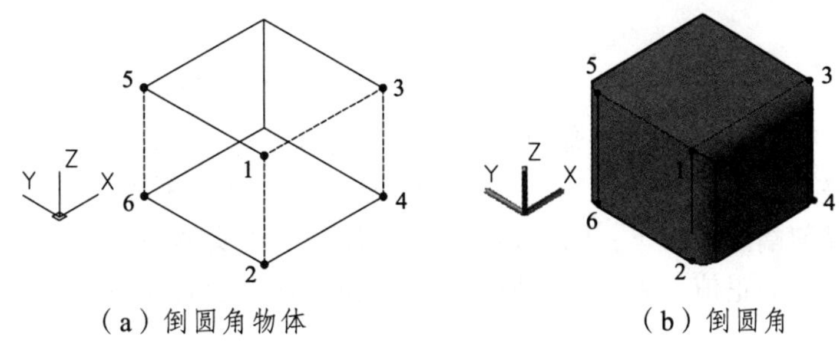

（a）倒圆角物体　　　　（b）倒圆角

图 5-85　实体倒圆角命令效果图

命令: _fillet

当前设置: 模式 = 修剪，半径 = 0.0000

选择第一个对象或 [放弃(U)/多段线(P)/半径(R)/修剪(T)/多个(M)]:

//选定 1-2 边呈虚线显示，不回车

输入圆角半径: 80　　　　//指定圆角半径

选择边或 [链(C)/半径(R)]:　　　　//选定 3-4 边呈虚线显示，不回车

选择边或 [链(C)/半径(R)]:　　　　//选定 5-6 边呈虚线显示，不回车

选择边或 [链(C)/半径(R)]:　　　　//选定 1-3 边呈虚线显示，不回车

选择边或 [链(C)/半径(R)]:　　　　//选定结束回车

已选定 4 个边用于圆角。　　　　//结果见图（b）

（三）抽壳实体

1. 命令的调用方法

（1）下拉菜单：单击[修改]\[实体编辑]\[抽壳]命令。

（2）工具栏：单击修改工具栏中的按钮。

（3）键盘命令：在命令行输入 Shell。

2. 功　能

将实体进行抽壳处理。

3. 操作及选项说明

图 5-86（a）所示的立方体进行抽壳、创建一个壳厚为 10、顶面为空的有厚度的空心实体，结果如图 5-86（b）所示。

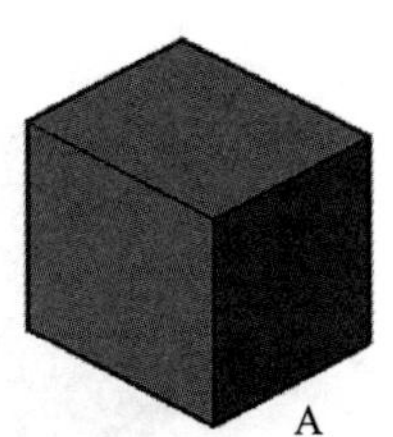

（a）抽壳物体

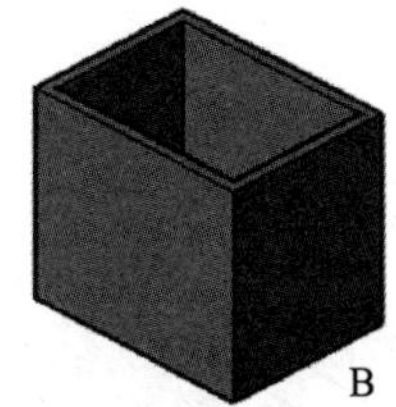

（b）物体抽壳之后

图 5-86　抽壳实体命令效果图

命令: _shell

选择三维实体: //选择实体 A，虚线显示

删除面或 [放弃(U)/添加(A)/全部(ALL)]: //点击立方体的顶端面，回车，即顶端面不抽壳

输入抽壳偏移距离: 10 //壳厚为 10，回车 3 次，即得到抽壳后的实体 B

如果不选择任何端面按回车，则得到一个有厚度的空心实体。

输入抽壳的距离为正值，表示向内抽壳；为负值，则表示向外抽壳。

二、三维图形标注

标注尺寸也是绘制三维图形中不可缺少的一步。在 AutoCAD 中，尺寸标注都是针对二维图形来设计的,它并没有提供三维图形的尺寸标注,那么如何对三维图形进行尺寸标注呢?

要准确的标注出三维对象的尺寸，其核心是必须学会灵活变换坐标系，因为所有的尺寸标注都只能在当前坐标的 XY 平面中进行。

【操作技能】

步骤 1：绘制支座底座。

（1）选择[视图]/[三维视图]/[东南等轴测]，将平面视图转换为东南等轴测图。在视图中选择任意一点，作为底座的坐标原点。

（2）单击建模工具栏中的“长方体”工具，指定坐标为（0，0，0），输入“L”，设置长方体的长为 30、宽为 45、高为 5 的长方体，如图 5-87 所示。

（3）单击建模工具栏中的“圆柱体”工具，指定底面中心点坐标为（5，5，0），绘制一个半径为 2.5、高为 5 的圆柱体，结果如图 5-88 所示。

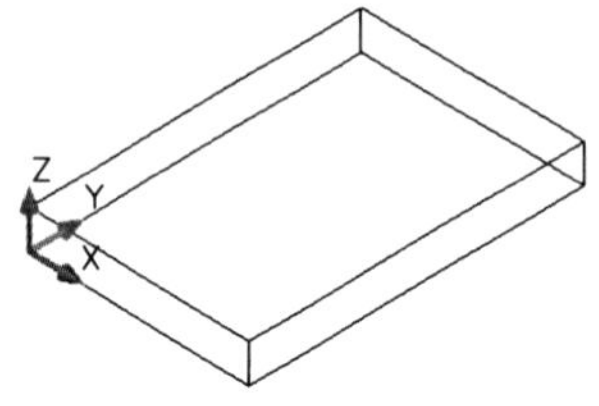

图 5-87 轴承座底座

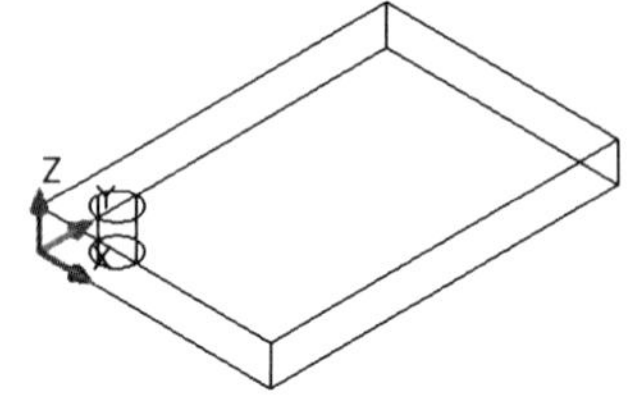

图 5-88 底座圆柱体

（4）单击修改工具栏中的“阵列”工具，选择阵列对象，设置各项参数：2 行 2 列 1 层，行偏移 35，列偏移 20，结果如图 5-89 所示。

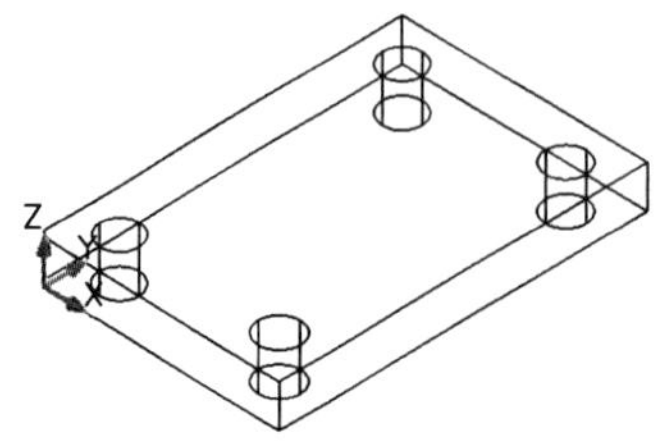

图 5-89 阵列底座圆柱体

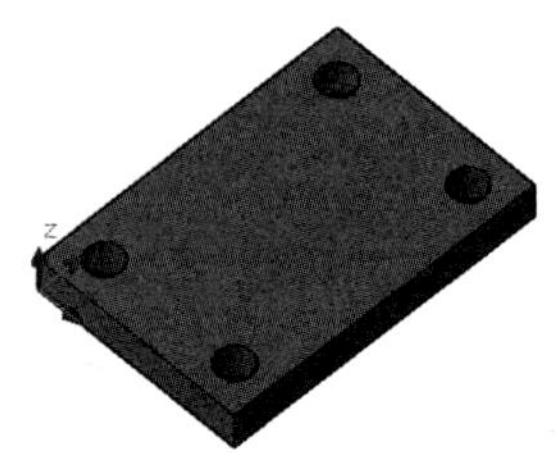
图 5-90 差集和消隐圆柱体

> **技巧提示**：“行”对应 Y 轴，“列”对应 X 轴。即“行”数用来设置阵列在 Y 轴方向的对象数，“行偏移”用来设置阵列沿 Y 轴方向各对象之间的间距。

（5）单击建模工具栏中的“差集”工具，选择长方体作为被减实体，减去 4 个圆柱体。再执行“概念”命令，则差集效果如图 5-90 所示。

步骤 2：绘制抽壳长方体。

（1）选择[常用工具栏]\[坐标]\[原点]或单击工具栏，捕捉图 5-91 所示实体中 A 点，将坐标系移到该点。

（2）单击绘图工具栏中的“矩形”工具，输入“F”，设置矩形的圆角半径为 3，然后指定矩形的第 1 个角点为（2，10），第 2 个角点为（@20，25），绘制一个矩形，如图 5-92 所示。

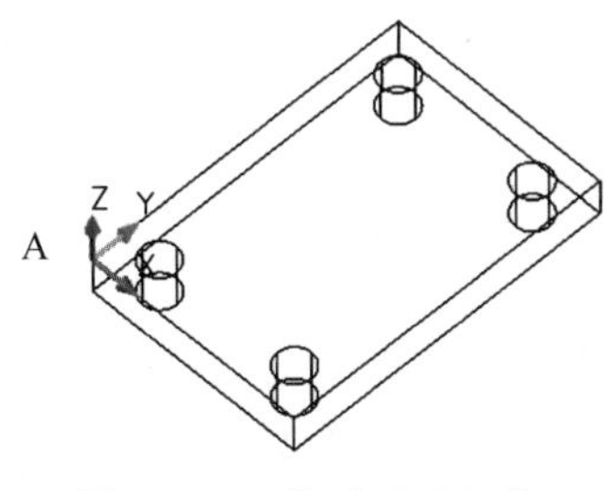

图 5-91　移动坐标系

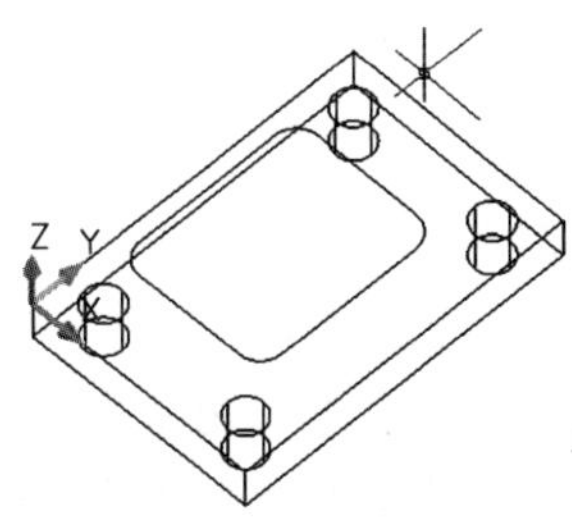

图 5-92　绘制矩形

（3）单击建模工具栏中的“拉伸”工具，选择图角矩形，回车，设置拉伸高度为 15，结果如图 5-93 所示。

> **技巧提示**：虽然使用“按住并拖动”功能也能生成圆角长方体，但是，生成的长方体会被自动合并到下面的长方体中，因而后面将无法单独对圆角长方体执行抽壳操作，故不宜使用“按住并拖动”功能。

（4）选择[修改]\[实体编辑]\[抽壳]菜单或单击，选择上方的长方体为抽壳对象，然后确认，再输入偏移距离为 2，按两次【Enter】键，结果如图 5-94 所示。

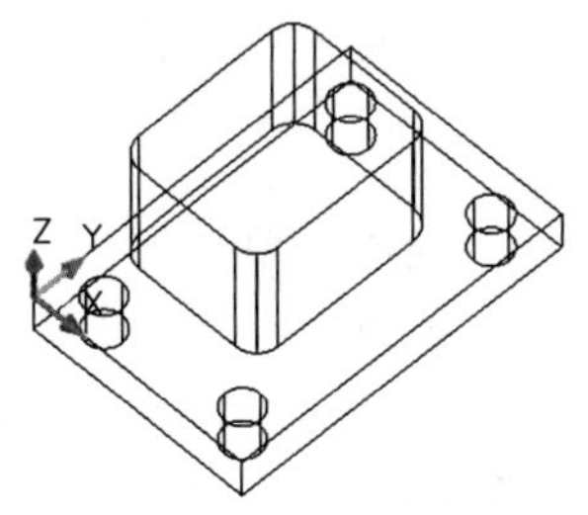

图 5-93　拉伸矩形

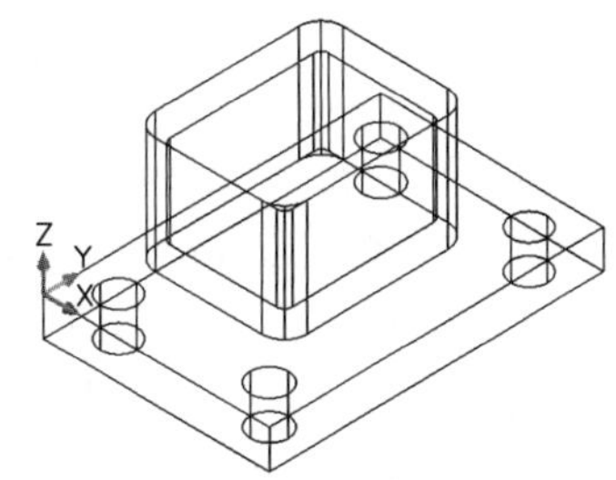

图 5-94　抽壳长方体

步骤 3：绘制长方体顶面圆柱体。

（1）右击状态栏中的“对象捕捉”按钮，在弹出的快捷菜单中选择“设置”，在打开的“草图设置”对话框中选择“中点”捕捉。选择[工具]/[新建 UCS]/[原点]菜单或单击，利用对象捕捉追踪方法移动坐标系原点至圆角长方体顶面中心，如图 5-95 所示。

（2）单击绘图工具栏中的“圆”工具，以（0，0）为圆心，绘制一个半径为 7.5 的圆，如图 5-96 所示。

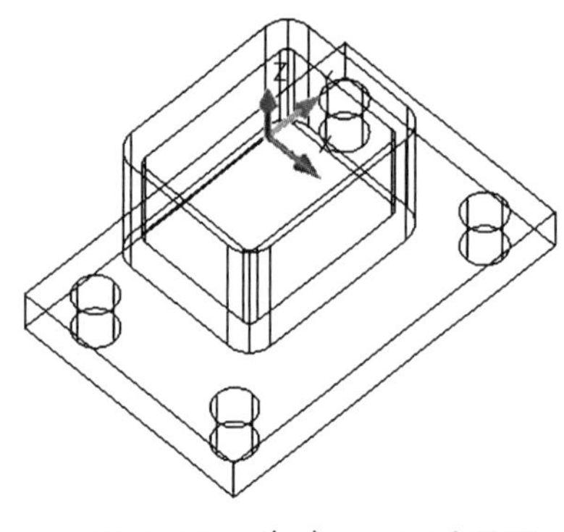

图 5-95 移动 UCS 到顶面

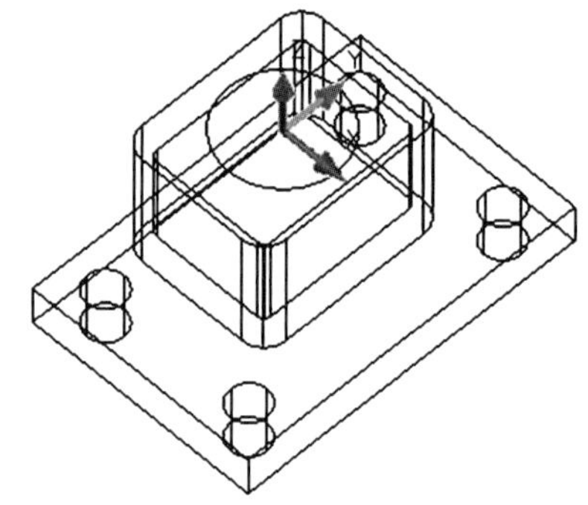

图 5-96 绘制长方体顶面圆

（3）单击建模工具栏中的“按住并拖动”工具，选择圆，向上拖动，输入 2，拉伸成高度为 2 的圆柱，如图 5-97 所示。

（4）挖空顶面圆柱体：先将坐标系原点移至圆柱顶面圆心处，然后以点（0，0）为圆心，绘制一个半径为 4 的圆，如图 5-98 所示；利用“按住并移动”工具将圆向下拉，输入“－4”，此时，生成的圆柱被自动从原有的实体中减去。执行“概念”操作，效果如图 5-99 所示。

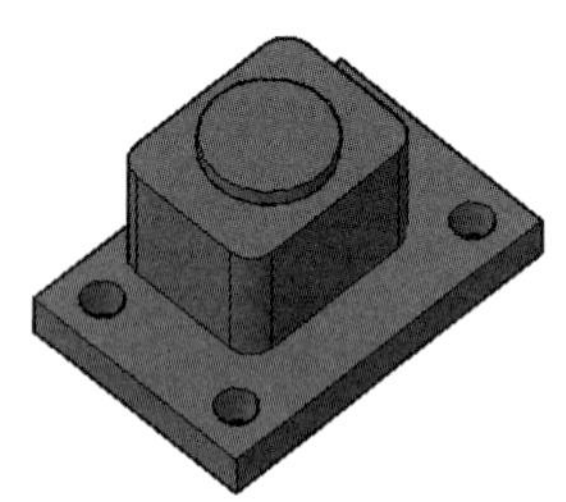

图 5-97 拉伸圆柱体

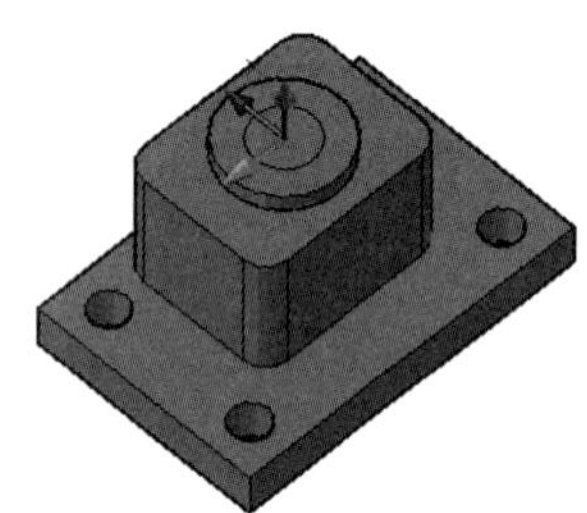

图 5-98 拉伸小圆柱体

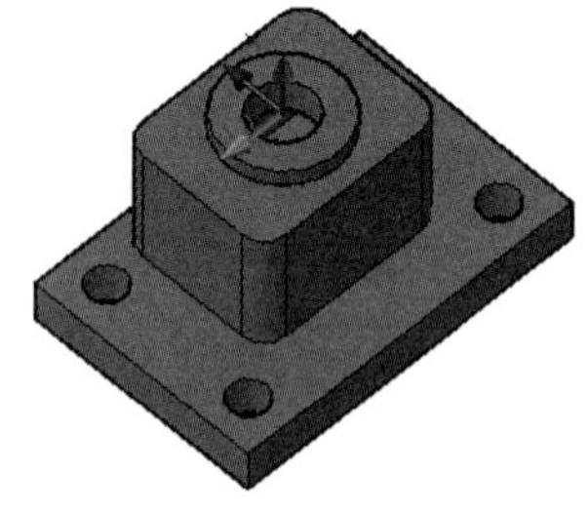

图 5-99 按住拉伸顶面圆柱圆

步骤 4：绘制长方体左右两边的拱形孔。

（1）重新选择坐标系：选择[工具]\[新建 UCS]\[原点]）菜单或单击，捕捉图 5-100 所示实体中边线 AB 的中点，将坐标系原点移至此处，注意：Z 轴正方向向外。

（2）单击绘图工具栏中的“多线段”工具，坐标中心为多段线第一点，依次输入(5，0)、(@0,7)、A、(@-10,0)、L，然后捕捉底边端点，回车,绘制一条多线段，如图 5-101 所示。

（3）单击绘图工具栏中的“圆”工具，以（0，7）为圆心，绘制一个半径为 2.5 的圆，如图 5-101 所示。

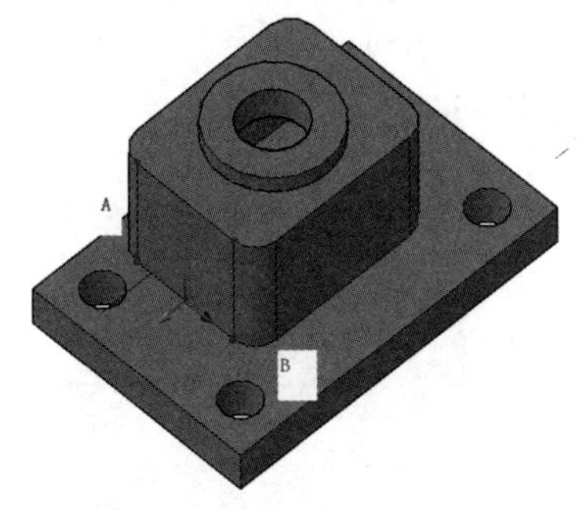

图 5-100　设置拱形及小孔坐标

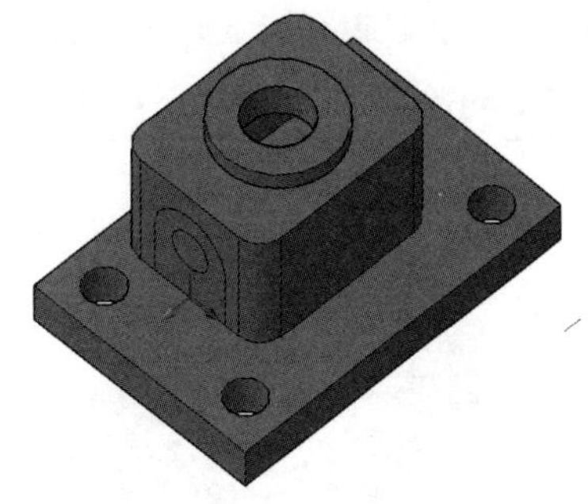

图 5-101　多段线绘制拱形孔

（4）单击建模工具栏中的“拉伸”工具 ，选择绘制的多段线和圆，回车，设置拉伸高度为 3，结果如图 5-102 所示。

（5）单击建模工具栏中的“差集”工具 ，以绘制的拱形实体为被减实体，以生成的小圆柱为要减去的实体，结果如图 5-103 所示。

（6）镜像拱形及小孔：选择[修改]/[三维操作]/[三维镜像]菜单或单击 ，选择新创建的拱形实体作为要镜像复制的实体，在长方体中心画一条辅助线 *AC*，捕捉线上三点 *A*、*B*、*C* 以确定镜像平面，镜像结果如图 5-104 所示。

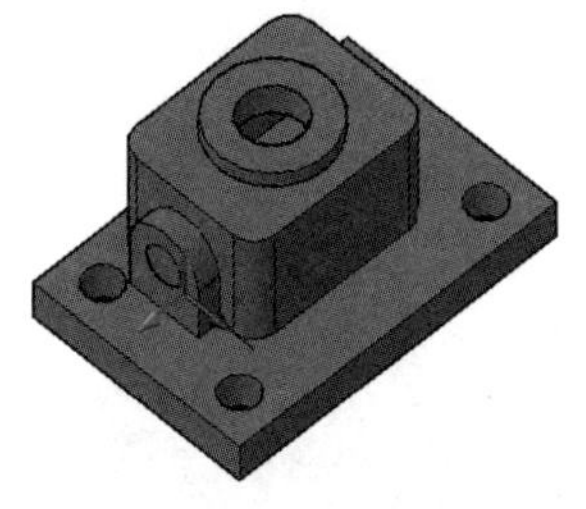

图 5-102　拉伸拱形及小孔

图 5-103　差集拱形及小孔

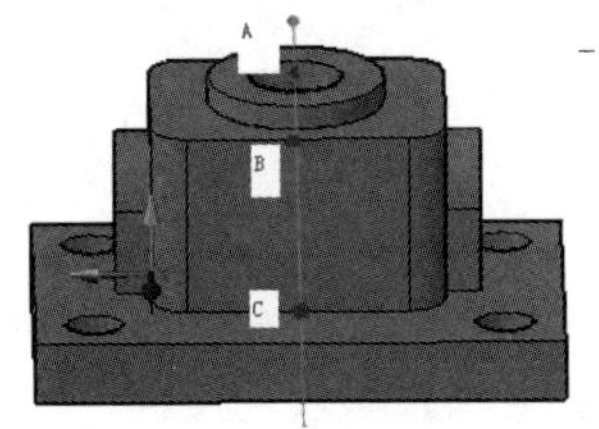

图 5-104　镜像差集拱形及小孔

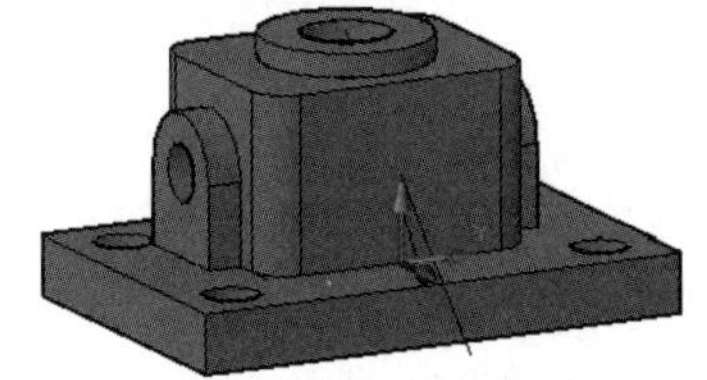

图 5-105　确定楔体坐标系方向

步骤 5：绘制楔体。

（1）确定楔体坐标系方向：选择[工具]/[新建 UCS]/[原点]菜单或单击 ，捕捉下面长方体的顶面和图 5-104 所示实体中线的 C 点，将坐标系原点移至此处，并根据捕捉平面改变坐标轴的方向，如图 5-105 所示。

（2）单击建模工具栏中的“楔体”工具 ，指定楔体地面两个对角点坐标分别为（0，-2，0）和（8，2，15），楔体为 8×4×15，结果如图 5-106 所示。

技巧提示：绘制楔体时，其底面位于当前坐标系的 XY 平面，其厚度方向于 Y 轴平行，第二点决定了删除长方体的那一部分（楔体为长方形的一半）。

图 5-106　绘制楔体

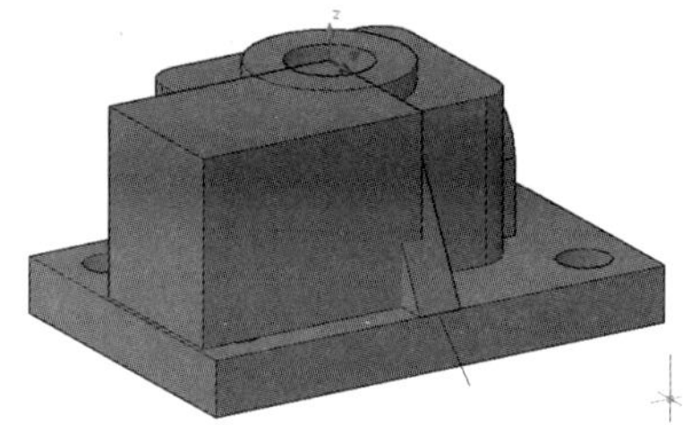

图 5-107　绘制剖切立方体

步骤 6：绘制轴承座剖切图。

（1）单击并集工具，将上部长方体、圆柱体及两面拱形“并集”为一体。

（2）单击[工具]/[UCS]/[原点]菜单或单击，将坐标移到顶面中心，如图 5-107 所示。

（3）绘制立方体：单击长方体工具，绘制一个通过上部长方体中心，覆盖要剖切的实体的立方体，尺寸可根据实际情况自己掌握，但不得小于被剖切的实体，如图 5-107 所示。

（4）差集立方体：单击差集工具，以“并集”后的实体为被减实体，然后确认；再点击已生成的长方体为要减去的实体，结果如图 5-108 所示。

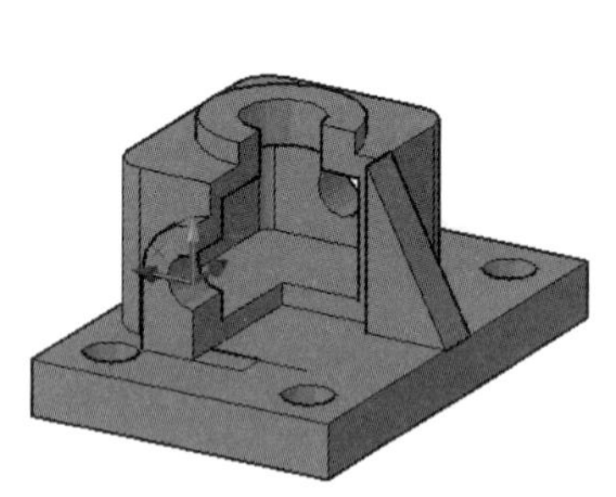

图 5-108　差集剖切立方体

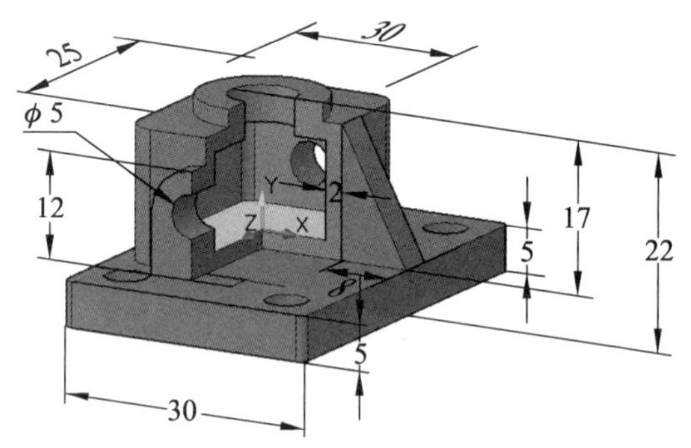

图 5-109　绘制彩色剖切立方体

（5）绘制彩色剖切轴承座图。

单击选择[修改]/[实体编辑]/[着色面]菜单或单击，选择需要着色剖面，同时选择颜色，确定即可，结果如图 5-109 所示。

步骤 7：标注图形。

要准确地标注出三维对象的尺寸，关键是要学会灵活变换坐标系，因为所有的尺寸标注都只能在当前坐标的 XY 平面中进行。

（1）选择[格式]\[文字样式]菜单，打开“文字样式”对话框。设置字体样式为“仿宋”。

（2）选择[标注]\[标注样式]菜单，打开“标注样式管理器”对话框。单击“修改”按钮，打开“修改标注样式”对话框，在［文字］选项卡中将“从尺寸线偏移”修改为 1.25，“文字高度”设置为 5；在［主单位］选项卡中将“小数分割符”设置为“.”，“精度”设置为 0。

（3）在当前 XY 平面中标注底面的长、宽、孔直径等尺寸，如图 5-110 所示。

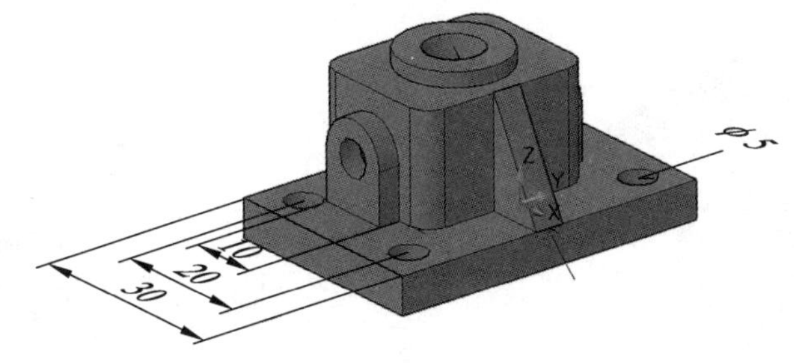

图 5-110　尺寸标注 1

（4）在当前 XY 平面中标注底面的长、宽、孔直径等尺寸，如图 5-111 所示。

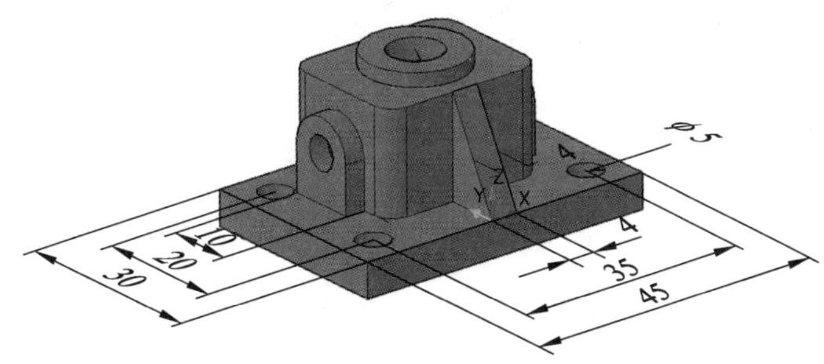

图 5-111　尺寸标注 2

（5）在当前 XY 平面中标注顶面的长、宽、孔直径等尺寸，如图 5-112 所示。

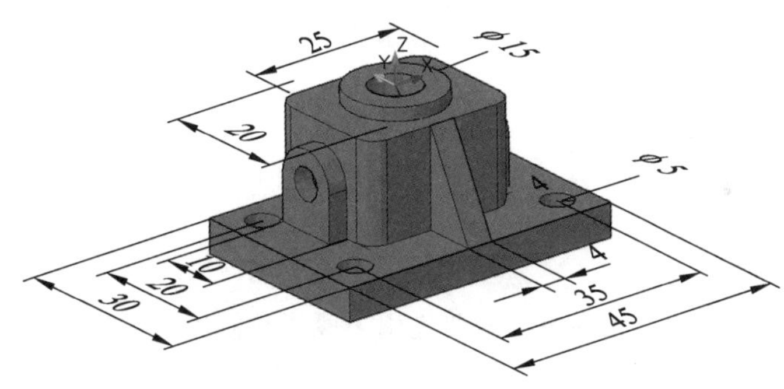

图 5-112　尺寸标注 3

【任务小结】

本任务是对三维绘图命令的综合应用，操作过程中要分析好图形的特点，适当选择三维实体编辑修改命令可以大大提高绘图的效率，如“三维阵列”“三维镜像”“三维拉伸”“布尔运算”等命令。对三维物体的标注是本项目的重点和难点，要准确的标注出三维对象的尺寸，关键是必须学会灵活变换坐标系。

【任务训练】

训练：绘制如图 5-113 所示的三维图形，并进行尺寸标注。

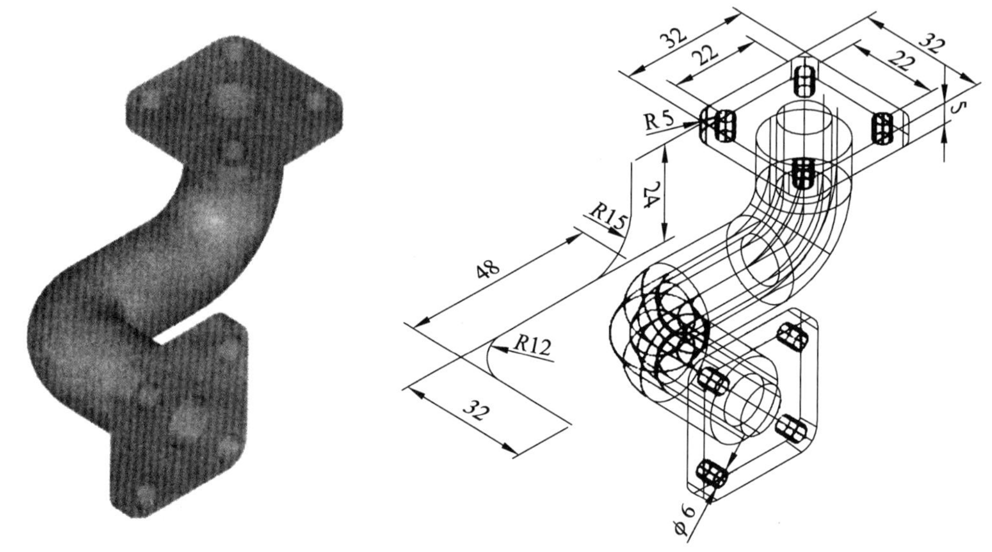

图 5-113　创建三维图形

任务六　绘制三孔拱桥

【学习要点】

★ 掌握渲染材质的设置方法。
★ 掌握渲染环境的设置方法。
★ 学会三维拱桥的创建和渲染方法。

【任务内容】

绘制如图 5-114 所示的三孔拱桥，需要先用多段线绘制出桥体轮廓线，再拉伸出桥体，然后运用“圆柱体”“圆角”“复制”“镜像”“拉伸”“布尔运算”等命令绘制出栏杆和桥洞，最后再对拱桥进行渲染处理。

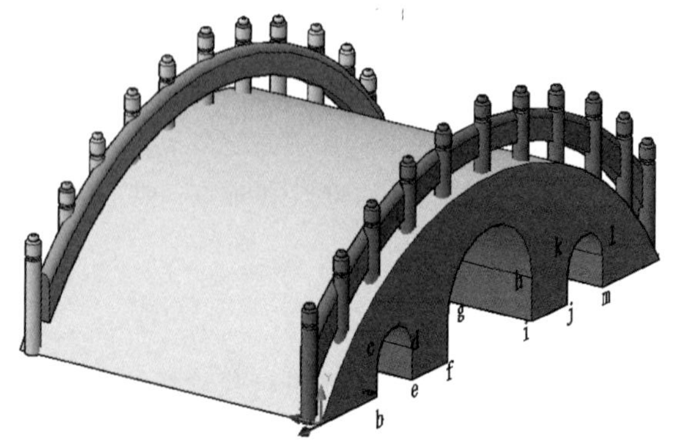

图 5-114　绘制三孔拱桥

【理论基础】

通过渲染形成效果图，可以在三维对象表面添加照明和材质以产生实体效果。在渲染过程中可以设置实体对象使用的材质、光源位置、光源类型、光线强度、渲染背景等。模型经渲染处理后，其表面将显示出明暗色彩和光照效果，形成了非常逼真的图像。

一、设置渲染材质

1. 附着材质

渲染对象时，为方便用户，AutoCAD 提供了一些预先定义的材质库；要将材质附着给图形对象，可以选择[视图]\[渲染]\[材质浏览器]菜单命令，打开“材质浏览器”面板，如图 5-115 所示。单击创建新材质工具，然后使用画笔光标选择对象；将材质赋予某个模型后，所选材质将被添加至图形中，并作为样例显示在“材质”选项板中。

2. 设置材质

将材质赋予某个模型后，可以选择[视图]\[渲染]\[材质编辑器]菜单命令，打开“材质编辑器”面板，对已赋予的材质进行编辑，如图 5-116 所示。

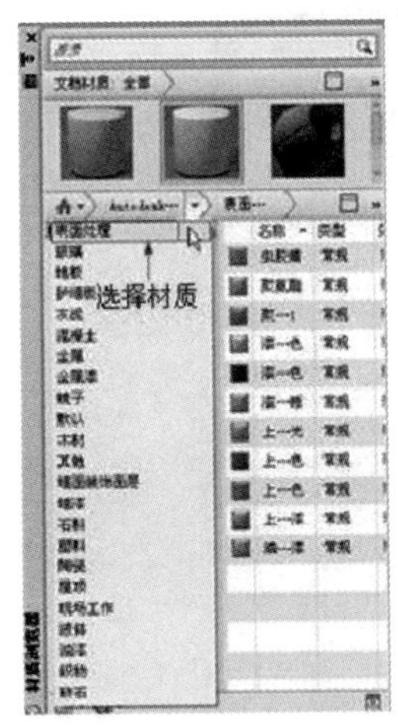

图 5-115 “材质浏览器”面板

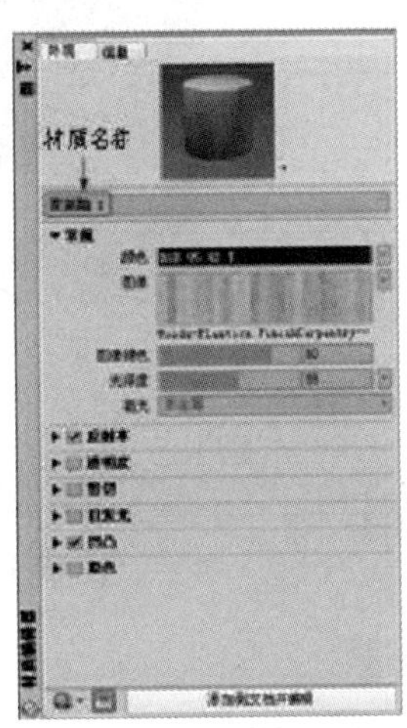

图 5-116 “材质编辑器”面板

二、渲染设置

1. 设置渲染环境

选择[视图]\[渲染]\[渲染环境]菜单命令，可以在渲染时为图像增加雾化效果。执行此命令时，系统将打开“渲染环境”对话框，如图 5-117 所示。

2. 高级渲染设置

选择[视图]\[渲染]\[高级渲染设置]菜单命令，系统将打开“高级渲染设置”面板，如图 5-118 所示。可以对材质、采样、阴影、光线跟踪、间接发光、诊断、处理等特性进行设置。

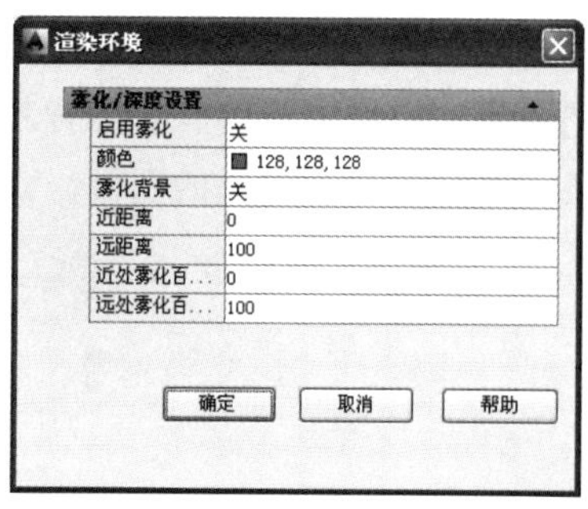

图 5-117 “渲染环境”对话框

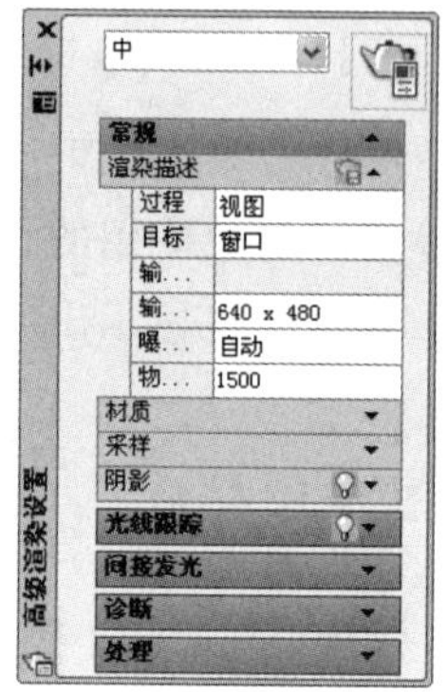

图 5-118 “高级渲染设置”面板

三、图形渲染

选择[视图]\[渲染]\[渲染]菜单命令，系统将打开“渲染”对话框，显示渲染信息和观看渲染效果，如图 5-119 所示。

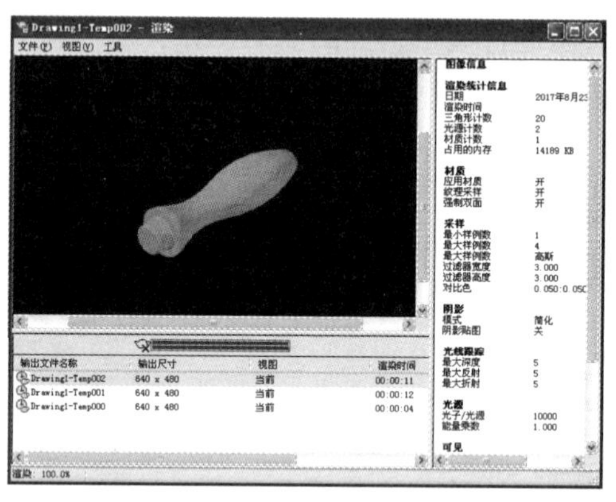

图 5-119 “材质编辑器”面板

【操作技能】

步骤 1：设置绘图所需的图层。

调用菜单栏中的[格式]\[图层]命令，打开“图层特征管理器”对话框，单击“新建”按钮，新建“实体”“标注”“文本”和“标注”等图层，其中标注层为红色、其他层为默认颜色。

步骤 2：绘制桥体轮廓。

（1）单击绘图工具栏上的“多段线”按钮。

命令: _pline	//执行多段线命令
指定起点:	//任意点击视图指定起点 *a*
指定下一个点或 [圆弧(A)/半宽(H)/长度(L…]: @40,0	//指定直线到 *b* 点
指定下一点或 [圆弧(A)…]: @0,13	//指定直线到 *c* 点
指定下一点或 [圆弧(A)…]: A	//从 *c* 点开始绘制圆弧

指定圆弧的端点或[角度(A)]: A　　　　　　　　　　　　//使用角度绘制圆弧

指定包含角: -180　　　　　　　　　　　　　　　　　//确定圆弧角度-180°

指定圆弧的端点或 [圆心(CE)/半径(R)]: @25,0　　　　　//圆弧的端点到 *d* 点

指定圆弧的端点或[角度(A)/圆心(CE)/闭合(CL)/方向(D)/半宽(H)/直线(L)…]: L

//从 *d* 点开始直线

指定下一点或 […]: @0,-13　　　　　　　　　　　　//指定直线到 *e* 点

指定下一点或 […]: @25,0　　　　　　　　　　　　 //指定直线到 *f* 点

指定下一点或 […]: @0,18　　　　　　　　　　　　 //指定直线到 *g* 点

指定下一点或 [圆弧(A)…]: A　　　　　　　　　　　//从 *g* 点开始绘制圆弧

指定圆弧的端点或[角度(A)/圆心(CE)/闭合(CL)/方向(D)/半宽(H)/直线(L)…]: A

//使用角度绘制圆弧

指定包含角: -180　　　　　　　　　　　　　　　　　//确定圆弧角度-180°

指定圆弧的端点或 […]:@60,0　　　　　　　　　　　//圆弧的端点到 *h* 点

指定圆弧的端点或[角度(A)/圆心(CE)/闭合(CL)/方向(D)/半宽(H)/直线(L)…]:L

//从 *h* 点开始直线

指定下一点或 […]: @0，-18　　　　　　　　　　　 //指定直线到 *i* 点

从 *i* 点到 *n* 点按命令输入数据“@25,0”“@0,13”“A”“A”“－180”“@25,0”“L”“@0,-13”“@40,0”，画一条多段线，如图 5-120 所示。

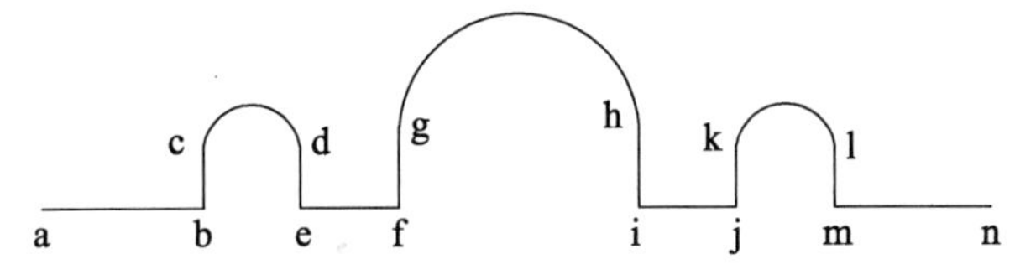

图 5-120　拱桥桥体轮廓线 1

（2）依次执行如下操作：单击工具栏上的“多段线”按钮，拾取左端点 *a*，输入“A”“A”圆弧角度“－120”，拾取右端点 *n*，画一条圆弧，如图 5-121 所示。

（3）单击工具栏上的“偏移”按钮，将圆弧向上偏移，偏移距离为依次 7、12、7，效果如图 5-122 所示。

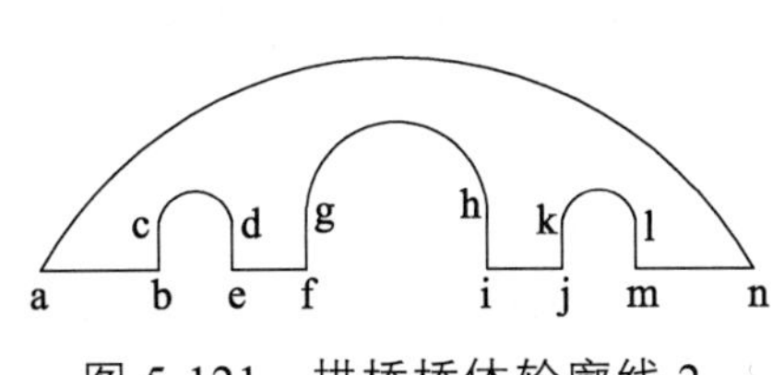

图 5-121　拱桥桥体轮廓线 2

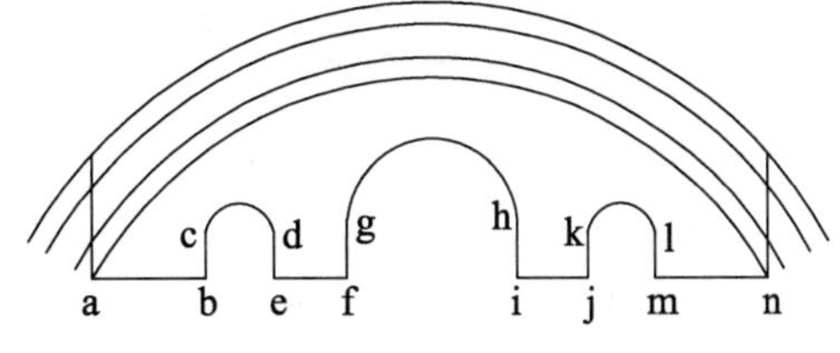

图 5-122　拱桥桥体轮廓线 3

（4）单击工具栏上的“直线”按钮，拾取左端点 *a*，画一条垂直线；拾取右端点 *n*，再画一条垂直线，如图 5-122 所示。

（5）单击工具栏上的“修剪”按钮，剪掉多余图形，效果如图 5-123 所示。

（6）选择[修改]\[对象]\[多段线]菜单，将封闭图形生成两条多段线：一条为护栏轮廓，一条为桥体轮廓。

（7）单击视图工具栏按钮，设置新的视点，使用原点坐标按钮将坐标移动到 *a* 点，如图 5-124 所示。

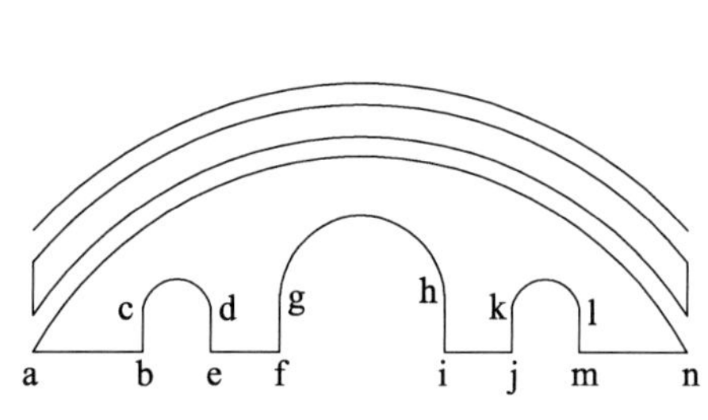

图 5-123　拱桥桥体轮廓线 4

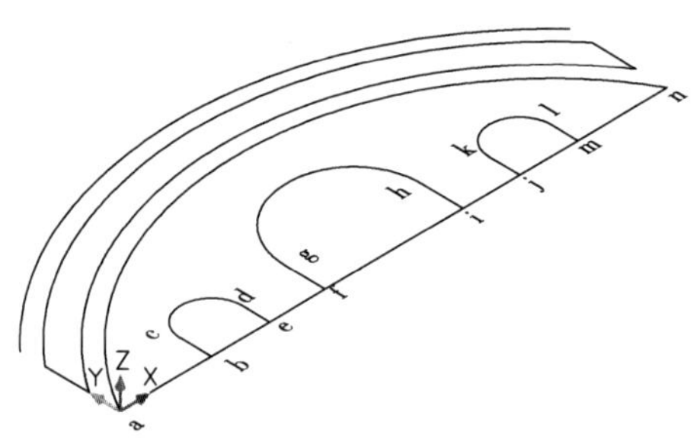

图 5-124　拱桥桥体轮廓线 5

（8）单击工具栏上的“移动”按钮，将圆弧移动，以端点 *a* 为基点，选择上部 3 条圆弧向右移动，位移为“@3,0，0”。

（9）选择[修改]\[三维操作]\[三维旋转]菜单命令或单击，将图形绕 X 轴旋转，指定基点为“20，20”，角度 90°，如图 5-125 和图 5-126 所示。

命令: _3drotate

选择对象:　　　　//选择全部图形

指定基点: 20,20,0　　　　//旋转基点偏移原点（20，20，0）回车

拾取旋转轴:　　　　//点击 X 轴为旋转轴，由红色变为黄色

指定角的起点或键入角度: 90　　　　//绕 X 轴旋转 90°

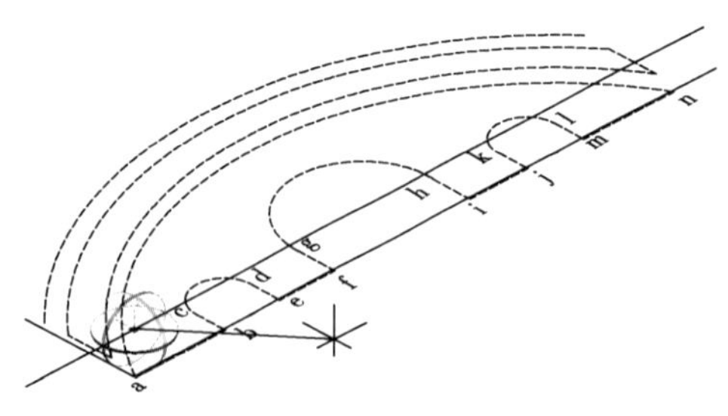

图 5-125　拱桥轮廓线 6

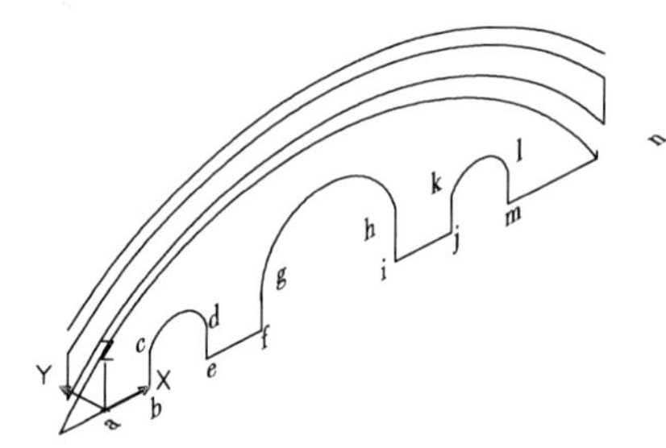

图 5-126　拱桥桥体轮廓线 7

步骤 3：绘制护栏立柱。

（1）单击坐标工具栏，使用原点坐标按钮将坐标移动到桥体左端点。

（2）单击实体工具栏上的“圆柱体”按钮，以圆心为坐标原点为圆心，绘制一个半径 3，高度 38 的圆柱体 A。

（3）单击实体工具栏上的“圆柱体”按钮，为已画圆柱上表面中心点为圆心，绘制一个半径 3，高度 3 的圆柱体 B。

（4）单击实体工具栏上的“圆柱体”按钮，以（3）中新画圆柱上表面中心点为圆心，绘制一个半径 2，高 2，生成圆柱 C。

（5）单击工具栏上的“圆角”按钮，设置圆角半径为 1，对圆柱圆框进行圆角，效果如图 5-127 所示。

（6）单击[修改]\[实体编辑]\[并集]菜单命令或单击，将 3 个圆柱合并，生成一个支柱。

（7）单击工具栏上的“复制对象”按钮，将支柱复制，基点为支柱下表面中心点，粘贴到为圆弧右端点 n 上，如图 5-128 所示。

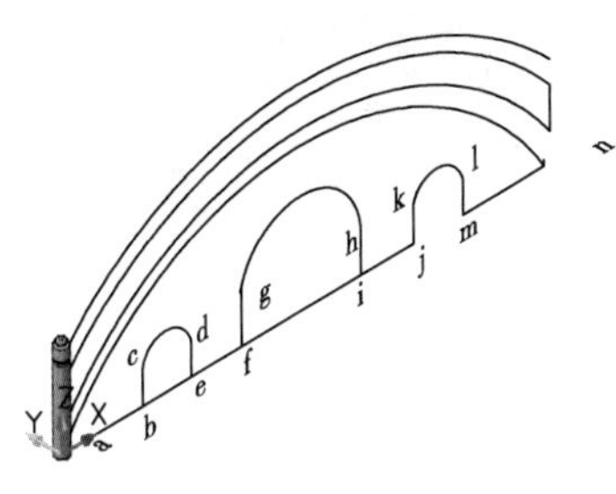

图 5-127　护栏 1

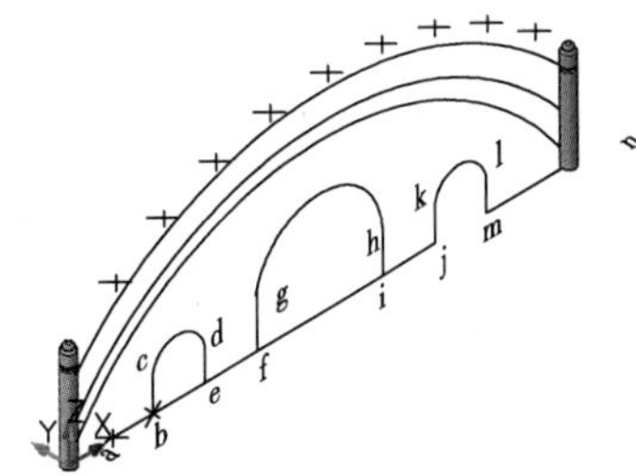

图 5-128　护栏 2

（8）选择[格式]\[点样式]，设定点的样式为十字形式。单击[绘图]\[点]\[等分]菜单命令，将圆弧等分，数目为 10 个。但不出现等分点（消隐等分点）。

（9）单击工具栏上的“删除”按钮，删除圆弧，出现了等分点，如图 5-128 所示。

（10）单击工具栏上“复制对象”按钮，将支柱复制，基点为支柱上表面中心点，移动到各等分点，效果如图 5-129 所示；也可将视图转换为主视图进行支柱复制，如图 5-130 所示。

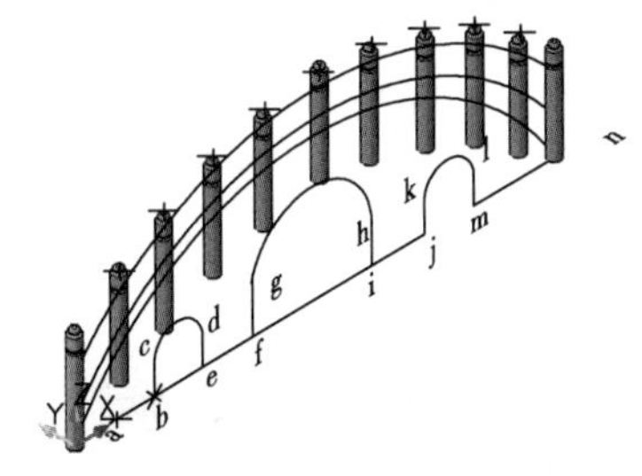

图 5-129　护栏 3

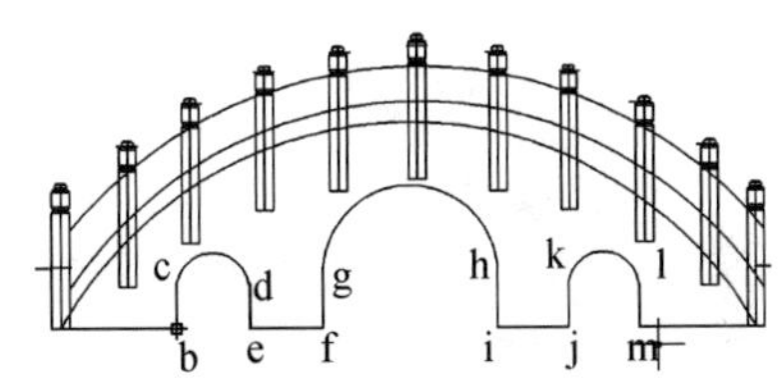

图 5-130　护栏 4

步骤 4：三孔桥生成。

（1）单击坐标工具栏，使用 Z 轴矢量坐标按钮，将坐标正向设置准备拉伸，如图 5-131 所示。

（2）单击“实体”工具栏上的“拉伸”按钮，将护栏轮廓拉伸，距离为 6，如图 5-131 所示。

（3）单击实体工具栏上的“拉伸”按钮，将桥体轮廓拉伸，距离为 150，如图 5-132 所示。

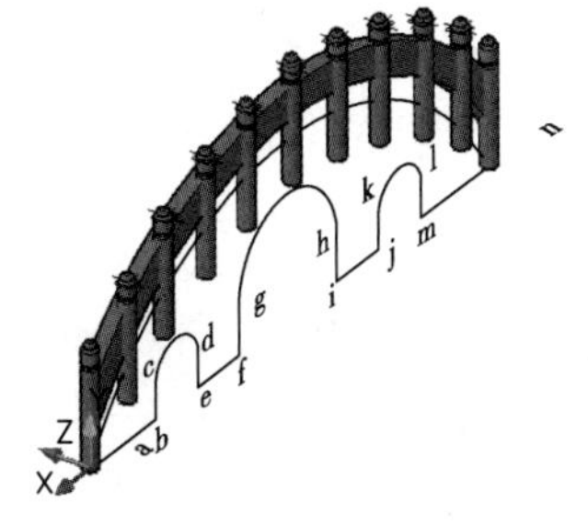

图 5-131　拉伸护栏

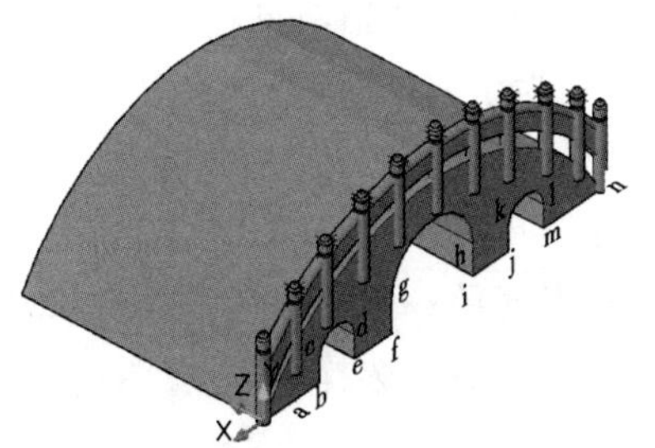

图 5-132　拉伸桥体

（4）单击工具栏上“圆角”按钮，圆角半径 3，将护栏倒圆角，如图 5-133 所示。

（5）移动护栏和支柱：单击移动按钮，将护栏和支柱向 Z 轴移动 6（右移），如图 5-133 所示。

（6）单击[修改]\[三维操作]\[三维镜像]菜单命令或单击，将护栏和支柱镜像，如图 5-133 所示。

（7）单击[修改]\[实体编辑]\[并集]菜单命令，将所有实体合并。

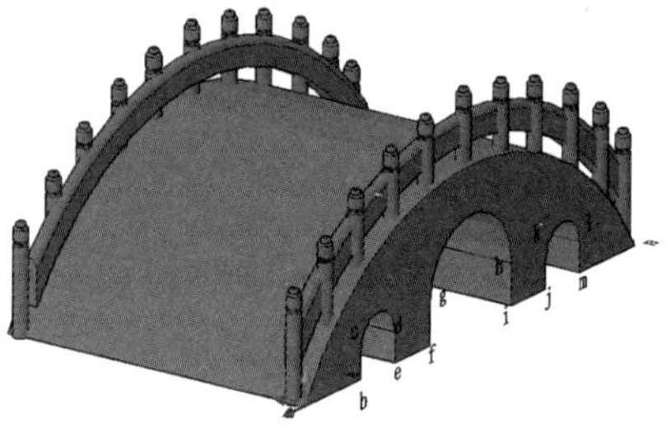

步骤 5：渲染拱桥。

（1）设置材质。

图 5-133　镜像护栏

① 选择菜单[视图]\[渲染]\[材质]或单击，打开材质面板，单击创建新材质按钮，在打开的创建新材质对话框中输入材质名称“拱桥”，然后确定，如图 5-134 所示。

② 在材质面板中增加了一个新的材质球，选择样板为“磨光的石材”，点击“颜色”右侧的颜色块，选择真彩色。

③ 在材质面板中单击“将材质应用到对象”按钮，然后使用画笔光标选择对象。将材质赋予某个模型后，所选材质将被添加至图形中，并作为样例显示在“材质”选项板中，如图 5-134 所示。

（2）设置光源。

① 选择[视图]\[渲染]\[光源]\[阳光特性] 菜单命令，打开“阳光特性”面板，状态设为“开”，阳光强度为 1，时间为 15:00，其他项目默认，如图 5-135 所示。

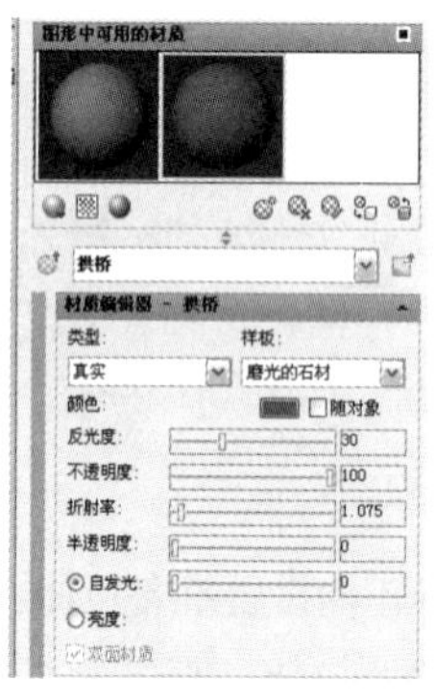

图 5-134　“材质浏览器”面板

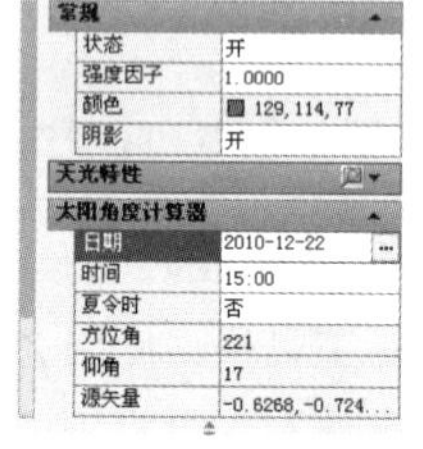

图 5-135　“阳光特性”面板

② 选择菜单[视图]\[渲染]\[高级的渲染设置] 菜单命令，打开“高级渲染设置”面板，选择渲染级别为“演示”，输出尺寸为“1 024 × 768”，如图 5-136 所示。

③ 选择“最终聚焦”。

④ 选择菜单[视图]\[渲染]\[渲染]。

⑤ 设置点光源：选择菜单[视图]\[渲染]\[光源]\[新建点光源]，如图 5-137 所示。

⑥ 设置完毕后，选择菜单[视图]\[渲染]\[渲染]，渲染效果如图 5-138 所示。

图 5-136 “高级渲染设置”面板

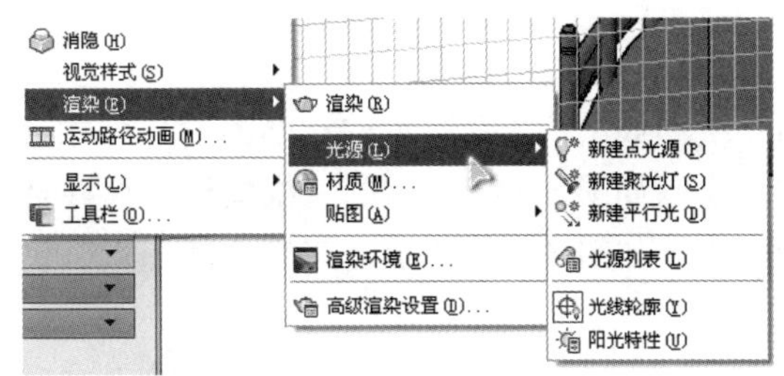

图 5-137 设置点光源

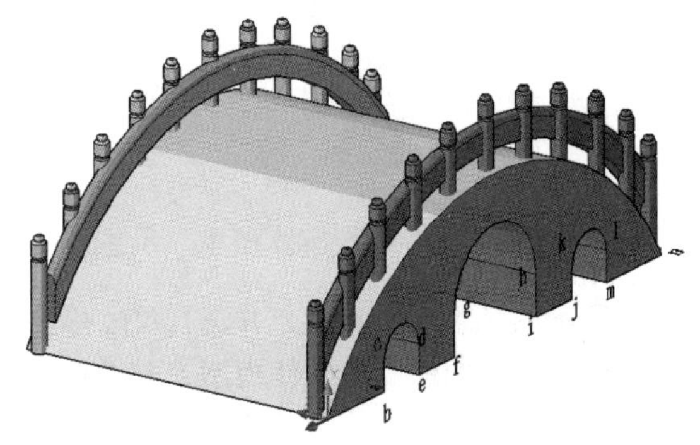

图 5-138 渲染三维拱桥

【任务小结】

本任务是运用“多段线”“圆柱体”“圆角”“复制”“镜像”“拉伸”“布尔运算”等命令进行三维拱桥的绘制。然后对拱桥进行渲染，渲染是对三维图形对象加上颜色、材质、灯光、背景或场景等因素，以更真实地表达图形的外观和纹理，是三维效果图设计输出图形前的关键步骤。

【任务训练】

训练：运用“圆”“拉伸”“球体”“三维阵列”等命令绘制如图 5-139 所示的三维图形，尺寸自拟，并进行图形渲染。

图 5-139 创建渲染三维物体

项目训练

训练 1：绘制如图 5-140 所示的三维图形，尺寸自拟。

训练 2：绘制如图 5-141 所示的三维图形，尺寸自拟。

训练 3：绘制如图 5-142 所示的三维实体图形，尺寸自拟，并进行图形渲染。

图 5-140　三维实体模型

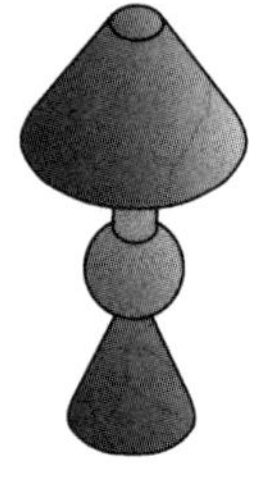

图 5-141　三维实体模型

图 5-142　三维实体模型

训练 4：创建如图 5-143 所示的三维实体模型，并进行尺寸标注。

训练 5：创建如图 5-144 所示三视图的三维实体模型，并进行图形渲染。

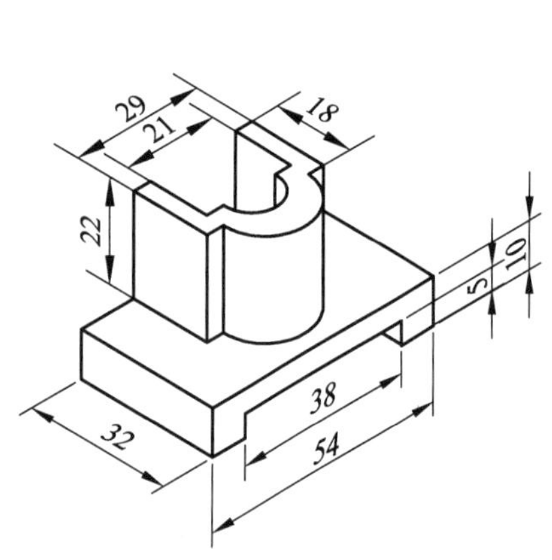

图 5-143　三维实体模型图

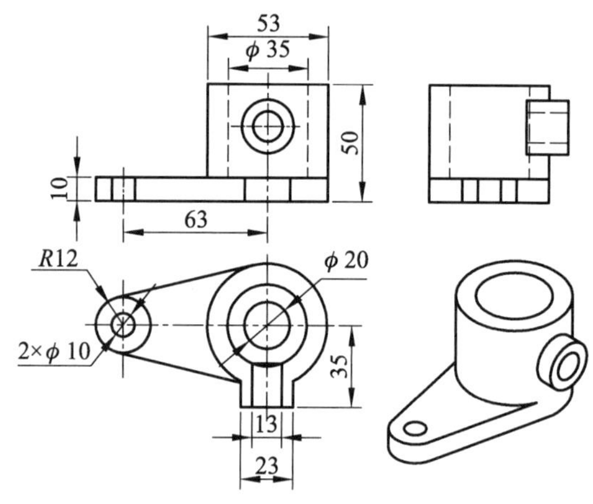

图 5-144　三维实体四视图

训练 6：创建如图 5-145 所示的三维实体模型，尺寸自拟并进行图形渲染。

图 5-145　三维实体渲染图

参考文献

[1] 赵翠萍. AutoCAD 工程制图项目教程[M]. 北京：电子工业出版社，2011.
[2] 张煜，李伟珍. 建筑 CAD[M]. 哈尔滨：哈尔滨工业大学出版社，2016.
[3] 曾令宜. AutoCAD 2010 工程绘图技能训练教程[M]. 北京：高等教育出版社，2011.
[4] 张六成. 计算机辅助设计——AutoCAD 2010 基础与项目案例教程[M]. 北京：中国水利水电出版社，2010.
[5] 蒋江涛. 土木工程 CAD[M]. 哈尔滨：哈尔滨工业大学出版社，2014.
[6] 腾龙科技. AutoCAD 2010 机械制图[M]. 北京：清华大学出版社，2011.
[7] 雷海涛，王军丽. 建筑 CAD[M]. 上海：上海交通大学出版社，2015.
[8] 许文胜，郑阿奇. AutoCAD 实用教程[M]. 北京：电子工业出版社，2010.
[9] 孔繁臣，黄娟. AutoCAD2010 基础教程[M]. 北京：冶金工业出版社，2009.
[10] 张云杰，张艳明. AutoCAD 2010 基础教程[M]. 北京：清华大学出版社，2010.
[11] 徐文胜. AutoCAD 2010 实训教程[M]. 北京：机械工业出版社，2011.
[12] 二代龙震工作室. AutoCAD 2010 机械设计基础教程[M]. 北京：清华大学出版社，2010.
[13] 胡仁喜，刘昌丽，张日晶. AutoCAD 2010 中文版建筑与土木工程制图快速入门实例教程[M]. 北京：机械工业出版社，2009.
[14] 路纯红，刘昌丽，等. AutoCAD2010 中文版机械设计完全实例教程[M]. 北京：化学工业出版社，2010.
[15] 周大勇. AutoCAD 机械图绘制项目教程[M]. 北京：机械工业出版社，2009.

经世济民
诚信服务
德法兼修

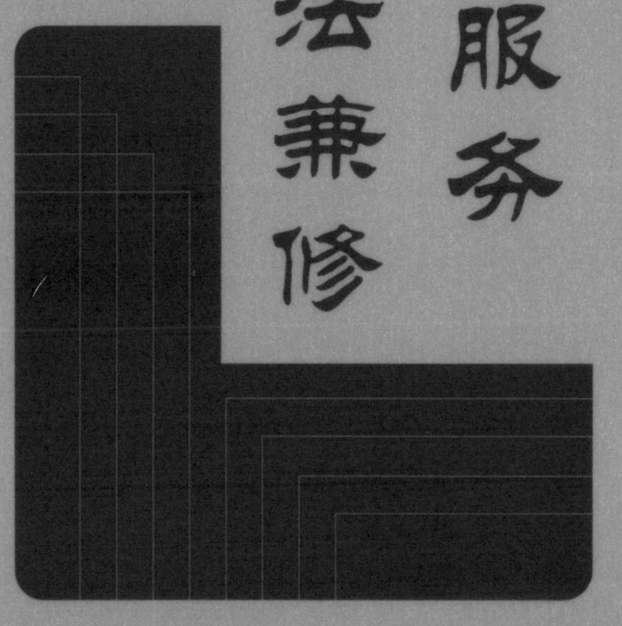

经世济民
诚信服务
德法兼修